W0260337

Karl Heinz Mayer

Algebraische Topologie

1989 Birkhäuser Verlag
Basel · Boston · Berlin

Prof. Dr. K. H. Mayer
Universität Dortmund
Fachbereich Mathematik
Vogelpothsweg 87
D–4600 Dortmund 50

CIP-Titelaufnahme der Deutschen Bibliothek

Mayer, Karl Heinz:
Algebraische Topologie / Karl Heinz Mayer. – Basel ; Boston ;
Berlin : Birkhäuser, 1989
ISBN 3-7643-2229-2

Typesetting and Layout: math Screen *online*, Basel

ISBN 3-7643-2229-2

Vorwort

Das Buch enthält eine Einführung in die Topologie. Es beginnt mit einem vorbereitenden Kapitel über mengentheoretische Topologie, dessen Stoffauswahl weitgehend durch die Bedürfnisse der nachfolgenden Kapitel bestimmt ist. Im Hauptteil, der der algebraischen Topologie gewidmet ist, werden die folgenden Themen behandelt: Homotopie, Fundamentalgruppe, Abbildungsgrad, Kategorien und Funktoren, die singuläre Homologietheorie mit ganzzahligen Koeffizienten sowie verschiedene Anwendungen. Die Anwendungen betreffen unter anderem geometrische Aussagen im euklidischen Raum, Methoden zur Berechnung von Homologiegruppen, die Euler-Poincaré-Charakteristik, den Abbildungsgrad von Brouwer sowie den Abbildungsgrad von Leray und Schauder.

Der Text entstand aus Vorlesungen des Verfassers an den Universitäten Bonn und Dortmund und einem Kurs für die Fernuniversität Hagen. Ohne das Kapitel über mengentheoretische Topologie entspricht der Stoffumfang etwa dem einer einsemestrigen Vorlesung. Es werden elementare Kenntnisse aus der Gruppentheorie sowie über metrische Räume vorausgesetzt.

Zur Organisation des Buches: Die vier Kapitel sind mit römischen Ziffern gekenntzeichnet. Jedes Kapitel ist in Paragraphen unterteilt, die jeweils mit 1 beginnend gezählt werden. Die Definitionen, Sätze, Beispiele und Bemerkungen sind in jedem Paragraphen unter Voranstellung der Paragraphenziffer fortlaufend durchnumeriert. Beim Zitieren innerhalb eines Kapitels wird diese Kennzahl benutzt. Wird aus einem anderen Kapitel zitiert, so wird der Kennzahl die römische Ziffer des Kapitels vorangestellt. Hinweise auf das Literaturverzeichnis am Ende des Buches werden durch den Namen des Autors zuweilen unter Hinzufügung des Erscheinungsjahres gegeben. Das Ende eines Beweises wird durch das Zeichen □ angezeigt. Es steht ebenfalls hinter solchen Sätzen, denen kein Beweis folgt.

Die Übungsaufgaben am Ende eines jeden Paragraphen dienen der Einübung des Stoffes. Im Text wird nur ausnahmsweise auf Aufgaben verwiesen. Es handelt sich dann in jedem Falle um einfache Überlegungen, die der Leser sofort nachvollziehen wird.

Ich habe von vielen Autoren profitiert, ebenso von zahlreichen Gesprächen mit Kollegen und mit Hörern meiner Vorlesungen. Ihnen allen danke ich an dieser Stelle.

Leitfaden

Zum Verständnis des Stoffes einzelner Paragraphen ist im allgemeinen nicht der Stoff aller vorangehenden Paragraphen erforderlich. So wird I,5 erstmals in IV,5 benutzt. In Kapitel II sind im wesentlichen nur §1 und §4 für das Verständnis der nachfolgenden Kapitel notwendig. II,2 wird in III,5 benötigt. Beide werden später lediglich bei der Berechnung von Beispielen benutzt. Die Konstruktion der singulären Homologietheorie und die Herleitung ihrer Eigenschaften in Kapitel III sind sehr aufwendig. Der Leser, der vorwiegend an den Anwendungen in Kapitel IV interessiert ist, findet eine Zusammenstellung der wichtigsten Eigenschaften der Homologie in III,7. Die in III,7 und III,8 aufgeführten Tatsachen aus der Homologietheorie genügen i. w. für das Verständnis der Anwendungen in IV, 1 bis IV,4. Für IV,5 wird außerdem der Satz III, 9.6 benötigt. In IV,5 und IV,6 werden aus den vorangehenden Paragraphen von IV nur die Definition und Eigenschaften des Abbildungsgrades in 1.12 und 1.14 sowie der simpliziale Approximationssatz 4.17 herangezogen. Die Abhängigkeiten gibt das folgende Schema wieder.

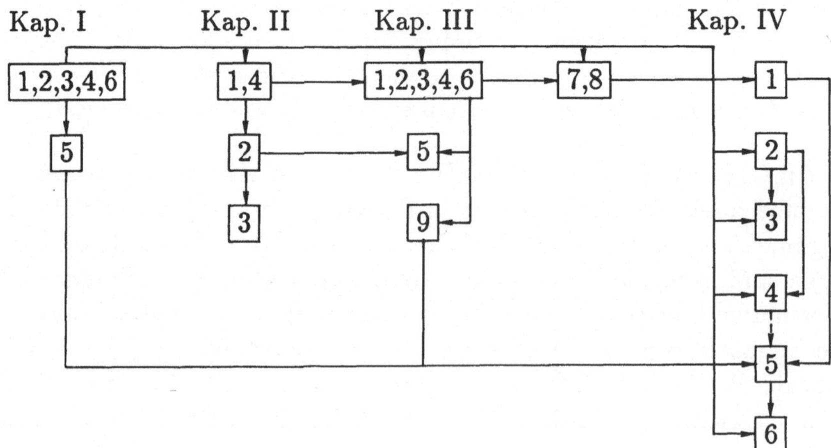

Inhaltsverzeichnis

Kapitel I

Mengentheoretische Topologie

§ 1 Topologische Räume und stetige Abbildungen

In metrischen Räumen wird die räumliche Beziehung von Punkten durch ihre Entfernung zueinander beschrieben. Mit Hilfe der Metrik wird der Umgebungsbegriff eingeführt, und es werden offene und abgeschlossene Mengen definiert. Diese offenen Mengen haben folgende charakteristische Eigenschaften: Die Vereinigung beliebig vieler offener Mengen ist offen, und der Durchschnitt endlich vieler offener Mengen ist ebenfalls offen. Diese beiden Eigenschaften erwiesen sich als grundlegend für eine axiomatische Beschreibung von räumlichen Beziehungen. Wird aus allen Teilmengen einer Menge X ein System von Teilmengen ausgezeichnet, das gegenüber der Bildung von endlichen Durchschnitten und beliebigen Vereinigungen abgeschlossen ist und dazu X selbst und die leere Menge enthält, so läßt sich dies als ein System von offenen Mengen auf X betrachten. Ein solches System heißt Topologie auf X, und ein Teil der Definitionen und Sätze im Zusammenhang mit offenen Mengen, die aus den einführenden Vorlesungen über Analysis bekannt sind, läßt sich auf die Menge X, auf der eine Topologie ausgezeichnet ist, übertragen. So läßt sich jedem Punkt von X ein System von Umgebungen zuordnen, und mit Hilfe des Umgebungsbegriffes lassen sich die Begriffe offener Kern, abgeschlossene Hülle und Rand einer Teilmenge direkt auf die abstrakte Menge mit einer Topologie übertragen. Das gleiche gilt für den Begriff der stetigen Abbildung.

1.1 Definition. Eine Topologie oder topologische Struktur auf einer Menge X ist eine Menge $\mathcal{T}$ von Teilmengen von X, die folgende Eigenschaften besitzt:

(O-1) Die Vereinigung beliebig vieler Mengen aus $\mathcal{T}$ gehört zu $\mathcal{T}$.

(O-2) Der Durchschnitt je zweier Mengen aus $\mathcal{T}$ gehört zu $\mathcal{T}$.

(O-3) Die Menge X selbst und die leere Menge $\emptyset$ gehören zu $\mathcal{T}$.

Die Elemente von $\mathcal{T}$ heißen offene Mengen der Topologie $\mathcal{T}$. Eine Teilmenge A von X heißt abgeschlossen (bezüglich $\mathcal{T}$), wenn ihr Komplement $CA = X \setminus A$ offen ist (bzgl. $\mathcal{T}$).

Ein topologischer Raum ist ein Paar $(X, \mathcal{T})$, bestehend aus einer Menge X und einer Topologie $\mathcal{T}$ auf X.

1.2 Bemerkungen. (i) Aus (O-2) folgt mit vollständiger Induktion, daß für jede positive ganze Zahl n der Durchschnitt von n Mengen aus $\mathcal{T}$ zu $\mathcal{T}$ gehört.

(ii) Statt von dem topologischen Raum $(X, \mathcal{T})$ spricht man i. a. kürzer von dem topologischen Raum X, ohne die Topologie explizit in die Bezeichnung aufzunehmen. Das wird auch in diesem Buche meistens so geschehen.

1.3 Beispiele. (i) Ist X eine beliebige Menge, so ist die Potenzmenge $\mathcal{P}(X)$ von X, das ist die Menge aller Teilmengen von X, selbst eine Topologie. Diese Topologie heißt die diskrete Topologie, und der topologische Raum $(X, \mathcal{P}(X))$ heißt diskreter Raum. In einem diskreten Raum ist also jede Teilmenge offen und abgeschlossen.

(ii) X sei eine beliebige Menge. Die Topologie auf X mit der geringsten Anzahl von Elementen ist die Topologie $\mathcal{T} = \{\emptyset, X\}$. Diese Topologie heißt die indiskrete Topologie.

(iii) Ist (X, d) ein metrischer Raum mit der Metrik $d : X \times X \to \mathbb{R}$, so wird für jede positive reelle Zahl ε und jedes $x \in X$ die ε-Umgebung $B(x, \varepsilon) = \{y \in X | d(x, y) < \varepsilon\}$ definiert. Die metrische Topologie $\mathcal{T}_d$ auf X wird folgendermaßen erklärt: $U \in \mathcal{T}_d$ gilt genau dann, wenn es zu jedem $x \in U$ ein $\varepsilon > 0$ gibt, so daß $B(x, \varepsilon) \subset U$. Man weist nun ohne Schwierigkeiten nach, daß $\mathcal{T}_d$ eine Topologie auf X ist. Die ε-Umgebungen $B(x, \varepsilon)$ selbst sind bzgl. der metrischen Topologie offen. Versuchen Sie, das selbst zu beweisen.

(iv) In $\mathbb{R}^n$ wird durch die euklidische Norm eine Metrik d definiert. Für $x = (x_0, \dots, x_{n-1})$ und $y = (y_0, \dots, y_{n-1}) \in \mathbb{R}^n$ ist

$$d(x, y) = \left(\sum_{i=0}^{n-1} (x_i - y_i)^2 \right)^{\frac{1}{2}} .$$

Die mit dieser Metrik d definierte metrische Topologie von $\mathbb{R}^n$ wird als die Standardtopologie des $\mathbb{R}^n$ bezeichnet. $\mathbb{R}^n$ ist im folgenden immer mit der Standardtopologie versehen. Es sei an dieser Stelle bemerkt, daß alle Normen auf $\mathbb{R}^n$ die gleiche Topologie definieren (s. Aufgabe 3 in 4.30).

Auf jeder Menge X, die wenigstens zwei Elemente besitzt, existieren nach Definition einer topologischen Struktur verschiedene solcher Strukturen. Die Topologien auf X sind Teilmengen der Potenzmenge $\mathcal{P}(X)$. Die Menge $\mathcal{P}(\mathcal{P}(X))$ ist geordnet bezüglich der Beziehung "enthalten in". Diese Beziehung führt zu einer Ordnung unter den Topologien auf X.

1.4 Definition. Sind $\mathcal{S}$ und $\mathcal{T}$ Topologien auf einer Menge X, so heißen $\mathcal{S}$ feiner als $\mathcal{T}$ und $\mathcal{T}$ gröber als $\mathcal{S}$, wenn $\mathcal{T} \subset \mathcal{S}$.

Die diskrete Topologie ist offensichtlich die feinste Topologie auf einer Menge X, und die indiskrete Topologie ist die gröbste Topologie auf X. Die Ordnung auf den Teilmengen von $\mathcal{P}(X)$ ist keine totale Ordnung. Demgemäß kann man nicht notwendig je zwei Topologien auf X miteinander vergleichen.

Eine Topologie kann "sehr viele" offene Mengen besitzen. Trotzdem ist es häufig möglich, die gleiche Topologie vollständig durch Angabe einer "viel kleineren Anzahl" von offenen Mengen, einer sog. Basis, zu beschreiben. Es genügt manchmal, Eigenschaften für die Elemente einer Basis der Topologie zu beweisen, die dann automatisch für alle Elemente der Topologie gelten.

1.5 Definition. $(X, \mathcal{T})$ sei ein topologischer Raum. Eine Teilmenge $\mathcal{B}$ von $\mathcal{T}$ heißt Basis von $\mathcal{T}$, wenn jedes Element aus $\mathcal{T}$ Vereinigung von Elementen aus $\mathcal{B}$ ist.

Wenn $\mathcal{B}$ außerdem abzählbar ist, heißt $\mathcal{B}$ abzählbare Basis. Wenn $\mathcal{T}$ eine abzählbare Basis besitzt, so sagt man, $(X, \mathcal{T})$ erfüllt das zweite Abzählbarkeitsaxiom.

1.6 Beispiel. Für einen metrischen Raum (X, d) ist die Menge $\{B(x,\varepsilon) | x \in X$ und $\varepsilon > 0\}$ eine Basis für die metrische Topologie nach Definition dieser Topologie in 1.3 (iii).

1.7 Bemerkung. Die Basis $\mathcal{B}$ einer Topologie auf X hat folgende Eigenschaften:

(B-1) $\bigcup\limits_{U \in \mathcal{B}} U = X$.

(B-2) Sind $U, V \in \mathcal{B}$, so ist $U \cap V$ Vereinigung von Mengen aus $\mathcal{B}$.

Hier gilt (B-1), weil X eine offene Menge der Topologie ist, und (B-2) gilt, weil mit U und V auch $U \cap V$ eine offene Menge ist.

Umgekehrt genügen diese beiden Eigenschaften, um eine Teilmenge der Potenzmenge von X als Basis genau einer Topologie auf X zu kennzeichnen, wie der folgende Satz zeigt.

1.8 Satz. *X sei eine Menge und $\mathcal{B}$ eine Teilmenge der Potenzmenge von X, die (B-1) und (B-2) erfüllt. Dann gibt es genau eine Topologie $\mathcal{T}$ auf X, so daß $\mathcal{B}$ Basis von $\mathcal{T}$ ist.*

BEWEIS: Wenn es solch eine Topologie $\mathcal{T}$ gibt, dann gilt $U \in \mathcal{T}$ genau dann, wenn U Vereinigung von Mengen aus $\mathcal{B}$ ist. Damit ist $\mathcal{T}$ eindeutig bestimmt. Es bleibt zu zeigen, daß das so beschriebene $\mathcal{T}$ tatsächlich eine Topologie ist. Die Eigenschaft (O-1) folgt sofort aus der Definition von $\mathcal{T}$. Zum Nachweis von (O-2) seien $U = \bigcup\limits_{i \in J} U_i$ und $V = \bigcup\limits_{k \in K} V_k$ mit $U_i \in \mathcal{B}$ für alle $i \in J$ und

$V_k \in \mathcal{B}$ für alle $k \in K$. Dann ist

$$U \cap V = (\bigcup_i U_i) \cap (\bigcup_k V_k) = \bigcup_{(i,k)} (U_i \cap V_k)$$

und nach (B-2) $U \cap V \in \mathcal{T}$. Da $\emptyset$ die leere Vereinigung von Elementen aus $\mathcal{B}$ ist, ist $\emptyset \in \mathcal{T}$. Wegen (B-1) ist auch $X \in \mathcal{T}$. Daher gilt auch (O-3) und $\mathcal{T}$ ist eine Topologie. □

Im folgenden wird häufig die Situation auftreten, daß auf einer Menge X eine Menge $\mathcal{S}$ von Teilmengen vorgegeben ist und eine Topologie gesucht wird, die $\mathcal{S}$ enthält. Die diskrete Topologie auf X hat sicher diese Eigenschaft und löst das Problem in trivialer Weise, hat aber keine charakteristische Beziehung zu der Ausgangsmenge $\mathcal{S}$. Um eine solche zu gewinnen, wird man eine Topologie suchen, die möglichst wenige offene Mengen außer denen aus $\mathcal{S}$ selbst enthält. Sie muß auf jeden Fall X und alle endlichen Durchschnitte von Mengen aus $\mathcal{S}$ enthalten.

1.9 Satz und Definition. *X sei eine Menge und $\mathcal{S}$ eine Teilmenge der Potenzmenge von X. Dann hat die Menge $\mathcal{B} := \{U | U = X$ oder U ist Durchschnitt endlich vieler Mengen aus $\mathcal{S}\}$ die Eigenschaften* (B-1) *und* (B-2) *und ist Basis der gröbsten Topologie $\mathcal{T}$ auf X, die $\mathcal{S}$ enthält.*
Die Menge $\mathcal{S}$ heißt Subbasis der Topologie $\mathcal{T}$, und $\mathcal{T}$ heißt die von der Subbasis $\mathcal{S}$ erzeugte Topologie.

BEWEIS: (B-1) gilt, da $X \in \mathcal{B}$. (B-2) ist erfüllt, da für alle $U, V \in \mathcal{B}$ entweder gilt $U \cap V = X$, oder $U \cap V$ ist Durchschnitt endlich vieler Mengen aus $\mathcal{S}$. Nach 1.8 ist $\mathcal{B}$ Basis genau einer Topologie $\mathcal{T}$ auf X. Wenn $\mathcal{T}'$ eine weitere Topologie auf X ist, die $\mathcal{S}$ enthält, dann ist $\mathcal{B} \subset \mathcal{T}'$ wegen (O-2) und $\mathcal{T} \subset \mathcal{T}'$ wegen (O-1). Das heißt $\mathcal{T}'$ ist feiner als $\mathcal{T}$, und $\mathcal{T}$ ist die gröbste Topologie auf X, die $\mathcal{S}$ enthält. □

Eine zentrale Rolle spielt in der Topologie der Umgebungsbegriff. Mit seiner Hilfe läßt sich die räumliche Beziehung jedes Punktes in einem topologischen Raum zu den übrigen Punkten und den Teilmengen dieses Raumes beschreiben. Wie schon eingangs bemerkt, wird die Topologie eines metrischen Raumes durch die Vorgabe von ε-Umgebungen jedes Punktes definiert. In einem beliebigen topologischen Raum erklärt man die Umgebungen eines Punktes unter Bezugnahme auf die Topologie.

1.10 Definition. $(X, \mathcal{T})$ sei ein topologischer Raum und $x \in X$. Eine Teilmenge U von X heißt offene Umgebung von x, wenn $U \in \mathcal{T}$ und $x \in U$. Eine Teilmenge V von X heißt Umgebung von x, wenn sie eine offene Umgebung von x enthält. Die Menge der Umgebungen von x heißt Umgebungssystem von x und wird mit $\mathcal{U}(x)$ bezeichnet.

1.11 Bemerkungen. (i) Für den topologischen Raum $(X, \mathcal{T})$ ist mit dieser Definition eine Funktion $\mathcal{U} : X \to \mathcal{P}(\mathcal{P}(X))$ definiert, die jedem $x \in X$ das Umgebungssystem $\mathcal{U}(x)$ zuordnet. Unmittelbar aus der Definition sieht man die folgenden Eigenschaften von Umgebungen:

(U-1) Wenn $U \in \mathcal{U}(x)$, dann ist $x \in U$.

(U-2) Wenn $U, V \in \mathcal{U}(x)$, dann ist $U \cap V \in \mathcal{U}(x)$.

(U-3) Wenn $U \in \mathcal{U}(x)$, dann gilt für jede Teilmenge V von X, die U enthält, $V \in \mathcal{U}(x)$.

(U-4) Wenn $U \in \mathcal{U}(x)$, dann gibt es ein $V \in \mathcal{U}(x)$, so daß für alle $y \in V$ gilt $U \in \mathcal{U}(y)$.

(ii) Die offenen Teilmengen von X lassen sich mit Hilfe des Umgebungsbegriffes folgendermaßen charakterisieren: Eine Teilmenge A von X ist offen genau dann, wenn $A \in \mathcal{U}(x)$ für jedes $x \in A$.

Diese Charakterisierung von offenen Mengen mit Hilfe des Umgebungsbegriffes kann nun umgekehrt dazu benutzt werden, um auf einer Menge X mit Hilfe einer Funktion $\mathcal{U} : X \to \mathcal{P}(\mathcal{P}(X))$, die die Bedingungen (U-1) bis (U-4) erfüllt, eine Topologie zu definieren.

1.12 Satz. *X sei eine Menge und $\mathcal{U}$ eine Funktion, die jedem $x \in X$ eine nicht leere Menge $\mathcal{U}(x)$ von Teilmengen von X zuordnet, so daß* (U-1) *bis* (U-4) *aus* 1.11 *erfüllt sind. Dann gibt es genau eine Topologie $\mathcal{T}$ auf X, so daß für jedes $x \in X$ gerade $\mathcal{U}(x)$ das Umgebungssystem von x bezüglich der Topologie $\mathcal{T}$ ist.*

BEWEIS: Nach der in 1.11 (ii) angegebenen Charakterisierung der offenen Mengen einer Topologie mit Hilfe des Umgebungsbegriffes hat jede Topologie $\mathcal{T}$ auf X, für die die Werte der Funktion $\mathcal{U}$ die Umgebungssysteme von $\mathcal{T}$ sind, die Form $\mathcal{T} = \{U \subset X |\text{ für alle } x \in U \text{ ist } U \in \mathcal{U}(x)\}$. Es kann also nur eine solche Topologie geben. Es ist zu verifizieren, daß $\mathcal{T}$ eine Topologie ist. Der Nachweis erfolgt unter Benutzung der Eigenschaften (U-2) und (U-3) und wird dem Leser überlassen. Damit bleibt nur zu zeigen, daß für jedes $x \in X$ die Menge $\mathcal{U}(x)$ Umgebungssystem von x bzgl. der Topologie $\mathcal{T}$ ist. Dazu muß für jedes $U \in \mathcal{U}(x)$ nachgewiesen werden, daß es eine offene Menge $V \in \mathcal{T}$ gibt mit $x \in V \subset U$. Sei also $x \in X$ und $U \in \mathcal{U}(x)$. Als Kandidat für die gesuchte offene Menge wird V definiert durch $V := \{y \in X | U \in \mathcal{U}(y)\}$. Wegen (U-1) ist $x \in V \subset U$. Es ist also nur zu zeigen, daß V offen ist bzgl. $\mathcal{T}$, d.h. daß für alle $y \in V$ gilt $V \in \mathcal{U}(y)$. Sei $y \in V$. Wegen (U-4) gibt es eine Menge $W \in \mathcal{U}(y)$ mit der Eigenschaft, daß $U \in \mathcal{U}(z)$ für alle $z \in W$. Dann gehört aber nach Definition von V jedes $z \in W$ zu V und damit $W \subset V$. Da $W \in \mathcal{U}(y)$ ist und V Obermenge von W ist, gilt nach (U-3) $V \in \mathcal{U}(y)$. Damit ist $V \in \mathcal{U}(y)$ für jedes $y \in V$, und V ist offen bzgl. $\mathcal{T}$. $\square$

Ebenso wie für eine Topologie kann man auch für ein Umgebungssystem eine Basis und ein Abzählbarkeitsaxiom einführen. Dieses ist im Zusammenhang mit Konvergenz von Folgen von Bedeutung, wird aber im folgenden nicht benutzt.

1.13 Definition. $(X, \mathcal{T})$ sei ein topologischer Raum und $x \in X$. Eine Teilmenge $\mathcal{B}(x)$ von $\mathcal{U}(x)$ heißt Umgebungsbasis von x, wenn zu jedem $U \in \mathcal{U}(x)$ ein $B \in \mathcal{B}(x)$ existiert mit $B \subset U$.
Wenn $\mathcal{B}(x)$ abzählbar ist, heißt $\mathcal{B}(x)$ abzählbare Umgebungsbasis. Wenn jedes $x \in X$ eine abzählbare Umgebungsbasis besitzt, sagt man, daß $(X, \mathcal{T})$ das erste Abzählbarkeitsaxiom erfüllt.

Mit Hilfe des Umgebungsbegriffes lassen sich sofort die aus dem $\mathbb{R}^n$ vertrauten Begriffe innerer Punkt, offener Kern usw. für allgemeine topologische Räume definieren. Es ist klar, daß diese Begriffe von der gewählten Topologie abhängen.

1.14 Definition. $(X, \mathcal{T})$ sei ein topologischer Raum, A Teilmenge von X und $x \in X$. x heißt innerer Punkt von A, wenn A Umgebung von x ist. Die Menge der inneren Punkte von A heißt offener Kern von A und wird mit $\mathring{A}$ bezeichnet. x heißt äußerer Punkt von A, wenn x innerer Punkt von CA ist.

1.15 Satz. $(X, \mathcal{T})$ *sei ein topologischer Raum und A und B Teilmengen von X. Dann gilt:*

(i) *A ist offen genau dann, wenn $A = \mathring{A}$.*

(ii) *$\mathring{A}$ ist die Vereinigung aller Elemente aus $\mathcal{T}$, die in A enthalten sind und damit die größte in A enthaltene offene Menge.*

(iii) $\mathring{A} \cap \mathring{B} = \overbrace{A \cap B}^{\circ}$ *und*

$\mathring{A} \cup \mathring{B} \subset \overbrace{A \cup B}^{\circ}$.

BEWEIS. Zu (i): Wenn A offen ist, dann ist A Umgebung aller $x \in A$ und daher $A = \mathring{A}$. Ist $A = \mathring{A}$, so besitzt jedes $x \in A$ eine offene Umgebung U_x mit $U_x \subset A$. Dann ist $A = \bigcup_{x \in A} U_x$ offen als Vereinigung offener Mengen.

Zu (ii): Wenn $U \subset A$ offen ist, dann ist für jedes $x \in U$ die Menge A Umgebung von x und daher $U \subset \mathring{A}$. Also enthält $\mathring{A}$ die Vereinigung aller offenen in A enthaltenen Teilmengen. Ist umgekehrt $x \in \mathring{A}$, so gibt es eine offene Umgebung U von x mit $U \subset A$. Daher ist $\mathring{A}$ in der Vereinigung aller offenen Teilmengen von A enthalten.

Der Beweis von (iii) wird dem Leser überlassen. □

1.16 Definition. $(X, \mathcal{T})$ sei ein topologischer Raum, A Teilmenge von X und $x \in X$. x heißt Berührungspunkt von A, wenn für alle $U \in \mathcal{U}(x)$ gilt, daß $U \cap A \neq \emptyset$. Die Menge der Berührungspunkte von A heißt abgeschlossene Hülle von A und wird mit $\overline{A}$ bezeichnet.
x heißt Randpunkt von A, wenn x Berührungspunkt von A und von CA ist. Die Menge der Randpunkte von A heißt Rand von A und wird mit $Rd\,A$ bezeichnet.

1.17 Bemerkung. Zwischen abgeschlossener Hülle und offenem Kern bestehen folgende Beziehungen:

$$C\mathring{A} = \overline{CA} \quad \text{und} \quad C\overline{A} = \overset{\circ}{\widehat{CA}}.$$

Diese Beziehungen prüft man durch Zurückgehen auf die Definitionen sofort nach. Sie erlauben es, die Aussagen des folgenden Satzes über die abgeschlossene Hülle aus Satz 1.15 herzuleiten, ohne auf die Definition zurückzugehen.

1.18 Satz. *$(X, \mathcal{T})$ sei ein topologischer Raum, A und B seien Teilmengen von X. Dann gilt:*

(i) *A ist abgeschlossen genau dann, wenn $A = \overline{A}$.*

(ii) *$\overline{A}$ ist der Durchschnitt aller abgeschlossenen Mengen, die A enthalten, und damit die kleinste abgeschlossene Menge, die A enthält.*

(iii) $\overline{A \cap B} \subset \overline{A} \cap \overline{B}$
$\overline{A \cup B} = \overline{A} \cup \overline{B}$. □

1.19 Bemerkung. Es gilt immer $\mathring{A} \subset A \subset \overline{A}$, und für den Rand gilt

$$Rd\,A = \overline{A} \cap \overline{CA} = \overline{A} \cap C\mathring{A} = \overline{A} \setminus \mathring{A}.$$

Insbesondere ist $Rd\,A$ eine abgeschlossene Menge.

1.20 Definition. $(X, \mathcal{T})$ sei ein topologischer Raum und $A \subset X$. A heißt dicht in X, wenn $\overline{A} = X$ ist. A heißt nirgends dicht in X, wenn $\mathring{\overline{A}} = \emptyset$, also wenn $\overline{A}$ keine inneren Punkte besitzt.

1.21 Beispiel. Es seien $(X, \mathcal{T}) = (\mathbb{R}$, Standardtopologie auf $\mathbb{R})$. $\mathbb{Q}$ die Menge der rationalen Zahlen und $\mathbb{Z}$ die Menge der ganzen Zahlen. Dann ist $\mathbb{Q}$ dicht in $\mathbb{R}$, während $\mathbb{Z}$ nirgends dicht in $\mathbb{R}$ ist.

Nachdem die wichtigsten Grundbegriffe über topologische Räume bereitgestellt sind, wird eine Klasse von Abbildungen eingeführt, die in gewissem Sinne die durch die Topologie vorgegebenen räumlichen Beziehungen erhalten. Man wird von diesen Abbildungen erwarten, daß sie Punkte, die "nahe" an einer Menge liegen, in Punkte abbilden, die "nahe" an der Bildmenge liegen. Dazu wird zunächst der für Abbildungen aus dem $\mathbb{R}^m$ in den $\mathbb{R}^n$ mit Hilfe von Umgebungen definierte Stetigkeitsbegriff übertragen.

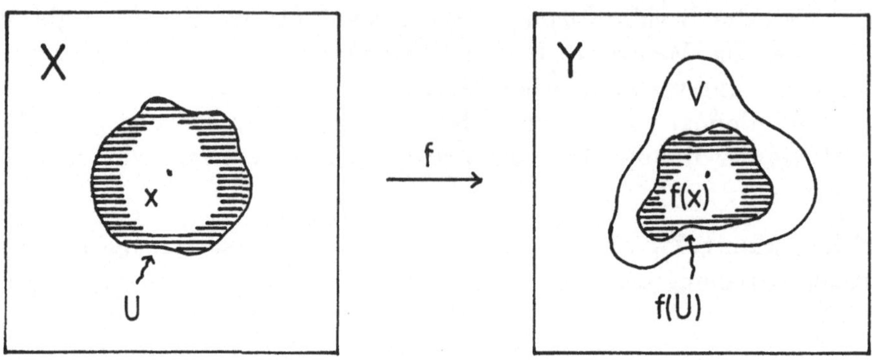

Abb. 1

1.22 Definition. $(X, \mathcal{T})$ und $(Y, \mathcal{S})$ seien topologische Räume, $f : X \to Y$ eine Abbildung und $x \in X$. f heißt in x stetig, wenn es zu jeder Umgebung V von $f(x)$ eine Umgebung U von x gibt, so daß $f(U) \subset V$. f heißt stetig, wenn f in jedem Punkt von X stetig ist.

Von Stetigkeit kann man natürlich nur bei Abbildungen zwischen topologischen Räumen sprechen. Da es aus dem Zusammenhang im allgemeinen klar ist, welche Topologien auf den betrachteten Mengen gegeben sind, wird fast immer $f : X \to Y$ geschrieben und die topologische Struktur nicht besonders aufgeführt. Nur in Ausnahmefällen wird $f : (X, \mathcal{T}) \to (Y, \mathcal{S})$ notiert. Der folgende Satz läßt sich unmittelbar aus der Definition der Stetigkeit herleiten.

1.23 Satz. *$(X, \mathcal{T})$, $(Y, \mathcal{S})$, $(Z, \mathcal{U})$ seien topologische Räume, $x \in X$, und $f : X \to Y$, $g : Y \to Z$ seien Abbildungen. Wenn f in x stetig ist und g in $f(x)$ stetig ist, dann ist $g \circ f$ in x stetig.* □

Zum Nachweis der Stetigkeit im konkreten Fall sind häufig äquivalente Formulierungen von Nutzen, die der nächste Satz zur Verfügung stellt.

1.24 Satz. *$(X, \mathcal{T})$ und $(Y, \mathcal{S})$ seien topologische Räume, und $f : X \to Y$ sei eine Abbildung. Dann sind die folgenden Aussagen äquivalent:*

(i) *f ist stetig.*

(ii) *Für jede Teilmenge A von X ist $f(\overline{A}) \subset \overline{f(A)}$.*

(iii) *Für jede abgeschlossene Teilmenge C von Y ist $f^{-1}(C)$ abgeschlossen in X.*

(iv) *Für jede offene Teilmenge U von Y ist $f^{-1}(U)$ offen in X.*

BEWEIS: Der Beweis erfolgt nach dem Schema (i) $\Rightarrow$ (ii) $\Rightarrow$ (iii) $\Rightarrow$ (iv) $\Rightarrow$ (i).

(i) $\Rightarrow$ (ii): Dazu seien $y \in f(\overline{A})$ und $x \in \overline{A}$ mit $f(x) = y$. Um zu zeigen, daß $y \in \overline{f(A)}$, wählt man eine beliebige Umgebung V von y. Wegen der Stetigkeit von f gibt es eine Umgebung U von x, die durch f in V abgebildet wird. Da $x \in \overline{A}$, ist $U \cap A \neq \emptyset$. Wenn $z \in U \cap A$ ist, dann ist $f(z) \in f(U) \cap f(A) \subset V \cap f(A)$ und $V \cap f(A) \neq \emptyset$. Daher gilt $y \in \overline{f(A)}$.

(ii) $\Rightarrow$ (iii). Es sei $C \subset X$ abgeschlossen, d.h. $C = \overline{C}$. Zum Nachweis, daß $\overline{f^{-1}(C)} = f^{-1}(C)$ ist, genügt es wegen der Gültigkeit der Beziehung $f^{-1}(C) \subset \overline{f^{-1}(C)}$ zu zeigen, daß $\overline{f^{-1}(C)} \subset f^{-1}(C)$. Da nach (ii) $f(\overline{f^{-1}(C)}) \subset \overline{f(f^{-1}(C))} = \overline{f(X) \cap C} \subset \overline{f(X)} \cap C$ ist und außerdem gilt $\overline{f^{-1}(C)} \subset f^{-1}(f(\overline{f^{-1}(C)}))$, ist $\overline{f^{-1}(C)} \subset f^{-1}(C)$.

(iii) $\Rightarrow$ (iv): Wenn $U \subset Y$ offen ist, ist CU abgeschlossen und nach Voraussetzung $f^{-1}(CU)$ abgeschlossen. Da $y \in f^{-1}(CU)$ genau dann, wenn $f(y) \in (CU)$, d.h. $y \in Cf^{-1}(U)$, ist $f^{-1}(CU) = Cf^{-1}(U)$, und $f^{-1}(U)$ ist offen.

(iv) $\Rightarrow$ (i). Dazu sei $x \in X$ und V eine Umgebung von $f(x)$. Dann ist $\mathring{V}$ eine offene Umgebung von $f(x)$, und $f^{-1}(\mathring{V})$ ist offen und enthält x. $f^{-1}(V)$ ist also eine Umgebung von x, und es gilt $f(f^{-1}(V)) \subset V$. Daher ist f in jedem $x \in X$ stetig und damit stetig. □

1.25 Bemerkungen. (i) Die Aussage (ii) aus 1.24 beschreibt die Stetigkeit anschaulich in der erwarteten Weise. Sie besagt, daß Punkte, die "nahe" bei A liegen unter einer stetigen Abbildung in Punkte abgebildet werden, die "nahe" an der Bildmenge von A liegen. Die Formulierung (iv) wird am häufigsten benutzt.

(ii) Aus 1.24 (iv) folgt sofort, daß jede Abbildung von einem diskreten Raum in einen beliebigen topologischen Raum stetig ist. Ebenso sieht man unmittelbar, daß jede Abbildung von einem topologischen Raum in einen indiskreten Raum stetig ist.

Man beachte, daß für stetige Abbildungen zwar das Urbild jeder offenen Menge offen ist, das Bild einer offenen Menge aber keinesfalls offen zu sein braucht. Für Abbildungen mit der letztgenannten Eigenschaft wird eine neue Bezeichnung eingeführt.

1.26 Definition. $(X, \mathcal{T})$ und $(Y, \mathcal{S})$ seien topologische Räume und $f: X \to Y$ eine Abbildung. f heißt offen (abgeschlossen), wenn das Bild jeder offenen (abgeschlossenen) Teilmenge von X unter f offen (abgeschlossen) ist.

Schließlich werden die bijektiven Abbildungen zwischen zwei topologischen Räumen, die in beiden Richtungen die Struktur erhalten, mit einem besonderen Namen belegt.

1.27 Definition. $(X, \mathcal{T})$ und $(Y, \mathcal{S})$ seien topologische Räume und $f: X \to Y$ eine Abbildung. f heißt ein Homöomorphismus, wenn f bijektiv ist und sowohl f als auch f^{-1} stetig sind.

Zwei topologische Räume $(X,\mathcal{T})$ und $(Y,\mathcal{S})$ heißen homöomorph oder topologisch äquivalent, wenn es einen Homöomorphismus $f : X \to Y$ gibt.

Homöomorphie ist eine Äquivalenzrelation unter den topologischen Räumen. Der folgende Satz zeigt, daß homöomorphe Räume sich im wesentlichen nicht unterscheiden. Es gibt zwischen ihnen eine Abbildung, die sowohl die zugrundeliegenden Mengen als auch die Topologien bijektiv aufeinander abbildet. Damit kennt man vom topologischen Standpunkt mit einem Repräsentanten aus einer Homöomorphieklasse alle übrigen Räume dieser Klasse. Es stellt sich das Problem, einerseits einen Überblick über alle Homöomorphieklassen zu gewinnen, andererseits von zwei vorgegebenen Räumen festzustellen, ob sie in die gleiche Klasse gehören. Das ist das Homöomorphieproblem.

1.28 Satz. *$(X,\mathcal{T})$ und $(Y,\mathcal{S})$ seien topologische Räume. Eine bijektive Abbildung $f : X \to Y$ ist ein Homöomorphismus genau dann, wenn f stetig und offen (abgeschlossen) ist.*

BEWEIS: a) f sei ein Homöomorphismus und U eine offene (abgeschlossene) Teilmenge von X. Dann ist $f(U) = (f^{-1})^{-1}(U)$ offen (abgeschlossen) wegen der Stetigkeit von f^{-1}.
b) Sei f stetig und offen (abgeschlossen). Es bleibt zu zeigen, daß f^{-1} stetig ist. Dazu sei U offen (abgeschlossen) in X. Dann ist $(f^{-1})^{-1}(U) = f(U)$ offen (abgeschlossen), und nach 1.24 ist f^{-1} stetig. □

1.29 Bemerkung. Topologische Untersuchungen und die Betrachtung von geometrischen Objekten unter topologischen Gesichtspunkten haben eine lange Geschichte. Aber erst nachdem G. Cantor 1895 die Mengenlehre geschaffen hatte, waren die Grundlagen vorhanden, um die topologischen Vorstellungen in der heute gültigen Form zu beschreiben. Als erster betrachtete M. Fréchet 1906 abstrakte Räume. Von ihm stammt u.a. der Begriff des metrischen Raumes. Die mengentheoretische Topologie in ihrer heutigen Form beginnt mit dem Buch "Grundzüge der Mengenlehre" von F. Hausdorff aus dem Jahre 1914. Hausdorff definiert einen topologischen Raum als eine Menge zusammen mit einem Umgebungssystem für jeden ihrer Punkte. Für dieses Umgebungssystem gibt er vier Axiome an. Die ersten drei charakterisieren offene Umgebungen, das vierte ist das hausdorffsche Trennungsaxiom, auf das in §3 eingegangen wird. Die Charakterisierung einer Topologie durch offene Mengen geht auf H. Tietze (1923) und P. Alexandroff (1925) zurück.

Der Name Topologie für die in diesem Buch besprochene mathematische Disziplin wurde von B.J. Listing 1836 eingeführt. Bis zum Jahre 1920 wurde jedoch fast ausschließlich die von G. Leibniz aus dem Jahre 1679 stammende Bezeichnung Analysis situs benutzt. Nach dem Erscheinen des Buches "Topology" von S. Lefschetz 1930 setzte sich der Gebrauch der Bezeichnung Topologie allgemein durch.

1.30 Aufgaben

1. Geben Sie alle Topologien auf der zweielementigen Menge $\{a, b\}$ an, und ordnen Sie diese Topologien.
2. Es sei $X = \{a, b, c, d, e\}$ und $\mathcal{S} = \{\{a, b, c\}, \{a, b, d\} \{b, e\}\}$. Geben Sie die Topologie auf X, die von der Subbasis $\mathcal{S}$ erzeugt wird, an.
3. Für alle $a \in \mathbb{R}$ sei $]-\infty, a] = \{x \in \mathbb{R} | x \leq a\}$. $\mathcal{T}$ bezeichne die von der Subbasis $\{]-\infty, a] | a \in \mathbb{R}\}$ erzeugte Topologie von $\mathbb{R}$. Beschreiben Sie die Elemente von $\mathcal{T}$. Erfüllt $\mathcal{T}$ die beiden Abzählbarkeitsaxiome? Zeigen Sie: $f : (\mathbb{R}, \mathcal{T}) \to (\mathbb{R}, \mathcal{T})$ ist genau dann stetig, wenn f monoton wachsend ist.
4. Auf dem reellen Vektorraum X seien zwei Normen $\| \ \|_1$ und $\| \ \|_2$ gegeben. $\mathcal{T}_1$ bzw. $\mathcal{T}_2$ seien die von $\| \ \|_1$ bzw. $\| \ \|_2$ definierten Topologien auf X. Zeigen Sie: Wenn eine positive Zahl α existiert, so daß für alle $x \in X$ gilt $\| x \|_1 \leq \alpha \| x \|_2$, dann ist $\mathcal{T}_2$ feiner als $\mathcal{T}_1$.
5. Es seien $\mathcal{T}$ eine Topologie und $\mathcal{B} = \{B_1, B_2, \ldots\}$ eine abzählbare Basis von $\mathcal{T}$. Zeigen Sie, daß jede Basis von $\mathcal{T}$ eine abzählbare Basis von $\mathcal{T}$ enthält.
6. X und Y seien topologische Räume, $\mathcal{B}$ eine Basis der Topologie von X und $f : X \to Y$ eine Abbildung. Zeigen Sie: f ist genau dann eine offene Abbildung, wenn $f(B)$ offen ist für alle $B \in \mathcal{B}$.
7. X sei eine Menge. Zeigen Sie, daß $\mathcal{C} = \{U \subset X | X \setminus U \text{ ist endlich}\} \cup \{\emptyset\}$ eine Topologie auf X ist. $\mathcal{C}$ heißt die kofinite Topologie von X.
8. Geben Sie stetige Abbildungen $f, g : \mathbb{R} \to \mathbb{R}$ an, so daß f abgeschlossen und nicht offen, g offen aber nicht abgeschlossen ist.
9. $\mathcal{S}$ und $\mathcal{T}$ seien Topologien auf der Menge X. Zeigen Sie: $Id_X : (X, \mathcal{S}) \to (X, \mathcal{T})$ ist stetig genau dann, wenn $\mathcal{S}$ feiner ist als $\mathcal{T}$.
10. Es seien $a, b, \in \mathbb{R}$, $a < b$. Bestimmen Sie offenen Kern, abgeschlosse Hülle und Rand des Intervalls $[a, b]$ bzgl. der Standardtopologie, diskreten, indiskreten und kofiniten Topologie.
11. X sei ein topologischer Raum. Für jedes $A \subset X$ sei die charakteristische Funktion $\chi_A : X \to \mathbb{R}$ definiert durch $\chi_A(x) = 1$ für $x \in A$ und $\chi_A(x) = 0$ für $x \in X \setminus A$. Geben Sie auf X zwei Topologien $\mathcal{S}$ und $\mathcal{T}$ an, so daß für alle $A \subset X$ gilt: χ_A ist stetig bzgl. $\mathcal{S}$ genau dann, wenn A abgeschlossen ist, und χ_A ist stetig bzgl. $\mathcal{T}$ genau dann, wenn A offen ist.

§ 2 Erzeugung topologischer Räume

Die Anzahl der bisher betrachteten Beispiele von konkreten topologischen Räumen ist klein. Für geometrische Objekte, die als Teilmengen des $\mathbb{R}^n$ auftreten, wurde bisher keine "natürliche" Topologie definiert. Bei der Konstruktion topologischer Räume kann man sich von einem allgemeinen Prinzip leiten lassen, das häufig benutzt wird, um aus vorgegebenen mathematischen Objekten neue Objekte zu konstruieren. Bei den zugrundeliegenden Mengen sind die Konstruktionen aus der naiven Mengenlehre bekannt. Man bildet Teilmengen, Produkte, Summen, Quotientenmengen. Dabei treten zwischen den alten und neuen Mengen durch die Konstruktion gegebene "natürliche Abbildungen" auf wie Inklusionen und Projektionen. Wird von Mengen mit Struktur ausgegangen, etwa Gruppen, topologischen Räumen oder anderen, so versucht man, den konstruierten Mengen eine Struktur zu geben, bzgl. der die "natürlichen Abbildungen" strukturerhaltend sind, im topologischen Falle also stetig. Ist z.B. $(X, \mathcal{T})$ ein topologischer Raum und A eine Teilmenge von X, so ist die Inklusionsabbildung $i : A \to X$ eine "natürliche Abbildung". Um zu erreichen, daß i stetig ist, wird auf A eine Topologie eingeführt derart, daß das Urbild jeder offenen Menge offen ist, d.h. für jedes $U \in \mathcal{T}$ die Menge $i^{-1}(U) = A \cap U$ offen ist. Wählt man auf A die diskrete Topologie, so ist dies der Fall. Natürlicherweise ist man jedoch an einer Topologie interessiert, die engere Beziehungen zu der Topologie des umgebenden Raumes hat. Eine solche zu gewinnen ist im vorliegenden Fall besonders einfach.

2.1 Satz und Definition. *$(X, \mathcal{T})$ sei ein topologischer Raum und A eine Teilmenge von X. Dann ist die Menge $\mathcal{T}_A := \{U \cap A | U \in \mathcal{T}\}$ eine Topologie auf A.*
$\mathcal{T}_A$ heißt Teilraumtopologie oder Spurtopologie oder die von $\mathcal{T}$ auf A induzierte Topologie. Der topologische Raum $(A, \mathcal{T}_A)$ heißt Teilraum von $(X, \mathcal{T})$. Man spricht auch kurz von dem Teilraum A und meint damit $(A, \mathcal{T}_A)$.

BEWEIS: Ist $(U_i \cap A)_{i \in I}$ eine Familie von Mengen aus $\mathcal{T}_A$ mit $U_i \in \mathcal{T}$, so ist $U = \bigcup_{i \in I} U_i \in \mathcal{T}$ und daher $\bigcup_{i \in I}(U_i \cap A) = (\bigcup_{i \in I} U_i) \cap A = U \cap A \in \mathcal{T}_A$, und $\mathcal{T}_A$ erfüllt (O-1). Sind $U \cap A$ und $V \cap A$ aus $\mathcal{T}_A$ mit $U, V \in \mathcal{T}$, so ist $(U \cap A) \cap (V \cap A) = (U \cap V) \cap A \in \mathcal{T}_A$, und $\mathcal{T}_A$ erfüllt (O-2). Schließlich gehören $\emptyset = \emptyset \cap A$ und $A = X \cap A$ zu $\mathcal{T}_A$, und $\mathcal{T}_A$ ist eine Topologie auf A. □

Bei allen Konstruktionen aus vorgegebenen Räumen ist es interessant, die Stetigkeit von Abbildungen mit Hilfe der ursprünglichen Topologien nachweisen zu können, da diese meist einfacher zu überschauen sind. Ein erstes Beispiel gibt der folgende Satz. Sätze ähnlichen Typs werden im Zusammenhang mit jeder der in §2 auftretenden Konstruktionen formuliert.

2.2 Satz. *X sei ein topologischer Raum und A ein Teilraum von X.*

(i) *Die Inklusionsabbildung $i : A \to X$ ist stetig.*

(ii) *Ist Y ein weiterer topologischer Raum und $f : Y \to A$ eine Abbildung, so ist f stetig genau dann, wenn $i \circ f : Y \to X$ stetig ist.*

BEWEIS: Zu (i). Es wird gezeigt, daß das Urbild jeder offenen Menge offen ist. Wenn U offen in X ist, so ist $i^{-1}(U) = U \cap A$ offen in A nach Definition der Teilraumtopologie.

Zu (ii). Wenn f stetig ist, so ist $i \circ f$ stetig als Komposition stetiger Abbildungen. Ist $i \circ f$ stetig, dann ist für alle offenen Teilmengen U von X die Menge $(i \circ f)^{-1}(U)$ offen.
Da $(i \circ f)^{-1}(U) = f^{-1}(i^{-1}(U)) = f^{-1}(U \cap A)$, ist somit $f^{-1}(U \cap A)$ offen. Da jede offene Teilmenge V von A die Form $V = U \cap A$ hat, wo U offen in X ist, ist $f^{-1}(V) = f^{-1}(U \cap A)$ offen, d.h. f ist stetig. □

Die Aussage (ii) des vorangehenden Satzes stellt fest, daß eine Abbildung $f : X \to Y$ genau dann stetig ist, wenn f betrachtet als Abbildung von X in $f(X)$ stetig ist. Abbildungen zwischen topologischen Räumen werden häufig zusammengesetzt aus stetigen Abbildungen, die auf Teilräumen definiert sind. Man ist daran interessiert, auf diese Weise eine auf dem ganzen Raum stetige Abbildung zu gewinnen. In diesem Zusammenhang ist der folgende Satz wichtig.

2.3 Satz. *X und Y seien topologische Räume, $f : X \to Y$ eine Abbildung und $A_1, A_2, \ldots, A_n$ abgeschlossene Teilmengen von X, so daß $X = A_1 \cup \ldots \cup A_n$. f ist genau dann stetig, wenn für jedes $i \in \{1, \ldots, n\}$ die Abbildung $f|A_i : A_i \to Y$, das ist die Einschränkung von f auf A_i, stetig ist.*

BEWEIS: $f|A_i$ schreibt man statt $f \circ j_i$, wo $j_i : A_i \to X$ die Inklusionsabbildung ist. Wenn f stetig ist, dann ist $f|A_i$ stetig als Komposition stetiger Abbildungen. Sind alle $f|A_i$ stetig, so ist für jede abgeschlossene Teilmenge U von Y und jedes $i \in \{1, \ldots, n\}$ die Menge $(f|A_i)^{-1}(U) = f^{-1}(U) \cap A_i$ abgeschlossen in A_i. Da A_i abgeschlossen in X ist, ist auch $f^{-1}(U) \cap A_i$ in X abgeschlossen (s. Aufgabe 1) und daher $f^{-1}(U) = \bigcup_{i=1}^{n} (f^{-1}(U) \cap A_i)$ in X abgeschlossen. Nach 1.24 ist dann f stetig. □

Bei der Definition des Produktes von topologischen Räumen wird das eingangs formulierte Prinzip entsprechend angewandt. Ist $((X_\lambda, \mathcal{T}_\lambda))_{\lambda \in \Lambda}$ eine Familie von topologischen Räumen, so bezeichnet $X = \prod_{\lambda \in \Lambda} X_\lambda$ das kartesische Produkt der X_λ. Für jedes $\lambda \in \Lambda$ existiert die kanonische Projektion $\pi_\lambda : X \to X_\lambda$, die jedem $x = (x_\kappa)_{\kappa \in \Lambda} \in X$ das Element $x_\lambda \in X_\lambda$ zuordnet. Wenn $X_\lambda \neq \emptyset$ ist für alle $\lambda \in \Lambda$, dann ist jedes π_λ surjektiv. Die "natürliche" Topologie auf X ist die gröbste Topologie $\mathcal{T}$ auf X bzgl. der alle $\pi_\lambda : X \to X_\lambda$ stetig sind, das ist die gröbste Topologie auf X, die alle

Mengen der Form $\pi_\lambda^{-1}(U_\lambda)$ mit $U_\lambda \in \mathcal{T}_\lambda$ enthält. Nach 1.9 ist $\mathcal{T}$ die von der Subbasis $\mathcal{S} = \{\pi_\lambda^{-1}(U_\lambda) | \lambda \in \Lambda \text{ und } U_\lambda \in \mathcal{T}_\lambda\}$ erzeugte Topologie.

2.4 Definition. $((X_\lambda, \mathcal{T}_\lambda))_{\lambda\in\Lambda}$ sei eine Familie von topologischen Räumen, $X = \prod_{\lambda\in\Lambda} X_\lambda$ das kartesische Produkt der X_λ, und für jedes $\lambda \in \Lambda$ sei $\pi_\lambda : X \to X_\lambda$ die kanonische Projektion. Die gröbste Topologie auf X, bzgl. der alle π_λ, $\lambda \in \Lambda$, stetig sind, heißt Produkttopologie. Ist $\mathcal{T}$ die Produkttopologie auf X, so heißt das Paar $(X, \mathcal{T})$ das topologische Produkt der $(X_\lambda, \mathcal{T}_\lambda)$. Abkürzend wird dafür in Zukunft notiert: $X = \prod_{\lambda\in\Lambda} X_\lambda$ ist das topologische Produkt der X_λ. Ist $\Lambda = \{1, 2, \ldots, n\}$, so schreibt man $X = X_1 \times \ldots \times X_n$.

2.5 Satz. $((X_\lambda, \mathcal{T}_\lambda))_{\lambda\in\Lambda}$ *sei eine Familie von topologischen Räumen und* X *das topologische Produkt der* X_λ. *Dann gelten folgende Aussagen:*

(i) *Die Mengen* $\prod_{\lambda\in\Lambda} U_\lambda$, *wobei die* U_λ *die offenen Teilmengen von* X_λ *sind und* $U_\lambda \neq X_\lambda$ *für höchstens endlich viele* $\lambda \in \Lambda$ *ist, bilden eine Basis für die Produkttopologie auf* X.

(ii) *Die kanonischen Projektionen* $\pi_\lambda : X \to X_\lambda$ *sind offene Abbildungen.*

(iii) *Ist* Y *ein topologischer Raum und* $f : Y \to X$ *eine Abbildung, so ist* f *stetig genau dann, wenn für jedes* $\lambda \in \Lambda$ *die Abbildung* $\pi_\lambda \circ f$ *stetig ist.*

BEWEIS: Zu (i). Die endlichen Durchschnitte von Mengen aus $\mathcal{S} := \{\pi_\lambda^{-1}(U_\lambda) | \lambda \in \Lambda \text{ und } U_\lambda \text{ offen in } X_\lambda\}$ bilden eine Basis für die Produkttopologie. Diese endlichen Durchschnitte sind Mengen der Form $\prec U^1, \ldots, U^r \succ := \pi_{\kappa_1}^{-1}(U^1) \cap \ldots \cap \pi_{\kappa_r}^{-1}(U^r)$, wo U^i eine offene Teilmenge von X_{κ_i} ist. Dann ist $\pi_{\kappa_i}^{-1}(U^i) = \prod_{\lambda\in\Lambda} V_\lambda^i$ mit $V_\lambda^i = X_\lambda$ für $\lambda \neq \kappa_i$ und $V_{\kappa_i}^i = U^i$ und $\prec U^1, \ldots, U^r \succ = \prod V_\lambda^1 \cap \ldots \cap \prod V_\lambda^r = \prod (V_\lambda^1 \cap \ldots \cap V_\lambda^r)$. Da nur für endlich viele $\lambda \in \Lambda$ die Menge $V_\lambda^i \neq X_\lambda$ ist, steht an letzter Stelle eine Menge der in der Behauptung angegebenen Form.
Zu (ii). Nach 1.30 Aufgabe 6 genügt es zu zeigen, daß für jede offene Menge B aus der Basis $\pi_\lambda(B)$ offen ist. Sei $B = \prod_{\lambda\in\Lambda} U_\lambda$ eine Menge aus der in (i) angegebenen Basis. Wenn $B \neq \emptyset$, dann ist $\pi_\lambda(B) = U_\lambda$, und U_λ ist offen in X_λ.
Zu (iii). Wenn $f : Y \to X$ stetig ist, dann ist für jedes $\lambda \in \Lambda$ auch $\pi_\lambda \circ f$ stetig nach 1.23. Sei nun $\pi_\lambda \circ f$ stetig für jedes $\lambda \in \Lambda$. Es wird gezeigt, daß für jede Menge U aus der Subbasis $\mathcal{S}$ gilt, daß $f^{-1}(U)$ offen ist. Eine solche Menge hat die Form $\pi_\lambda^{-1}(V)$, wobei V offen in X_λ ist und $\lambda \in \Lambda$. Dann ist aber $f^{-1}(\pi_\lambda^{-1}(V)) = (\pi_\lambda \circ f)^{-1}(V)$, und diese Menge ist offen, da $\pi_\lambda \circ f$ stetig ist. Mit diesem Ergebnis zeigt man leicht, daß $f^{-1}(U)$ offen ist für jede offene Teilmenge U von X. □

2.6 Beispiel. $\mathbb{R}^n$ trägt für $n > 1$ die Standardtopologie und als kartesisches Produkt von n Exemplaren von $\mathbb{R}$ die Produkttopologie. Die Standardtopologie und die Produkttopologie auf $\mathbb{R}^n$ sind gleich (s. Aufgabe 4).

Für zwei topologische Räume, deren zugrundeliegende Mengen disjunkt sind, ist die Vereinigung der beiden Topologien eine Topologie auf der Vereinigung der beiden Mengen. Das gilt entsprechend für beliebig viele topologische Räume, deren zugrundeliegende Mengen disjunkt sind. Ist $((X_\lambda, \mathcal{T}_\lambda))_{\lambda\in\Lambda}$ eine Familie von topologischen Räumen, so sei $X = \bigcup_{\lambda\in\Lambda} X_\lambda \times \{\lambda\}$. Das kartesische Produkt $X_\lambda \times \{\lambda\}$ wird hier gebildet, damit die Mengen, deren Vereinigung X ist, auf jeden Fall disjunkt sind. Sind die X_λ von vorneherein paarweise disjunkt, so kann man auf die Bildung des kartesischen Produktes verzichten. Die Menge

$$\mathcal{B} = \{U \times \{\lambda\} | \lambda \in \Lambda \quad \text{und} \quad U \in \mathcal{T}_\lambda\}$$

erfüllt die Bedingungen (B-1) und (B-2) aus 1.6. Denn es ist $\bigcup_{B\in\mathcal{B}} B \supset \bigcup_{\lambda\in\Lambda} X_\lambda \times \{\lambda\} = X$. Wenn $U \in \mathcal{T}_\lambda$ und $V \in \mathcal{T}_\kappa$, dann ist

$$U \times \{\lambda\} \cap V \times \{\kappa\} = \begin{cases} \emptyset & \text{wenn } \kappa \neq \lambda \\ (U \cap V) \times \{\kappa\} & \text{wenn } \lambda = \kappa. \end{cases}$$

Im letzten Fall ist $U \cap V \in \mathcal{T}_\kappa$ und $(U \cap V) \times \{\kappa\} \in \mathcal{B}$. Dann gibt es aber auf X nach 1.8 genau eine Topologie, die $\mathcal{B}$ als Basis besitzt.

2.7 Definition. $((X_\lambda, \mathcal{T}_\lambda))_{\lambda\in\Lambda}$ sei eine Familie von topologischen Räumen und $X = \bigcup_{\lambda\in\Lambda} X_\lambda \times \{\lambda\}$. $\mathcal{T}$ sei die Topologie von X mit der Basis $\mathcal{B} = \{U \times \{\lambda\} | \lambda \in \Lambda \text{ und } U \in \mathcal{T}_\lambda\}$. Dann heißt $(X, \mathcal{T})$ die topologische Summe der $(X_\lambda, \mathcal{T}_\lambda)$. Man schreibt auch $\bigoplus_{\lambda\in\Lambda} X_\lambda$ für die topologische Summe der X_λ und $X_1 + \ldots + X_n$, falls $\Lambda = \{1, \ldots, n\}$.

Für jedes $\lambda \in \Lambda$ ist die kanonische Injektion $i_\lambda : X_\lambda \to X$ definiert durch $i_\lambda(x) = (x, \lambda)$ für alle $x \in X_\lambda$. Die i_λ sind die durch die Konstruktion vorgegebenen kanonischen Abbildungen, und man wird nach den einleitenden Bemerkungen erwarten, daß die i_λ stetig sind.

2.8 Satz. $((X_\lambda, \mathcal{T}_\lambda))_{\lambda\in\Lambda}$ *sei eine Familie von topologischen Räumen und* $(X, \mathcal{T})$ *die topologische Summe der* $(X_\lambda, \mathcal{T}_\lambda)$. *Dann gilt:*

(i) *Für alle* $\lambda \in \Lambda$ *ist* $i_\lambda : X_\lambda \to X$ *stetig und offen.*

(ii) $\mathcal{T}$ *ist die feinste Topologie auf* X, *bzgl. der alle* i_λ *stetig sind.*

(iii) *Ist* $(Y, \mathcal{S})$ *ein weiterer topologischer Raum und* $f : X \to Y$ *eine Abbildung, so ist* f *stetig genau dann, wenn für alle* $\lambda \in \Lambda$ *die Abbildung* $f \circ i_\lambda$ *stetig ist.* □

Ist X ein topologischer Raum und $f : X \to Y$ eine Abbildung von X in eine Menge Y, so existiert auf Y eine feinste Topologie mit der Eigenschaft, daß f bezüglich dieser Topologie stetig ist. Diese ausgezeichnete Topologie auf Y wird im folgenden Satz beschrieben. Sie wird verschiedentlich zur Konstruktion von Beispielen benutzt.

2.9 Satz und Definition. *$(X, \mathcal{T})$ sei ein topologischer Raum, Y eine Menge und $f : X \to Y$ eine Abbildung. Dann ist die Menge $\mathcal{O} = \{U \subset Y | f^{-1}(U) \in \mathcal{T}\}$ die feinste Topologie auf Y, bzgl. der f stetig ist. Ist $(Z, \mathcal{V})$ ein topologischer Raum und $g : (Y, \mathcal{O}) \to (Z, \mathcal{V})$ eine Abbildung, so ist g stetig genau dann, wenn $g \circ f$ stetig ist. Wenn f surjektiv ist, so heißt die Topologie $\mathcal{O}$ Identifizierungstopologie bzgl. f oder Quotiententopologie.*

BEWEIS: Für jede Familie $(U_i)_{i \in I}$ von Mengen aus Y gilt $f^{-1}(\bigcup_{i \in I} U_i) = \bigcup_{i \in I} f^{-1}(U_i)$ und $f^{-1}(\bigcap_{i \in I} U_i) = \bigcap_{i \in I} f^{-1}(U_i)$. Daher ist $\mathcal{O}$ eine Topologie auf Y. Ist $\mathcal{W}$ eine weitere Topologie auf Y bzgl. der f stetig ist, dann gilt für alle $U \in \mathcal{W}$, daß $f^{-1}(U) \in \mathcal{T}$ ist. Dann ist aber $U \in \mathcal{O}$ und $\mathcal{W} \subset \mathcal{O}$. Daher ist $\mathcal{O}$ die feinste Topologie auf Y, für die f stetig ist.

Wenn $g : Y \to Z$ stetig ist, dann ist $g \circ f$ als Komposition stetiger Abbildungen stetig. Sei umgekehrt $g \circ f$ stetig und $U \in \mathcal{V}$. Dann ist $(g \circ f)^{-1}(U)$ offen bzgl. $\mathcal{T}$, und es ist $(g \circ f)^{-1}(U) = f^{-1}(g^{-1}(U))$. Nach Definition der Topologie $\mathcal{O}$ ist daher $g^{-1}(U)$ offen, und g ist stetig. □

2.10 Definition. Sind $(X, \mathcal{T})$ und $(Y, \mathcal{S})$ topologische Räume und $f : X \to Y$ eine surjektive Abbildung, so heißt f identifizierend, wenn $\mathcal{S}$ die Identifizierungstopologie bzgl. f ist, d.h. wenn $\mathcal{S} = \{U \subset Y | f^{-1}(U) \in \mathcal{T}\}$ ist.

2.11 Beispiel und Definition. $(X, \mathcal{T})$ sei ein topologischer Raum und R eine Äquivalenzrelation auf X. Durch R wird X in disjunkte Teilmengen, die Äquivalenzklassen, zerlegt, so daß jede Äquivalenzklasse zueinander äquivalente Elemente enthält, während je zwei Elemente aus verschiedenen Klassen nicht äquivalent sind. Die Menge der Äquivalenzklassen wird mit X/R bezeichnet. Es existiert eine natürliche Abbildung $\pi : X \to X/R$, die jedem $x \in X$ die Klasse der zu x äquivalenten Elemente zuordnet. π heißt kanonische Projektion. X/R versehen mit der Quotiententopologie heißt Quotientenraum von X nach R.

Es werden zunächst Beispiele betrachtet, bei denen die Äquivalenzrelation R durch eine Gruppenaktion definiert ist.

2.12 Definition. Es seien X ein topologischer Raum und G eine Gruppe. Eine Aktion von G auf X ist eine Abbildung $\alpha : G \times X \to X$, abkürzend schreibt man gx statt $\alpha(g, x)$, mit den folgenden Eigenschaften:

(i) Für alle $x \in X$ und alle $g, h \in G$ ist $\alpha(g, \alpha(h, x)) = \alpha(gh, x)$.

(ii) Für alle $x \in X$ und das neutrale Element $e \in G$ ist $\alpha(e, x) = x$.

Mit Hilfe der Gruppenaktion wird auf X eine Relation R definiert: $(x,y) \in X \times X$ gehört zu R, wenn ein $g \in G$ existiert mit $\alpha(g,x) = y$. Die Relation R ist eine Äquivalenzrelation, wie man leicht nachprüft. Der Quotientenraum von X nach dieser Relation wird mit X/G bezeichnet.

2.13 Beispiele. (i) Die reellen projektiven Räume.
S^n sei die Einheitssphäre in $\mathbb{R}^{n+1}$, d.h. $S^n = \{(x_0,\dots,x_n) \in \mathbb{R}^{n+1} \mid \sum_{\nu=0}^n x_\nu^2 = 1\}$, und S^n ist Teilraum von $\mathbb{R}^{n+1}$. Die Einheitssphäre $S^0 = \{-1,1\}$ ist bezüglich der Multiplikation von reellen Zahlen eine Gruppe. Eine Aktion $\alpha : S^0 \times S^n \to S^n$ ist definiert durch $\alpha(g,(x_0,\dots,x_n)) = (gx_0, gx_1, \dots, gx_n)$. Der Quotientenraum S^n/S^0 heißt n-dimensionaler reeller projektiver Raum und wird mit $\mathbb{R}P^n$ bezeichnet.

(ii) Die komplexen projektiven Räume.
In dem komplexen Vektorraum $\mathbb{C}^n$ ist durch die Norm $\| (z_0,\dots,z_{n-1}) \| = \sqrt{|z_0|^2 + \dots + |z_{n-1}|^2}$ eine Topologie definiert. Durch die Zuordnung $(x_0 + iy_0, \dots, x_{n-1} + iy_{n-1}) \to (x_0, y_0, x_2, \dots, x_{n-1}, y_{n-1})$ wird ein reeller Isomorphismus $r : \mathbb{C}^n \to \mathbb{R}^{2n}$ definiert. Da r die Norm erhält, ist r auch ein Homöomorphismus, und man kann $\mathbb{R}^{2n}$ mit $\mathbb{C}^n$ identifizieren. In $\mathbb{C}^{n+1}$ läßt sich die Einheitssphäre S^{2n+1} beschreiben in der Form $S^{2n+1} = \{(z_0,\dots,z_n) \in \mathbb{C}^{n+1} \mid \sum_{\nu=0}^n |z_\nu|^2 = 1\}$. Die Kreislinie $S^1 = \{z \in \mathbb{C} \mid |z| = 1\}$ ist mit der Multiplikation von komplexen Zahlen eine Gruppe, und die Gruppenaktion

$$\alpha : S^1 \times S^{2n+1} \to S^{2n+1}$$

ist definiert durch $\alpha(z,(z_0,\dots,z_n)) = (zz_0,\dots,zz_n)$.
Der Quotientenraum S^{2n+1}/S^1 heißt n-dimensionaler komplexer projektiver Raum und wird mit $\mathbb{C}P^n$ bezeichnet.

(iii) Die quaternionalen projektiven Räume.
Der Schiefkörper der Quaternionen $\mathbb{H}$ ist ein vierdimensionaler reeller Vektorraum. Die Elemente $1, i, j, k$ bilden eine ausgezeichnete Basis. Damit läßt sich jedes Element $q \in \mathbb{H}$ auf genau eine Weise schreiben in der Form

$$q = 1x_0 + ix_1 + jx_2 + kx_3 \quad \text{mit} \quad x_0, x_1, x_2, x_3 \in \mathbb{R}.$$

Ist $r = 1y_0 + iy_1 + jy_2 + ky_3$ ein weiteres Element aus $\mathbb{H}$, so ist

$$\begin{aligned} q \cdot r = {} & 1(x_0y_0 - x_1y_1 - x_2y_2 - x_3y_3) \\ & + i(x_0y_1 + x_1y_2 + x_2y_3 - x_3y_2) \\ & + j(x_0y_2 + x_2y_0 + x_3y_1 - x_1y_3) \\ & + k(x_0y_3 + x_3y_0 + x_1y_2 - x_2y_1). \end{aligned}$$

Im folgenden wird i statt $i1$, j statt $j1$, k statt $k1$ sowie x statt $1x$ für alle $x \in \mathbb{R}$ geschrieben. Außerdem wird für $q, r \in \mathbb{H}$ meist qr statt $q \cdot r$ notiert. Die Multiplikationstabelle für die Elemente der ausgezeichneten Basis hat damit die Form: $ii = jj = kk = -1$, $1 \cdot 1 = 1$, $1i = i1 = i$, $1j = j1 = j$, $1k = k1 = k$, $ij = -ji = k$, $ik = -ki = -j$, $jk = -kj = i$. Auf $\mathbb{H}$ ist ein Absolutbetrag $| \ |$ definiert durch $|q| = \sqrt{x_0^2 + x_1^2 + x_2^2 + x_3^2}$. Es sei daran erinnert, daß die Quaternionen sich beschreiben lassen als die komplexen 2×2-Matrizen der Form $\begin{pmatrix} a & b \\ -\bar{b} & \bar{a} \end{pmatrix}$. Den Elementen $1, i, j, k$ entsprechen die Matrizen $\begin{pmatrix} 1 & 0 \\ 0 & 1 \end{pmatrix}$, $\begin{pmatrix} i & 0 \\ 0 & -i \end{pmatrix}$, $\begin{pmatrix} 0 & -1 \\ -1 & 0 \end{pmatrix}$, $\begin{pmatrix} 0 & i \\ i & 0 \end{pmatrix}$. Die Norm ist in dieser Beschreibung durch die Wurzel aus der Determinante gegeben. $\mathbb{H}^n = \{(q_0, \ldots, q_{n-1}) | q_i \in \mathbb{H}\}$ ist auf natürliche Weise ein Rechts-Vektorraum über $\mathbb{H}$. In $\mathbb{H}^n$ ist eine Norm definiert durch

$$\| (q_0, \ldots, q_{n-1}) \| := \left(\sum_{i=0}^{n-1} |q_i|^2 \right)^{1/2} .$$

Die Abbildung $s : \mathbb{H}^n \to \mathbb{R}^{4n}$, die definiert ist durch $s(q_0, \ldots, q_{n-1}) = (x_0^0, x_1^0, x_2^0, x_3^0, x_0^1, \ldots, x_3^{n-1})$ ist ein Isomorphismus von reellen Vektorräumen. $\mathbb{H}^n$ ist ein topologischer Raum mit der durch die Norm definierten Topologie. Da s die Norm erhält, ist s auch ein Homöomorphismus. In $\mathbb{H}^{n+1}$ läßt sich die Einheitssphäre S^{4n+3} beschreiben in der Form

$$S^{4n+3} = \{(q_0, \ldots, q_n) \in \mathbb{H}^{n+1} | \sum_{\nu=0}^{n} |q_\nu|^2 = 1\}.$$

Die dreidimensionale Einheitssphäre $S^3 = \{q \in \mathbb{H} | \; |q| = 1\}$ ist mit der Multiplikation in $\mathbb{H}$ eine Gruppe. Eine Aktion $\alpha : S^3 \times S^{4n+3} \to S^{4n+3}$ wird definiert durch

$$\alpha(q, (q_0, \ldots, q_n)) = (q_0 q^{-1}, q_1 q^{-1}, \ldots, q_n q^{-1}).$$

Der Quotientenraum S^{4n+3}/S^3 heißt n-dimensionaler quaternionaler projektiver Raum und wird mit $\mathbb{H}P^n$ bezeichnet. Da $\mathbb{H}^{n+1}$ als Rechts-Vektorraum betrachtet wird, wurde als Gruppenaktion von S^3 auf S^{4n+3} die Multiplikation von rechts gewählt. Um eine Gruppenaktion im Sinne von 2.12 zu erhalten, wird mit dem inversen Element multipliziert.

Ein anderes Verfahren, aus vorgegebenen Räumen einen neuen Raum zu konstruieren, ist das sogenannte Verkleben von Räumen. Hier wird auf der topologischen Summe zweier Räume eine Äquivalenzrelation eingeführt, die gerade diejenigen Punkte der gleichen Klasse zuordnet, die miteinander "verklebt" werden sollen. Das geschieht durch eine Abbildung zwischen Teilmengen der beiden zu verklebenden Räume.

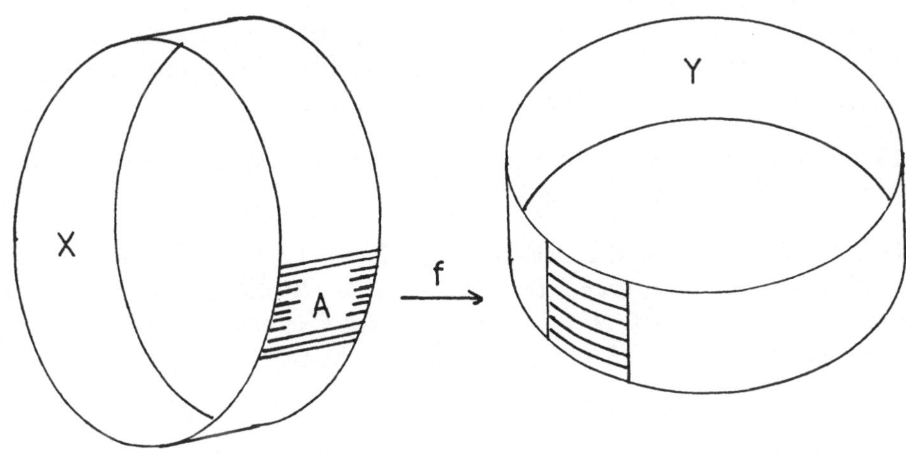

Abb. 2

2.14 Definition. X und Y seien disjunkte topologische Räume, A eine abgeschlossene Teilmenge von X und $f : A \to Y$ eine stetige Abbildung. In der topologischen Summe von X und Y wird folgende Äquivalenzrelation R eingeführt: $(x, y) \in R$ genau dann, wenn

(1)	$x = y$			oder
(2)	$x, y \in A$	und	$f(x) = f(y)$	oder
(3)	$x \in A,\ y \in f(A)$	und	$y = f(x)$	oder
(4)	$y \in A,\ x \in f(A)$	und	$x = f(y)$.	

Der Quotientenraum $X + Y/R$ wird mit $Y \cup_f X$ bezeichnet und heißt der durch Verkleben von X und Y mittels f entstandene Raum.

Ein wichtiger Spezialfall dieser Konstruktion ist das Verkleben eines topologischen Raumes mit einer Vollkugel. Die Bezeichnung für diesen Fall wird zusammen mit den Bezeichnungen für immer wieder auftretende Standardräume in der folgenden Definition zusammengefaßt.

2.15 Definition. Die Teilräume

$$D^n := \{x \in \mathbb{R}^n \mid x_0^2 + \ldots + x_{n-1}^2 \leq 1\}$$

$$S^{n-1} := \{x \in \mathbb{R}^n \mid x_0^2 + \ldots + x_{n-1}^2 = 1\}$$

$$e^n := \mathring{D}^n = \{x \in \mathbb{R}^n \mid x_0^2 + \ldots + x_{n-1}^2 < 1\}$$

des $\mathbb{R}^n$ heißen n-dimensionale Einheitskugel, $(n-1)$-dimensionale Einheitssphäre und n-Zelle. Jeder zu D^n, S^{n-1} bzw. e^n homöomorphe Raum heißt n-dimensionaler Ball, $(n-1)$-dimensionale Sphäre bzw. n-Zelle. Wenn $f : S^{n-1} \to X$ eine stetige Abbildung in den topologischen Raum X ist, sagt man, $X \cup_f D^n$ sei aus X durch Anheften einer n-Zelle mittels f entstanden.

2.16 Beispiel. $f : S^n \to D^{n+1}$ sei die Inklusionsabbildung. Dann ist der Raum $D^{n+1} \cup_f D^{n+1}$ homöomorph zu S^{n+1}.

2.17 Satz. *Es seien X und Y topologische Räume, $f : X \to Y$ eine surjektive Abbildung und U eine offene Teilmenge von X. Wenn U bzgl. f saturiert ist, d.h. wenn $U = f^{-1}(f(U))$ gilt, und f identifizierend ist, so ist die Einschränkung $f|U : U \to f(U)$ eine identifizierende Abbildung.*

BEWEIS: Im Beweis wird $\tilde{f}$ statt $f|U$ geschrieben. Da $\tilde{f}$ natürlich surjektiv ist, bleibt zu zeigen, daß eine Teilmenge W von $f(U)$ genau dann in $f(U)$ offen ist, wenn $\tilde{f}^{-1}(W)$ in U offen ist. Wegen der Stetigkeit von $\tilde{f}$ ist für jede offene Teilmenge W von $f(U)$ die Menge $\tilde{f}^{-1}(W)$ offen in U. Sei nun $W \subset f(U)$ und $\tilde{f}^{-1}(W)$ offen in U. Da U offen ist, ist $\tilde{f}^{-1}(W)$ offen, und da $U = f^{-1}(f(U))$, ist $\tilde{f}^{-1}(W) = f^{-1}(W)$. Nun ist f identifizierend und daher W offen in Y, also ist W auch offen in $f(U)$. □

Zum Schluß dieser Paragraphen werden einige weitere Beispiele von topologischen Räumen vorgestellt, die sich durch anschauliche Konstruktionen aus Teilmengen des $\mathbb{R}^2$ gewinnen lassen.

2.18 Beispiel. Es sei $X = \{(x,y) \in \mathbb{R}^2 \mid 0 \leq x \leq 1 \text{ und } 0 \leq y \leq 1\}$. In X wird folgende Äquivalenzrelation "$\sim$" eingeführt. $(x,y) \sim (u,v)$ genau dann, wenn $(x,y) = (u,v)$ oder $((x,y) = (0,y)$ und $(u,v) = (1,1-y))$ oder $((x,y) = (1,y)$ und $(u,v) = (0,1-y))$.
Der Quotientenraum $M := X/\sim$ heißt Möbiusband (Abb.3).

2.19 Beispiel. Auf dem Einheitskreis des $\mathbb{R}^2$ werden in gleichen Abständen $4p$ Punkte ausgezeichnet, p sei eine positive natürliche Zahl. Die konvexe Hülle (s. Definition 5.5) dieser $4p$ Ecken wird mit E_p bezeichnet.

Die Ecken von E_p werden aufeinanderfolgend entgegen dem Uhrzeigersinn mit $A_1, B_1, C_1, D_1, A_2, \dots, A_p, B_p, C_p, D_p$ benannt. Die Seiten A_iB_i und D_iC_i sowie B_iC_i und $A_{i+1}D_i$ werden im angegebenen Richtungssinn linear identifiziert. Das heißt auf E_p wird die folgende Relation R' eingeführt: $(x,y) \in R'$, wenn

(1) $x = y$ oder

(2) $x \in A_iB_i$, $y \in C_iD_i$ und
$x = tB_i + (1-t)A_i$ und $y = tC_i + (1-t)D_i$
mit $0 \leq t \leq 1$, oder

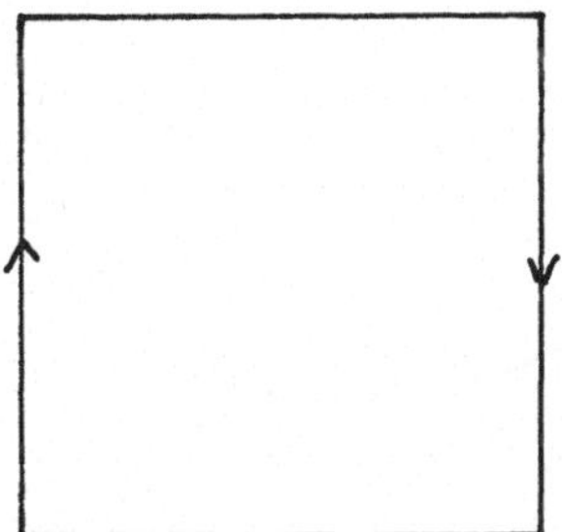

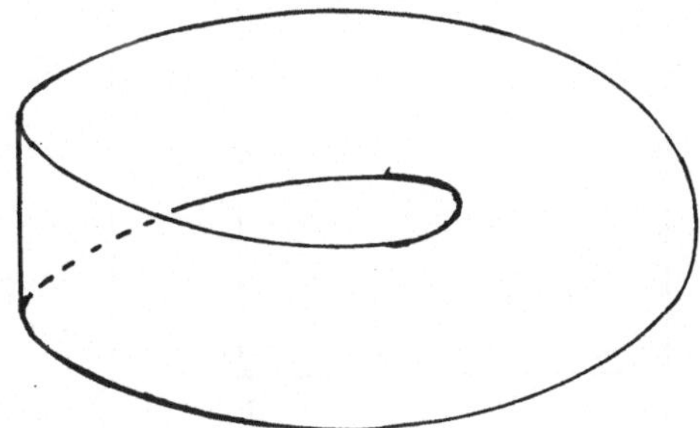

Abb. 3

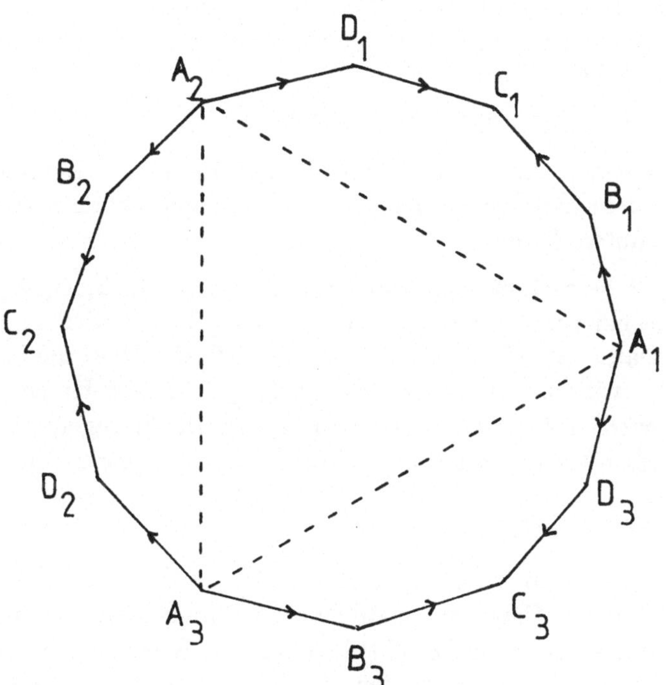

Abb. 4

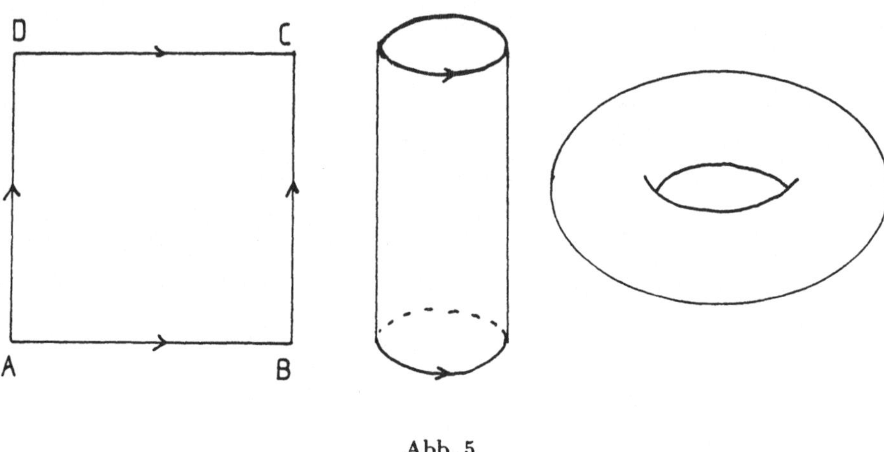

Abb. 5

(3) $x \in B_iC_i, \quad y \in D_iA_{i+1}$ und
$x = tC_i + (1-t)B_i$ und $y = tD_i + (1-t)A_{i+1}$
mit $0 \leq t \leq 1$.

Statt A_{p+1} ist dabei A_1 zu lesen. R sei die kleinste Äquivalenzrelation, die R' enthält. Der Quotientenraum $F_p := E_p/R$ heißt orientierbare Fläche vom Geschlecht p. F_1 heißt Torus.

Um F_p zu veranschaulichen, sei zunächst $p = 1$.

Durch Identifizieren von AB mit DC erhält man einen Zylinder. Identifiziert man in dem Zylinder die Randkurven im angegebenen Sinn, so erhält man den bekannten Torus.

Für $p \geq 2$ betrachtet man zunächst das 5-Eck $A_i, B_i, C_i, D_i, A_{i+1}$, in dem die Identifizierungen durchgeführt werden. Zuerst wird A_i mit A_{i+1} identifiziert. Dann sind die Kanten A_iB_i, B_iC_i, C_iD_i, D_iA_i die Seiten eines Quadrates Q_i, während die freie Kante A_iA_{i+1} zu einem Kreisring zusammengebogen wird. In Q_i werden nun nach Vorschrift die gegenüberliegenden Kanten identifiziert. Man erhält einen Torus, aus dem eine 2-Zelle herausgenommen ist.
Ein solches Gebilde heißt ein Henkel.

In dem p-Eck mit den Ecken $A_1, A_2, \ldots, A_p$ werden unter der angegebenen Relation nun alle Ecken zu einem einzigen Punkt identifiziert, und man erhält eine Sphäre mit p "Löchern" (für $p = 2$ eine Kreislinie), die alle durch geschlossene Kurven berandet werden, die homöomorph zu S^1 sind.

Den Quotientenraum erhält man, indem man in diese "Löcher" die vorher gesondert betrachteten Henkel einsetzt. Damit ist F_p anschaulich eine Sphäre mit p Henkeln.

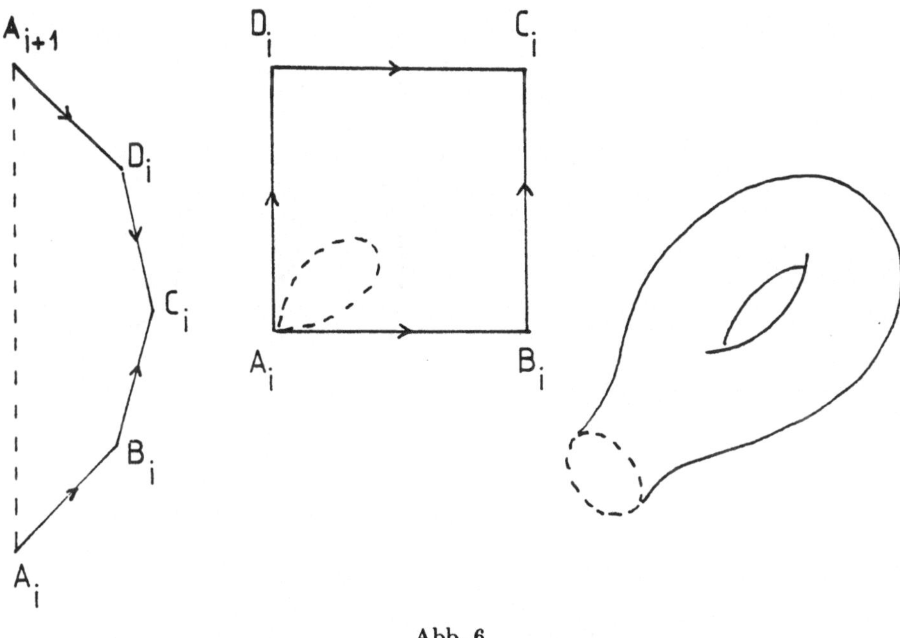

Abb. 6

Häufig wird eine orientierbare Fläche vom Geschlecht p als eine Sphäre mit p Henkeln definiert. Man kann dann beweisen, daß jede orientierbare Fläche vom Geschlecht p homöomorph ist zu F_p.

2.20 Bemerkungen. Die Teilraumtopologie wurde von F. Hausdorff in seinem grundlegenden Buch 1914 angegeben. H. Tietze definierte 1923 Topologien für das Produkt und für die Summe von topologischen Räumen. Die von ihm eingeführte Produkttopologie stimmt nicht mit der in 2.4 vorgestellten überein. Eine Basis für die Produkttopologie bilden bei Tietze alle Produkte von offenen Mengen in den einzelnen Faktoren. Die in 2.4 definierte und nach dem in der Einleitung formulierten Prinzip "natürliche" Topologie wurde von A. Tychonoff 1930 angegeben. Eine Definition der Quotiententopologie findet sich bei P. Alexandroff 1937. Die kategorielle Betrachtungsweise, mit der in der Einleitung die Auswahl der verschiedenen Topologien motiviert wurde, geht auf N. Bourbaki 1940 zurück. Die in 2.20 besprochenen orientierbaren Flächen sind Modelle der am längsten studierten topologischen Objekte, nämlich der Flächen. Das erste Beispiel einer einseitigen oder nichtorientierbaren Fläche, das Möbiusband, wurde 1858 von A.F. Möbius und ebenfalls von J.B. Listing entdeckt (vgl. hierzu J.-C. Pont, S. 109 ff). Für eine systematische Betrachtung der Flächen wird auf das Buch von H. Seifert und W. Threlfall verwiesen.

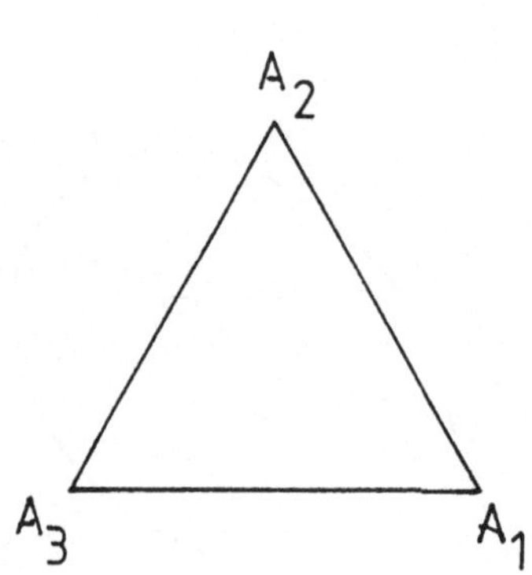

Abb. 7

Abb. 8

2.21 Aufgaben

1. Es seien $(X, \mathcal{T})$ ein topologischer Raum, $(A, \mathcal{T}_A)$ ein Teilraum von $(X, \mathcal{T})$ und $B \subset A$. Zeigen Sie:
   (i) $A \in \mathcal{T}$ genau dann, wenn $\mathcal{T}_A \subset \mathcal{T}$.
   (ii) B ist abgeschlossen bzgl. $\mathcal{T}_A$ genau dann, wenn eine bezüglich $\mathcal{T}$ abgeschlossene Teilmenge C von X existiert mit $B = A \cap C$.
2. Zeigen Sie, daß $\mathbb{R}^n$ homöomorph ist zu dem Teilraum $B(0,1)$ von $\mathbb{R}^n$.
3. Zeigen Sie: Das topologische Produkt einer Familie von diskreten Räumen ist diskret genau dann, wenn die Familie endlich ist.
4. Beweisen Sie, daß auf $\mathbb{R}^n = \mathbb{R} \times \mathbb{R} \times \ldots \times \mathbb{R}$ die Standardtopologie und die Produkttopologie übereinstimmen.
5. X und Y seien topologische Räume, $A \subset X$, $B \subset Y$. Beweisen Sie die folgenden Aussagen:
   (i) $A \times B$ ist Teilraum von $X \times Y$.
   (ii) $\overset{\circ}{\widehat{A \times B}} = \mathring{A} \times \mathring{B}$.
   (iii) $\overline{A \times B} = \overline{A} \times \overline{B}$.
   (iv) $Rd\,(A \times B) = (Rd\,A) \times \overline{B} \cup \overline{A} \times Rd\,B$.
6. In $\mathbb{R}^{n+1} \setminus \{0\}$ sei die Äquivalenzrelation S gegeben, durch $(x, y) \in S$ genau dann, wenn ein $r \in \mathbb{R}\setminus\{0\}$ existiert, so daß $y = rx$. Zeigen Sie, daß S eine Äquivalenzrelation ist und daß der Quotientenraum $\mathbb{R}^{n+1} \setminus \{0\}/S$ homöomorph zu $\mathbb{R}P^n$ ist.
7. $(X, \mathcal{T})$ und $(Y, \mathcal{S})$ seien topologische Räume. Zeigen Sie: Eine surjektive Abbildung $f : X \to Y$ ist genau dann identifizierend, falls gilt: eine Teilmenge C von Y ist abgeschlossen bzgl. $\mathcal{S}$ genau dann, wenn $f^{-1}(C)$ abgeschlossen bzgl. $\mathcal{T}$ ist.
8. Es seien $f : X \to Y$ und $g : Y \to Z$ Abbildungen. Zeigen Sie:
   (i) Sind f und g identifizierend, so ist auch $g \circ f$ identifizierend.
   (ii) Sind f und g stetig und ist $g \circ f$ identifizierend, so ist g identifizierend.
   (iii) Sind f und $g \circ f$ identifizierend, so ist g identifizierend.
9. Es seien X eine Menge, $(X_\alpha, \mathcal{T}_\alpha)_{\alpha \in A}$ eine Familie von topologischen Räumen und für jedes $\alpha \in A$ sei $f_\alpha : X \to X_\alpha$ eine Abbildung.

   Beweisen Sie:
   (i) Es gibt genau eine gröbste Topologie $\mathcal{T}$ auf X, so daß für alle $\alpha \in A$ die Abbildung $f_\alpha : (X, \mathcal{T}) \to (X_\alpha, \mathcal{T}_\alpha)$ stetig ist. $\mathcal{T}$ heißt die Initialtopologie von X bzgl. der Familie (f_α).
   (ii) Ist $(Y, \mathcal{S})$ ein weiterer topologischer Raum und $g : (Y, \mathcal{S}) \to (X, \mathcal{T})$ eine Abbildung, so ist g stetig genau dann, wenn $f_\alpha \circ g$ stetig ist für alle $\alpha \in A$.

(iii) Interpretieren Sie Teilraumtopologie und Produkttopologie als Initialtopologien.

10. Es seien X eine Menge, $(X_\alpha, \mathcal{T}_\alpha)_{\alpha \in A}$ eine Familie von topologischen Räumen und $f_\alpha : X_\alpha \to X$ für jedes $\alpha \in A$ eine Abbildung. Beweisen Sie:

    (i) Es gibt genau eine feinste Topologie $\mathcal{F}$ auf X, so daß $f_\alpha : (X_\alpha, \mathcal{T}_\alpha) \to (x, \mathcal{F})$ stetig ist für alle $\alpha \in A$. $\mathcal{F}$ heißt Finaltopologie von X bzgl. (f_α).

    (ii) Ist $g : (X, \mathcal{F}) \to (Y, \mathcal{S})$ eine Abbildung in den topologischen Raum $(Y, \mathcal{S})$, so ist g genau dann stetig, wenn $g \circ f_\alpha$ stetig ist für alle $\alpha \in A$.

11. Es seien X das topologische Produkt der Familie von topologischen Räumen $(X_\alpha)_{\alpha \in A}$ und $a = (a_\alpha) \in X$. Zeigen Sie, daß $Y = \{(x_\alpha) \in X \mid x_\alpha \neq a_\alpha \text{ für höchstens endlich viele } \alpha \in A\}$ dicht ist in X.

§ 3 Trennungseigenschaften

Anschaulich gestattet eine Topologie auf einer Menge, die "Nähe" von Punkten zueinander begrifflich zu fassen. Betrachtet man die indiskrete Topologie auf einer Menge, so sind alle Elemente der Menge zueinander "nahe" bzgl. dieser Topologie. In der diskreten Topologie sind alle Punkte isoliert. Kein Punkt liegt nahe an einer Menge, wenn er nicht schon zu ihr gehört. Es ist eine Eigenschaft der Topologie, ob zwei verschiedene Punkte disjunkte Umgebungen besitzen, ob Punkte abgeschlossen sind oder ähnliches. Eigenschaften dieser Art heißen Trennungseigenschaften. Die wichtigsten Trennungseigenschaften werden mit (T_1), (T_2), (T_3) und (T_4) bezeichnet. Die metrischen Räume besitzen alle vier Eigenschaften. In diesem Paragraphen werden zunächst die genannten Trennungseigenschaften aufgelistet, ihre Beziehungen zueinander erläutert und schließlich Hausdorffräume etwas eingehender besprochen.

3.1 Definition. Ein topologischer Raum X besitzt die Trennungseigenschaft (T_ν), $\nu \in \{1,2,3,4\}$, wenn für seine Topologie die folgende Aussage (T_ν) gilt:

(T_1) Zu je zwei verschiedenen Punkten x und y von X existieren Umgebungen U von x und V von y, so daß $x \notin V$ und $y \notin U$.

(T_2) Zu je zwei verschiedenen Punkten x und y von X existieren Umgebungen U von x und V von y, so daß $U \cap V = \emptyset$.

(T_3) Zu jeder abgeschlossenen Teilmenge A von X und zu jedem Punkt $x \in X \setminus A$ existieren disjunkte offene Teilmengen U und V von X mit $x \in U$ und $A \subset V$.

(T_4) Zu je zwei disjunkten abgeschlossenen Teilmengen A und B von X existieren disjunkte offene Teilmengen U und V von X mit $A \subset U$ und $B \subset V$.

3.2 Bemerkung und Beispiele. Die Eigenschaft (T_2) impliziert die Eigenschaft (T_1). Da Punkte in einem topologischen Raum nicht notwendig abgeschlossen sind, kann man aus (T_4) nicht auf (T_3) und aus (T_4) und (T_3) nicht auf (T_2) schließen, wie die folgenden Beispiele erläutern.

(i) Es sei $X = \{1,2\}$ versehen mit der Topologie $\{\emptyset, \{1,2\}, \{1\}\}$. Dieser Raum hat die Eigenschaft (T_4), aber keine der Eigenschaften (T_1), (T_2), (T_3).

(ii) Ein indiskreter Raum, der wenigstens zwei Punkte enthält, besitzt (T_3) und (T_4), aber weder (T_2) noch (T_1).

Topologische Räume, die wichtige Trennungseigenschaften erfüllen, wurden mit besonderen Namen versehen.

3.3 Definition. X sei ein topologischer Raum. Dann heißt X

(i) T_1-Raum, wenn X die Eigenschaft (T_1) besitzt,

(ii) Hausdorffraum oder hausdorffsch oder T_2-Raum, wenn X die Eigenschaft (T_2) besitzt,

(iii) regulär, wenn X die Eigenschaften (T_1) und (T_3) besitzt,

(iv) normal, wenn X die Eigenschaften (T_1) und (T_4) besitzt.

3.4 Satz. *Ein topologischer Raum ist T_1-Raum genau dann, wenn jeder seiner Punkte abgeschlossen ist.*

BEWEIS: Wenn X ein T_1-Raum ist und $x \in X$, so besitzt jedes $y \in X \setminus \{x\}$ eine Umgebung, die x nicht enthält. Daher ist $X \setminus \{x\}$ Umgebung jedes seiner Punkte und damit offen. Also ist $\{x\}$ abgeschlossen.

Ist jeder Punkt in X abgeschlossen, so ist für je zwei Punkte x und y die Menge $X \setminus \{x\}$ eine Umgebung von y, die x nicht enthält, und $X \setminus \{y\}$ eine Umgebung von x, die y nicht enthält. Also ist X ein T_1-Raum. □

3.5 Bemerkung. Mit 3.4 und den in 3.3 angegebenen Bezeichnungen erhält man eine Folge von Implikationen:

$$(\text{normal}) \quad \Rightarrow \quad (\text{regulär}) \quad \Rightarrow \quad (\text{hausdorffsch}) \quad \Rightarrow \quad (T_1).$$

3.6 Satz. *Ist (X, d) ein metrischer Raum, so ist X versehen mit der metrischen Topologie ein normaler Raum.*

BEWEIS: X ist hausdorffsch; denn für $x, y \in X$ mit $x \neq y$ ist $d(x, y) = \varepsilon > 0$. $B(x, \frac{\varepsilon}{2})$ und $B(y, \frac{\varepsilon}{2})$ sind Umgebungen von x bzw. y. Wenn $z \in B(x, \frac{\varepsilon}{2})$ ist, dann ist $d(z, y) \geq d(x, y) - d(x, z) > \varepsilon - \frac{\varepsilon}{2} = \frac{\varepsilon}{2}$ und $z \notin B(y, \frac{\varepsilon}{2})$.

Zum Nachweis der Eigenschaft (T_4) wird für jede nicht-leere Teilmenge A von X eine Funktion $d_A : X \to \mathbb{R}$ definiert durch $d_A(x) = \inf\{d(a, x) \mid a \in A\}$. Die Funktion d_A hat die folgenden Eigenschaften:

(1) d_A ist stetig.

(2) $d_A(x) = 0$ genau dann, wenn $x \in \overline{A}$ ist.

Zum Beweis von (1) seien $x, y \in X$. Dann ist $d(a, x) \leq d(a, y) + d(x, y)$ für alle $a \in A$, also $d_A(x) \leq d_A(y) + d(x, y)$ und da man x und y vertauschen kann, auch $d_A(y) \leq d_A(x) + d(x, y)$. Daher ist

$$| \, d_A(x) - d_A(y) \, | \leq d(x, y)$$

für alle $x, y \in X$, und d_A ist stetig.

Zum Beweis von (2) sei zunächst $x \in \overline{A}$. Dann gibt es zu jedem $\varepsilon > 0$ ein $a \in A$ mit $d(x, a) < \varepsilon$. Daher ist $d_A(x) = \inf\{d(a, x) \mid a \in A\} = 0$. Ist umgekehrt $d_A(x) = 0$ für ein $x \in X$, so existiert zu jedem $\varepsilon > 0$ ein $a \in A$ mit $d(a, x) < \varepsilon$, d.h. für jede ε-Umgebung $B(x, \varepsilon)$ gilt $B(x, \varepsilon) \cap A \neq \emptyset$. Also ist $x \in \overline{A}$.

Beim Nachweis von (T_4) genügt es, nicht-leere Teilmengen von X zu betrachten. Wenn A und B nicht-leere disjunkte abgeschlossene Teilmengen von X sind, also $A = \overline{A}$, $A \neq \emptyset$, $B = \overline{B}$, $B \neq \emptyset$ und $A \cap B = \emptyset$, dann ist die Funktion $f : X \to \mathbb{R}$, die definiert ist durch

$$f(x) = d_A(x) - d_B(x),$$

stetig. Außerdem ist $f(x) > 0$ für alle $x \in B$ und $f(x) < 0$ für alle $x \in A$. Wenn $U = \{x \in X \mid f(x) < 0\}$ und $V = \{x \in X \mid f(x) > 0\}$, dann sind U und V offen, $U \cap V = \emptyset$, $A \subset U$ und $B \subset V$. Daher ist (T_4) erfüllt. □

Nachdem die wichtigsten Trennungseigenschaften festgehalten sind, werden jetzt Hausdorffräume näher untersucht. Der nächste Satz gibt eine äquivalente Formulierung der Eigenschaft (T_2), die in Beweisen häufig benutzt wird.

3.7 Satz. *X sei ein topologischer Raum. X ist hausdorffsch genau dann, wenn die Diagonale $\Delta = \{(x, x) \mid x \in X\}$ in $X \times X$ abgeschlossen ist.*

BEWEIS: a) X sei hausdorffsch. Es wird gezeigt, daß $X \times X \setminus \Delta$ offen ist. Dazu sei $(x, y) \in X \times X \setminus \Delta$, d.h $x, y \in X$ und $x \neq y$. Da X hausdorffsch ist, gibt es offene Umgebungen U von x und V von y mit $U \cap V = \emptyset$. Dann ist nach Definition der Produkttopologie $U \times V$ eine Umgebung von (x, y) und für alle $(u, v) \in U \times V$ ist $u \neq v$ und daher $U \times V \cap \Delta = \emptyset$ und $U \times V \subset X \times X \setminus \Delta$. Damit ist $X \times X \setminus \Delta$ Umgebung jedes seiner Elemente und damit nach 1.11 offen.

b) Sei Δ abgeschlossen. Dann ist $X \times X \setminus \Delta$ offen, und zu jedem Paar $(x, y) \in X \times X \setminus \Delta$ gibt es nach Definition der Produkttopologie offene Umgebungen U von x und V von y, so daß $U \times V \subset X \times X \setminus \Delta$, also $U \cap V = \emptyset$. Daher ist X hausdorffsch. □

Diese Charakterisierung von Hausdorffräumen impliziert die folgende Aussage über stetige Funktionen.

3.8 Satz. *X und Y seien topologische Räume, Y sei hausdorffsch, und $f, g : X \to Y$ seien stetige Abbildungen. Dann ist $\{x \in X \mid f(x) = g(x)\}$ abgeschlossen.*

BEWEIS: Es wird 3.7 ausgenutzt, indem man zeigt, daß die betrachtete Punktmenge das Urbild der Diagonalen in $Y \times Y$ unter einer stetigen Abbildung ist. Die Abbildung $h : X \to Y \times Y$ sei definiert durch $h(x) = (f(x), g(x))$. Da f und g stetig sind, ist h stetig, und $f(x) = g(x)$ gilt genau dann, wenn $h(x) \in \Delta$. Daher ist $\{x \in X \mid f(x) = g(x)\} = h^{-1}(\Delta)$ abgeschlossen. □

Die nachfolgenden Untersuchungen sind der Frage gewidmet, welche der in §2 angegebenen Konstruktionsverfahren zu Hausdorffräumen führen.

3.9 Satz. *Jeder Unterraum eines Hausdorffraumes ist hausdorffsch.*

Beweis: A sei Teilraum des Hausdorffraumes X, und es seien $x, y \in A$ und $x \neq y$. Da X hausdorffsch ist, gibt es offene Umgebungen U von x und V von y in X mit $U \cap V = \emptyset$. Dann sind aber $U \cap A$ und $V \cap A$ disjunkte Umgebungen von x bzw. y in A. Daher ist A hausdorffsch. □

3.10 Satz. *Wenn $(X_\lambda)_{\lambda \in \Lambda}$ eine Familie von Hausdorffräumen ist, dann sind auch das topologische Produkt $X = \prod_{\lambda \in \Lambda} X_\lambda$ und die topologische Summe $Y = \oplus_{\lambda \in \Lambda} X_\lambda$ hausdorffsch.* □

3.11 Beispiel. Die Hausdorff-Eigenschaft wird i.a. nicht auf Quotientenräume vererbt, wie folgendes einfache Beispiel zeigt. In $\mathbb{R}$ wird die Äquivalenzrelation $\sim$ definiert durch $x \sim y$ genau dann, wenn $x = y$ oder $|x| = |y| > 1$. Wenn $\pi : \mathbb{R} \to \mathbb{R}/\sim$ die kanonische Projektion ist, gilt $\pi(1) \neq \pi(-1)$. Beide lassen sich nicht durch Umgebungen trennen.

Immerhin lassen sich leicht eine notwendige Bedingung und eine hinreichende Bedingung dafür angeben, daß ein Quotientenraum hausdorffsch ist. Beide Bedingungen lassen sich bei einer großen Klasse von Beispielen schnell verifizieren.

3.12 Satz. *X sei ein topologischer Raum, R eine Äquivalenzrelation auf X, und $\pi : X \to X/R$ sei die kanonische Projektion. Dann gilt:*

(i) *Wenn X/R hausdorffsch ist, dann ist R in $X \times X$ abgeschlossen.*

(ii) *Wenn R in $X \times X$ abgeschlossen ist und π offen ist, dann ist X/R hausdorffsch.*

Beweis: Zu (i). Wenn X/R hausdorffsch ist, dann ist nach 3.7 die Diagonale Δ in $X/R \times X/R$ abgeschlossen. Man versucht nun, R als Urbild von Δ unter einer stetigen Abbildung zu erhalten. Dann ist R abgeschlossen. Zu diesem Zweck wird $\Psi : X \times X \to X/R \times X/R$ definiert durch $\Psi(x, y) = (\pi(x), \pi(y))$. Es ist $\pi(x) = \pi(y)$ genau dann, wenn $(x, y) \in R$. Daher ist $\Psi^{-1}(\Delta) = R$, und (i) ist bewiesen.

Zu (ii). Es seien $x, y \in X$ mit $\pi(x) \neq \pi(y)$, d.h. $(x, y) \in X \times X \setminus R$. Da R abgeschlossen ist, gibt es offene Umgebungen U von x und V von y mit $U \times V \cap R = \emptyset$. Diese letzte Bedingung beinhaltet, daß $\pi(U) \cap \pi(V) = \emptyset$. Da π offen ist, sind $\pi(U)$ und $\pi(V)$ offene Umgebungen von $\pi(x)$ bzw. $\pi(y)$. Daher ist X/R hausdorffsch. □

Die Frage, ob der Raum $X \cup_f Y$, der aus X durch Verkleben mit Y mittels einer Abbildung f entsteht, hausdorffsch ist, wird hier nur in einem Spezialfall untersucht.

3.13 Satz. *Sind X ein Hausdorffraum und $f : S^n \to X$ eine stetige Abbildung, so ist $X \cup_f D^{n+1}$ hausdorffsch.*

Beweis: Es seien $Y = X \cup_f D^{n+1}$ und $\pi : X + D^{n+1} \to Y$ die kanonische Projektion. Vorab sei bemerkt, daß $\pi(e^{n+1})$ eine offene Teilmenge von Y ist, da $\pi^{-1}(\pi(e^{n+1})) = e^{n+1}$ in $X + D^{n+1}$ offen ist. Zum Beweis genügt es drei Fälle für $\pi(x)$ und $\pi(y)$ mit $\pi(x) \neq \pi(y)$ und $x, y \in X + D^{n+1}$ zu unterscheiden:

$$1. x, y \in e^{n+1},$$

$$2. x \in e^{n+1},\ y \in X,$$

$$3. x, y \in X.$$

Zu 1. Da $\pi(x) \neq \pi(y)$ ist, ist $x \neq y$, und es gibt disjunkte offene Umgebungen U von x und V von y in e^{n+1}. Da $\pi \mid e^{n+1}$ injektiv und offen ist, sind $\pi(U)$ und $\pi(V)$ disjunkte Umgebungen von $\pi(x)$ bzw. $\pi(y)$.

Zu 2. U sei eine abgeschlossene Umgebung von x in D^{n+1}, die S^n nicht trifft. Dann ist $\pi(U)$ abgeschlossene Umgebung von $\pi(x)$ in Y, und $V = Y \setminus \pi(U)$ ist eine Umgebung von $\pi(y)$.

Zu 3. Da X hausdorffsch ist, gibt es in X disjunkte offene Umgebungen U von x und V von y. Nun brauchen aber $\pi^{-1}(\pi(U))$ und $\pi^{-1}(\pi(V))$ nicht offen zu sein, also auch nicht $\pi(U)$ und $\pi(V)$. Das liegt daran, daß $f^{-1}(U)$ und $f^{-1}(V)$ zwar offen sind in S^n, aber nicht in D^{n+1}. Nun lassen sich diese beiden Teilmengen aber zu disjunkten offenen Teilmengen W und Z von D^{n+1} erweitern. Dann ist $\pi(U \cup W)$ offene Umgebung von $\pi(x)$ und $\pi(V \cup Z)$ offene Umgebung von $\pi(y)$, und beide sind disjunkt. W und Z kann man folgendermaßen wählen (Abb. 9):

$$W := \{tx \mid x \in f^{-1}(U) \quad \text{und} \quad \frac{1}{2} < t \leq 1\}$$

$$Z := \{tx \mid x \in f^{-1}(V) \quad \text{und} \quad \frac{1}{2} < t \leq 1\}.$$

W und Z sind offen und disjunkt als Urbilder der disjunkten offenen Mengen $f^{-1}(U)$ und $f^{-1}(V)$ unter der stetigen Abbildung $r : \{x \in D^{n+1} \mid \| x \| > \frac{1}{2}\} \to S^n$, die definiert ist durch $r(x) = \frac{x}{\|x\|}$. □

3.14 Bemerkungen. Die Trennungsaxiome (T_1), (T_2), (T_3), (T_4) wurden in der angegebenen Reihenfolge von M. Fréchet (1906), F. Hausdorff (1914), L. Vietoris (1921) und H. Tietze (1923) eingeführt. In der Literatur existiert eine Reihe weiterer Trennungsaxiome. Hierzu sei z.B. auf das Buch von G. Preuß verwiesen.

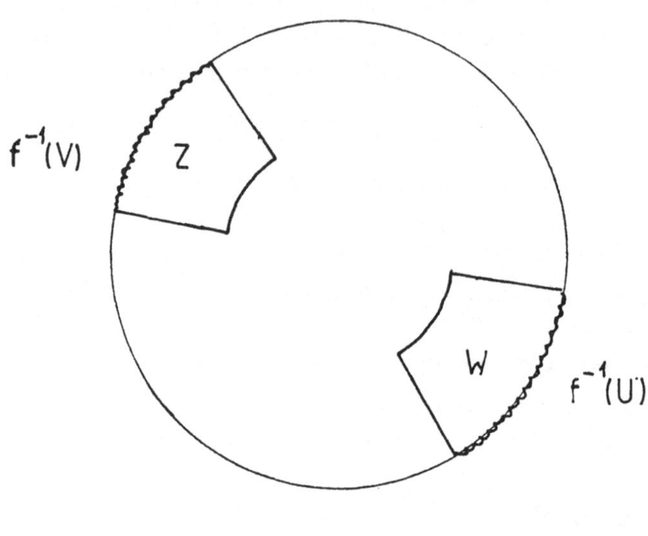

Abb. 9

3.15 Aufgaben

1. A sei ein Teilraum des topologischen Raumes X. Zeigen Sie:
   (i) Hat X die Eigenschaft (T_i), so auch A, wenn $i \in \{1, 2, 3\}$.
   (ii) Hat X die Eigenschaft (T_4) und ist A abgeschlossen, so hat auch A die Eigenschaft (T_4).
2. $(X_\lambda)_{\lambda \in \Lambda}$ sei eine Familie von topologischen Räumen, $X = \prod_{\lambda \in \Lambda} X_\lambda$ das topologische Produkt, $X \neq \emptyset$. Zeigen Sie:
   (i) X ist genau dann regulär, wenn jedes X_λ regulär ist.
   (ii) Ist X normal, so ist jedes X_λ normal.
3. Zeigen Sie: Ein topologischer Raum X besitzt die Eigenschaft (T_3) genau dann, wenn zu jedem $x \in X$ und jedem $U \in \mathcal{U}(x)$ ein $V \in \mathcal{U}(x)$ und eine offene Teilmenge W von X existieren, so daß $CU \subset W$ und $V \cap W = \emptyset$.
4. Zeigen Sie, daß $\mathcal{F} = \{U \subset \mathbb{R}^n \mid \mathbb{R}^n \setminus U$ ist endlich oder $O \in \mathbb{R}^n \setminus U\}$ eine Topologie auf $\mathbb{R}^n$ ist und $(\mathbb{R}^n, \mathcal{F})$ normal ist.
5. Es seien X ein T_2-Raum, R eine Äquivalenzrelation auf X und $\pi : X \to X/R$ die natürliche Projektion. Zeigen Sie: Wenn eine stetige Abbildung $s : X/R \to X$ existiert mit $\pi \circ s = Id$, so ist X/R hausdorffsch.
6. X und Y seien topologische Räume, Y hausdorffsch und $f, g : X \to Y$ seien stetige Abbildungen, die auf einer dichten Teilmenge von X übereinstimmen. Folgern Sie, daß $f = g$ ist. Was läßt sich über eine stetige Abbildung aus einem indiskreten Raum in einen Hausdorffraum sagen?

7. X sei ein topologischer Raum, A eine Teilmenge von X. In X wird folgende Äquivalenzrelation "$\sim$" eingeführt: $x \sim y$ genau dann, wenn $x = y$ oder $\{x, y\} \subset A$. Zeigen Sie:
   (i) "$\sim$" ist eine Äquivalenzrelation. Der Quotientenraum $X/\sim$ wird mit X/A bezeichnet.
   (ii) Wenn A nicht abgeschlossen ist, ist X/A nicht hausdorffsch.
   (iii) Wenn X regulär ist und A abgeschlossen, dann ist X/A hausdorffsch.
8. Ein Hausdorffraum X heißt vollständig regulär, wenn zu jeder abgeschlossenen Teilmenge A von X und zu jedem $x \in X \setminus A$ eine stetige Abbildung $f : X \to [0,1]$ existiert mit $f(x) = 1$ und $f(A) \subset \{0\}$. Zeigen Sie, daß jeder vollständig reguläre Raum regulär ist.
9. X sei ein vollständig regulärer Raum und P die Menge der stetigen Abbildungen $X \to [0,1]$. Für jedes $f \in P$ sei $X_f = [0,1]$ und $Q = \prod_{f \in P} X_f$ das topologische Produkt. Die Abbildung $g : X \to Q$ wird definiert durch $(g(x))_f = f(x)$ für alle $f \in P$. Zeigen Sie, daß g eine Einbettung von X in Q ist, d.h. g ist ein Homöomorphismus von X auf $g(X)$.
10. Eine Folge $(x_n)_{n \in \mathbb{N}}$ in einem topologischen Raum X konvergiert gegen $a \in X$ genau dann, wenn zu jedem $U \in \mathcal{U}(a)$ ein $n_0 \in \mathbb{N}$ existiert, so daß $x_n \in U$ ist für alle $n \geq n_0$. Zeigen Sie: Wenn X hausdorffsch ist, konvergiert jede Folge gegen höchstens einen Punkt. Gilt die Umkehrung?

§ 4 Kompakte Räume

Die Definition der Kompaktheit für Teilmengen von $\mathbb{R}^n$ durch eine Endlichkeitseigenschaft für offene Überdeckungen läßt sich wörtlich auf allgemeine topologische Räume übertragen. Diese Endlichkeitseigenschaft eröffnet im allgemeinen Fall die gleichen beweistechnischen Möglichkeiten wie bei den Teilmengen von $\mathbb{R}^n$ und macht damit die kompakten Räume zu einer bevorzugten Klasse von topologischen Räumen. Die Bezeichnung kompakt wird im folgenden nur bei Hausdorffräumen verwendet, während bei Räumen, die die hausdorffsche Trennungseigenschaft nicht besitzen, die Bezeichnung quasikompakt benutzt wird.

4.1 Definition. X sei ein topologischer Raum. Eine Überdeckung von X ist eine Familie $(U_\lambda)_{\lambda\in\Lambda}$ von Teilmengen von X mit der Eigenschaft, daß $\bigcup_{\lambda\in\Lambda} U_\lambda = X$ ist. Eine Überdeckung $(U_\lambda)_{\lambda\in\Lambda}$ von X heißt offene (abgeschlossene) Überdeckung, wenn alle U_λ offene (abgeschlossene) Teilmengen von X sind.

4.2 Definition. Ein topologischer Raum X heißt quasikompakt, wenn jede offene Überdeckung von X eine endliche Überdeckung enthält. Das heißt zu jeder offenen Überdeckung $(U_\lambda)_{\lambda\in\Lambda}$ von X existiert eine endliche Teilmenge K von Λ, so daß $(U_\lambda)_{\lambda\in K}$ eine Überdeckung von X ist. Ein topologischer Raum heißt kompakt, wenn er quasikompakt und hausdorffsch ist. Eine Teilmenge A eines topologischen Raumes heißt quasikompakt (kompakt), wenn der Teilraum A diese Eigenschaft besitzt.

4.3 Beispiele. (i) Jeder indiskrete Raum ist quasikompakt.

(ii) Ein diskreter Raum ist genau dann kompakt, wenn die zugrundeliegende Menge endlich ist.

(iii) Nach dem bekannten Satz von Heine-Borel ist eine Teilmenge des $\mathbb{R}^n$ genau dann kompakt, wenn sie beschränkt und abgeschlossen ist.

Zur Charakterisierung der Kompaktheit mit abgeschlossenen Teilmengen wird eine technische Bezeichnung eingeführt, die an späterer Stelle mehrmals verwendet wird.

4.4 Definition. Eine Familie $(A_\lambda)_{\lambda\in\Lambda}$ von Teilmengen einer Menge X besitzt die endliche Durchschnittseigenschaft (EDE), wenn für alle endlichen Teilmengen K von Λ gilt $\bigcap_{\lambda\in K} A_\lambda \neq \emptyset$.

4.5 Satz. *Für jeden topologischen Raum X sind folgende Aussagen äquivalent:*

(i) *X ist quasikompakt.*

(ii) *Für jede Familie* $(A_\lambda)_{\lambda\in\Lambda}$ *von abgeschlossenen Teilmengen von* X, *die die* EDE *besitzt, ist* $\bigcap_{\lambda\in\Lambda} A_\lambda \neq \emptyset$.

(iii) *Zu jeder Familie* $(A_\lambda)_{\lambda\in\Lambda}$ *von abgeschlossenen Teilmengen von* X *mit* $\bigcap_{\lambda\in\Lambda} A_\lambda = \emptyset$ *existiert eine endliche Teilmenge* $K \subset \Lambda$ *mit* $\bigcap_{\lambda\in K} A_\lambda = \emptyset$. □

Zunächst werden einige Aussagen über Teilmengen quasikompakter Räume hergeleitet.

4.6 Satz. *In einem quasikompakten Raum ist jede abgeschlossene Teilmenge quasikompakt.*

BEWEIS: X sei quasikompakt und A eine abgeschlossene Teilmenge von X. Wenn $(U_\lambda)_{\lambda\in\Lambda}$ eine offene Überdeckung von A ist, dann gibt es zu jedem $\lambda \in \Lambda$ eine offene Teilmenge V_λ von X mit $U_\lambda = A \cap V_\lambda$. Die Familie $(V_\lambda)_{\lambda\in\Lambda}$ bildet zusammen mit CA eine offene Überdeckung von X. Da X quasikompakt ist, enthält diese Überdeckung eine endliche Überdeckung bestehend aus Mengen $V_{\lambda_1}, \ldots, V_{\lambda_n}$ und möglicherweise CA. Daher überdecken die Mengen $U_{\lambda_1}, \ldots, U_{\lambda_n}$ die Menge A, und es ist gezeigt, daß $(U_\lambda)_{\lambda\in\Lambda}$ eine endliche Überdeckung von A enthält. □

Man erwartet zunächst, daß auch jede quasikompakte Teilmenge abgeschlossen ist. Hier liefert jeder indiskrete Raum mit wenigstens zwei Punkten ein Gegenbeispiel. In Hausdorffräumen bleibt die aus dem $\mathbb{R}^n$ übernommene Vorstellung richtig.

4.7 Satz. *In einem Hausdorffraum ist jede kompakte Teilmenge abgeschlossen.*

BEWEIS: X sei hausdorffsch und A eine kompakte Teilmenge von X. Wenn $A = X$ ist, dann ist die Behauptung richtig. Sei also $A \neq X$ und $x \in X \setminus A$. Zu jedem $y \in A$ existieren offene Umgebungen U_y von x und V_y von y mit $U_y \cap V_y = \emptyset$. Die Familie $(V_y)_{y\in A}$ überdeckt A, d.h. $\bigcup_{y\in A} V_y \supset A$. Da A kompakt ist, gibt es $V_{y_1}, \ldots, V_{y_n}$ aus der Überdeckung mit der Eigenschaft, daß $V = V_{y_1} \cup \ldots \cup V_{y_n} \supset A$. Für die zu diesen $V_{y_1}, \ldots, V_{y_n}$ gehörenden $U_{y_1}, \ldots, U_{y_n}$ gilt: $U = U_{y_1} \cap \ldots \cap U_{y_n}$ ist eine offene Umgebung von x und $U \cap A = \emptyset$. Daher ist CA offen und damit A abgeschlossen. □

4.8 Korollar. *Eine Teilmenge eines kompakten Raumes ist genau dann kompakt, wenn sie abgeschlossen ist.* □

Das Korollar faßt für Hausdorffräume die Aussagen aus 4.6 und 4.7 zusammen. Eine Analyse des Beweises zu 4.7 zeigt, daß nicht nur $U \cap A = \emptyset$, es gilt auch $U \cap V = \emptyset$. Da V eine offene Menge ist, die A enthält, liefert der Beweis gleichzeitig, daß jeder kompakte Raum regulär ist.

Sind A und B abgeschlossene Teilmengen des kompakten Raumes X und $A \cap B = \emptyset$, so läßt sich der Beweis von 4.7 mit B statt x dazu benutzen, offene

Teilmengen U und V von X zu finden mit $B \subset U$, $A \subset V$ und $U \cap V = \emptyset$. Das liefert den Satz.

4.9 Satz. *Jeder kompakte Raum ist normal.* □

Die Kompaktheitseigenschaft wird durch stetige Abbildungen vom Definitionsbereich auf die Bildmenge übertragen. Diese Tatsache hat einige interessante Anwendungen.

4.10 Satz. *Das Bild eines quasikompakten Raumes unter einer stetigen Abbildung ist quasikompakt.*

BEWEIS: $f : X \to Y$ sei eine stetige Abbildung des quasikompakten Raumes X in den topologischen Raum Y. Die Familie $(U_\lambda)_{\lambda \in \Lambda}$ sei eine offene Überdeckung von $f(X)$. Dann ist die Familie $(f^{-1}(U_\lambda))_{\lambda \in \Lambda}$ eine offene Überdeckung von X. Da X quasikompakt ist, enthält sie eine endliche Überdeckung, etwa $(f^{-1}(U_\lambda))_{\lambda \in K}$, wo K endliche Teilmenge von Λ ist. Dann ist aber $(U_\lambda)_{\lambda \in K}$ eine in $(U_\lambda)_{\lambda \in \Lambda}$ enthaltene, endliche Überdeckung von $f(X)$. □

4.11 Korollar. *Jede stetige reellwertige Funktion auf einem quasikompakten Raum hat ein Maximum und ein Minimum.*

BEWEIS: Das Bild ist nach 4.10 quasikompakt und damit kompakt, da $\mathbb{R}$ hausdorffsch ist. Nach dem Satz von Heine-Borel ist es daher beschränkt und abgeschlossen, besitzt also ein Maximum und ein Minimum. □

4.12 Korollar. *Jede stetige Abbildung $f : X \to Y$ eines quasikompakten Raumes X in einen Hausdorffraum Y ist abgeschlossen. Ist f surjektiv, so ist f identifizierend. Ist f bijektiv, so ist f ein Homöomorphismus.*

BEWEIS: In X ist jede abgeschlossene Teilmenge A quasikompakt. Nach 4.10 ist $f(A)$ quasikompakt und nach 4.7 abgeschlossen. Ist f surjektiv, so ist $U \subset Y$ abgeschlossen genau dann, wenn $f^{-1}(U)$ abgeschlossen ist. Daraus folgt, daß Y die Identifizierungstopologie bezüglich f trägt. Ist f bijektiv, so ist f ein Homöomorphismus nach 1.28. □

Nach 4.10 ist der Quotientenraum eines quasikompakten Raumes quasikompakt. Es wird nun gezeigt, daß das topologische Produkt von quasikompakten Räumen quasikompakt ist.

4.13 Satz (von Tychonoff). *Das topologische Produkt einer Familie von quasikompakten (kompakten) Räumen ist quasikompakt (kompakt).*

Die Herleitung dieses Satzes ist nicht schwierig, wenn nur endliche Familien zugelassen werden. Zum Beweis im allgemeinen Fall wird das Zornsche Lemma benutzt. Zunächst zwei Hilfssätze.

4.14 Hilfssatz. *Es seien X ein topologischer Raum und $\mathcal{F}$ eine Menge von abgeschlossenen Teilmengen von X, die die Eigenschaft* EDE *besitzt. Dann existiert eine maximale Familie $\mathcal{G}$ von Teilmengen von X, so daß gilt*

(i) $\mathcal{F} \subset \mathcal{G}$ *und*

(ii) $\mathcal{G}$ *besitzt die Eigenschaft* EDE.

BEWEIS: W sei die Menge aller Mengen von abgeschlossenen Teilmengen von X, die EDE erfüllen und $\mathcal{F}$ enthalten. In W wird eine Ordnung $\leq$ eingeführt durch die Festsetzung, daß $\mathcal{U} \leq \mathcal{V}$ genau dann gilt, wenn $\mathcal{U} \subset \mathcal{V}$. Es wird gezeigt, daß $(W, \leq)$ induktiv geordnet ist. Dazu sei $\{\mathcal{F}_s \mid s \in S\}$ eine linear geordnete Teilmenge von W. Für $\mathcal{H} = \bigcup_{s \in S} \mathcal{F}_s$ gilt $\mathcal{F}_s \leq \mathcal{H}$ und daher $\mathcal{F} \subset \mathcal{H}$. Um zu zeigen, daß $\mathcal{H}$ die EDE besitzt, seien $C_1, \ldots, C_n \in \mathcal{H}$. Wenn $C_i \in \mathcal{F}_s$ für ein $s \in S$, dann ist $C_i \in \mathcal{F}_t$ für alle $\mathcal{F}_t$ mit $\mathcal{F}_s \leq \mathcal{F}_t$. Daher existiert ein $s \in S$ mit $C_1, \ldots, C_n \in \mathcal{F}_s$, und es ist $C_1 \cap \ldots \cap C_n \neq \emptyset$. Damit ist $\mathcal{H}$ eine obere Schranke für $(\mathcal{F}_s)_{s \in S}$, und $(W, \leq)$ ist induktiv geordnet. Nach dem Zornschen Lemma besitzt $(W, \leq)$ ein maximales Element. □

4.15 Hilfssatz. *Ist $\mathcal{F}$ eine maximale Familie von Teilmengen von X, die* EDE *erfüllt, so gelten folgende Aussagen:*

(i) *Jeder endliche Durchschnitt von Elementen aus $\mathcal{F}$ gehört zu $\mathcal{F}$.*

(ii) *Ist $U \subset X$ und $U \cap F \neq \emptyset$ für alle $F \in \mathcal{F}$, so ist $U \in \mathcal{F}$.*

BEWEIS: Zu (i): Sind $C_1, \ldots, C_n \in \mathcal{F}$, so ist $C = C_1 \cap \ldots \cap C_n \neq \emptyset$ und $\mathcal{F} \cup \{C\}$ besitzt die EDE. Da $\mathcal{F}$ maximal ist, ist $C \in \mathcal{F}$.
Zu (ii): Da $U \cap F \neq \emptyset$ für alle $F \in \mathcal{F}$, folgt mit (i), daß $\mathcal{F} \cup \{U\}$ die EDE besitzt. Wegen der Maximalität von $\mathcal{F}$ ist $U \in \mathcal{F}$. □

BEWEIS VON 4.13. Seien $(X_\alpha)_{\alpha \in A}$ eine Familie von nicht-leeren quasikompakten Räumen, $X = \prod X_\alpha$ das topologische Produkt, und $\pi_\alpha : X \to X_\alpha$ sei für jedes $\alpha \in A$ die natürliche Projektion.

$\mathcal{C}$ sei eine Menge von abgeschlossenen Teilmengen von X, die die EDE besitzt. $\mathcal{D}$ sei eine maximale Familie von Teilmengen von X, die die EDE besitzt und $\mathcal{C} \subset \mathcal{D}$.
Für jedes $\alpha \in A$ besitzt $\{\pi_\alpha(D) \mid D \in \mathcal{D}\}$ und daher auch $\{\overline{\pi_\alpha(D)} \mid D \in \mathcal{D}\}$ die EDE. Da X_α quasikompakt ist, existiert ein $x_\alpha \in \bigcap_{D \in \mathcal{D}} \overline{\pi_\alpha(D)}$. U_α sei eine offene Umgebung von x_α. Dann ist $U_\alpha \cap \pi_\alpha(D) \neq \emptyset$ und damit auch $\pi_\alpha^{-1}(U_\alpha) \cap D \neq \emptyset$ für alle $D \in \mathcal{D}$. Nach 4.15 (ii) ist $\pi^{-1}(U_\alpha) \in \mathcal{D}$. Sei nun $x = (x_\alpha)_{\alpha \in A}$ und U eine Umgebung von x der Form $\bigcap_{\kappa \in K} \pi_\kappa^{-1}(V_\kappa)$ mit einer endlichen Teilmenge $K \subset A$ und offenen Umgebungen V_κ von x_κ in X_κ. Da $\pi_\kappa^{-1}(V_\kappa) \in \mathcal{D}$, ist nach 4.15 (i) auch $\bigcap_{\kappa \in K} \pi_\kappa^{-1}(V_\kappa) \in \mathcal{D}$ und daher $(\bigcap_{\kappa \in K} \pi_\kappa^{-1}(V_\kappa)) \cap D \neq \emptyset$ für alle $D \in \mathcal{D}$. Mithin ist $x \in \overline{D}$ für alle $D \in \mathcal{D}$. Da $\mathcal{C} \subset \mathcal{D}$ und $C = \overline{C}$ für alle $C \in \mathcal{C}$, ist $\bigcap_{C \in \mathcal{C}} C \neq \emptyset$. Nach 4.5 ist also X

quasikompakt. Sind alle X_α hausdorffsch, so ist X hausdorffsch nach 3.10, und die Behauptung ist vollständig bewiesen. □

Nach dieser Reihe von Aussagen über die Vererbung der Kompaktheitseigenschaft bei der Konstruktion von topologischen Räumen wird nun ein Satz über kompakte metrische Räume bewiesen, der sehr viele Anwendungen besitzt. Zuvor sei an die folgende Bezeichnung erinnert.

4.16 Definition. Es seien (X,d) ein metrischer Raum und A eine nicht leere Teilmenge von X. Der Durchmesser von A ist definiert als das Supremum der Abstände je zweier Punkte aus A, d.h. als $\sup\{d(x,y) \mid (x,y) \in A \times A\}$, falls dieses existiert und als ∞, falls dieses Supremum nicht existiert. Der Durchmesser von A wird mit $D(A)$ bezeichnet.

4.17 Satz (Lemma von Lebesgue). *(X,d) sei ein kompakter metrischer Raum und $\mathcal{U} = (U_\lambda)_{\lambda\in\Lambda}$ eine offene Überdeckung von X. Dann gibt es eine positive Zahl ε, so daß jede Teilmenge A von X mit Durchmesser $D(A) < \varepsilon$ in wenigstens einem U_λ enthalten ist. Ein ε mit dieser Eigenschaft heißt Lebesguesche Zahl der Überdeckung.*

BEWEIS: Gegenteilige Annahme: Es gibt eine offene Überdeckung $\mathcal{U} = (U_\lambda)_{\lambda\in\Lambda}$ von X, so daß zu jeder positiven natürlichen Zahl n eine Menge $A_n \subset X$ mit Durchmesser $< \frac{1}{n}$ existiert, die in keiner Menge aus $\mathcal{U}$ enthalten ist. Aus jedem A_n wird ein x_n ausgewählt. Da X kompakt ist, gibt es ein $x \in X$, so daß in jeder Umgebung von x ein x_n für unendlich viele $n \in \mathbb{N}$ liegt (Beweis?). Sei $U \in \mathcal{U}$, so daß $x \in U$, und $\varepsilon > 0$, so daß $B(x,\varepsilon) \subset U$. Wählt man dann $n > \frac{2}{\varepsilon}$, so daß $d(x_n,x) < \frac{\varepsilon}{2}$ ist, dann gilt für alle $y \in A_n$, daß $d(x,y) \leq d(x,x_n) + d(x_n,y) \leq \frac{\varepsilon}{2} + \frac{1}{n} < \varepsilon$. Daher ist $y \in U$ und damit $A_n \subset U$ im Widerspruch zur Annahme. □

Einige Sätze aus §4 werden nun dazu verwendet, um Aussagen über konkrete topologische Räume zu gewinnen.

4.18 Definition. Eine topologische Gruppe ist ein topologischer Raum G, der gleichzeitig die Struktur einer Gruppe besitzt, derart daß

(i) die in G definierte Verknüpfung $G \times G \to G$, $(g,h) \to gh$, eine stetige Abbildung ist, und

(ii) die Inversenabbildung $i : G \to G$, die definiert ist durch $i(g) = g^{-1}$, stetig ist.

4.19 Beispiele.

(i) $\mathbb{R}^n$ mit der üblichen Addition ist eine topologische Gruppe.

(ii) Jede Gruppe mit der diskreten Topologie ist eine topologische Gruppe.

(iii) Die Gruppe $S^1 = \{z \in \mathbb{C} \mid |z| = 1\}$ mit der Multiplikation komplexer Zahlen ist eine kompakte topologische Gruppe.

(iv) Die Gruppe $S^3 = \{q \in \mathbb{H} \mid |q| = 1\}$ mit der Multiplikation von Quaternionen ist eine kompakte topologische Gruppe.

4.19 Satz. *Es seien X ein topologischer Raum, G eine topologische Gruppe und $\alpha : G \times X \to X$ eine stetige Gruppenaktion. Wenn G und X kompakt sind, dann ist X/G hausdorffsch und ebenfalls kompakt.*

BEWEIS: Es wird gezeigt, daß die durch die Gruppenaktion auf X definierte Relation R abgeschlossen ist und die Projektion $\pi : X \to X/G$ offen ist. Dann ist nach 3.12 X/G hausdorffsch und nach 4.10 quasikompakt, also kompakt. Man definiert $\gamma : G \times X \to X \times X$ durch $\gamma(g,x) = (x, gx)$. Hier wird wieder gx statt $\alpha(g,x)$ geschrieben. γ ist stetig. Das Bild von γ ist kompakt und damit abgeschlossen (4.7). Andererseits ist $\gamma(G \times X) = \{(x, gx) \mid x \in X$ und $g \in G\} = \{(x,y) \in X \times X \mid$ es ex. $g \in G$ und $gx = y\}$. Daher ist R abgeschlossen. Für eine offene Teilmenge U von X ist $\pi(U)$ offen, wenn $\pi^{-1}(\pi(U))$ offen ist. Nun ist $\pi^{-1}(\pi(U)) = \{gx \mid x \in U$ und $g \in G\} = \bigcup_{g \in G} gU$. Das ist aber eine Vereinigung von offenen Mengen; denn mit U ist für jedes $g \in G$ auch gU offen. Um die letzte Behauptung einzusehen, überlegt man sich, daß die Abbildung $f : X \to X$, die definiert ist durch $f(x) = gx$, für ein $g \in G$ stetig ist und eine stetige Umkehrabbildung besitzt, nämlich $x \to g^{-1}x$. □

4.21 Beispiel. Die projektiven Räume $\mathbb{R}P^n$, $\mathbb{C}P^n$ und $\mathbb{H}P^n$ sind kompakt und insbesondere hausdorffsch.

Der $\mathbb{R}^n$ ist nicht kompakt, aber jeder Punkt des $\mathbb{R}^n$ besitzt eine kompakte Umgebung. Diese lokale Eigenschaft ist manchmal sehr nützlich. Aus diesem Grunde wird der Begriff "lokalkompakt" eingeführt. Der Satz 4.24 ist das für spätere Anwendungen interessante Ergebnis.

4.22 Definition. Ein Hausdorffraum X heißt lokalkompakt, wenn jeder Punkt von X eine kompakte Umgebung besitzt.

4.23 Satz. *Wenn X lokalkompakt ist, gelten folgende Aussagen:*

(i) *X ist regulär.*

(ii) *Jeder Punkt von X besitzt eine Umgebungsbasis aus kompakten Umgebungen.*

BEWEIS: Zu (i): Es seien $x \in X$ und A eine abgeschlossene Teilmenge von X, die x nicht enthält. K sei eine kompakte Umgebung von x. K ist regulär und $K \cap A$ abgeschlossen in K. Daher existieren disjunkte offene Teilmengen U und V von K, so daß $x \in U \subset K$ und $A \cap K \subset V$. Dann gilt für $W = V \cup (X \setminus K)$, daß $A \subset W$ und $U \cap W = \emptyset$.

Zu (ii):Es seien K eine kompakte Umgebung von x und W eine beliebige Umgebung von x. Es ist zu zeigen, daß W eine kompakte Umgebung von x

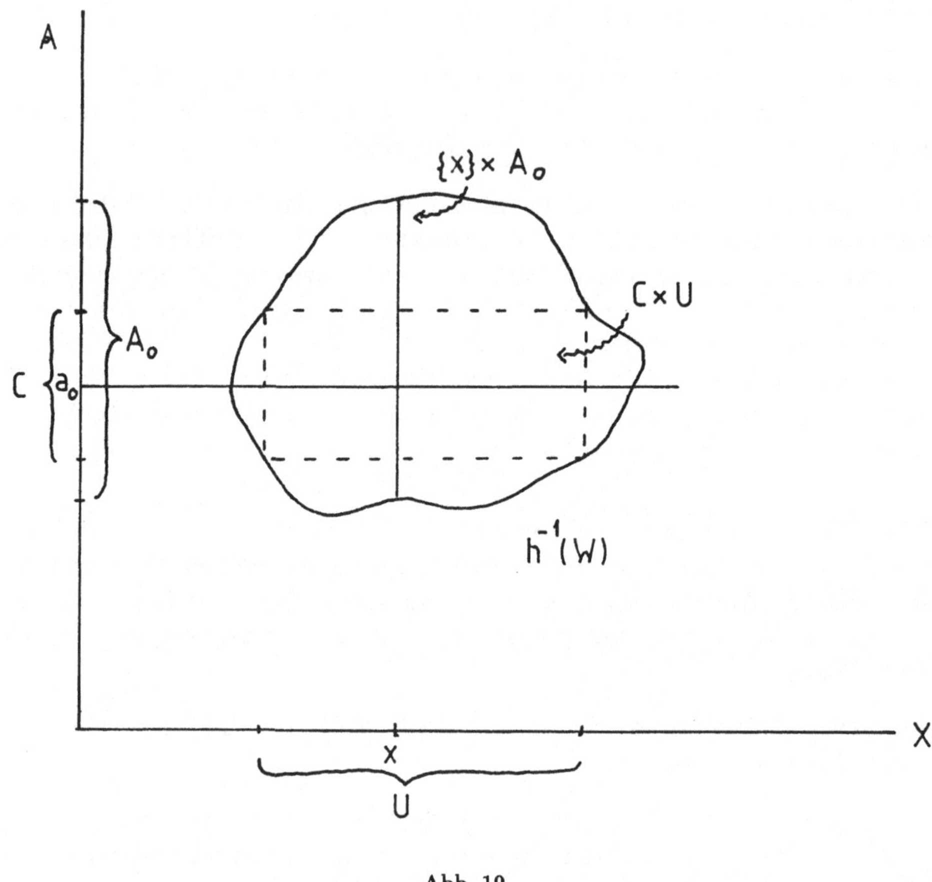

Abb. 10

enthält. Wegen der Regularität von X existieren disjunkte offene Teilmengen U und V von X, so daß $x \in U \subset K$ und $K \setminus \mathring{W} \subset V$. Dann ist $\overline{U} \subset K$ kompakt und $\overline{U} \cap (K \setminus W) = \emptyset$, also $\overline{U} \subset W$. □

4.24 Satz. *X und Y seien topologische Räume, und $f : X \to Y$ sei eine identifizierende Abbildung, d.h. Y besitzt die Identifizierungstopologie bezüglich f (vgl. 2.9). Wenn A ein lokalkompakter Raum ist, dann ist die Abbildung $h = f \times Id_A : X \times A \to Y \times A$ eine identifizierende Abbildung.*

BEWEIS: Es ist für jede Teilmenge W von $Y \times A$ zu zeigen: W offen $\Leftrightarrow h^{-1}(W)$ ist offen. Die Richtung "$\Rightarrow$" ist klar, da h stetig ist. Es bleibt "$\Leftarrow$" zu zeigen: Dazu seien $(x_0, a_0) \in W$ und $x \in X$ mit $f(x) = x_0$. Dann ist $h(x, a_0) = (x_0, a_0)$ und $(x, a_0) \in h^{-1}(W)$.

Es sei $A_0 = \{a \in A \mid (x, a) \in h^{-1}(W)\}$. Da $h^{-1}(W)$ offen ist, ist A_0 offen. A_0 enthält nach 4.23 eine kompakte Umgebung C von a_0. Dann sei

$U = \{y \in X \mid \{y\} \times C \subset h^{-1}(W)\}$. Es wird gezeigt, daß U offen ist und daß $U = f^{-1}f(U)$ ist. Damit ist auch $f(U)$ offen in Y, und $f(U) \times C$ ist eine Umgebung von (x_0, a_0) mit $f(U) \times C \subset W$. Daher ist W Umgebung jedes seiner Elemente und damit offen.

U ist offen: Wenn $y \in U$ ist, dann ist $\{y\} \times C \subset h^{-1}(W)$. Da $h^{-1}(W)$ offen ist und C kompakt, gibt es eine offene Umgebung V von y mit $V \times C \subset h^{-1}(W)$ (Beweis!), also $V \subset U$. $f^{-1}f(U) = U$: Zunächst ist $U \subset f^{-1}f(U)$. Andererseits ist $f^{-1}f(U) \times C = h^{-1}h(U \times C) \subset h^{-1}(h\, h^{-1}(W)) = h^{-1}(W)$. Dann ist aber $f^{-1}f(U) = U$ nach Definition von U. □

4.25 Definition. X sei ein lokalkompakter Raum. Ein kompakter Raum Y heißt Alexandroff-Kompaktifizierung von X, wenn X homöomorph zu einem Unterraum X' von Y ist und $Y \setminus X'$ aus einem Punkt besteht.

4.26 Satz. *Zu jedem lokalkompakten Raum X existiert eine Alexandroff-Kompaktifizierung, und je zwei Alexandroff-Kompaktifizierungen von X sind zueinander homöomorph.*

BEWEIS: Es wird zunächst die Existenz bewiesen. Dazu sei $Y = X \cup \{\infty\}$, wo ∞ irgend ein Element ist, das nicht in X enthalten ist. Auf Y wird durch die folgende Festsetzung eine Topologie definiert: Eine Teilmenge U von Y ist offen genau dann, wenn U offene Teilmenge von X ist oder wenn $Y \setminus U$ kompakte Teilmenge von X ist. Der Nachweis, daß die Menge der so definierten offenen Teilmengen von Y eine Topologie auf Y ist, ist nicht schwierig. Y ist hausdorffsch, da X hausdorffsch ist und jedes $x \in X$ eine kompakte Umgebung besitzt. Ist $\mathcal{U}$ eine offene Überdeckung von Y, so gibt es ein $U_0 \in \mathcal{U}$ mit $\infty \in U_0$. Da $Y \setminus U_0$ kompakt ist, gibt es $U_1, \ldots, U_n \in \mathcal{U}$ mit $U_1 \cup \ldots U_n \supset Y \setminus U_0$, und es ist $U_0 \cup U_1 \cup \ldots U_n = Y$. Daher ist Y kompakt. Ist Z eine zweite Alexandroff-Kompaktifizierung von X, so sei $i : X \to X'$ ein Homöomorphismus von X auf den Teilraum X' von Z, so daß $Z \setminus X'$ aus einem Punkt besteht, der mit z_0 bezeichnet wird. Es wird eine Abbildung $f : Y \to Z$ definiert durch $f(x) = i(x)$, falls $x \in X$ und $f(\infty) = z_0$. f ist bijektiv und stetig. Es ist lediglich die Stetigkeit in ∞ nachzuweisen. Dazu sei V eine offene Umgebung von z_0. Dann ist $Z \setminus V$ kompakte Teilmenge von X' und $K = i^{-1}(Z \setminus V)$ kompakte Teilmenge von Y. $U = Y \setminus K$ ist eine Umgebung von ∞ mit $f(U) \subset V$. Nach 4.12 ist f ein Homöomorphismus. □

4.27 Definition. Es seien X und Y lokalkompakte Räume. Eine stetige Abbildung $f : X \to Y$ heißt eigentlich, wenn für jede kompakte Teilmenge K von Y das Urbild $f^{-1}(K)$ kompakt ist.

4.28 Satz. *Es seien $f : X \to Y$ eine stetige Abbildung zwischen lokalkompakten Räumen und $X^+ = X \cup \{\infty\}$, $Y^+ = Y \cup \{\omega\}$ die Alexandroff-Kompaktifizierung von X bzw. Y, die durch Hinzufügen des Punktes ∞ bzw. ω entstehen. f ist eine eigentliche Abbildung genau dann, wenn die Abbildung $f^+ : X^+ \to Y^+$ mit $f^+(x) = f(x)$ für alle $x \in X$ und $f^+(\infty) = \omega$ eine stetige Abbildung ist.*

BEWEIS: Wenn f eigentlich ist, so ist lediglich die Stetigkeit von f^+ in ∞ nachzuweisen. Dazu sei V eine offene Umgebung von ω. Da $Y \setminus V$ kompakt und f eigentlich ist, ist $f^{-1}(Y \setminus V)$ kompakt. $U = X^+ \setminus f^{-1}(Y \setminus V)$ ist eine Umgebung von ∞ mit $f(U) \subset V$. Ist umgekehrt f^+ stetig und $K \subset Y$ kompakt, so ist $(f^+)^{-1}(K) = f^{-1}(K)$ abgeschlossen und wegen der Kompaktheit von X^+ kompakt. □

4.29 Bemerkung. Die Bezeichnung kompakt wurde von M. Fréchet 1906 eingeführt. Nach Fréchet heißt ein Raum kompakt, wenn jede seiner unendlichen Teilmengen einen Häufungspunkt besitzt. P. Alexandroff und P. Urysohn definierten 1924 einen Raum als bikompakt, wenn jede seiner offenen Überdeckungen eine endliche Überdeckung enthält. Für diese Eigenschaft hat sich die Bezeichnung kompakt bzw. quasikompakt durchgesetzt. Es sei ausdrücklich darauf hingewiesen, daß in der Literatur teilweise quasikompakte Räume kompakt genannt werden, auch wenn sie nicht hausdorffsch sind. Wir haben uns hier der Terminologie von N. Bourbaki angeschlossen. A. Tychonoff zeigte 1930, daß das topologische Produkt von beliebig vielen Exemplaren des abgeschlossenen Einheitsintervalls kompakt ist. Der Satz über die Kompaktifizierung von lokalkompakten Räumen wurde von P. Alexandroff 1924 bewiesen.

4.30 Aufgaben

1. Zeigen Sie, daß D^n/S^{n-1} homöomorph zu S^n ist.
2. Auf $\mathbb{R}^n$ operiert die Gruppe $\mathbb{Z}^n$ durch $(z_0, \ldots, z_{n-1}) \cdot (x_0, \ldots, x_{n-1}) = (x_0 + z_0, \ldots, x_{n-1} + z_{n-1})$. Beweisen Sie, daß $\mathbb{R}^n/\mathbb{Z}^n$ homöomorph zu $(S^1)^n$ ist.
3. Beweisen Sie:
   (i) Jede Norm auf $\mathbb{R}^n$ ist stetig.
   (ii) Sind $\| \ \|_1$ und $\| \ \|_2$ Normen auf $\mathbb{R}^n$, so existieren positive reelle Zahlen α, β mit der Eigenschaft, daß für alle $x \in V$ gilt:
   $$\alpha \parallel x \parallel_1 \leq \parallel x \parallel_2 \leq \beta \parallel x \parallel_1 .$$
   (iii) Auf einem endlichdimensionalen reellen Vektorraum V definieren alle Normen die gleiche Topologie.
4. Auf dem Vektorraum $\mathbb{R}^{n,n}$ der reellen $n \times n$-Matrizen sei durch eine beliebige Norm eine Topologie definiert. Diese ist nach Aufgabe 3 von der gewählten Norm unabhängig. Zeigen Sie, daß die orthogonale Gruppe $O(n)$ versehen mit der Spurtopologie von $\mathbb{R}^{n,n}$ eine kompakte topologische Gruppe ist.

5. S^n ist homöomorph zu $O(n+1)/O(n)$. Hier wird $O(n)$ als die Untergruppe von $O(n+1)$ betrachtet, die $e_n = (0,\ldots,0,1)$ fest läßt. $O(n)$ operiert auf $O(n+1)$ durch Multiplikation von rechts.

6. (X,d) und (Y,e) seien metrische Räume. Eine Abbildung $f : X \to Y$ heißt gleichmäßig stetig, wenn zu jedem $\varepsilon > 0$ ein $\delta > 0$ existiert, so daß für alle $x, y \in X$ mit $d(x,y) < \delta$ gilt $e(f(x), f(y)) < \varepsilon$. Zeigen Sie: Wenn X komapkt ist, ist jede stetige Abbildung von X nach Y gleichmäßig stetig.

7. In einem kompakten Raum, der das erste Abzählbarkeitsaxiom erfüllt, besitzt jede Folge eine konvergente Teilfolge.

8. X sei ein topologischer Raum. Auf $X \times [0,1]$ sei die Äquivalenzrelation "$\sim$" definiert durch die Festsetzung: $(x,s) \sim (y,t)$ genau dann, wenn $(x,s) = (y,t)$ oder $s = t = 0$ oder $s = t = 1$. Der Quotientenraum $SX = X \times [0,1]/\sim$ heißt Einhängung von X. Beweisen Sie, daß SS^n homöomorph ist zu S^{n+1} für alle $n \geq 0$.

9. Für alle $n \geq 0$ ist $\mathbb{R}P^{n+1}$ homöomorph zu $\mathbb{R}P^n \cup_{p_n} D^{n+1}$, wo $p_n : S^n \to \mathbb{R}P^n$ die natürliche Projektion bezeichnet.

10. X sei ein topologischer Raum und $\mathcal{B}$ eine Basis der Topologie von X. Beweisen Sie: Wenn jede Überdeckung von X mit Mengen aus $\mathcal{B}$ eine endliche Überdeckung enthält, dann ist X quasikompakt.

11. Beweisen Sie, daß die Alexandroff-Kompaktifizierung von $\mathbb{R}^n$ homöomorph zu S^n ist.

§ 5 Fortsetzung stetiger Abbildungen

Das Ziel von §5 ist die Bereitstellung eines Fortsetzungssatzes, der garantiert, daß sich jede auf einer abgeschlossenen Teilmenge eines metrischen Raumes definierte stetige Abbildung, deren Wertebereich ein normierter reeller Vektorraum ist, fortsetzen läßt zu einer auf dem ganzen Raum definierten stetigen Abbildung. Zuvor wird der wichtige Begriff parakompakt eingeführt und gezeigt, daß jeder metrische Raum parakompakt ist.

5.1 Definition. Es seien X ein topologischer Raum und $\mathcal{U} = (U_\lambda)_{\lambda\in\Lambda}$ und $\mathcal{A} = (V_\kappa)_{\kappa\in K}$ Familien von Teilmengen von X. $\mathcal{A}$ heißt Verfeinerung von $\mathcal{U}$ oder feiner als $\mathcal{U}$, wenn zu jedem $\kappa \in K$ ein $\lambda \in \Lambda$ existiert, so daß $V_\kappa \subset U_\lambda$ ist.

5.2 Definition. Eine Familie $(U_\lambda)_{\lambda\in\Lambda}$ von Teilmengen eines topologischen Raumes X heißt lokalendlich, wenn jedes $x \in X$ eine Umgebung U besitzt, derart daß $U \cap U_\lambda \neq \emptyset$ für höchstens endlich viele $\lambda \in \Lambda$.

5.3 Definition. Ein Hausdorff-Raum X heißt parakompakt, wenn zu jeder offenen Überdeckung $\mathcal{U}$ von X eine feinere lokalendliche offene Überdeckung existiert.

Diese Definition liefert das begriffliche Hilfsmittel, um stetige Abbildungen, die lokal definiert sind, zu stetigen Abbildungen auf dem ganzen Raum zusammenzusetzen. Der Beweis von Satz 5.6 ist eine gute Illustration für den Umgang mit diesem Begriff. Vor der Formulierung des nächsten Satzes werden folgende Bezeichnungen vereinbart.

5.4 Definition. Es seien (X, d) ein metrischer Raum, A, B Teilmengen von X und $x \in X$. Ist $A \neq \emptyset$, so wird der Abstand von x zu A definiert durch $d(x, A) = \inf\{d(x, a) \mid a \in A\}$. Ist $A = \emptyset$, so setzt man $d(x, \emptyset) = \infty$. Der Abstand der Teilmengen A und B wird definiert durch $d(A, B) = \inf\{d(a, b) \mid a \in A, b \in B\}$, falls A und B beide nicht leer sind. Ist eine der beiden Mengen leer, so setzt man $d(A, B) = \infty$.

5.5 Satz (von Stone). *Jeder metrische Raum ist parakompakt.*

Beweis: (X, d) sei ein metrischer Raum, und $\mathcal{U} = (U_i)_{i\in I}$ sei eine offene Überdeckung von X. Der Beweis der Existenz einer feineren offenen lokalendlichen Überdeckung erfolgt in mehreren Schritten. Es werden der Reihe nach folgende Behauptungen bewiesen.

(1) Es existiert eine offene Überdeckung $\mathcal{V}$ von X, die feiner ist als $\mathcal{U}$, so daß $\mathcal{V}$ eine abzählbare Vereinigung von lokalendlichen Unterfamilien $\mathcal{V}_n$ ist.

(2) Es existiert eine lokalendliche abgeschlossene Überdeckung von X, die feiner ist als $\mathcal{U}$.

(3) Es existiert eine lokalendliche offene Überdeckung von X, die feiner ist als $\mathcal{U}$.

Zu (1): Die Indexmenge I der Überdeckung sei mit einer Wohlordnung "$<$" versehen. Für jedes $i \in I$ und jedes $n \in \mathbb{N}$ sei $U_{in} = \{x \in X \mid d(x, X \setminus U_i) \geq 2^{-n}\}$. Um $d(U_{in}, X \setminus U_{in+1})$ abzuschätzen, wählt man $x \in U_{in}$ und $y \in X \setminus U_{in+1}$. Es existiert ein $z \in X \setminus U_i$ mit $d(y,z) < 2^{-n-1}$, und mit der Dreiecksungleichung $d(x,y) \geq d(x,z) - d(y,z) \geq 2^{-n} - 2^{-n-1} = 2^{-n-1}$ erhält man $d(U_{in}, X \setminus U_{in+1}) \geq 2^{-n-1}$. Weiter werden die Mengen $U_{in}^* = U_{in} \setminus \bigcup_{j<i} U_{jn+1}$ und $V_{in} = \{x \in X \mid d(x, U_{in}^*) < 2^{-n-3}\}$ für alle $i \in I$ und $n \in \mathbb{N}$ definiert. V_{in} ist offen, und falls $j < i$ ist, ist $U_{in}^* \subset X \setminus U_{jn+1}$. Für alle $i, j \in I$ mit $i \neq j$ gilt also $U_{in}^* \subset X \setminus U_{jn+1}$ oder $U_{jn}^* \subset X \setminus U_{in+1}$ und in jedem Falle $d(U_{in}^*, U_{jn}^*) \geq 2^{-n-1}$. Daraus leitet man mit der Definition von V_{in} und der Dreiecksungleichung her, daß $d(V_{in}, V_{jn}) \geq 2^{-n-2}$ für alle $i, j \in I$ mit $i \neq j$. Ist $x \in X$, so existiert wegen der Wohlordnung von I ein kleinstes i mit $x \in U_i$ und ein $n \in \mathbb{N}$ mit $x \in U_{in}$ and daher auch $x \in V_{in}$. Für alle $j \in I \setminus \{i\}$ ist $V_{in} \cap V_{jn} = \emptyset$. Da außerdem $V_{in} \subset U_i$, ist $\mathcal{V} = (V_{in})_{i \in I, n \in \mathbb{N}}$ eine offene Überdeckung von X, die $\mathcal{U}$ verfeinert, und $\mathcal{V}$ ist Vereinigung der Familien $\mathcal{V}_n = (V_{in})_{i \in I}$, die lokalendlich sind.

Zu (2): Es werden zunächst die folgenden Mengen definiert: $A_n = \bigcup_{i \in I} V_{in}$ für alle $n \in \mathbb{N}$, $C_0 = A_0$ und $C_n = A_n \setminus \bigcup_{j=0}^{n-1} A_j$ für $n \geq 1$, sowie $W_{in} = C_n \cap V_{in}$ für alle $i \in I$ und $n \in \mathbb{N}$. Die Familie $\mathcal{W} = (W_{in})_{i \in I, n \in \mathbb{N}}$ ist eine Verfeinerung von $\mathcal{U}$ und eine lokalendliche Überdeckung von X. Um das einzusehen, wählt man ein $x \in X$. Da $\bigcup_{n=0}^{\infty} A_n = X$, gibt es ein kleinstes n mit $x \in A_n$ und damit $x \in C_n$. Weil $\bigcup_{i \in I} W_{in} \supset C_n$, existiert ein $i \in I$ mit $x \in W_{in} = C_n \cap V_{in}$. Damit ist $\mathcal{W}$ eine Überdeckung von X. Zum Nachweis der Lokalendlichkeit stellt man zunächst fest, daß $V_{in} \cap C_m = \emptyset$ für alle $m > n$. Da die $\mathcal{V}_\kappa$ lokalendlich sind, existiert zu jedem κ eine Umgebung D_κ von x, die ganz in V_{in} enthalten ist, so daß D_κ nicht leeren Durchschnitt hat mit höchstens endlich vielen Mengen aus $\mathcal{V}_\kappa$. Für die Umgebung $V = \bigcap_{\kappa=0}^{n} D_\kappa$ von x gilt, daß $V \cap W_{im} \neq \emptyset$ nur für $m \leq n$. Da $W_{im} \subset V_{im}$, gilt für $m \leq n$, daß $V \cap W_{im} \neq \emptyset$ für höchstens endlich viele $i \in I$. Daher ist $V \cap W_{im} \neq \emptyset$ für höchstens endlich viele Paare $(i, m) \in I \times \mathbb{N}$. Also ist $\mathcal{W}$ lokalendlich.

Weil $d(V_{in}, X \setminus U_i) \geq 2^{-n} - 2^{-n-3} > 2^{-n-1}$, ist $\overline{W}_{in} \subset \overline{V}_{in} \subset U_i$, und $\overline{\mathcal{W}} = (\overline{W}_{in})$ ist ebenfalls eine Verfeinerung von $\mathcal{U}$. Da $\mathcal{W}$ lokalendlich ist, ist auch $\overline{\mathcal{W}}$ lokalendlich (s. Aufgabe 4). Mithin ist $\overline{\mathcal{W}}$ eine lokalendliche abgeschlossene Überdeckung von X, die feiner ist als $\mathcal{U}$.

Zu (3): Für jedes $x \in X$ sei D_x eine offene Umgebung von x derart, daß $\overline{D}_x \subset U_i$ für ein $i \in I$ und $D_x \cap W_{in} \neq \emptyset$ für höchstens endlich viele $W_{in} \in \mathcal{W}$. $\mathcal{A} = (A_k)_{k \in K}$ sei eine lokalendliche abgeschlossene Überdeckung von X, die

feiner ist als $(D_x)_{x\in X}$. Die Existenz einer solchen Verfeinerung wurde in (1) und (2) bewiesen. Für jedes $W_{in} \in \mathcal{W}$ sei $W'_{in} = X \setminus \bigcup_{A_k \cap W_{in} = \emptyset} A_k$. Dann ist $W_{in} \subset W'_{in}$, und W'_{in} ist offen, da $\mathcal{A}$ lokalendlich ist (s. Aufgabe 5). Daher ist $\mathcal{W}' = (W'_{in})$ offene Überdeckung von X. Zum Nachweis daß $\mathcal{W}'$ lokalendlich ist, sei $x \in X$. Es existiert eine offene Umgebung E_x, die nur endlich viele Mengen aus $\mathcal{A}$ trifft, etwa $A_{k_1}, \ldots, A_{k_s}$. Da $\bigcup_{k\in K} A_k = X$, ist $E_x \subset A_{k_1} \cup \ldots \cup A_{k_s}$.
Wenn für ein $W'_{in} \in \mathcal{W}'$ gilt $E_x \cap W'_{in} \neq \emptyset$, so ist $W'_{in} \cap A_{k_\nu} \neq \emptyset$ für ein $\nu \in \{1, \ldots, s\}$. Nach Definition von W'_{in} ist dann $W_{in} \cap E_x \neq \emptyset$. Da $\mathcal{A}$ Verfeinerung von (D_x) ist, ist $A_k \cap W_{in} \neq \emptyset$ für höchstens endlich viele $W_{in} \in \mathcal{W}$, also auch $A_k \cap W'_{in} \neq \emptyset$ für höchstens endlich viele $W'_{in} \in \mathcal{W}'$. Daher ist $E_x \cap W'_{in} \neq \emptyset$ für höchstens endlich viele $W'_{in} \in \mathcal{W}'$. $\mathcal{W}'$ ist nicht notwendig eine Verfeinerung von $\mathcal{U}$. Die Familie $\tilde{\mathcal{W}} = (\tilde{W}_{in})_{i\in I, n\in \mathbb{N}}$ wird definiert durch $\tilde{W}_{in} = W'_{in} \cap U_i$. Dann ist $\tilde{W}_{in}$ offen und Teilmenge von U_i. $\tilde{\mathcal{W}}$ ist mit $\mathcal{W}'$ lokalendlich, und aus der Tatsache, daß $W_{in} \subset U_i \cap W'_{in} = \tilde{W}_{in}$ ist für alle $(i,n) \in I \times \mathbb{N}$, folgt, daß $\tilde{\mathcal{W}}$ eine Überdeckung von X ist. □

5.6 Definition. E sei ein reeller Vektorraum. Eine Teilmenge K von E heißt konvex, wenn für je zwei Punkte $a, b \in K$ die Strecke von a nach b, das ist die Menge $\{(1-t)a + tb \mid 0 \leq t \leq 1\}$, ganz in K enthalten ist. Ist A Teilmenge von E, so ist die konvexe Hülle von A die kleinste konvexe Teilmenge von E, die A enthält.

5.7 Satz (von Dugundji). *Es seien (X, d) ein metrischer Raum, $(E, \|\ \|)$ ein normierter reeller Vektorraum und A eine nicht leere abgeschlossene Teilmenge von X. Ist $f : A \to E$ eine stetige Abbildung, so existiert eine stetige Fortsetzung F von f auf ganz X, d.h. es gibt eine stetige Abbildung $F : X \to E$ derart, daß $F|A = f$, wo $F|A$ die Einschränkung von F auf A bezeichnet. F kann so gewählt werden, daß $F(X)$ in der konvexen Hülle von $f(A)$ enthalten ist.*

BEWEIS: Für jedes $x \in X \setminus A$ sei $\varepsilon_x = \frac{1}{3}d(x, A)$ und $B_x = B(x, \varepsilon_x)$. Nach 5.4 existiert zu der offenen Überdeckung $(B_x)_{x\in X\setminus A}$ eine feinere lokalendliche offene Überdeckung $(U_j)_{j\in J}$ von $X \setminus A$. Für jedes $j \in J$ wird $\varphi_j : X \to \mathbb{R}$ definiert durch $\varphi_j(x) = d(x, X \setminus U_j)$ und $\Phi_j : X \setminus A \to \mathbb{R}$ durch $\Phi_j(x) = \varphi_j(x) / \sum_{i\in J} \varphi_i(x)$. Die Funktionen Φ_j sind wohldefiniert und stetig, da $\varphi_i(x) > 0$ ist für wenigstens ein $i \in J$ und zu jedem $x \in X \setminus A$ eine Umgebung V_x existiert mit $V_x \cap U_j \neq \emptyset$ für höchstens endlich viele $j \in J$. Außerdem ist $\Phi_j(x) \geq 0$ und $\sum_{j\in J} \Phi_j(x) = 1$ für alle $x \in X \setminus A$. Zu jedem $j \in J$ wird ein $a_j \in A$ gewählt mit $d(a_j, U_j) \leq 2d(A, U_j)$. Nach diesen Auswahlen wird die Funktion $F : X \to E$ definiert durch

$$F(x) = \begin{cases} f(x) & \text{für } x \in A \\ \sum_{j\in J} \Phi_j(x) f(a_j) & \text{für } x \in X \setminus A. \end{cases}$$

Da $\Phi_j(x) \neq 0$ für höchstens endlich viele $j \in J$, ist die Summe in der Definition für alle $x \in X \setminus A$ eine endliche Summe, und wegen $\sum_{j \in J} \Phi_j(x) = 1$ ist $F(x)$ in der konvexen Hülle von $f(A)$ enthalten. Außerdem ist klar, daß $F|A = f$ ist. Es ist die Stetigkeit von F zu zeigen. F ist stetig in $\mathring{A}$, da f dort stetig ist. F ist in $X \setminus A$ stetig, da zu jedem $x \in X \setminus A$ eine Umgebung V_x existiert, die nur endlich viele U_j trifft, das heißt, es gibt nur endlich viele Φ_j, die nicht auf V_x identisch verschwinden. Daher ist $F|V_x$ eine endliche Summe stetiger Abbildungen und als solche stetig. Es bleibt die Stetigkeit von F in $Rd\, A$ nachzuweisen. Dazu seien $a \in Rd\, A$ und $\varepsilon > 0$. Da f stetig ist, existiert ein $\delta > 0$, so daß für alle $x \in A$ mit $d(x,a) < \delta$ gilt $\| f(x) - f(a) \| < \varepsilon$. Sei $x \in X \setminus A$ mit $d(x,a) < \frac{1}{4}\delta$. Nun ist

$$\begin{aligned} \| F(x) - F(a) \| &= \| \sum_j \Phi_j(x) f(a_j) - f(a) \| \\ &= \| \sum_j \Phi_j(x) (f(a_j) - f(a)) \| \\ &\leq \sum_j \Phi_j(x) \| f(a_j) - f(a) \| < \varepsilon, \end{aligned}$$

wenn $d(a, a_j) < \delta$ für alle j mit $\Phi_j(x) \neq 0$. Es ist also $d(a, a_j)$ abzuschätzen. Wenn $\Phi_j(x) \neq 0$ ist, dann ist $x \in U_j$. Nach der Dreiecksungleichung gelten

$$\begin{aligned} & d(a, a_j) \leq d(a, x) + d(x, a_j) \quad \text{und} \\ & d(a_j, x) \leq d(x, u) + d(a_j, u) \quad \text{für alle} \quad u \in U_j \quad \text{und daher} \\ & d(a_j, x) \leq d(a_j, U_j) + D(U_j) \leq 2d(A, U_j) + D(U_j) \\ & \qquad \leq 3d(A, U_j) \leq 3d(a, x). \end{aligned}$$

Hier bezeichnet $D(U_j)$ den Durchmesser von U_j. Die Ungleichung $D(U_j) \leq d(A, U_j)$ gilt nach der folgenden Überlegung: Es gibt ein $y \in X \setminus A$ mit $U_j \subset B_y$, und daher ist $D(U_j) \leq D(B_y) = 2\varepsilon_y$ sowie $d(U_j, A) \geq d(B_y, A)$. Nun ist $d(B_y, A) = 3\varepsilon_y - \varepsilon_y = 2\varepsilon_y = D(B_y)$. Damit ist $d(a, a_j) \leq 4d(a, x) < \delta$ für alle $x \in X \setminus A$ mit $d(a, x) < \frac{1}{4}\delta$, und daher gilt für diese x die Ungleichung $\| F(x) - F(a) \| < \varepsilon$. □

5.8 Bemerkung. Der Begriff parakompakt wurde von J. Dieudonné 1944 eingeführt. A.H. Stone bewies 1948, daß jeder metrische Raum parakompakt ist. Der Satz von Stone und die Eigenschaft parakompakt waren unter anderem wichtig bei der Lösung des Problems der Metrisierbarkeit topologischer Räume, das lange Zeit ein zentrales Problem der mengentheoretischen Topologie war. Dabei geht es um die Frage, unter welchen Bedingungen eine Topolgie durch eine Metrik definiert werden kann. Zu diesem Themenkreis sei beispielsweise auf das Buch von B. v. Querenburg verwiesen. Der Fortsetzungssatz 5.7 wurde von J. Dugundji bewiesen. Dugundji läßt als Wertebereich allgemeiner einen lokal konvexen linearen Raum zu. Der Fortsetzungssatz von Dugundji ist in gewissem Sinne eine Verallgemeinerung des Fortsetzungssatzes von H. Tietze folgenden Inhalts: Ein topologischer Raum besitzt genau dann die Eigenschaft (T_4), wenn jede auf einer seiner abgeschlossenen Teilmengen definierte und stetige reellwertige Funktion sich zu einer stetigen Funktion auf dem ganzen Raum fortsetzen läßt. In diesem Satz kann natürlich die reellwertige Funktion durch eine stetige Funktion in einen endlichdimensionalen reellen Vektorraum ersetzt werden. Die Verallgemeinerung des Wertebereichs im Satz von Dugundji ist durch eine Spezialisierung des Definitionsbereichs erkauft.

5.9 Aufgaben

1. Zeigen Sie, daß jeder parakompakte Raum normal ist. (Hinweis: Zeigen Sie zunächst, daß jeder parakompakte Raum regulär ist).
2. Zeigen Sie, daß jede abgeschlossene Teilmenge eines parakompakten Raumes ein parakompakter Raum ist.
3. Beweisen Sie, daß das topologische Produkt eines parakompakten Raumes mit einem kompakten Raum parakompakt ist.
4. Beweisen Sie: Ist $\mathcal{W} = (W_i)_{i\in I}$ eine lokalendliche Familie von Teilmengen von X, so ist auch $\overline{\mathcal{W}} = (\overline{W}_i)_{i\in I}$ eine lokalendliche Familie.
5. $(A_k)_{k\in K}$ sei eine lokalendliche Familie von abgeschlossenen Teilmengen des topologischen Raumes X. Zeigen Sie, daß $\bigcup_{k\in K} A_k$ abgeschlossen ist.
6. Beweisen Sie: Ist V ein reeller Vektorraum und sind $p_0, \ldots, p_k \in V$, so ist die konvexe Hülle von $\{p_0, \ldots, p_k\}$ die Menge $\{\sum_{\nu=0}^{k} t_\nu p_\nu \mid 0 \leq t_\nu \leq 1$ für alle $\nu \in \{0, \ldots, n\}$ und $\sum_{\nu=0}^{k} t_\nu = 1\}$.

§ 6 Zusammenhang

Zusammenhang und wegweiser Zusammenhang sind Begriffe, die unmittelbar der Anschauung entnommen sind. Von einem zufriedenstellenden Zusammenhangsbegriff wird man erwarten, daß jeder Raum mit der indiskreten Topologie zusammenhängend ist, ein diskreter Raum, der ja aus diskreten Punkten ohne jede Beziehung zueinander besteht, extrem unzusammenhängend ist, wenn er mehr als einen Punkt enthält. Als zusammenhängende Teilmengen von $\mathbb{R}$, die mehr als einen Punkt enthalten, erwartet man die Intervalle. Ein Raum heißt wegweise zusammenhängend, wenn sich je zwei Punkte durch einen Weg, das ist eine stetige Abbildung des Einheitsintervalls, miteinander verbinden lassen. Es zeigt sich, daß jeder wegweise zusammenhängende Raum auch zusammenhängend ist, während die Umkehrung nicht allgemein gilt.

6.1 Definition. Ein topologischer Raum heißt zusammenhängend, wenn er nicht Vereinigung von zwei nicht leeren, disjunkten, offenen Teilmengen ist. Eine Teilmenge A eines topologischen Raumes X heißt zusammenhängend, wenn der Teilraum A zusammenhängend ist.

6.2 Beispiele. (i) Ein diskreter Raum, der wenigstens zwei Elemente besitzt, ist nicht zusammenhängend. In einem solchen Raum sind nur die einpunktigen Mengen und $\emptyset$ zusammenhängend.

(ii) Der indiskrete Raum ist zusammenhängend, da er nur zwei offene Mengen besitzt, von denen die eine leer ist.

(iii) $\mathbb{R}$, das dritte Testbeispiel für die Güte der Definition, erfordert etwas mehr Arbeit.

6.3 Satz. *Die einzigen zusammenhängenden Teilmengen von $\mathbb{R}$, die mehr als einen Punkt enthalten, sind die Intervalle in $\mathbb{R}$. (Zu den Intervallen zählen auch $\mathbb{R}$ selbst, $]a,\infty[$, $[a,\infty[$, $]-\infty,a[$, $]-\infty,a]$ mit $a \in \mathbb{R}$.)*

BEWEIS: X sei eine Teilmenge von $\mathbb{R}$, die wenigstens zwei Punkte enthält. Wenn X nicht ein Intervall ist, dann gibt es $a, b \in X$ und ein $c \in \mathbb{R}\backslash X$, so daß $a < c < b$ ist. In diesem Fall sind aber $]-\infty, c[\cap X$ und $]c,\infty[\cap X$ disjunkte offene Teilmengen von X, deren Vereinigung X ist. Daher ist X nicht zusammenhängend. Die einzigen Kandidaten für zusammenhängende Teilmengen von $\mathbb{R}$ sind somit die Intervalle. Sei also X ein Intervall. Es wird angenommen, daß X nicht zusammenhängend ist. Dann gibt es offene Teilmengen U und V von $\mathbb{R}$, so daß $X \subset U \cup V$ und $X \cap U$ und $X \cap V$ disjunkt und beide nicht leer sind. Seien $a \in X \cap U$ und $b \in X \cap V$, und o.B.d.A. sei $a < b$ (andernfalls wird umbenannt). Es sei $\alpha = \operatorname{Sup}\{x \in \mathbb{R} \mid [a,x] \subset U\}$. α existiert, da $a \in \{x \in \mathbb{R} \mid [a,x] \subset U\}$ und die Menge nach oben durch b beschränkt ist. Daher ist auch $\alpha \leq b$. Da X ein Intervall ist, ist $\alpha \in X$. Dann ist aber $\alpha \in U$

oder $\alpha \in V$. Im ersten Fall existiert ein $\varepsilon > 0$, so daß $]\alpha - \varepsilon, \alpha + \varepsilon] \subset U$ ist. Im zweiten Fall existiert ein $\delta > 0$, so daß $]\alpha - \delta, \alpha + \delta[\subset V$ ist. In beiden Fällen ist $\alpha \neq \operatorname{Sup}\{x \in \mathbb{R} \mid [a, x] \subset U\}$ im Widerspruch zur Definition von α. Daher ist X zusammenhängend. □

In dem vorstehenden Beweis wird die Existenz des Supremums ausgenutzt, ebenso wie z.B. beim Beweis des Zwischenwertsatzes, der eine direkte Folgerung aus Satz 6.3 ist. Zunächst werden einige äquivalente Formulierungen für den Zusammenhang angegeben.

6.4 Satz. *Für jeden topologischen Raum X sind die folgenden Aussagen äquivalent:*

(i) *X ist zusammenhängend.*

(ii) *Die einzigen Teilmengen von X, die gleichzeitig offen und abgeschlossen sind, sind X und $\emptyset$.*

(iii) *Es gibt keine stetige surjektive Abbildung von X auf einen diskreten Raum, der wenigstens zwei Punkte enthält.*

BEWEIS: (i) $\Rightarrow$ (ii): Es wird angenommen, daß (ii) nicht gilt. Nach Definition einer Topologie sind X und $\emptyset$ gleichzeitig offen und abgeschlossen. Wenn U eine Teilmenge von X ist, die gleichzeitig offen und abgeschlossen ist und $U \neq \emptyset$ und $U \neq X$ gilt, dann ist $U \cap CU = \emptyset$, $U \cup CU = X$, und X ist nicht zusammenhängend. Also gilt (i) nicht.

(ii) $\Rightarrow$ (iii): Es wird angenommen, daß (iii) nicht gilt. Y sei ein diskreter Raum mit wenigstens zwei Elementen, und $f : X \to Y$ sei eine stetige surjektive Abbildung. Für jedes $y \in Y$ ist $f^{-1}(y) \neq \emptyset$ und $f^{-1}(y) \neq X$, aber $f^{-1}(y)$ ist offen und abgeschlossen. Daher ist (ii) nicht erfüllt.

(iii) $\Rightarrow$ (i): Es wird angenommen, daß (i) nicht gilt. Dann gibt es disjunkte, nicht leere, offene Teilmengen U und V von X mit $U \cup V = X$ und $U \cap V = \emptyset$. Sei $\{0,1\}$ mit der diskreten Topologie versehen und $f : X \to \{0,1\}$ definiert durch

$$f(x) = \begin{cases} 0 & \text{für } x \in U \\ 1 & \text{für } x \in V \end{cases}$$

f ist surjektiv und stetig im Widerspruch zu (iii). □

6.5 Bemerkung. Nach Definition ist es klar, daß mit einem topologischen Raum X auch alle zu X homöomorphen Räume zusammenhängend sind.

6.6 Korollar. *Jede stetige Abbildung eines zusammenhängenden Raumes in einen diskreten Raum ist konstant.*

BEWEIS: Dieses Korollar ist eine triviale Folgerung aus der Äquivalenz von (i) und (iii) aus 6.4. □

6.7 Satz. *A und B seien Teilmengen des topologischen Raumes X, so daß $A \subset B \subset \overline{A}$. Wenn A zusammenhängend ist, ist B zusammenhängend.*

BEWEIS: Es wird angenommen, daß B nicht zusammenhängend ist. Dann gibt es offene Teilmengen U und V von X, so daß $(U \cap B) \neq \emptyset$, $(V \cap B) \neq \emptyset$, $(U \cap B) \cup (U \cap B) = B$ und $(U \cap B) \cap (V \cap B) = \emptyset$. Da $A \subset B$, ist $(U \cap A) \cup (V \cap A) = A$ und $(U \cap A) \cap (V \cap A) = \emptyset$. Weil $B \subset \overline{A}$, ist aber $A \cap U \neq \emptyset$ und $A \cap V \neq \emptyset$, und A ist nicht zusammenhängend. □

6.8 Satz. *Es seien X ein topologischer Raum und $(X_\alpha)_{\alpha \in A}$ eine Familie von zusammenhängenden Teilmengen von X. Wenn $\bigcap_{\alpha \in A} X_\alpha \neq \emptyset$ ist, dann ist $\bigcup_{\alpha \in A} X_\alpha$ zusammenhängend.*

BEWEIS: Es wird gezeigt, daß jede stetige Abbildung f von $\bigcup_{\alpha \in A} X_\alpha$ in einen diskreten Raum konstant ist. Mit 6.4 folgt dann die Behauptung. Es seien $a \in \bigcap_{\alpha \in A} X_\alpha$ und f eine stetige Abbildung von $\bigcup_{\alpha \in A} X_\alpha$ in einen diskreten Raum. Ist $x \in X_\alpha$, so ist $f(x) = f(a)$ nach 6.4 (iii), da X_α zusammenhängend ist. Daher ist $f(x) = f(a)$ für alle $x \in \bigcup_{\alpha \in A} X_\alpha$. □

6.9 Satz. *X und Y seien topologische Räume. X sei zusammenhängend, und $f : X \to Y$ sei eine stetige Abbildung. Dann ist $f(X)$ zusammenhängend.*

BEWEIS: Wenn $f(X)$ nicht zusammenhängend ist, gibt es eine stetige surjektive Abbildung $g : f(X) \to Z$ auf einen diskreten Raum Z, der wenigstens zwei Elemente enthält. Da $g \circ f : X \to Z$ ebenfalls stetig und surjektiv ist, ist X nicht zusammenhängend im Widerspruch zur Voraussetzung. □

Dieser Satz hat als Korollar den Zwischenwertsatz für stetige Funktionen. Der Beweis ist an dieser Stelle trivial, da die eigentliche Arbeit schon in 6.3 geleistet wurde.

6.10 Korollar (Zwischenwertsatz). *$f : X \to \mathbb{R}$ sei eine stetige Abbildung des topologischen Raumes X in $\mathbb{R}$ und $a, b \in f(X)$ mit $a < b$. Wenn X zusammenhängend ist, dann ist $[a, b] \subset f(X)$, d.h. f nimmt jeden Wert zwischen a und b an.*

BEWEIS: Nach 6.9 ist mit X auch $f(X)$ zusammenhängend, und nach 6.3 ist $f(X)$ ein Intervall. □

Nachdem der Begriff des Zusammenhangs zur Verfügung steht, ist es naheliegend, einen topologischen Raum in zusammenhängende Teilmengen zu zerlegen und die einzelnen zusammenhängenden Komponenten getrennt zu untersuchen. Die Anzahl der zusammenhängenden Komponenten kann man als Maßzahl für den Zusammenhang des Raumes betrachten.

6.11 Definition. X sei ein topologischer Raum und $x \in X$. Die Vereinigung aller zusammenhängenden Teilmengen von X, die x enthalten, heißt Zusammenhangskomponente von x und wird mit $K(x)$ bezeichnet. Ein topologischer Raum heißt total unzusammenhängend, wenn jede Zusammenhangskomponente aus genau einem Punkt besteht.

6.12 Bemerkung. Nach 6.8 ist $K(x)$ selbst zusammenhängend und damit die größte zusammenhängende Teilmenge von X, die x enthält.

6.13 Beispiele. (i) Jeder diskrete Raum ist total unzusammenhängend.

(ii) $\mathbb{Q}$, die Menge der rationalen Zahlen, ist total unzusammenhängend. Beachten Sie aber, daß $\mathbb{Q}$ nicht diskret ist. Um zu zeigen, daß $\mathbb{Q}$ total unzusammenhängend ist, wählt man ein $q \in \mathbb{Q}$. Jede zusammenhängende Teilmenge von $\mathbb{Q}$ ist auch eine zusammenhängende Teilmenge von $\mathbb{R}$. In $\mathbb{R}$ ist aber jede zusammenhängende Teilmenge, die q enthält, $\{q\}$ oder ein Intervall, das q enthält, nach 6.3. Da $\mathbb{Q}$ kein Intervall aus $\mathbb{R}$ mit wenigstens zwei Punkten enthält, ist $K(q) = \{q\}$.

6.14 Satz. *Für jede stetige Abbildung $f : X \to Y$ eines topologischen Raumes X in einen topologischen Raum Y gilt: Das Bild jeder Zusammenhangskomponente aus X liegt in einer Zusammenhangskomponente aus Y. Wenn f ein Homöomorphismus ist, induziert f eine bijektive Abbildung zwischen den Zusammenhangskomponenten. Entsprechende Zusammenhangskomponenten werden dann unter f homöomorph aufeinander abgebildet.*

BEWEIS: a) Für jedes $x \in X$ ist $f(K(x))$ nach 6.9 zusammenhängend, und daher ist $f(K(X)) \subset K(f(x))$.

b) Wenn f ein Homöomorphismus ist, dann gilt für jedes $x \in X$, daß $f(K(x)) \subset K(f(x))$ und $f^{-1}(K(f(x))) \subseteq K(x)$, also auch $K(f(x)) \subset f(K(x))$ und damit $f(K(x)) = K(f(x))$. Mit $\overline{f}$ werde die von f induzierte Abbildung der Zusammenhangskomponenten bezeichnet, die definiert ist durch $\overline{f}(K(x)) = K(f(x))$. Entsprechend wird $\overline{f^{-1}}$ definiert. Man rechnet nach, daß $\overline{f}$ und $\overline{f^{-1}}$ zueinander invers sind. Es ist klar, daß $f|K(x)$ ein Homöomorphismus von $K(x)$ auf $K(f(x))$ ist. □

6.15 Bemerkung. Dieser völlig triviale Satz liefert ein erstes Beispiel dafür, wie man ein topologisches Problem umformulieren kann, in diesem Falle in ein mengentheoretisches Problem. Zwei topologische Räume können nur dann homöomorph sein, wenn die Mengen ihrer Zusammenhangskomponenten die gleiche Mächtigkeit haben. So kann also $\mathbb{R} \setminus \{0,1,2\}$ nicht homöomorph zu $\mathbb{R} \setminus \{3,4,5,6\}$ sein.

Um nachzuweisen, daß ein Raum zusammenhängend ist, ist es häufig einfacher, eine etwas stärkere Eigenschaft nachzuweisen, den wegweisen Zusammenhang. Als Definitionsbereich für Wege wird das abgeschlossene Einheitsintervall $[0,1]$ gewählt, das im folgenden meist mit dem Symbol I bezeichnet wird.

6.16 Definition. Ein Weg in einem topologischen Raum X ist eine stetige Abbildung $w : I \to X$ des Einheitsintervalls $I = [0,1]$ in X. $w(0)$ heißt Anfangspunkt und $w(1)$ Endpunkt des Weges. Ist $w(0) = w(1)$, so heißt w ein geschlossener Weg. Wenn x, y zwei Punkte in X sind, so sagt man, x und y lassen sich durch einen Weg verbinden, wenn es einen Weg $w : I \to X$ gibt mit $w(0) = x$ und $w(1) = y$. w heißt dann ein Weg von x nach y.
Ein topologischer Raum X heißt wegweise zusammenhängend, wenn sich je zwei Punkte aus X durch einen Weg verbinden lassen. Eine Teilmenge A eines topologischen Raumes X heißt wegweise zusammenhängend, wenn der Teilraum A wegweise zusammenhängend ist.

6.17 Definition. Wenn $c : I \to X$ ein Weg in X ist mit Anfangspunkt $c(0) = x$ und Endpunkt $c(1) = y$, dann ist $c^- : I \to X$, definiert durch $c^-(t) = c(1-t)$, ein Weg in X mit Anfangspunkt y und Endpunkt x. c^- heißt der zu c inverse Weg. Sind c und d Wege in X mit $c(1) = d(0)$, so wird ein Weg $w = c * d$ mit Anfangspunkt $c(0)$ und Endpunkt $d(1)$ definiert durch

$$w(t) = \begin{cases} c(2t) & \text{für } t \in [0, \frac{1}{2}], \\ d(2t-1) & \text{für } t \in [\frac{1}{2}, 1]. \end{cases}$$

w ist wohldefiniert, und nach 2.3 stetig. w heißt aus c und d zusammengesetzter Weg.

Die in 6.17 angegebenen Konstruktionen des inversen Weges und der Zusammensetzung zweier Wege führen unmittelbar zu der Feststellung, daß die Verbindbarkeit zweier Punkte in einem Raum durch einen Weg eine Äquivalenzrelation ist.

6.18 Definition. In einem topologischen Raum X wird eine Äquivalenzrelation R definiert durch die Festsetzung, daß für alle $x, y \in X$ gilt: $(x, y) \in R$ genau dann, wenn ein Weg c in X existiert mit $c(0) = x$ und $c(1) = y$. Die Äquivalenzklassen bezüglich dieser Äquivalenzrelation heißen die Wegzusammenhangskomponenten von X. Die Menge der Wegzusammenhangskomponenten von X wird mit $\pi_0(X)$ bezeichnet.

6.19 Satz. *Jeder wegweise zusammenhängende Raum ist zusammenhängend.*

BEWEIS: Es seien X ein wegweise zusammenhängender und X' ein diskreter Raum, $x_0 \in X$ und $f : X \to X'$ eine stetige Abbildung. Für jedes $x \in X$ existiert ein Weg c in X mit $c(0) = x_0$ und $c(1) = x$. Die Abbildung $f \circ c : I \to X'$ ist stetig und nach 6.6 konstant, da I zusammenhängend ist. Daher ist $f(x) = f(x_0)$ für jedes $x \in X$. Dann gibt es aber keine stetige, surjektive Abbildung von X auf einen diskreten Raum, der wenigstens zwei Punkte enthält. □

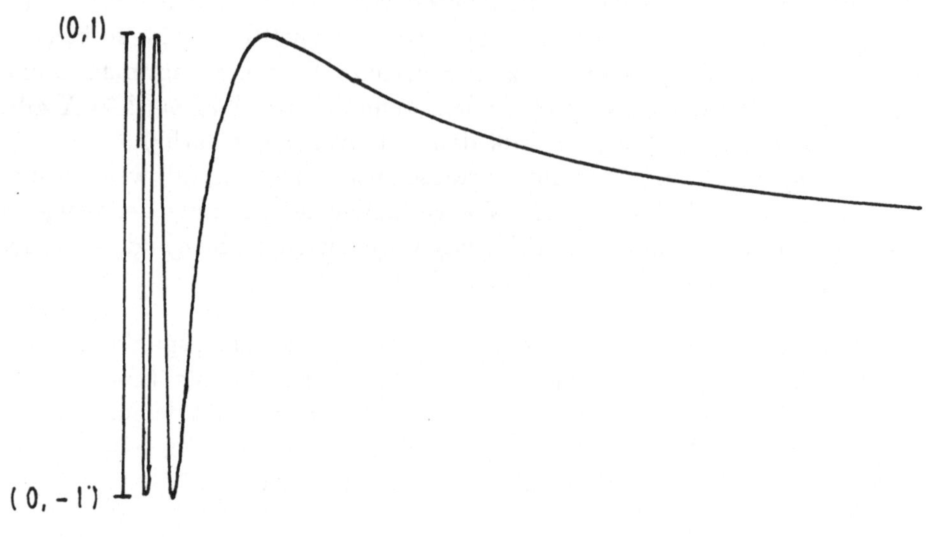

Abb. 11

6.20 Beispiel. Ein zusammenhängender Raum braucht nicht wegweise zusammenhängend zu sein. Zur Konstruktion eines Beispiels für diese Behauptung betrachtet man zunächst den folgenden Teilraum X von $\mathbb{R}^2$:

$$X = \{(x, y) \in \mathbb{R}^2 \mid x > 0 \quad \text{und} \quad y = \sin \frac{1}{x}\}.$$

Die Menge X ist zusammenhängende Teilmenge von $\mathbb{R}^2$, denn X läßt sich beschreiben als $X = f(\,]0,\infty[\,)$, wo $f :]0,\infty[\to \mathbb{R}^2$ definiert ist durch $f(x) = (x, \sin \frac{1}{x})$. Damit ist X das stetige Bild einer zusammenhängenden Menge und nach 6.9 selbst zusammenhängend. Die abgeschlossene Hülle von X in $\mathbb{R}^2$ ist die Vereinigung von X mit dem Intervall $\{(0, y) \mid -1 \leq y \leq 1\}$, also

$$\overline{X} = X \cup \{(x, y) \in \mathbb{R}^2 \mid x = 0 \quad \text{und} -1 \leq y \leq 1\}.$$

Nach 6.7 ist $\overline{X}$ zusammenhängend. $\overline{X}$ ist jedoch nicht wegweise zusammenhängend. Zum Beweis nimmt man an, daß es einen Weg $c : I \to \overline{X}$ gibt mit $c(0) = (0, 0)$ und $c(1) = (\frac{1}{\pi}, 0)$. c ist stetig genau dann, wenn $\pi_1 \circ c$ und $\pi_2 \circ c$ beide stetig sind, wo $\pi_1 : \mathbb{R}^2 \to \mathbb{R}$ und $\pi_2 : \mathbb{R}^2 \to \mathbb{R}$ definiert sind durch $\pi_1(x, y) = x$ bzw. $\pi_2(x, y) = y$. $\pi_1 \circ c$ nimmt alle Werte zwischen 0 und $\frac{1}{\pi}$ an, also insbesondere auch die Werte $\frac{2}{(2n+1)\pi}$ für $n = 2, 3, \ldots$. Daher nimmt $\pi_2 \circ c$ in jeder Umgebung von 0 die Werte $+1$ und -1 an, und es gibt kein $\delta > 0$, so daß $[0, \delta[$ durch $\pi_2 \circ c$ ganz in $]-\frac{1}{2}, \frac{1}{2}[$ abgebildet wird. Damit ist c in 0 nicht stetig, und $\overline{X}$ ist nicht wegweise zusammenhängend.

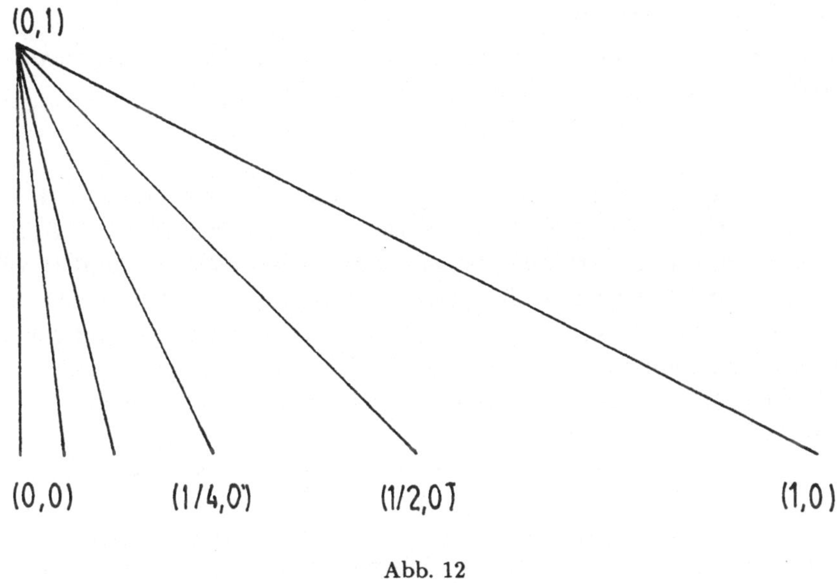

Abb. 12

6.21 Satz. *Das Bild eines wegweise zusammenhängenden Raumes unter einer stetigen Abbildung ist wegweise zusammenhängend.* □

Natürlich gilt ein 6.14 entsprechender Satz.

6.22 Satz. *X und Y seien topologische Räume und $f : X \to Y$ eine stetige Abbildung. f bildet jede Wegzusammenhangskomponente von X in eine Wegzusammenhangskomponente von Y ab und definiert damit eine Abbildung $\pi_0(f) : \pi_0(X) \to \pi_0(Y)$. Wenn f ein Homöomorphismus ist, dann ist $\pi_0(f)$ bijektiv.*

BEWEIS: Man führt den Beweis wie in 6.14 und benutzt 6.21 statt 6.9. □

Für eine große Klasse von topologischen Räumen fallen die Begriffe zusammenhängend und wegweise zusammenhängend zusammen.

6.23 Definition. Ein topologischer Raum X heißt lokal wegweise zusammenhängend, wenn für jedes $x \in X$ jede Umgebung U von x eine wegweise zusammenhängende Umgebung V von x enthält.

6.24 Beispiel. Ein wegweise zusammenhängender Raum ist nicht notwendig lokal wegweise zusammenhängend. Der Unterraum $X = \{(0,1) + t(x,-1) \in \mathbb{R}^2 \mid 0 \leq t \leq 1,\ x = 0 \text{ oder } x = \frac{1}{n},\ n = 1,2,\ldots\}$ von $\mathbb{R}^2$ ist wegweise zusammenhängend, aber nicht lokal wegweise zusammenhängend. Die Umgebung $B((0,0),1)$ von $(0,0)$ enthält keine zusammenhängende Umgebung von $(0,0)$.

6.25 Satz. *Für jeden lokal wegweise zusammenhängenden Raum X gelten die beiden folgenden Aussagen:*

(i) *Jede Wegzusammenhangskomponente von X ist offen und abgeschlossen.*

(ii) *Wenn X zusammenhängend ist, dann ist X wegweise zusammenhängend.*

BEWEIS: Zu (i). Wenn x in einer Wegzusammenhangskomponente W liegt, dann gibt es eine ganze Umgebung U von x, so daß sich alle $y \in U$ mit x durch einen Weg in U verbinden lassen. Dann ist aber $U \subset W$ und W offen. Damit ist jede Wegzusammenhangskomponente von X offen. Andererseits besitzt sie ein offenes Komplement, bestehend aus der Vereinigung der übrigen Wegzusammenhangskomponenten, und ist deshalb abgeschlossen.
Zu (ii). Wenn X zusammenhängend ist, sind die einzigen Teilmengen von X, die gleichzeitig offen und abgeschlossen sind, die leere Menge und X selbst nach 6.4. Wegen (i) gibt es dann nur eine Wegzusammenhangskomponente, nämlich X selbst. □

6.26 Bemerkung. Die Definition des Zusammenhangs in 6.1 wurde in dieser Form von Hausdorff 1914 formuliert mit abgeschlossenen Mengen anstelle von offenen Mengen. Ähnliche Definitionen wurden von C. Jordan 1893 für Teilmengen von $\mathbb{R}^n$ und von N.J. Lennes 1911 für Teilmengen der Ebene angegeben.

6.27 Aufgaben

1. Beweisen Sie: Ein topologischer Raum X ist wegweise zusammenhängend genau dann, wenn ein $x_0 \in X$ existiert, so daß sich jedes $x \in X$ mit x_0 durch einen Weg verbinden läßt.
2. Zeigen Sie, daß für jedes $n \geq 1$ die n-Sphäre wegweise zusammenhängend ist.
3. Beweisen Sie für jeden topologischen Raum X die folgenden Aussagen:
   (i) Jede Zusammenhangskomponente ist abgeschlossen.
   (ii) Die Relation R in X, die definiert ist durch die Festsetzung: "$(x, y) \in R$ genau dann, wenn $y \in K(x)$", ist eine Äquivalenzrelation. $K(x)$ ist die Äquivalenzklasse von x bzgl. R.
   (iii) X/R ist total unzusammenhängend.
4. Beweisen Sie: Für jedes $n \geq 2$ und jede abzählbare Teilmenge $B \subset \mathbb{R}^n$ ist $\mathbb{R}^n \setminus B$ wegweise zusammenhängend.
5. Untersuchen Sie den Raum $\{a, b, c\}$ mit der Topologie $\{\emptyset, \{a, b, c\}, \{a, b\}, \{b, c\}, \{b\}\}$ auf Zusammenhang und wegweisen Zusammenhang.
6. Welche Aussagen kann man über den Zusammenhang von Räumen mit der kofiniten Topologie machen?

7. Zeigen Sie, daß die topologischen Gruppen $Gl(n, \mathbb{C})$ und $U(n)$ wegweise zusammenhängend sind.
8. Zeigen Sie, daß die topologischen Gruppen $Gl(n, \mathbb{R})$ und $O(n)$ jede genau zwei Wegzusammenhangskomponenten besitzen.
9. Es seien $(X_\alpha)_{\alpha \in A}$ eine Familie von nicht leeren topologischen Räumen und $X = \prod_{\alpha \in A} X_\alpha$ das topologische Produkt. Beweisen Sie: X ist wegweise zusammenhängend genau dann, wenn X_α wegweise zusammenhängend ist für jedes $\alpha \in A$.
10. Es seien $(X_\alpha)_{\alpha \in A}$ und X wie in Aufgabe 9. Beweisen Sie: X ist zusammenhängend genau dann, wenn X_α zusammenhängend ist für jedes $\alpha \in A$. (Hinweis: Benutzen Sie für die eine Richtung Aufgabe 11 aus §2.)
11. Es seien X ein topologischer Raum und SX die Einhängung von X (s. 4.30 Aufgabe 8). Zeigen Sie, daß SX wegweise zusammenhängend ist.
12. Geben Sie ein Beispiel dafür an, daß das Bild eines lokal wegweise zusammenhängenden Raumes unter einer stetigen Abbildung nicht notwendig lokal wegweise zusammenhängend ist.

Kapitel II

Homotopie

§ 1 Homotopie von stetigen Abbildungen

In diesem Paragraphen werden die für die gesamte algebraische Topologie, aber nicht nur für diese, äußerst wichtigen Begriffe Homotopie von stetigen Abbildungen und Homotopieäquivalenz von topologischen Räumen eingeführt.

Sind f und g stetige Abbildungen eines topologischen Raumes X in einen topologischen Raum Y, und geht g aus f durch stetige Änderungen hervor, so wird man erwarten, daß auch gewisse Eigenschaften, die man Abbildungen zuschreibt, sich bei einer solchen Deformation von f nach g stetig ändern, andere sogar konstant bleiben. Insbesondere sollten solche sich stetig ändernde Eigenschaften von Abbildungen, die durch ganze Zahlen beschrieben werden, unter einer Deformation konstant bleiben. Eigenschaften von Abbildungen dieser Art kann man als besonders stabil betrachten, da sie gegenüber beliebig großen stetigen Störungen unempfindlich sind.

Zwei stetige Abbildungen $f, g : X \to Y$, die sich durch eine stetige Deformation ineinander überführen lassen, heißen homotop. Diese anschauliche Beschreibung der Homotopie wird zunächst präzisiert, und es wird gezeigt, daß Homotopie eine Äquivalenzrelation in der Menge der stetigen Abbildungen mit gleichem Definitionsbereich und gleichem Wertebereich ist. Eigenschaften, die jeder Abbildung in derselben Homotopieklasse zukommen, heißen homotopieinvariant. In der Praxis sind homotopieinvariante Eigenschaften deshalb von besonderem Interesse, weil es genügt, sie für eine spezielle Abbildung der Homotopieklasse nachzuweisen, die Folgerungen aus dieser Eigenschaft aber häufig für alle Abbildungen der Klasse gelten.

Der Begriff der Homotopie von stetigen Abbildungen führt auf natürliche Weise zu dem Begriff der Homotopieäquivalenz von topologischen Räumen.

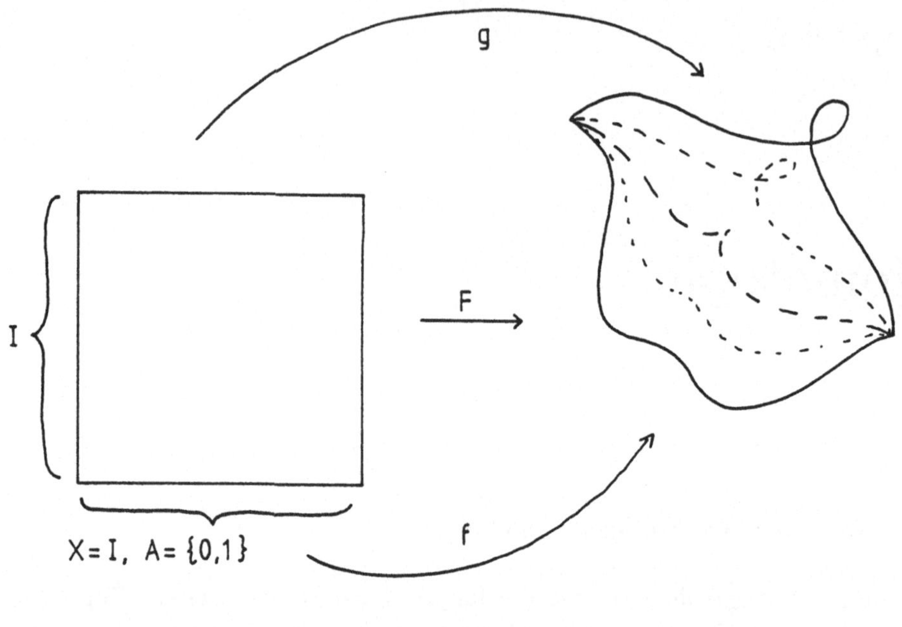

Abb. 13

1.1 Definition. X und Y seien topologische Räume, und $f, g : X \to Y$ seien stetige Abbildungen. f heißt homotop zu g, wenn eine stetige Abbildung

$$F : X \times I \to Y$$

existiert, so daß für alle $x \in X$ gilt $F(x,0) = f(x)$ und $F(x,1) = g(x)$. Die Abbildung F heißt in diesem Falle eine Homotopie von f nach g. Wenn f zu g homotop ist, so schreibt man dafür $f \simeq g$.
Ist A eine Teilmenge von X und gilt für die stetigen Abbildungen $f, g : X \to Y$, daß $f|A = g|A$ ist, so heißt f zu g homotop relativ A, in Zeichen $f \simeq g \; rel \, A$, wenn es eine Homotopie F von f nach g gibt, so daß für alle $a \in A$ und alle $t \in I$ gilt

$$F(a,t) = f(a) = g(a).$$

F heißt dann eine Homotopie von f nach g relativ A.
Eine stetige Abbildung $f : X \to Y$ heißt nullhomotop, wenn sie homotop zu einer konstanten Abbildung ist.

1.2 Bemerkungen. (i) Die Homotopie $F : X \times I \to Y$ liefert für jedes $t \in I$ eine stetige Abbildung $F_t : X \to Y$, so daß man eine Homotopie von f nach g auch als eine mit I parametrisierte Familie $(F_t)_{t \in I}$ von stetigen Abbildungen mit $F_0 = f$ und $F_1 = g$ betrachten kann. Wichtig ist allerdings, daß die Abbildung $(x,t) \to F_t(x)$, das ist die obige Abbildung F, stetig ist.

(ii) Für jedes feste $x \in X$ ist die Abbildung $t \to F(x,t)$, $t \in I$, ein Weg in Y, der in $f(x)$ beginnt und in $g(x)$ endet.

1.3 Beispiel. Jede stetige Abbildung $f : X \to \mathbb{R}^n$ ist homotop zur konstanten Abbildung $k : X \to \mathbb{R}^n$ mit $k(x) = 0$ für alle $x \in X$. Eine Homotopie $F : X \times I \to \mathbb{R}^n$ wird gegeben durch $F(x,t) = (1-t)f(x)$. Wenn $x_0 \in f^{-1}(0)$ ist, dann ist F eine Homotopie von f nach k *rel* $\{x_0\}$.

1.4 Satz und Definition. *X und Y seien topologische Räume. In der Menge der stetigen Abbildungen von X nach Y ist Homotopie eine Äquivalenzrelation. Jede Äquivalenzklasse bezüglich dieser Relation heißt eine Homotopieklasse. Die Menge der Homotopieklassen stetiger Abbildungen von X nach Y wird mit $[X,Y]$ bezeichnet.*

BEWEIS: REFLEXIVITÄT: Für $f : X \to Y$ ist $F : X \times I \to Y$, definiert durch $F(x,t) = f(x)$, eine Homotopie von f nach f.
SYMMETRIE: Ist $F : X \times I \to Y$ eine Homotopie von f nach g, so definiert man eine stetige Abbildung $F^- : X \times I \to Y$ durch $F^-(x,t) = F(x, 1-t)$. Offensichtlich ist F^- eine Homotopie von g nach f.
TRANSITIVITÄT: Ist $F : X \times I \to Y$ eine Homotopie von f nach g und $G : X \times I \to Y$ eine Homotopie von g nach h, so definiert man eine Homotopie $H : X \times I \to Y$ von f nach h folgendermaßen:

$$H(x,t) = \begin{cases} F(x,2t) & \text{für } t \in \left[0, \tfrac{1}{2}\right] \\ G(x, 2t-1) & \text{für } t \in \left[\tfrac{1}{2}, 1\right]. \end{cases}$$

Da $F(x,1) = g(x) = G(x,0)$ ist, ist H wohldefiniert. H ist stetig nach I, 2.3, und es ist $H(x,0) = F(x,0) = f(x)$ und $H(x,1) = G(x,1) = h(x)$. □

Aus dem vorangehenden Beweis wird klar, daß mit Homotopien genauso gerechnet werden kann wie mit Wegen. Man kann eine Homotopie als einen Weg in einem Abbildungsraum betrachten. Sind in dem eben geführten Beweis die Homotopien F und G Homotopien *rel* A, so sind auch die daraus konstruierten Homotopien F^- und H Homotopien *rel* A. Mit dieser Feststellung liefert der Beweis von 1.4 gleichzeitig den folgenden Satz.

1.5 Satz. *X und Y seien topologische Räume, A eine Teilmenge von X und $f : X \to Y$ eine stetige Abbildung. In der Menge $\{g : X \to Y \mid g$ stetig und $g|A = f|A\}$ ist Homotopie rel A eine Äquivalenzrelation.* □

1.6 Satz. *X, Y, Z, W seien topologische Räume, A eine Teilmenge von X, und $f, g : X \to Y$ seien stetige Abbildungen mit $f|A = g|A$ und $f \simeq g \operatorname{rel} A$. Wenn $h : Y \to Z$ und $k : W \to X$ stetige Abbildungen sind, dann gilt:*

$$h \circ f \simeq h \circ g \quad \operatorname{rel} A \qquad \text{und} \qquad f \circ k \simeq g \circ k \quad \operatorname{rel} k^{-1}(A). \square$$

Der Homotopiebegriff ist unter anderem wichtig im Zusammenhang mit der Fortsetzung stetiger Abbildungen. Ein Beispiel gibt der folgende Satz.

1.7 Satz. *X sei ein topologischer Raum, und $f : S^n \to X$ sei eine stetige Abbildung. f läßt sich zu einer stetigen Abbildung $F : D^{n+1} \to X$ fortsetzen genau dann, wenn f nullhomotop ist.*

Beweis: a) F sei eine Fortsetzung von f. Man definiert eine Abbildung $H : S^n \times I \to X$ durch $H(x,t) = F(tx)$. H ist stetig, $H(x,1) = f(x)$ und $H(x,0) = F(0)$ für alle $x \in X$. Also ist f nullhomotop.
b) Sei umgekehrt $H : S^n \times I \to X$ eine stetige Abbildung mit $H(x,1) = f(x)$ und $H(x,0) = a$ für alle $x \in X$. Man definiert $F : D^{n+1} \to X$ durch: $F(0) = a$ und $F(x) = H(\frac{x}{\|x\|}, \| x \|)$ für $x \neq 0$. Dann ist $F|S^n = f$. Es bleibt zu zeigen, daß F stetig ist. F ist stetig außerhalb 0 als Komposition stetiger Abbildungen. Es bleibt die Stetigkeit von F in 0 zu zeigen. Dazu sei U eine offene Umgebung von a. Dann ist $H^{-1}(U)$ offen in $S^n \times I$, und es ist $S^n \times \{0\} \subset H^{-1}(U)$. Da S^n kompakt ist, gibt es ein $\varepsilon > 0$, so daß $H^{-1}(U) \supset S^n \times [0, \varepsilon[$ (Beweis?). Dann gilt aber für alle $x \in B(0,\varepsilon) \setminus \{0\}$, daß $(\frac{x}{\|x\|}, \| x \|) \in S^n \times [0, \varepsilon[$ ist und damit $F(x) \in U$. $\square$

Es ist natürlich, den Homotopiebegriff zur Definition einer entsprechenden Äquivalenzrelation zwischen topologischen Räumen zu benutzen.

1.8 Definition. X und Y seien topologische Räume. X heißt homotopieäquivalent zu Y, wenn es stetige Abbildungen $f : X \to Y$ und $g : Y \to X$ gibt, so daß $g \circ f \simeq Id_X$ und $f \circ g \simeq Id_Y$ sind. Die Abbildung f heißt in diesem Falle eine Homotopieäquivalenz von X nach Y, und g heißt Homotopieinverse zu f. Daß X homotopieäquivalent zu Y ist, wird mit $X \cong Y$ bezeichnet.

1.9 Satz. *Homotopieäquivalenz ist eine Äquivalenzrelation in der Klasse der topologischen Räume.*

Beweis: Reflexivität und Symmetrie sind schon aus der Definition klar. Es bleibt die Transitivität nachzuweisen. Dazu seien $X \cong Y$ und $Y \cong Z$, und es seien $f : X \to Y$, $g : Y \to X$, $f' : Y \to Z$ und $g' : Z \to Y$ stetige Abbildungen derart, daß gilt: $g \circ f \simeq Id_X$, $f \circ g \simeq Id_Y$, $g' \circ f' \simeq Id_Y$ und $f' \circ g' \simeq Id_Z$. Mit 1.6 sind dann $(f' \circ f) \circ (g \circ g') = f' \circ (f \circ g) \circ g' \simeq f' \circ g' \simeq Id_Z$ und $(g \circ g') \circ (f' \circ f) = g \circ (g' \circ f') \circ f \simeq g \circ f \simeq Id_X$. Damit ist gezeigt, daß $X \cong Z$ ist. $\square$

1.10 Definition. Die Äquivalenzklasse eines topologischen Raumes X bezüglich Homotopieäquivalenz heißt der Homotopietyp von X.

1.11 Beispiele. (i) $\mathbb{R}^n$ ist homotopieäquivalent zu jedem einpunktigen Raum $\{x\}$. Die konstante Abbildung $f : \mathbb{R}^n \to \{x\}$ ist eine Homotopieäquivalenz. Jede Abbildung $g : \{x\} \to \mathbb{R}^n$ ist homotopieinvers zu f. Natürlich ist $f \circ g = Id_{\{x\}}$. Andererseits ist $F : \mathbb{R}^n \times I \to \mathbb{R}^n$, definiert durch $F(y,t) = (1-t) \cdot (g \circ f(y)) + ty$ eine Homotopie von $g \circ f$ zur Identität auf $\mathbb{R}^n$.

(ii) $\mathbb{R}^n \setminus \{0\}$ ist homotopieäquivalent zu S^{n-1}. Die Inklusion $i : S^{n-1} \to \mathbb{R}^n \setminus \{0\}$, definiert durch $i(x) = x$, ist eine Homotopieäquivalenz. Die Abbildung $r : \mathbb{R}^n \setminus \{0\} \to S^{n-1}$, definiert durch $r(x) = \frac{x}{\|x\|}$ ist zu i homotopieinvers. Offensichtlich ist $r \circ i = Id_{S^{n-1}}$. Eine Homotopie F von $i \circ r$ zur Identität auf $\mathbb{R}^n \setminus \{0\}$ wird definiert durch $F(x,t) = (1-t)\frac{x}{\|x\|} + tx$ für alle $x \in \mathbb{R}^n \setminus \{0\}$ und alle $t \in I$.

Für spezielle Homotopien wurden besondere Namen eingeführt.

1.12 Definition. X sei ein topologischer Raum, A ein Teilraum von X, und $i : A \to X$ sei die Inklusionsabbildung. Eine stetige Abbildung $r : X \to A$ mit $r|A = Id_A$ heißt eine Retraktion. A heißt Retrakt von X, wenn es eine Retraktion von X auf A gibt.
A heißt Deformationsretrakt von X, wenn es eine Retraktion r von X auf A gibt mit $i \circ r \simeq Id_X$.
A heißt starker Deformationsretrakt von X, wenn es eine Retraktion von X auf A gibt mit $i \circ r \simeq Id_X \; rel \, A$. X heißt zusammenziehbar, wenn X einen seiner Punkte als Deformationsretrakt besitzt.

1.13 Beispiele. (i) $\mathbb{R}^n$ ist auf jeden seiner Punkte zusammenziehbar, wie in 1.11 (i) gezeigt wurde.

(ii) S^{n-1} ist starker Deformationsretrakt von $\mathbb{R}^n \setminus \{0\}$. Das wurde in 1.11 (ii) gezeigt. Man hat sich nur noch davon zu überzeugen, daß die Homotopie F die Sphäre S^{n-1} punktweise festläßt.

1.14 Bemerkung. Wenn A Deformationsretrakt von X ist, so existiert nach Definition 1.12 eine Retraktion $r : X \to A$ mit $r \circ i = Id_A$ und $i \circ r \simeq Id_X$. Dann ist aber A homotopieäquivalent zu X.

1.15 Bemerkung. In einer Arbeit von 1866 untersuchte C. Jordan die Homotopie von geschlossenen Wegen auf Flächen. Jordan gebraucht statt "homotop" die Bezeichnung "réductible". Die Notation "Homotopie" wurde von M. Dehn und P. Heegard 1907 eingeführt (s. Lefschetz 1956). Der Begriff der Retraktion stammt von K. Borsuk (1931).

1.16 Aufgaben

1. Zeigen Sie: Jede stetige Abbildung $f : X \to S^n$, $n \geq 1$ mit $f(X) \neq S^n$ ist nullhomotop.
2. Ein topologischer Raum ist zusammenziehbar genau dann, wenn X homotopieäquivalent zu einem Punkt ist.
3. Es sei X ein topologischer Raum, und CX sei der Kegel über X, d.h. $CX = X \times I / X \times \{1\}$. Zeigen Sie, daß CX zusammenziehbar ist.
4. Zeigen Sie, daß für jeden einpunktigen Raum P und jeden topologischen Raum X eine bijektive Abbildung zwischen $[P, X]$ und $\pi_0(X)$ existiert.
5. Zeigen Sie: $O(n)$ ist starker Deformationsretrakt von $Gl(n, \mathbb{R})$ und $U(n)$ ist starker Deformationsretrakt von $Gl(n, \mathbb{C})$.
6. Zeigen Sie: Für jedes $x \in \mathbb{R}P^n$ ist $\mathbb{R}P^n \setminus \{x\}$ homotopieäquivalent zu $\mathbb{R}P^{n-1}$.
7. Es sei X der topologische Raum aus I, 6.26. Zeigen Sie:
   a) X ist zusammenziehbar.
   b) $\{(0,0)\}$ ist Deformationsretrakt von X, aber nicht starker Deformationsretrakt von X.
8. Sind zwei topologische Räume homotopieäquivalent und ist einer wegweise zusammenhängend, so auch der andere.
9. Es seien X ein topologischer Raum und A ein Teilraum von X. Das Paar (X, A) besitzt die Homotopieerweiterungseigenschaft (HEE) genau dann, wenn für jede stetige Abbildung $f : X \to Y$ und jede Homotopie $H : A \times I \to Y$ mit $H_0 = f|A$ eine Homotopie $G : X \times I \to Y$ existiert mit $G_0 = f$ und $G|A \times I = H$. Zeigen Sie: Wenn A abgeschlossene Teilmenge von X ist, so besitzt (X, A) die HEE genau dann, wenn $X \times \{0\} \cup A \times I$ Retrakt von $X \times I$ ist.
10. Beweisen Sie: Für jedes $n \geq 0$ besitzt (D^{n+1}, S^n) die HEE.

§ 2 Die Fundamentalgruppe

In Kap. I, §6, wurde ein Weg in einem topologischen Raum X definiert als eine stetige Abbildung des Einheitsintervalls $I = [0,1]$ in X. Für je zwei Wege ist eine Verknüpfung erklärt, falls der Endpunkt des ersten mit dem Anfangspunkt des zweiten Weges übereinstimmt. Werden nur geschlossene Wege zugelassen, die in einem festen Punkt $x_0 \in X$ anfangen und enden, so ist die Verknüpfung zwischen je zwei solchen Wegen definiert. Nach Übergang zu Homotopieklassen *rel* $\{0,1\}$ erhält man aus dieser Menge zusammen mit der induzierten Verknüpfung eine Gruppe, die Fundamentalgruppe von X mit Basispunkt x_0.

Zunächst werden allgemeine Sätze über Homotopieklassen von Wegen formuliert.

2.1 Satz. *Es seien c, c', d, d' Wege in X mit $c(0) = c'(0)$, $c(1) = c'(1) = d(0) = d'(0)$, $d(1) = d'(1)$ und $c \simeq c'$ rel $\{0,1\}$, $d \simeq d'$ rel $\{0,1\}$. Dann sind*

(i) *$c * d \simeq c' * d'$ rel $\{0,1\}$ und*

(ii) *$c^- \simeq c'^-$ rel $\{0,1\}$.*

Beweis: Zu (i). Man verknüpft die Homotopien ebenso wie die Wege. Dazu seien F eine Homotopie *rel* $\{0,1\}$ von c nach c' und G eine Homotopie *rel* $\{0,1\}$ von d nach d'. Die Homotopie $H : I \times I \to X$ wird definiert durch

$$H(t,s) = \begin{cases} F(2t,s) & \text{für } t \in [0, \frac{1}{2}] \\ G(2t-1,s) & \text{für } t \in [\frac{1}{2}, 1]. \end{cases}$$

Dann ist $H(0,s) = c(0) = c'(0)$, $H(1,s) = d(1) = d'(1)$ und $H(t,0) = c*d(t)$, $H(t,1) = c' * d'(t)$. Daher ist $c * d \simeq c' * d'$ *rel* $\{0,1\}$.

Zu (ii). Man definiert eine Homotopie F^- durch

$$F^-(t,s) = F(1-t,s).$$

Dann ist $F^-(0,s) = F(1,s) = c(1) = c^-(0) = c'(1) = c'^-(0)$, $F^-(1,s) = F(0,s) = c(0) = c^-(1) = c'(0) = c'^-(1)$ und $F^-(t,0) = c^-(t)$, $F^-(t,1) = c'^-(t)$. Also ist $c^- \simeq c'^-$ *rel* $\{0,1\}$. □

Der vorangehende Satz besagt, daß die Verknüpfung $*$ von Wegen eine Verknüpfung von Homotopieklassen von Wegen definiert. Die durch den folgenden Hilfssatz garantierte Unabhängigkeit der Homotopieklassen *rel* $\{0,1\}$ eines Weges von der Parametrisierung gibt die Möglichkeit, für diese Verknüpfung die gewünschten algebraischen Eigenschaften nachzuweisen.

2.2 Hilfssatz. *Es seien X ein topologischer Raum und c, c' Wege in X. Wenn es eine stetige Abbildung $\alpha : I \to I$ gibt mit $\alpha(0) = 0$ und $\alpha(1) = 1$, so daß $c' = c \circ \alpha$ ist, dann ist $c' \simeq c\, rel\{0,1\}$.*

BEWEIS: Die Homotopie $H : I \times I \to X$, die definiert ist durch $H(t,s) = c((1-s)t + s\alpha(t))$, ist eine Homotopie $rel\,\{0,1\}$ von c nach c'. □

Es ist manchmal nützlich, die Komposition von Wegen mit anderen Intervalleinteilungen als in I, 6.17 zu wählen.

2.3 Hilfssatz. *c und d seien Wege in X mit $c(1) = d(0)$ und $q \in]0,1[$. Der Weg $c *_q d$, der definiert ist durch*

$$c *_q d(t) = \begin{cases} c\left(\frac{1}{q}t\right) & \text{für } 0 \le t \le q \\ d\left(\frac{1}{1-q}(t-q)\right) & \text{für } q \le t \le 1 \end{cases}$$

ist homotop $rel\{0,1\}$ zu $c * d$.

BEWEIS: Mit $\alpha : I \to I$, definiert durch

$$\alpha(t) = \begin{cases} 2qt & 0 \le t \le \frac{1}{2} \\ q + (2t-1)(1-q) & \frac{1}{2} \le t \le 1, \end{cases}$$

ist $(c *_q d) \circ \alpha = c * d$, und die Behauptung folgt aus 2.2. □

2.4 Satz. *Sind c, d, f Wege in X mit $c(1) = d(0)$ und $d(1) = f(0)$, so ist $c * (d * f) \simeq (c * d) * f\, rel\{0,1\}$.*

BEWEIS: Nach 2.1 und 2.3 ist $c * (d * f) \simeq c *_{1/3} (d * f)\, rel\,\{0,1\}$ und $(c*d)*f \simeq (c*d)*_{2/3} f\, rel\,\{0,1\}$. Die direkte Rechnung zeigt, daß $c*_{1/3}(d*f) = (c*d)*_{2/3} f$ ist. □

2.5 Satz. *$c_1, \ldots, c_s$ seien Wege in X mit $c_\nu(1) = c_{\nu+1}(0)$ für alle $\nu \in \{1, \ldots, s-1\}$. Dann ist $((c_1 * c_2) * c_3) \ldots * c_s) \simeq h_s\, rel\{0,1\}$, wo $h_s : I \to X$ definiert ist durch $h_s(t) = c_\nu(s(t - \frac{\nu-1}{s}))$ für $t \in [\frac{\nu-1}{s}, \frac{\nu}{s}]$.*

Beweis durch vollständige Induktion über s. Für $s \le 2$ ist die Behauptung bewiesen. Sei nun $s \ge 3$ und die Behauptung für $s-1$ bewiesen. Dann ist

$$((c_1 * c_2) * \ldots) * c_s) \simeq h_{s-1} *_{\frac{s-1}{s}} c_s\, rel\,\{0,1\}$$

und

$$h_{s-1} *_{\frac{s-1}{s}} c_s = \begin{cases} h_{s-1}\left(\dfrac{s}{s-1}t\right), & 0 \le t \le \dfrac{s-1}{s} \\ c_s\left(s\left(t - \dfrac{s-1}{s}\right)\right), & \dfrac{s-1}{s} \le t \le 1 \end{cases}$$

Nun ist

$$h_{s-1}\left(\frac{s}{s-1}t\right) = c_\nu\left((s-1)\left(\frac{s}{s-1}t - \frac{\nu_1}{s-1}\right)\right) = c_\nu(st-(\nu-1))$$

für

$$\frac{\nu-1}{s-1} \leq \frac{s}{s-1}t \leq \frac{\nu}{s-1}$$

und daher

$$h_{s-1}\left(\frac{s}{s-1}t\right) = c_\nu\left(s\left(t - \frac{\nu-1}{s}\right)\right) \quad \text{für} \quad \frac{\nu-1}{s} \leq t \leq \frac{\nu}{s}.$$

Also ist $h_{s-1} *_{\frac{s-1}{s}} c_s = h_s$. □

2.6 Satz. *c sei ein Weg in dem topologischen Raum X, und $c(0)$ bzw. $c(1)$ seien die konstanten Wege, die jedem $t \in I$ den Wert $c(0)$ bzw. $c(1)$ zuordnen. Dann sind $c(0) * c \simeq c\, rel\{0,1\}$ und $c * c(1) \simeq c\, rel\{0,1\}$.*

BEWEIS: Da

$$c(0) * c(t) = \begin{cases} c(0) & \text{für } t \in [0, \frac{1}{2}] \\ c(2t-1) & \text{für } t \in [\frac{1}{2}, 1], \end{cases}$$

ist $c \circ \alpha = c(0) * c$ mit

$$\alpha(t) = \begin{cases} 0 & \text{für } t \in [0, \frac{1}{2}] \\ 2t-1 & \text{für } t \in [\frac{1}{2}, 1]. \end{cases}$$

Entsprechend gilt mit

$$\beta(t) = \begin{cases} 2t & \text{für } t \in [0, \frac{1}{2}] \\ 1 & \text{für } t \in [\frac{1}{2}, 1] \end{cases}$$

die Gleichung $c \circ \beta = c * c(1)$. Die Behauptung folgt mit 2.2. □

2.7 Satz. *X sei ein topologischer Raum. Für jeden Weg c in X gilt*

$$c * c^- \simeq c(0)\, rel\,\{0,1\} \quad \text{und} \quad c^- * c \simeq c(1)\, rel\,\{0,1\}.$$

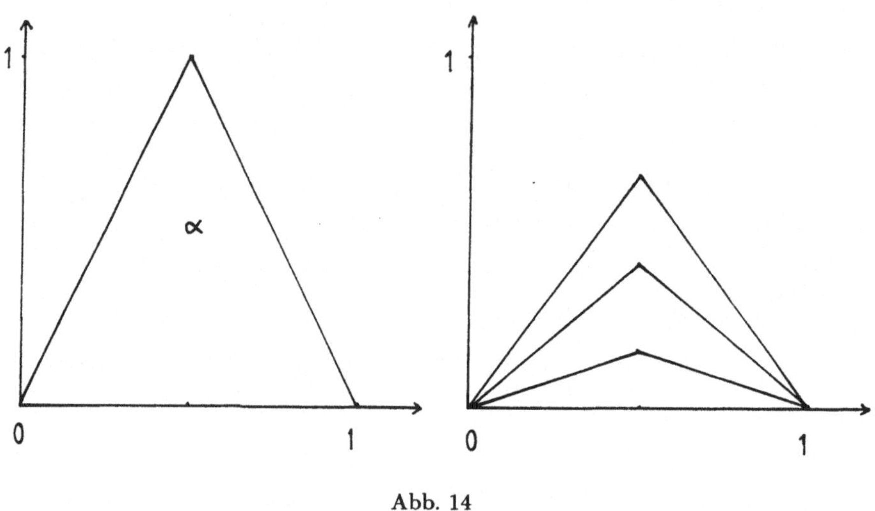

Abb. 14

BEWEIS: Es ist

$$c * c^- = \begin{cases} c(2t) & \text{für } t \in \left[0, \frac{1}{2}\right] \\ c^-(2t-1) = c(2-2t) & \text{für } t \in \left[\frac{1}{2}, 1\right], \end{cases}$$

also $c * c^- = c \circ \alpha$, wo $\alpha : I \to I$ definiert ist durch

$$\alpha(t) = \begin{cases} 2t & \text{für } t \in \left[0, \frac{1}{2}\right] \\ 2-2t & \text{für } t \in \left[\frac{1}{2}, 1\right]. \end{cases}$$

Die Homotopie $I \times I \to X$ sei definiert durch $H(t,s) = c(s\alpha(t))$. Dann ist $H(t,0) = c(0)$, $H(t,1) = c(\alpha(t)) = c * c^-(t)$ und $H(0,s) = c(0) = c(s\alpha(1)) = H(1,s)$, und H ist eine Homotopie *rel* $\{0,1\}$ von $c(0)$ nach $c * c^-$.

Die zweite Behauptung beweist man, indem man c durch c^- ersetzt und bemerkt, daß $(c^-)^- = c$ ist. □

Wird nun in dem topologischen Raum X ein Punkt x_0 ausgezeichnet und werden alle Wege in X betrachtet, die in x_0 beginnen und in x_0 enden, so ist zwischen je zwei Wegen dieser Menge die Verknüpfung $*$ definiert. Bei Übergang zu Homotopieklassen *rel* $\{0,1\}$ erhält man aufgrund der vorangehenden Sätze eine Gruppe.

2.8 Definition. X sei ein topologischer Raum und $x_0 \in X$. Mit $\Omega(X, x_0)$ wird die Menge der Wege $c : I \to X$ bezeichnet mit $c(0) = c(1) = x_0$. $\pi_1(X, x_0)$ sei die Menge der Homotopieklassen *rel* $\{0,1\}$ von Elementen aus

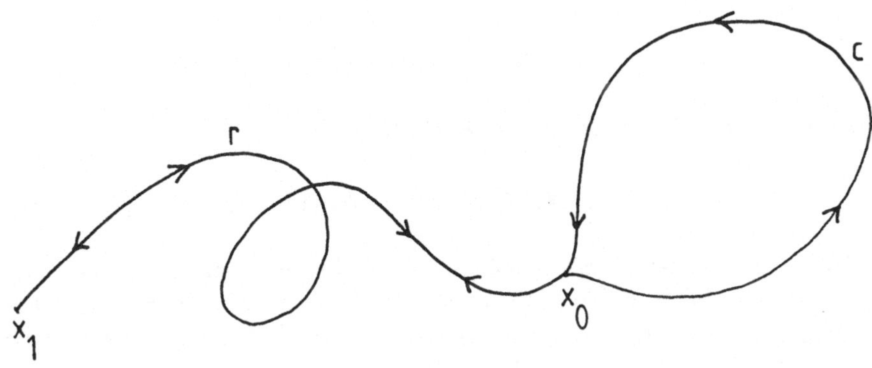

Abb. 15

$\Omega(X, x_0)$ zusammen mit der durch die Verknüpfung von Wegen definierten Verknüpfung in dieser Menge von Homotopieklassen. Für jedes $c \in \Omega(X, x_0)$ wird mit $[c]$ die Klasse von c in $\pi_1(X, x_0)$ bezeichnet. Sind $c, d \in \Omega(X, x_0)$, so ist $[c]\,[d] = [c * d]$. $\pi_1(X, x_0)$ ist nach 2.4, 2.6 und 2.7 eine Gruppe und heißt die Fundamentalgruppe von X in x_0. Der Punkt x_0 heißt Basispunkt.

2.9 Beispiel. $\pi_1(\mathbb{R}^n, 0) \cong \{1\}$, $\pi_1(D^n, 0) \cong \{1\}$. In beiden Räumen, $\mathbb{R}^n$ und D^n ist jeder geschlossene Weg nullhomotop *rel* $\{0, 1\}$.

Es stellt sich die Frage, ob es überhaupt nichttriviale Fundamentalgruppen gibt und ob man mit Hilfe der Fundamentalgruppe Aussagen über topologische Räume gewinnen kann. Von der Anschauung her wird man vermuten, daß $\pi_1(S^1, 1)$ nicht trivial ist. Das stimmt auch. Vor der Berechnung der Fundamentalgruppe spezieller Räume werden einige andere Fragen erörtert, zunächst die Abhängigkeit der Fundamentalgruppe vom Basispunkt.

Die Fundamentalgruppe wurde in 2.8 mit Bezug auf einen Basispunkt definiert. Um die Abhängigkeit der Fundamentalgruppe vom Basispunkt zu untersuchen, werden in dem topologischen Raum X zwei Punkte x_0 und x_1 gewählt, die sich durch einen Weg verbinden lassen, sowie ein Weg $r : I \to X$ mit $r(0) = x_1$ und $r(1) = x_0$.

Dann wird ein geschlossener Weg c aus $\Omega(X, x_0)$ in einen solchen aus $\Omega(X, x_1)$ übergeführt durch die Zuordnung (s. Abb. 15)

$$c \to (r * c) * r^-,$$

d.h. es wird zuerst r durchlaufen, dann c und dann r in umgekehrter Richtung.

2.10 Satz. *Es seien X ein topologischer Raum, $x_0, x_1 \in X$ und $r : I \to X$ ein Weg in X mit $r(0) = x_1$ und $r(1) = x_0$. Dann definiert die Zuordnung*

$$[c] \to [r * c * r^-]$$

für jedes $[c] \in \pi_1(X, x_0)$ einen Isomorphismus

$$\alpha_r : \pi_1(X, x_0) \to \pi_1(X, x_1).$$

α_r hängt nur von der Homotopieklasse rel$\{0,1\}$ von r ab. Ist s ein zweiter Weg in X mit $s(0) = x_1$ und $s(1) = x_0$, dann unterscheiden sich α_r und α_s durch einen inneren Automorphismus von $\pi_1(X, x_1)$. Das heißt insbesondere: Wenn $\pi_1(X, x_0)$ abelsch ist, ist dieser Isomorphismus α_r eindeutig bestimmt.

BEWEIS: 1. α_r ist ein Homomorphismus: Dazu seien $c, d \in \Omega(X, x_0)$. Dann ist

$$\begin{aligned}\alpha_r([c]\,[d]) &= \alpha_r([c * d]) = [r * c * d * r^-] = [r * c * r^- * r * d * r^-] \\ &= [r * c * r^-]\,[r * d * r^-] = \alpha_r([c]) \cdot \alpha_r([d]).\end{aligned}$$

2. α_r ist ein Isomorphismus: Dazu wird ein inverser Homomorphismus angegeben, nämlich $\alpha_{r^-} : \pi_1(X, x_1) \to \pi_1(X, x_0)$. Man rechnet sofort nach, daß α_r und α_{r^-} zueinander invers sind.

3. Daß α_r nur von der Homotopieklasse r *rel* $\{0,1\}$ abhängt, ist die Aussage von 2.1.

4. Für den Weg $s : I \to X$ mit $s(0) = x_1$ und $s(1) = x_0$ ist

$$\begin{aligned}\alpha_s([c]) &= [s * c * s^-] = [s * r^- * r * c * r^- * r * s^-] \\ &= [s * r^-]\,[r * c * r^-]\,[r * s^-] = [s * r^-]\alpha_r([c])\,[s * r^-]^{-1}. \square\end{aligned}$$

Dieser Satz zeigt, daß für einen wegweise zusammenhängenden Raum die Fundamentalgruppen in verschiedenen Basispunkten isomorph sind. Diese Tatsache berechtigt im Falle eines wegweise zusammenhängenden Raumes dazu, einfach von der Fundamentalgruppe dieses Raumes zu sprechen.

2.11 Satz. *Es seien X ein topologischer Raum, c, d geschlossene Wege in X und $H : I \times I \to X$ eine Homotopie von c nach d, so daß für jedes $s \in I$ der Weg H_s, definiert durch $H_s(t) = H(t, s)$, die Bedingung $H_s(0) = H_s(1)$ erfüllt. Wenn $h : I \to X$ definiert ist durch $h(s) = H(0, s)$, dann ist*

$$[c] = [h * d * h^-] = \alpha_h([d]).$$

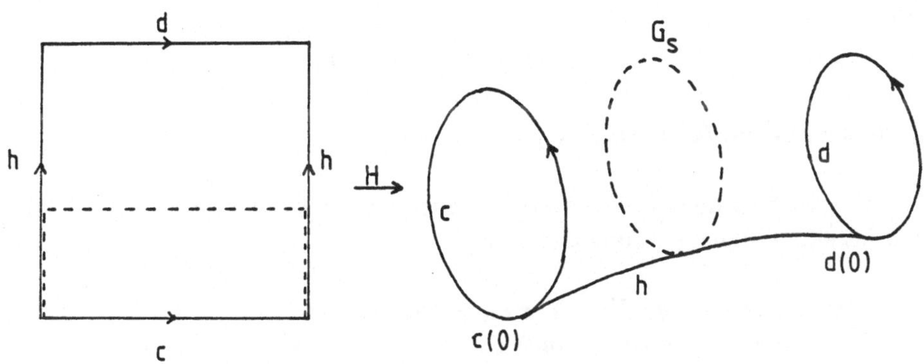

Abb. 16

BEWEIS:

Die Homotopie G von c nach $(h * d) * h^-$ wird definiert durch

$$G(t,s) = (h_s * H_s) * h_s^-(t),$$

wo $h_s : I \to X$ definiert ist durch $h_s(t) = h(st)$. Dann ist

$$G(t,s) = \begin{cases} h(4st) & \text{für } t \in \left[0, \frac{1}{4}\right] \\ H(4t-1,s) & \text{für } t \in \left[\frac{1}{4}, \frac{1}{2}\right] \\ h(s(2-2t)) & \text{für } t \in \left[\frac{1}{2}, 1\right]. \end{cases}$$

Daraus sieht man, daß G stetig ist nach I, 2.3. Außerdem ist $G_0 = (h(0) * c) * h(0) \simeq c \, rel \, \{0,1\}$, $G_1 = (h * d) * h^-$ und $G(0,s) = h(0) = c(0) = c(1) = G(1,s)$. Also: $c \simeq h * d * h^- \, rel \, \{0,1\}$. □

Anschaulich besagt dieser Satz folgendes: Wenn zwei geschlossene Wege durch eine Familie von geschlossenen Wegen stetig ineinander deformiert werden können, so repräsentieren sie einander entsprechende Elemente in den jeweiligen Fundamentalgruppen, d.h. genau: die Homotopieklassen werden unter dem durch den Weg der Endpunkte induzierten Homomorphismus ineinander übergeführt.

2.12 Satz. *X und Y seien topologische Räume, $x_0 \in X$, und $f : X \to Y$ sei eine stetige Abbildung. f induziert einen Homomorphismus*

$$\pi_1(f) : \pi_1(X, x_0) \to \pi_1(Y, f(x_0))$$

durch $\pi_1(f)([c]) = [f \circ c]$. *Ist* $g : Y \to Z$ *eine weitere stetige Abbildung, so gilt*

$$\pi_1(g \circ f) = \pi_1(g) \circ \pi_1(f).$$

Außerdem ist $\pi_1(Id_X) = Id_{\pi_1(X,x_0)}$.

Der Beweis dieses Satzes erfolgt durch Zurückgehen auf die Definition und ist eine einfache Übungsaufgabe. □

2.13 Satz. *Es seien* $f, g : X \to Y$ *stetige Abbildungen,* $f \simeq g$*, und* $H : X \times I \to Y$ *sei eine Homotopie von* f *nach* g. x_0 *sei ein Punkt aus* X *und* $h : I \to Y$ *definiert durch* $h(s) = H(x_0, s)$. *Dann ist*

$$\pi_1(f) = \alpha_h \circ \pi_1(g),$$

wo $\alpha_h : \pi_1(Y, g(x_0)) \to \pi_1(Y, f(x_0))$ *den durch den Weg* h *definierten Isomorphismus aus* 2.10 *bezeichnet.*

BEWEIS: α_h ist ein Isomorphismus. Für jedes $c \in \Omega(X, x_0)$ ist $[f \circ c] = \alpha_h[g \circ c]$ nach 2.11. Die in 2.11 geforderte Homotopie von $f \circ c$ nach $g \circ c$ wird vermittelt durch die Abbildung $K : I \times I \to X$, die definiert ist durch $K(t,s) = H(c(t), s)$. Offensichtlich ist $K(t,0) = f \circ c(t)$, $K(t,1) = g \circ c(t)$ und $K(0,s) = H(c(0), s) = H(c(1), s) = K(1, s) = h(s)$. Damit läßt sich 2.11 anwenden, und der Satz ist bewiesen. □

Nun läßt sich zeigen, daß für wegweise zusammenhängende Räume die Isomorphieklasse der Fundamentalgruppe nur vom Homotopietyp abhängt. Wenn X wegweise zusammenhängend ist, dann sind nach 2.10 die Fundamentalgruppen von X in jedem Basispunkt isomorph. Die Isomorphieklasse dieser Gruppen wird mit $\pi_1(X)$ bezeichnet.

2.14 Satz. X *und* Y *seien wegweise zusammenhängende Räume. Wenn* X *und* Y *homotopieäquivalent sind, dann ist* $\pi_1(X) \cong \pi_1(Y)$.

BEWEIS: $f : X \to Y$ und $g : Y \to X$ seien stetige Abbildungen, so daß $g \circ f \simeq Id_X$ und $f \circ g \simeq Id_Y$. Dann ist nach 2.13 $\pi_1(g) \circ \pi_1(f) = \pi_1(g \circ f) : \pi_1(X, x_0) \to \pi_1(X, g(f(x_0)))$ ein Isomorphismus. Daher ist $\pi_1(g)$ surjektiv, und $\pi_1(f)$ ist injektiv. Entsprechend ist $\pi_1(f) \circ \pi_1(g) = \pi_1(f \circ g) : \pi_1(Y, y_0) \to \pi_1(Y, f(g(y_0)))$ ein Isomorphismus. Daher ist $\pi_1(f)$ surjektiv und $\pi_1(g)$ injektiv. Damit sind beide Isomorphismen. □

2.15 Korollar. *Wenn* X *zusammenziehbar ist, dann ist* $\pi_1(X) \cong \{1\}$. □

2.16 Bemerkung. Die Fundamentalgruppe wurde von H. Poincaré 1895 in seiner grundlegenden Arbeit zur algebraischen Topologie "Analysis situs" und in endgültiger Form 1904 in "Cinquième complément à l'analysis situs" eingeführt. In dem Artikel von 1895 stellte Poincaré die fundamentalen Techniken der algebraischen Topologie zum Studium von Mannigfaltigkeiten bereit. Neben der Fundamentalgruppe schuf er darin die Homologie und die Theorie der Schnitte von Zyklen.

2.17 Aufgaben

1. Beweisen Sie: Sind $h, g : I \to X$ Wege mit $g(1) = h(0)$, so ist $\alpha_{g*h} = \alpha_g \circ \alpha_h$, wo α_g, α_h und α_{g*h} den in 2.8 definierten Isomorphismus bezeichnen.
2. Zeigen Sie: Sind X und Y topologische Räume, $x_0 \in X$, $y_0 \in Y$ so ist $\pi_1(X \times Y, (x_0, y_0))$ isomorph zu $\pi_1(X, x_0) \times \pi_1(Y, y_0)$.
3. Es seien G eine topologische Gruppe, e das neutrale Element von G und $c, d \in \Omega(G, e)$. Zeigen Sie:
   a) $c * d \simeq c \cdot d \, rel\, \{0, 1\}$, wo $c \cdot d : I \to G$ definiert ist durch $(c \cdot d)(t) = c(t) \cdot d(t)$ für alle $t \in I$.
   b) $c^- \simeq c^{-1} \, rel\, \{0, 1\}$, mit $c^{-1}(t) = c(t)^{-1}$ für alle $t \in I$.
4. Zeigen Sie, daß für jede topologische Gruppe G mit neutralem Element e die Gruppe $\pi_1(G, e)$ kommutativ ist.

§ 3 Berechnung der Fundamentalgruppe

In diesem Paragraphen wird zuerst $\pi_1(S^1)$ berechnet. Hier betrachtet man S^1 als die Menge der komplexen Zahlen vom Betrag 1 und benutzt die Abbildung $\Phi : \mathbb{R} \to S^1$, die definiert ist durch $\Phi(t) = \exp(2\pi i t)$. Es wird gezeigt. daß man jeden Weg aus $(S^1, 1)$ "hochheben" kann zu einem Weg in $\mathbb{R}$ mit Anfangspunkt 0. Der Endpunkt ist dann immer eine ganze Zahl. Zwei Wege aus $\Omega(S^1, 1)$ sind homotop *rel* $\{0, 1\}$ genau dann, wenn ihre "Hochhebungen" im gleichen Punkt enden. Auf diese Art erhält man sofort eine bijektive Abbildung von $\pi_1(S^1, 1)$ auf die ganzen Zahlen.
Die Kenntnis von $\pi_1(S^1)$ wird benutzt, um für jeden geschlossenen Weg in $\mathbb{C}$ die Umlaufzahl um einen Punkt, der nicht auf diesem Weg liegt, zu definieren. Mit Hilfe der Umlaufzahl wird dann der Fundamentalsatz der Algebra bewiesen. Nach diesen Anwendungen wird ein Verfahren behandelt, das es gestattet, die Fundamentalgruppe eines Raumes zu berechnen, wenn man sie für geeignete Unterräume kennt.

3.1 Satz. $\pi_1(S^1, 1)$ *ist isomorph zu* $\mathbb{Z}$, *der Gruppe der ganzen Zahlen.*

Vorbemerkungen zum Beweis. $S^1 = \{z \in \mathbb{C} |\ |z| = 1\}$ ist bezüglich der Multiplikation in $\mathbb{C}$ eine Gruppe. Die Abbildung $\Phi : \mathbb{R} \to S^1$, die definiert ist durch $\Phi(t) = \exp(2\pi i t) = \cos(2\pi t) + i \sin(2\pi t)$, hat die folgenden Eigenschaften:

(i) Φ ist ein surjektiver Homomorphismus von $(\mathbb{R}, +)$ auf $(S^1, \cdot)$.

(ii) $Kern\, \Phi = \mathbb{Z}$.

(iii) Φ ist stetig.

(iv) Für jedes $a \in \mathbb{R}$ ist die Beschränkung von Φ auf das Intervall $]a, a+1[$ ein Homöomorphismus von $]a, a+1[$ auf $S^1 \setminus \{\Phi(a)\}$.

Diese Tatsachen werden als aus der Analysis bekannt vorausgesetzt.

Es sei $\Psi : S^1 \setminus \{-1\} \to]-\frac{1}{2}, \frac{1}{2}[$ die Umkehrabbildung von $\Phi|]-\frac{1}{2}, \frac{1}{2}[$.

Zum Beweis von 3.1 werden zwei Hilfssätze benutzt, die zunächst bewiesen werden.

3.2 Hilfssatz. $c : I \to S^1$ *sei ein Weg mit* $c(0) = 1$. *Dann gibt es genau einen Weg* $\tilde{c} : I \to \mathbb{R}$ *mit* $\tilde{c}(0) = 0$ *und* $\Phi \circ \tilde{c} = c$.

Beweis: Der Beweisgedanke ist folgender: Man zerlegt den Weg c in kleine Stücke, die man eindeutig mittels Ψ nach $\mathbb{R}$ hochheben kann. Dort werden sie wieder aneinandergesetzt. $c : I \to S^1$ ist stetig und daher auch gleichmäßig stetig, d.h. es gibt ein $\varepsilon > 0$, so daß für alle $t, t' \in I$ mit $|t - t'| < \varepsilon$ gilt $|c(t) - c(t')| < 1$. Damit ist insbesondere $c(t') \neq -c(t)$, und $\Psi(c'(t)/c(t))$

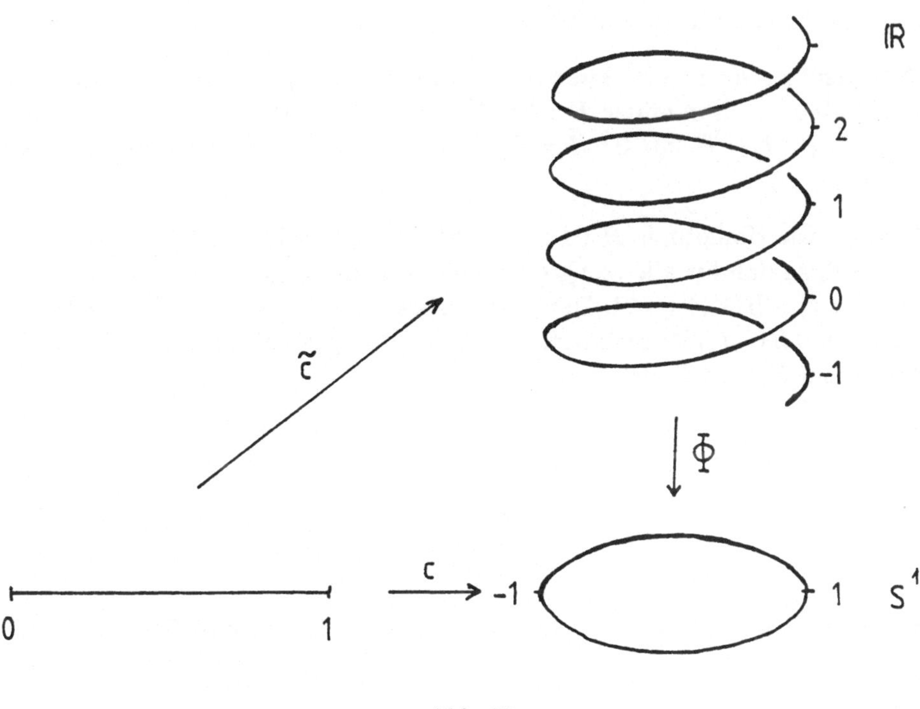

Abb. 17

ist definiert. Sei nun $N \in \mathbb{N}$, so daß $N\varepsilon > 1$ ist und damit $\frac{1}{N} < \varepsilon$. $\tilde{c}$ wird definiert durch

$$\begin{aligned}\tilde{c}(t) = \Psi\left(c(t)/c\left(\frac{N-1}{N}t\right)\right) \\ + \Psi\left(c\left(\frac{N-1}{N}t\right)/c\left(\frac{N-2}{N}t\right)\right) + \ldots + \Psi\left(c\left(\frac{1}{N}t\right)/c(0)\right).\end{aligned}$$

$\tilde{c}$ ist stetig, $\Phi \circ \tilde{c}(t) = c(t)$ und $\tilde{c}(0) = 0$.
Wenn c' ein zweiter Weg in $\mathbb{R}$ ist mit diesen Eigenschaften, d.h. $c'(0) = 0$ und $\Phi \circ c' = c$, dann ist $\tilde{c} - c' : I \to \mathbb{R}$ stetig und $\Phi \circ (\tilde{c} - c') = c/c = 1$. Daher ist $\tilde{c} - c'$ eine stetige Abbildung von I in $\mathbb{Z}$ und nach 6.4 konstant. Da $\tilde{c}(0) - c'(0) = 0$ ist, ist $\tilde{c} - c' = 0$ und damit $\tilde{c} = c'$. □

Dieses Lemma sagt aus, daß sich jeder Weg in S^1 mit Anfangspunkt 1 auf genau eine Weise anheben läßt zu einem Weg in $\mathbb{R}$ mit Anfangswert 0. Wenn $c(1) = 1$ ist, dann ist $\tilde{c}(1)$ eine ganze Zahl, und diese ganze Zahl ist nach dem Lemma eindeutig bestimmt. Das folgende Lemma sagt nun, daß sich jede Homotopie von Wegen in S^1 *rel* $\{0, 1\}$ auf genau eine Weise zu einer Homotopie *rel* $\{0, 1\}$ der angehobenen Wege hochheben läßt. Insbesondere hängt der Endpunkt des hochgehobenen Weges nur von der Homotopieklasse *rel* $\{0,1\}$ des ursprünglichen Weges ab.

3.3 Hilfssatz. *$c, d : I \to S^1$ seien Wege mit $c(0) = d(0) = 1$ und $c \simeq d\, rel\{0,1\}$ vermittels einer Homotopie $H : I \times I \to S^1$. Dann gibt es genau eine Abbildung $\tilde{H} : I \times I \to \mathbb{R}$ mit $\Phi \circ \tilde{H} = H$, und $\tilde{H}$ ist eine Homotopie $rel\{0,1\}$ von $\tilde{c}$ nach $\tilde{d}$.*

BEWEIS: Die Homotopie $H : I \times I \to S^1$ ist gleichmäßig stetig. Es gibt also ein $\varepsilon > 0$, so daß für alle (s,t), $(s',t') \in I \times I$ mit $\sqrt{(s-s')^2 + (t-t')^2} < \varepsilon$ gilt $|H(s,t) - H(s',t')| < 1$. Damit ist insbesondere $H(s,t) \neq -H(s',t')$, und $\Psi(H(s',t')/H(s,t))$ ist definiert. $N \in \mathbb{N}$ wird so gewählt, daß $\sqrt{2}/N < \varepsilon$ ist. Mit diesem N wird $\tilde{H}$ definiert durch

$$\begin{aligned}\tilde{H}(s,t) = \Psi\left(H(s,t)/H\left(\frac{N-1}{N}s, \frac{N-1}{N}t\right)\right) \\ + \ldots + \Psi\left(H\left(\frac{1}{N}s, \frac{1}{N}t\right)/H(0,0)\right).\end{aligned}$$

Für dieses $\tilde{H}$ gilt: $\tilde{H}$ ist stetig, $\Phi \circ \tilde{H}(s,t) = H(s,t)$ und $\tilde{H}(0,0) = 0$. Weiter ist

$$\tilde{H}(s,0) = \Psi\left(c(s)/c\left(\frac{N-1}{N}s\right)\right) + \ldots + \Psi\left(c\left(\frac{s}{N}\right)/c(0)\right) = \tilde{c}(s)$$

$$\tilde{H}(s,1) = \Psi\left(d(s)/d\left(\frac{N-1}{N}s\right)\right) + \ldots + \Psi\left(d\left(\frac{s}{N}\right)/d(0)\right) = \tilde{d}(s)$$

Außerdem gelten $\tilde{H}(0,t) = \tilde{c}(0) = 0$ und $\tilde{H}(1,t) = \tilde{c}(1)$ für alle $t \in I$. Die letzte Gleichung gilt, da $\Phi \circ \tilde{H}(1,t) = H(1,t) = 1$ und deshalb $\tilde{H}(1,t) \in \mathbb{Z}$ ist für alle $t \in I$; damit ist die stetige Abbildung $t \to \tilde{H}(1,t)$ konstant nach I, 6.4. Zum Nachweis der Eindeutigkeit sei $H' : I \times I \to \mathbb{R}$ eine weitere Abbildung mit den genannten Eigenschaften. Dann ist $\Phi(\tilde{H} - H') = H/H = 1$ und $\tilde{H} - H'$ ist eine stetige Abbildung von $I \times I$ in $\mathbb{Z}$ und nach I, 6.4 konstant. Da $\tilde{H}(0,0) - H'(0,0) = 0$ ist, ist $\tilde{H} = H'$. □

BEWEIS VON 3.1: Es wird ein Isomorphismus $\chi : \pi_1(S^1, 1) \to \mathbb{Z}$ angegeben. χ wird definiert durch $\chi([c]) = \tilde{c}(1)$. Nach den vorangehenden beiden Hilfssätzen ist diese Abbildung wohldefiniert. Es wird gezeigt:

a) χ ist ein Homomorphismus.

b) χ ist surjektiv.

c) χ ist injektiv.

Zu a). Es seien $c, d \in \Omega(S^1, 1)$. Dann ist

$$(*) \qquad (c * d)^{\sim} = \tilde{c} * (c(1) + \tilde{d}).$$

Denn es ist $\Phi \circ (c * d)^\sim = c * d$ und $\Phi \circ \tilde{c} * (\tilde{c}(1) + \tilde{d}) = c * d$. Die letzte Gleichheit sieht man so: Für alle $t \in I$ ist

$$\Phi \circ \tilde{c} * (\tilde{c}(1) + \tilde{d})(t)$$
$$= \begin{cases} \Phi(\tilde{c}(2t)) = c(2t) & \text{für } t \in [0, \frac{1}{2}] \\ \Phi(\tilde{c}(1) + \tilde{d}(2t-1)) = 1 \cdot \Phi(\tilde{d}(2t-1)) = d(2t-1) & \text{für } t \in [\frac{1}{2}, 1]. \end{cases}$$

Da die Anhebung eindeutig ist, gilt $(*)$, und es ist $(c * d)^\sim(1) = \tilde{c}(1) + \tilde{d}(1)$. Damit ist aber auch

$$\chi([c]\,[d]) = \chi([c]) + \chi([d]).$$

Zu b). Für $m \in \mathbb{Z}$ wird $c_m : I \to S^1$ definiert durch $c_m(t) = \Phi(mt)$. Dann ist offensichtlich $\chi([c_m]) = \tilde{c}_m(1) = m$, und χ ist surjektiv.

Zu c). Es sei $c \in \Omega(S^1, 1)$ und $\chi([c]) = \tilde{c}(1) = 0$. Dann ist $\tilde{c}$ ein geschlossener Weg in $\mathbb{R}$, $\tilde{c}(0) = \tilde{c}(1) = 0$. In $\mathbb{R}$ ist $\tilde{c}$ homotop zum konstanten Weg $0\, rel\,\{0,1\}$. Beispielsweise kann man die Homotopie H wählen als $H(t,s) = (1-s)\tilde{c}(t)$. Dann ist $\Phi \circ H$ eine Homotopie $rel\,\{0,1\}$ von c zum konstanten Weg 1 und $[c] = [1]$. Also ist χ ein Isomorphismus. □

3.4 Bemerkung. Im Laufe des vorangehenden Beweises wurde für jede ganze Zahl m eine stetige Abbildung $c_m : I \to S^1$ angegeben, so daß für die Klasse $[c_m]$ in $\pi_1(S^1, 1)$ gilt $\chi(c_m) = m$. Dabei war $c_m(t) = \exp(2\pi imt) = (\exp(2\pi it))^m$. Anschaulich wickelt diese Abbildung das Einheitsintervall $|m|$-mal in positiver bzw. negativer Richtung auf S^1 auf. Zunächst eine einfache Folgerung aus 3.1.

3.5 Satz. *S^1 ist nicht Retrakt von D^2.*

Beweis: Wäre $r : D^2 \to S^1$ eine Retraktion, so wäre $r \circ i = Id_{S^1}$, wo $i : S^1 \to D^2$ die Inklusionsabbildung bezeichnet. In diesem Falle hätte man eine Folge von Homomorphismen

$$\mathbb{Z} \cong \pi_1(S^1, 1) \xrightarrow{\pi_1(i)} \pi_1(D^2, 1) \xrightarrow{\pi_1(r)} \pi_1(S^1, 1) \cong \mathbb{Z}$$

mit $\pi_1(r) \circ \pi_1(i) = \pi_1(r \circ i) = \pi_1(Id_{S^1}) = Id_{\pi_1(S^1,1)}$. Das ist aber nicht möglich, da $\pi_1(D^2, 1) \cong \{0\}$ ist. □

Eine nützliche Invariante, die nun definiert werden kann, ist die Umlaufzahl. Sie ordnet jeder geschlossenen Kurve c in $\mathbb{C}$ und jedem Punkt $a \in \mathbb{C}$, der nicht auf c liegt, eine ganze Zahl zu. Diese Zahl zählt anschaulich, wie oft die Kurve den Punkt a in positiver Drehrichtung umläuft.

3.6 Vorbemerkung zur Definition der Umlaufzahl. Für $a \in \mathbb{C}$ sei $r_a : \mathbb{C}\setminus\{a\} \to S^1$ definiert durch $r_a(z) = \frac{z-a}{|z-a|}$. Die Abbildung $i_a : S^1 \to \mathbb{C}\setminus\{a\}$, definiert durch $i_a(z) = a + z$, ist homotopieinvers zu r_a. Wenn c ein geschlossener Weg in $\mathbb{C}\setminus\{a\}$ ist, dann ist $r_a \circ c$ ein geschlossener Weg in S^1 und repräsentiert ein Element aus $\pi_1(S^1, r_a(c(0)))$. Wenn h ein Weg in S^1 ist mit $h(0) = 1$ und $h(1) = r_a \circ c(0)$, dann sei $\alpha_h : \pi_1(S^1, r_a(c(0))) \to \pi_1(S^1, 1)$ der in 2.10 definierte Isomorphismus. Da $\pi_1(S^1, 1)$ abelsch ist, hängt dieser Isomorphismus nicht vom ausgewählten Weg h ab.

3.7 Definition. Es seien $a \in \mathbb{C}$ und c ein geschlossener Weg in $\mathbb{C}\setminus\{a\}$. Dann ist die Umlaufzahl von c um a definiert durch

$$Uml(c, a) = \chi \circ \alpha_h \circ \pi_1(r_a)([c]).$$

Hier ist $\chi : \pi_1(S^1, 1) \to \mathbb{Z}$ der Isomorphismus aus dem Beweis zu 3.1, $r_a : \mathbb{C}\setminus\{a\} \to S^1$ definiert durch $r_a(z) = \frac{z-a}{|z-a|}$ und $\alpha_h : \pi_1(S^1, r_a \circ c(0)) \to \pi_1(S^1, 1)$ der eindeutig bestimmte Isomorphismus, der durch einen beliebigen Weg h in S^1 von 1 nach $r_a \circ c(0)$ gegeben wird.

3.8 Satz. *Es seien $a \in \mathbb{C}$, c, d geschlossene Wege in $\mathbb{C}\setminus\{a\}$ und $H : I \times I \to \mathbb{C}\setminus\{a\}$ eine Homotopie von c nach d, so daß für alle $s \in I$ gilt $H(0, s) = H(1, s)$, d.h. daß H_s ein geschlossener Weg ist. Dann ist*

$$Uml(c, a) = Uml(d, a).$$

BEWEIS: Anwendung von 2.11 mit $r_a \circ H$ liefert

$$[r_a \circ c] = \alpha_h([r_a \circ d]),$$

wo h den durch $h(s) = r_a \circ H(0, s)$ definierten Weg von $r_a \circ c(0)$ nach $r_a \circ d(0)$ bezeichnet. Ist w ein Weg in S^1 von 1 nach $r_a \circ c(0)$, so ist $w * h$ ein Weg von 1 nach $r_a \circ d(0)$, und es ist

$$\begin{aligned} Uml(d, a) &= \chi \circ \alpha_{w*h} \circ \pi_1(r_a)([d]) \\ &= \chi \circ \alpha_w \circ \alpha_h([r_a \circ d]) \\ &= \chi \circ \alpha_w([r_a \circ c]) = Uml(c, a). \square \end{aligned}$$

3.9 Satz (von Rouché). *Es seien $a \in \mathbb{C}$ und $c, d : I \to \mathbb{C}\setminus\{a\}$ geschlossene Wege. Wenn für alle $t \in I$ gilt, daß*

$$|c(t) - d(t)| < |c(t) - a|,$$

dann ist $Uml(c, a) = Uml(d, a)$.

BEWEIS: Der Beweis erfolgt durch Angabe einer Homotopie H von c nach d gemäß 3.8. Die Homotopie kann gewählt werden als $H(s,t) = (1-t)c(s) + td(s)$. Da

$$\begin{aligned} |H(t,s) - a| &= |(1-t)c(s) + td(s) - a| \\ &= |c(s) - a - t(c(s) - d(s))| \\ &\geq |c(s) - a| - t|c(s) - d(s)| > 0, \end{aligned}$$

ist $H(I \times I) \subset \mathbb{C} \setminus \{a\}$. □

3.10 Satz. *Es seien $f : D^2 \to \mathbb{C}$ eine stetige Abbildung, $c : I \to \mathbb{C}$ der Weg, der definiert ist durch $c(t) = f(\exp(2\pi i t))$, und $a \in \mathbb{C} \setminus c(I)$. Wenn $Uml(c,a) \neq 0$ ist, dann ist $a \in f(D^2)$.*

BEWEIS: Wenn $a \notin f(D^2)$, dann wird eine Homotopie $H : I \times I \to \mathbb{C} \setminus \{a\}$ von c zur konstanten Abbildung definiert durch $H(t,s) = f(s \cdot \exp(2\pi i t))$. Für alle $s \in I$ ist $H(0,s) = H(1,s)$. Mit 3.8 folgt, daß dann $Uml(c,a) = 0$. □

3.11 Satz (Fundamentalsatz der Algebra). *In $\mathbb{C}$ besitzt jedes Polynom*

$$p(z) = z^k + a_{k-1}z^{k-1} + \ldots + a_1 z + a_0$$

mit $a_0, \ldots, a_{k-1} \in \mathbb{C}$ und $k \geq 1$ eine Nullstelle.

BEWEIS: Für $z \neq 0$ ist

$$\begin{aligned} |z^k - p(z)| &= |a_{k-1}z^{k-1} + \ldots + a_0| \\ &= |z^k| \left| \frac{a_{k-1}}{z} + \frac{a_{k-2}}{z^2} + \ldots + \frac{a_0}{z^k} \right|. \end{aligned}$$

Mit $r > |a_{k-1}| + \ldots + |a_0| + 1$ und $c(t) = r\exp(2\pi i t)$ erhält man

$$|c(t)^k - p(c(t))| < |c(t)^k|$$

für alle $t \in I$. Daher ist nach dem Satz von Rouché $Uml(p \circ c, 0) = Uml(c^k, 0) = k$. Anwendung von 3.10 auf die Abbildung $f : D^2 \to \mathbb{C}$ mit $f(z) = p(rz)$ liefert, daß es ein $a \in D^2$ gibt mit $f(a) = 0$. Dann existiert ein $b \in \mathbb{C}$ mit $|b| < r$ und $p(b) = 0$. □

Nach dieser klassischen Anwendung der Umlaufzahl wird ein Satz bewiesen, der es gestattet, die Fundamentalgruppe eines Raumes aus der Kenntnis der Fundamentalgruppe von Teilräumen zu berechnen. Es wird zunächst eine technische Definition angegeben, die es ersparen soll, zuviele algebraische Begriffe einzuführen und zu diskutieren.

3.12 Definition. $f : A \to B$ und $g : A \to C$ seien Homomorphismen von Gruppen. Ein Diagramm

$$\begin{array}{ccc} A & \xrightarrow{f} & B \\ g\downarrow & & \downarrow u \\ C & \xrightarrow{v} & G \end{array}$$

von Gruppenhomomorphismen heißt ein "Pushout" von (f, g), wenn gilt:

(i) Das Diagramm ist kommutativ.

(ii) Wenn

$$\begin{array}{ccc} A & \xrightarrow{f} & B \\ g\downarrow & & \downarrow u' \\ C & \xrightarrow{v'} & H \end{array}$$

ein weiteres kommutatives Diagramm von Gruppenhomomorphismen ist, dann gibt es genau einen Homomorphismus $h : G \to H$, so daß $h \circ u = u'$ und $h \circ v = v'$.

3.13 Beispiel. Es seien $f : A \to B$ ein Homomorphismus von Gruppen, $\prec f(A) \succ$ der kleinste Normalteiler von B, der $f(A)$ enthält, und $u : B \to B/\prec f(A) \succ$ die natürliche Projektion. Dann ist

$$\begin{array}{ccc} A & \xrightarrow{f} & B \\ \downarrow & & \downarrow u \\ 0 & \longrightarrow & B/\prec f(A) \succ \end{array}$$

ein Pushout von $(f, 0)$. Die Bedingung (i) ist trivialerweise erfüllt. Zum Beweis von (ii) sei

$$\begin{array}{ccc} A & \xrightarrow{f} & B \\ \downarrow & & \downarrow u' \\ 0 & \longrightarrow & G \end{array}$$

ein weiteres kommutatives Diagramm von Gruppenhomomorphismen. Dann ist $u' \circ f(a) = 1$ für alle $a \in A$, also $\mathit{Bild}\, f \subset \mathit{Kern}\,(u')$. Da $\mathit{Kern}\,(u')$ Normalteiler von B ist, ist $\prec f(A) \succ \subset \mathit{Kern}\,(u')$. Wenn $h : B/\prec f(A) \succ \to G$ ein Homomorphismus sein soll mit $h \circ u = u'$, dann muß für jede Klasse $[b] \in B/\prec f(A) \succ$ gelten $h([b]) = u'(b)$. Da $\prec f(A) \succ \subset \mathit{Kern}\,(u')$, ist h auf diese Weise wohldefiniert und ein Homomorphismus mit dieser Eigenschaft.

3.14 Satz. *Wenn*

$$\begin{array}{ccc} A & \xrightarrow{f} & B \\ g\downarrow & & \downarrow u \\ C & \xrightarrow{v} & G \end{array}$$

ein Pushout von (f, g) ist, dann ist G bis auf Isomorphie eindeutig bestimmt.

BEWEIS: Ist

$$\begin{array}{ccc} A & \xrightarrow{f} & B \\ {\scriptstyle g}\downarrow & & \downarrow{\scriptstyle u'} \\ C & \xrightarrow{v'} & G' \end{array}$$

ein zweiter Pushout, dann gibt es genau einen Homomorphismus $h : G \to G'$ und genau einen Homomorphismus $k : G' \to G$, so daß $h \circ u = u'$, $h \circ v = v'$, $k \circ u' = u$ und $k \circ v' = v$. Daraus folgt nun, daß $k \circ h \circ u = u$ und $k \circ h \circ v = v$. Da es nach Definition des Pushout nur einen Homomorphismus mit dieser Eigenschaft gibt und Id_G diese Eigenschaft hat, ist $k \circ h = Id_G$. Entsprechend zeigt man, daß $h \circ k = Id_{G'}$ ist. □

Es wurde bisher nicht bewiesen, daß für jedes Paar (f, g) von Gruppenhomomorphismen ein Pushout existiert. Der Satz 3.14 liefert aber, daß die Gruppe G in einem solchen Pushout bis auf Isomorphie eindeutig bestimmt ist. Der folgende Satz sagt nun, daß unter gewissen Bedingungen die Fundamentalgruppe eines Raumes durch einen Pushout berechnet werden kann.

3.15 Satz (von Seifert und van Kampen). *Es seien X ein topologischer Raum, X_1 und X_2 offene Teilmengen von X mit $X = X_1 \cup X_2$ und $X_1 \cap X_2 \neq \emptyset$. Es sei $X_0 = X_1 \cap X_2$, die Räume X_0, X_1, X_2 seien wegweise zusammenhängend und $x_0 \in X_0$. Mit $i_1 : X_0 \to X_1$, $i_2 : X_0 \to X_2$, $j_1 : X_1 \to X$ und $j_2 : X_2 \to X$ seien die Inklusionsabbildungen bezeichnet. Dann ist das Diagramm*

$$\begin{array}{ccc} \pi_1(X_0, x_0) & \xrightarrow{\pi_1(i_1)} & \pi_1(X_1, x_0) \\ {\scriptstyle \pi_1(i_2)}\downarrow & & \downarrow{\scriptstyle \pi_1(j_1)} \\ \pi_1(X_2, x_0) & \xrightarrow{\pi_1(j_2)} & \pi_1(X, x_0) \end{array}$$

ein Pushout von $(\pi_1(i_1), \pi_1(i_2))$.

Der Beweis dieses Satzes ist lang und technisch. Es mag sich deshalb lohnen, den einfachen, dem Beweis zugrundeliegenden Gedanken kurz zu skizzieren: Es ist für jedes kommutative Diagramm

$$(*) \qquad \begin{array}{ccc} \pi_1(X_0, x_0) & \xrightarrow{\pi_1(i_1)} & \pi_1(X_1, x_0) \\ {\scriptstyle \pi_1(i_2)}\downarrow & & \downarrow{\scriptstyle u_1} \\ \pi_1(X_2, x_0) & \xrightarrow{u_2} & G \end{array}$$

von Gruppenhomomorphismen zu zeigen, daß genau ein Homomorphismus $h : \pi_1(X, x_0) \to G$ existiert mit $u_1 = h \circ \pi_1(j_1)$ und $u_2 = h \circ \pi_1(j_2)$. Zur Definition von h wird jeder Weg aus $\Omega(X, x_0)$ in einen *rel* $\{0, 1\}$ homotopen Weg

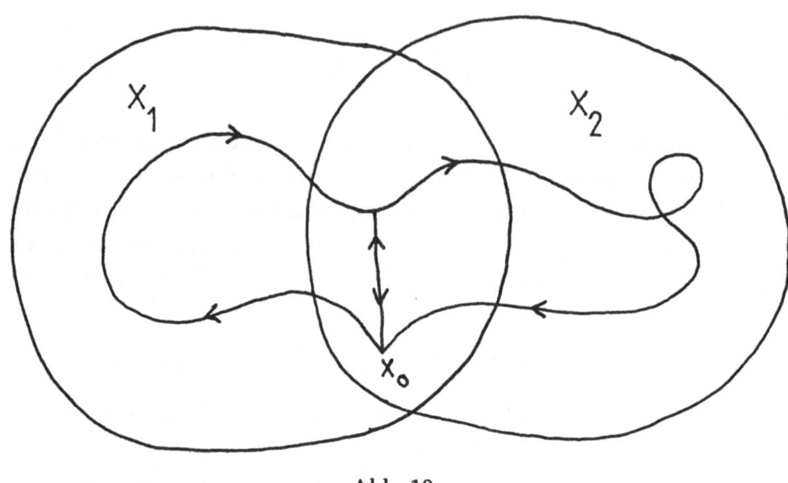

Abb. 18

verwandelt, der aus Wegen aus $\Omega(X_1, x_0)$ und $\Omega(X_2, x_0)$ zusammengesetzt ist.

Auf den Homotopieklassen dieser Wege ist aber h eindeutig durch u_1 und u_2 bestimmt. Damit kann man h mit Hilfe von u_1 und u_2 definieren. Die Umformung eines Weges $c \in \Omega(X, x_0)$ geht folgendermaßen: c läßt sich in Stücke zerlegen, die ganz in X_1 oder ganz in X_2 verlaufen (technisches Hilfsmittel ist hier das Lemma von Lebesgue). Die Endpunkte dieser Stücke werden mit x_0 geeignet durch einen Weg verbunden. Mittels der Stücke und dieser zusätzlichen Wege erhält man die oben erwähnten Wege aus $\Omega(X_1, x_0)$ und $\Omega(X_2, x_0)$. Diese Konstruktion enthält einige willkürliche Auswahlen: den Weg c als Repräsentanten einer Klasse aus $\pi(X, x_0)$, die Zerlegung von c in "Stücke" und die Wege von den Endpunkten dieser Stücke nach x_0. Die eigentliche Arbeit besteht darin, zu zeigen, daß diese willkürlichen Auswahlen keine Rolle spielen.

Beweis von 3.15: Die im Satz angegebenen Inklusionen liefern das kommutative Diagramm von Inklusionsabbildungen

$$\begin{array}{ccc} \Omega(X_0, x_0) & \longrightarrow & \Omega(X_1, x_0) \\ \downarrow & & \downarrow \\ \Omega(X_2, x_0) & \longrightarrow & \Omega(X, x_0). \end{array}$$

Das zugehörige Diagramm der Fundamentalgruppen ist kommutativ. Wenn nun G eine Gruppe ist und ein kommutatives Diagramm von Gruppenhomomorphismen der Form $(*)$ vorliegt, dann ist zu zeigen, daß genau ein Ho-

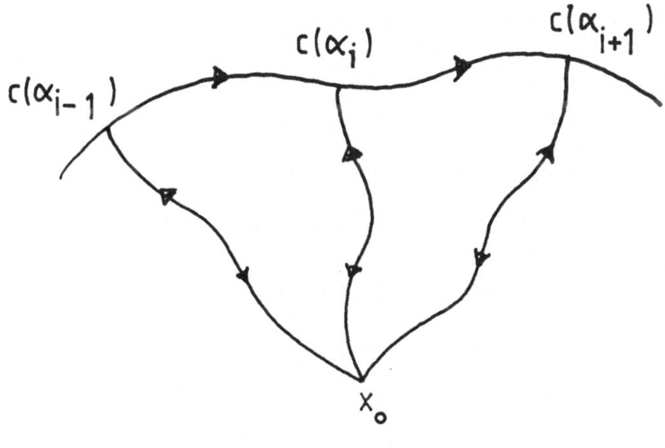

Abb. 19

momorphismus $h : \pi_1(X, x_0) \to G$ existiert, so daß $h \circ \pi_1(j_1) = u_1$ und $h \circ \pi_1(j_2) = u_2$.

Zunächst wird eine Abbildung $w : \Omega(X, x_0) \to G$ definiert. Es wird gezeigt, daß $w(c)$ nur von der Homotopieklasse *rel* $\{0, 1\}$ von c abhängt. Daher definiert w eine Abbildung $h : \pi_1(X, x_0) \to G$.
Es sei $c \in \Omega(X, x_0)$. Wenn $c \in \Omega(X_\nu, x_0)$ ist, dann wird $w(c)$ definiert durch $w(c) = u_\nu([c])$, wo $[c]$ natürlich die Klasse von c in $\pi_1(X_\nu, x_0)$, $\nu \in \{1, 2\}$, bezeichnet. $w(c)$ ist in diesem Falle eindeutig bestimmt; denn wenn $c \in \Omega(X_1, x_0)$ und $c \in \Omega(X_2, x_0)$ ist, dann ist $c \in \Omega(X_0, x_0)$ und wegen der Kommutativität des Diagramms $(*)$ ist $u_1([c]) = u_2([c])$. Außerdem hängt für $c \in \Omega(X_\nu, x_0)$ der Wert $w(c)$ nur von der Homotopieklasse von c in $\pi_1(X_\nu, x_0)$ ab.
Wenn c nicht ganz in einem der X_ν verläuft, so gibt es nach dem Lemma von Lebesgue (I, 4.17) eine Zerlegung des Intervalls $I : 0 = \alpha_0 < \alpha_1 < \ldots < \alpha_n = 1$, so daß $c([\alpha_{i-1}, \alpha_i]) \subset X_\nu$ für $\nu = 1$ oder $\nu = 2$. Es sei $c_i : I \to X$ definiert durch $c_i(t) = c((1-t)\alpha_{i-1} + t\alpha_i)$, und für jedes $i \in \{1, \ldots, n-1\}$ sei $r_i : I \to X$ ein Weg mit $r_i(0) = x_0$ und $r_i(1) = c(\alpha_i)$ derart, daß $r_i(t) \in X_\nu$ für alle $t \in I$, wenn $c(\alpha_i) \in X_\nu$ ist. Für $i \in \{0, n\}$ bezeichne r_i den konstanten Weg x_0. Insbesondere verläuft r_i ganz in X_0, wenn $c(\alpha_i) \in X_0$ ist. Dann wird $w(c)$ definiert durch $w(c) = w(r_0 * c_1 * r_1^-) \cdot w(r_1 * c_2 * r_2^-) \ldots w(r_{n-1} * c_n * r_n^-)$.
Die Definition von w enthält eine Reihe willkürlicher Auswahlen. Deshalb wird gezeigt:

(a) $w(c)$ ist unabhängig von der Auswahl der Wege r_i.

(b) $w(c)$ ist unabhängig von der gewählten Unterteilung.

(c) Wenn $d \in \Omega(X, x_0)$ und $d \simeq c$ *rel* $\{0, 1\}$, dann ist $w(d) = w(c)$.

Zu (a): Sei für ein $j \in \{1,\dots,n-1\}$ ein zweiter Weg $s_j : I \to X$ mit $s_j(0) = x_0$ und $s_j(1) = c(\alpha_j)$ ausgewählt, der ganz in X_ν verläuft, wenn $c(\alpha_j) \in X_\nu$ ist. In diesem Falle ist

$$\begin{aligned}
&w(r_{j-1} * c_j * s_j^-) \cdot w(s_j * c_{j+1} * r_{j+1}^-) \\
&= w(r_{j-1} * c_j * r_j^- * r_j * s_j^-) \cdot w(s_j * r_j^- * r_j * c_{j+1} * r_{j+1}^-) \\
&= w(r_{j-1} * c_j * r_j^-) \cdot w(r_j * s_j^-) \cdot w(s_j * r_j^-) \cdot w(r_j * c_{j+1} * r_{j+1}^-) \\
&= w(r_{j-1} * c_j * r_j^-) \cdot w(r_j * c_{j+1} * r_{j+1}^-).
\end{aligned}$$

Hier wurde natürlich ausgenutzt, daß $w(u)$ für $u \in \Omega(X_\nu, x_0)$ nur von der Homotopieklasse von u *rel* $\{0,1\}$ abhängt. Damit sieht man, daß der Wert von $w(c)$ sich bei der Ersetzung von r_j durch s_j nicht ändert.

Zu (b): Wenn $0 = \beta_0 < \beta_1 < \dots < \beta_m = 1$ eine andere Unterteilung von I ist, so daß für jedes $i \in \{1,\dots,m\}$ gilt $c([\beta_{i-1},\beta_i]) \subset X_\nu$ für ein $\nu \in \{1,2\}$ so ist zu zeigen, daß das mit dieser Zerlegung konstruierte $w(c)$ mit dem zuvor konstruierten übereinstimmt. Dazu genügt es zu zeigen, daß die Hinzunahme eines weiteren Punktes α zu der Zerlegung $0 = \alpha_0 < \alpha_1 < \dots < \alpha_n = 1$ nicht den Wert $w(c)$ ändert. Es sei $\alpha \in]\alpha_{j-1}, \alpha_j[$ und $r : I \to X$ ein Weg mit $r(0) = x_0$, $r(1) = c(\alpha)$ derart, daß $r(t)$ für alle $t \in I$ im gleichen X_ν liegt wie $c(\alpha)$. Dann ist $w(r_{j-1} * c_j * r_j^-)$ der einzige Ausdruck in der Definition von $w(c)$, der sich ändern kann. Es ist $c_j \simeq c_j^1 * c_j^2$ *rel* $\{0,1\}$,wo für alle $t \in I$ gilt $c_j^1(t) = c((1-t)\alpha_{j-1} + t\alpha)$ und $c_j^2(t) = c((1-t)\alpha + t\alpha_j)$. Da der Wert $w(u)$ für alle $u \in \Omega(X_\nu, x_0)$ nur von der Homotopieklasse *rel* $\{0,1\}$ in $\Omega(X_\nu, x_0)$ abhängt, gilt (s. Abb. 20)

$$\begin{aligned}
w(r_{j-1} * c_j * r_j^-) &= w(r_{j-1} * c_j^1 * c_j^2 * r_j^-) \\
&= w(r_{j-1} * c_j^1 * r^- * r * c_j^2 * r_j^-) \\
&= w(r_{j-1} * c_j^1 * r^-) \cdot w(r * c_j^2 * r_j^-),
\end{aligned}$$

und der Wert von w auf c bleibt ungeändert. Damit hängt w nur von c ab und nicht von der willkürlichen Zerlegung.

Zu (c): Zum Beweis sei $d \in [c]$ ein weiterer Repräsentant und $H : I \times I \to X$ eine Homotopie *rel* $\{0,1\}$ von c nach d. Nach dem Lemma von Lebesgue gibt es Zerlegungen

$$0 = \alpha_0 < \alpha_1 < \dots < \alpha_n = 1 \quad \text{und}$$
$$0 = \beta_0 < \beta_1 < \dots < \beta_k = 1 \quad \text{von} \quad I,$$

so daß für jedes $(s,t) \in \{1,\dots,n\} \times \{1,\dots,k\}$ das Bild von $Q_{s,t} = \{(x,y) \in I \times I | \alpha_{s-1} \le x \le \alpha_s,\ \beta_{t-1} \le y \le \beta_t\}$ unter H ganz in X_1 oder ganz in X_2 liegt (s. Abb. 21).

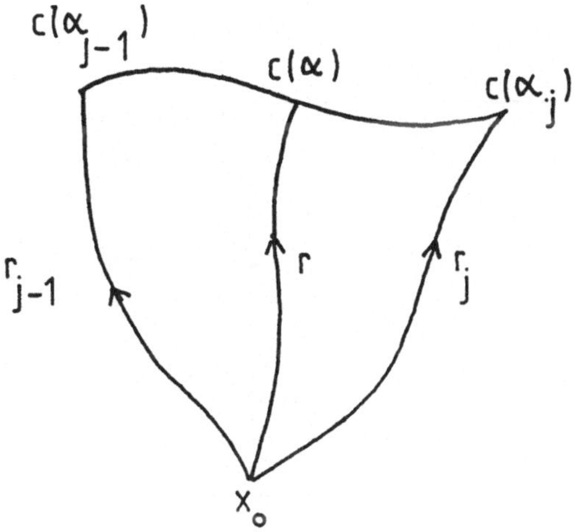

Abb. 20

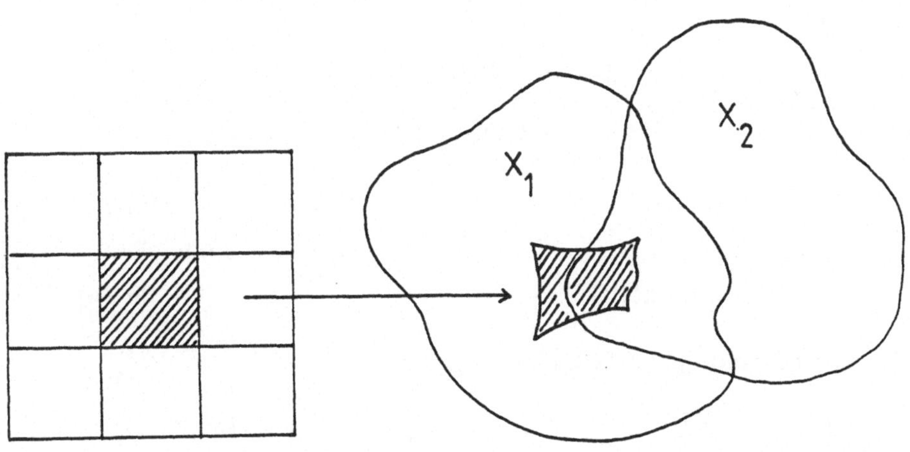

Abb. 21

Für alle $r \in \{0, \ldots, k\}$ sei nun $c_r = H|I \times \{\beta_r\}$. Es wird gezeigt, daß $w(c_{r-1}) = w(c_r)$ ist für alle $r \in \{1, \ldots, k\}$. Da $c_0 = c$ und $c_k = d$, ist dann $w(c) = w(d)$.

Der Basispunkt x_0 wird mit jedem "Eckpunkt" $H(\alpha_r, \beta_s)$ durch einen Weg $u_{r,s}$ verbunden, der ganz in dem X_ν verläuft, in dem auch $H(\alpha_r, \beta_s)$ liegt. Dabei wählt man $u_{r,s}$ als den konstanten Weg x_0, wenn $r = 0$ oder $r = n$ ist. Es werden "horizontale" Wege c_r^i definiert durch $c_r^i(t) = H((1-t)\alpha_{i-1} +$

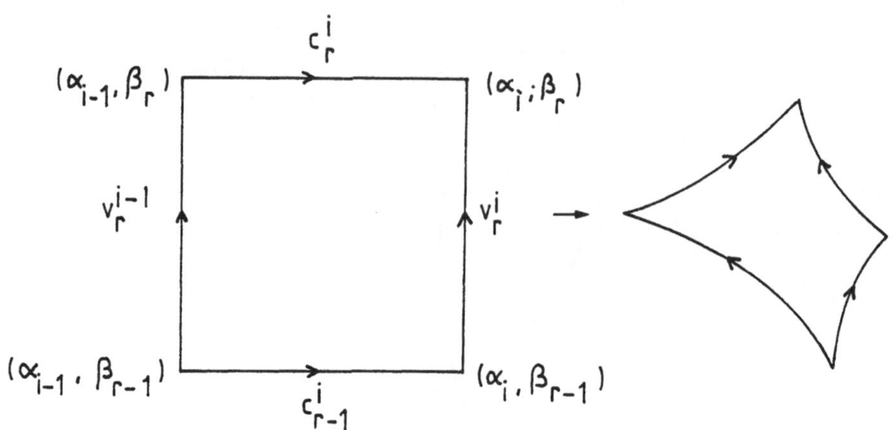

Abb. 22

$t\alpha_i, \beta_r)$ und "vertikale Wege" v_i^s durch $v_i^s(t) = H(\alpha_s, (1-t)\beta_{i-1} + t\beta_i)$. Die Wege c_r^i und v_i^s verbinden $H(\alpha_{i-1}, \beta_r)$ mit $H(\alpha_i, \beta_r)$ bzw. $H(\alpha_s, \beta_{i-1})$ mit $H(\alpha_s, \beta_i)$.

Nun liegt $H(Q_{s,t})$ ganz in einem X_ν, und es ist $c_{r-1}^i \simeq (v_r^{i-1} * c_r^i) * (v_r^i)^- \, rel\,\{0,1\}$. Die Homotopie wurde im Beweis von 2.11 im wesentlichen aufgeschrieben. Sie sei hier der Vollständigkeit halber angegeben.

$$F(t,s) = \begin{cases} v_r^{i-1}(4st) & \text{für } t \in \left[0, \frac{1}{4}\right] \\ H((2-4t)\alpha_{i-1} + (4t-1)\alpha_i, (1-s)\beta_{r-1} + s\beta_r) & \text{für } t \in \left[\frac{1}{4}, \frac{1}{2}\right] \\ v_r^i(s(2-2t)) & \text{für } t \in \left[\frac{1}{2}, 1\right]. \end{cases}$$

Mit dieser Homotopie $rel\,\{0,1\}$ erhält man

$$w(u_{i-1,r-1} * c_{r-1}^i * u_{i,r-1}^-) = w(u_{i-1,r-1} * (v_r^{i-1} * c_r^i * (v_r^i)^-) * u_{i,r-1}^-).$$

Damit ist wegen (a):

$$\begin{aligned} w(c_{r-1}) &= \prod_{i=1}^n w(u_{i-1,r-1} * c_{r-1}^i * u_{i,r-1}^-) \\ &= \prod_{i=1}^n w((u_{i-1,r-1} * v_r^{i-1}) * c_r^i * ((v_r^i) * u_{i,r-1}^-)) \\ &= \prod_{i=1}^n w(u_{i-1,r} * c_r^i * u_{i,r}^-) = w(c_r), \end{aligned}$$

und es ist gezeigt, daß $w(c)$ nur von der Homotopieklasse $rel\,\{0,1\}$ von c abhängt. Deshalb induziert w eine Abbildung $h : \pi_1(X, x_0) \to G$ durch $h([c]) = w(c)$. Nach Konstruktion ist h ein Homomorphismus und $h \circ \pi_1(j_1) = u_1$ und $h \circ \pi_1(j_2) = u_2$.

Um zu zeigen, daß es nur eine Abbildung der gesuchten Art geben kann, sei $g : \pi_1(X, x_0) \to G$ ein Homomorphismus mit $g \circ \pi_1(j_1) = u_1$ und $g \circ \pi_1(j_2) = u_2$. Es sei $c \in \Omega(X, x_0)$. Dann gibt es nach den vorangehenden Überlegungen Wege $c_1, \ldots, c_s$ mit $c_i \in \Omega(X_1, x_0)$ oder $c_i \in \Omega(X_2, x_0)$, so daß $c \simeq c_1 * c_2 * \ldots * c_s\, rel\,\{0,1\}$ (es werden keine Klammern geschrieben, da nur die Homotopieklasse interessiert). Dann ist $g([c]) = g([c_1]) \ldots g([c_s]) = h([c_1]) \ldots h([c_s]) = h([c])$, denn für $c_i \in \Omega(X_\nu, x_0)$, $\nu \in \{1,2\}$, ist $g([c_i]) = u_\nu([c_i]) = h([c_i])$. □

Der Satz von Seifert und van Kampen wird nun benutzt, um die Fundamentalgruppe einiger topologischer Räume zu berechnen.

3.16 Satz. *X sei ein wegweise zusammenhängender topologischer Raum, $f : S^{n-1} \to X$ eine stetige Abbildung und $Y = X \cup_f D^n$, $n \geq 2$, $y_0 \in Y$. Dann ist $\pi_1(Y, y_0)$ isomorph zu $\pi_1(X, f(1))/ \prec \pi_1(f)(\pi_1(S^{n-1}, e_0)) \succ$.*

BEWEIS: $\rho : X + D^n \to Y$ sei die natürliche Projektion. Man wählt $X_1 = Y \setminus \{\rho(0)\}$, $X_2 = \rho(\mathring{D}^n)$. Dann ist X_2 homöomorph zu $\mathring{D}^n$, $X_0 = X_1 \cap X_2$ homöomorph zu $\mathring{D}^n \setminus \{0\}$ und X_1 hat $\rho(X)$ als starken Deformationsretrakt. Man gibt zunächst eine Retraktion $r : X + D^n \setminus \{0\} \to X + S^{n-1}$ an durch

$$r(x) = \begin{cases} x & \text{für } x \in X \text{ oder } x \in S^{n-1} \\ \dfrac{x}{\| x \|} & \text{für } x \in D^n \setminus \{0\} \end{cases}$$

und eine Homotopie $F : (X + D^n \setminus \{0\}) \times I \to X + D^n \setminus \{0\}$ durch

$$F(x,t) = \begin{cases} x & \text{für } x \in X \\ (1-t)x + t\dfrac{x}{\| x \|} & \text{für } x \in D^n \setminus \{0\}. \end{cases}$$

Damit definiert man $\overline{r} : X_1 \to \rho(X)$ durch $\overline{r}(\rho(x)) = \rho(r(x))$ und $\overline{F} : X_1 \times I \to X_1$ durch $\overline{F}(\rho(x), t) = \rho F(x,t)$. Man sieht leicht, daß beide Abbildungen wohldefiniert sind. $\overline{r}$ ist stetig nach Definition der Quotiententopologie, und $\overline{F}$ ist stetig nach I, 4.24. Da $\pi_1(\mathring{D}^n) = 0$ ist, ist nach 3.13 $\pi_1(Y, y_0) \cong \pi_1(X_1, y_0)/ \prec \pi_1(i_1)\pi_1(X_0, x_0)) \succ$. Zur Berechnung der Faktorgruppe betrachtet man das folgende kommutative Diagramm stetiger Abbildungen.

$$\begin{array}{cccccccc} x & \mathring{D}^n \setminus \{0\} & \xrightarrow{\rho|\ldots} & X_0 & \xrightarrow{i_1} & X_1 \\ \downarrow & \downarrow & & & & \downarrow \overline{r} \\ \frac{x}{\|x\|} & S^{n-1} & \xrightarrow{f} & X & \xrightarrow{\rho|X} & \rho(X). \end{array}$$

Daraus erhält man ein kommutatives Diagramm von Homomorphismen zwischen Fundamentalgruppen (die Basispunkte sind nicht aufgeschrieben).

$$\begin{array}{ccccc}
\pi_1(\mathring{D}^n \setminus \{0\}) & \xrightarrow{\cong} & \pi_1(X_0) & \xrightarrow{\pi_1(i_1)} & \pi_1(X_1) \\
\cong\downarrow & & & & \downarrow\cong \\
\pi_1(S^{n-1}) & \xrightarrow{\pi_1(f)} & \pi_1(X) & \xrightarrow{\cong} & \pi_1(\rho(X))
\end{array}$$

Aus diesem Diagramm liest man ab, daß $\pi_1(X_1)/ \prec \pi_1(i_1)(\pi_1(X_0)) \succ \cong \pi_1(X)/ \prec \pi_1(f)(\pi_1(S^{n-1})) \succ$ gilt. □

3.17 Korollar. *Für* $n \geq 2$ *ist* $\pi_1(S^n) = 0$.

Beweis: Da S^n homöomorph ist zu $D^n \cup_f D^n$ mit der Inklusionsabbildung $f : S^{n-1} \to D^n$ folgt die Behauptung aus 3.16. □

3.18 Korollar. *X sei wegweise zusammenhängend und $f : S^{n-1} \to X$ eine stetige Abbildung, $n \geq 3$. Dann ist $\pi_1(X \cup_f D^n, x_0) \cong \pi_1(X, x_0)$.*

Beweis: Da $\pi_1(S^{n-1}) = 0$ für $n \geq 3$ folgt die Behauptung aus 3.16. □

3.19 Korollar. *Für* $n \geq 2$ *ist* $\pi_1(\mathbb{R}P^n, x_0) \cong \mathbb{Z}/2\mathbb{Z}$.

Beweis: Bezeichnet $p_n : S^n \to \mathbb{R}P^n$ die natürliche Projektion, so ist für alle $n \geq 1$ der n-dimensionale reelle projektive Raum $\mathbb{R}P^n$ homöomorph zu $\mathbb{R}P^{n-1} \cup_{p_{n-1}} D^n$. (vgl. Aufgabe 9 in I, 4.30). Nach 3.17 genügt es, die Behauptung für $n = 2$ zu beweisen. $\mathbb{R}P^2$ ist homöomorph zu $\mathbb{R}P^1 \cup_f D^2$, wo f für die natürliche Projektion p_1 geschrieben wird. Definiert man $g : S^1 \to S^1$ durch $g(z) = z^2$, so ist $g(x) = g(y)$ genau dann, wenn $x = y$ oder $x = -y$ ist. Daher definiert g eine Abbildung $\overline{g} : \mathbb{R}P^1 \to S^1$, $\overline{g}(f(x)) = g(x)$. $\overline{g}$ ist bijektiv und stetig und damit nach I, 4.12 ein Homöomorphismus. Da $\overline{g} \circ f = g$ ist, liest man aus dem kommutativen Diagramm

$$\begin{array}{ccc}
\pi_1(S^1, 1) & \xrightarrow{\pi_1(g)} & \pi_1(S^1, 1) \cong \mathbb{Z} \\
\pi_1(f)\downarrow & \cong \nearrow \pi_1(\overline{g}) & \\
\pi_1(\mathbb{R}P^1, f(1)) & &
\end{array}$$

ab, daß $\pi_1(f)$ ein erzeugendes Element von $\pi_1(S^1, 1)$ auf das zweifache eines erzeugenden Elements von $\pi_1(\mathbb{R}P^1, f(1))$ abbildet. Daher ist

$$\pi_1(\mathbb{R}P^1, f(1))/ \prec \pi_1(f)(\pi_1(S^1, 1)) \succ \cong \mathbb{Z}/2\mathbb{Z}. \square$$

Schließlich sei ein einfacher Raum angegeben, dessen Fundamentalgruppe nicht abelsch ist.

3.20 Beispiel. Es seien $a, b \in \mathbb{R}^2$, $a \neq b$. O.B.d.A. wird angenommen, daß $a = (0,1)$ und $b = (0,-1)$ sind. Der zu betrachtende topologische Raum ist $X = \mathbb{R}^2 \setminus \{a,b\}$. Mit $x_0 = (0,0)$, $X_1 = \{(x,y) \in \mathbb{R}^2 \mid y > -\frac{1}{2}\} \setminus \{a\}$ und $X_2 = \{(x,y) \in \mathbb{R}^2 \mid y < \frac{1}{2}\} \setminus \{b\}$ ist $X_0 = X_1 \cap X_2 = \{(x,y) \in \mathbb{R}^2 \mid -\frac{1}{2} < y < \frac{1}{2}\}$ und $x_0 \in X_0$. Man sieht sofort, daß $\pi_1(X_0, x_0) = 0$, $\pi_1(X_1, x_0) \cong \mathbb{Z}$ und $\pi_1(X_2, x_0) \cong \mathbb{Z}$. Nach 3.15 ist $\pi_1(X, x_0)$ isomorph zu einer Gruppe G, die sich aus dem Pushout-Diagramm

$$\begin{array}{ccc} 0 & \longrightarrow & \mathbb{Z} \\ \downarrow & & \downarrow \\ \mathbb{Z} & \longrightarrow & G \end{array}$$

berechnen läßt. Ein solches G heißt von zwei Elementen erzeugte freie Gruppe. Überzeugen Sie sich selbst davon, daß G nicht abelsch ist.

Räume mit trivialer Fundamentalgruppe spielen eine besondere Rolle. Daher hat man für sie einen eigenen Namen eingeführt.

3.21 Definition. Ein wegweise zusammenhängender Raum mit trivialer Fundamentalgruppe heißt einfach zusammenhängend.

3.22 Bemerkung. Zum Beweis der Hochhebungssätze 3.2 und 3.3 wird die spezielle Form der Abbildung $\Phi : \mathbb{R} \to S^1$ benutzt. Tatsächlich gelten Sätze dieser Art viel allgemeiner für Überlagerungsabbildungen, über die man z.B. in den Büchern von S.-T. Hu (1959) und N.E. Steenrod (1951) nachlesen kann. Die in 3.7 definierte Umlaufzahl eines geschlossenen Weges c in $\mathbb{C}$ um einen Punkt a, der nicht im Bild von c liegt, wird in der Funktionentheorie für den Fall, daß c stückweise stetig differenzierbar ist, durch das Wegintegral $\frac{1}{2\pi i} \int_c \frac{1}{z-a} dz$ beschrieben. Dieses Wegintegral wird auch als Index von c bezüglich a bezeichnet. Der Satz 3.15 ist in der Literatur häufig nur nach R.E. van Kampen benannt, der einen entsprechenden Satz 1933 veröffentlichte. Für speziellere Räume (simplizale Komplexe) wurde ein solcher Satz von H. Seifert 1931 formuliert und bewiesen. Beide Autoren benutzen nicht den Begriff des Pushout sondern geben eine direkte gruppentheoretische Beschreibung.

3.23 Aufgaben

1. Es seien $c : I \to \mathbb{C}$ ein geschlossener Weg. Zeigen Sie, daß die Abbildung $f : \mathbb{C} \setminus c(I) \to \mathbb{Z}$, die definiert ist durch $f(x) = \mathit{Uml}\,(c, x)$, eine stetige Funktion ist.
2. Es seien $a \in \mathbb{C}$ und $c, d : I \to \mathbb{C} \setminus \{a\}$ geschlossene Wege mit $c(0) = d(0)$. Zeigen Sie, daß $\mathit{Uml}\,(c * d, a) = \mathit{Uml}\,(c, a) + \mathit{Uml}\,(d, a)$.
3. Beweisen Sie: Sind die kommutativen Diagramme

$$\begin{array}{ccc} A & \xrightarrow{t} & B \\ {\scriptstyle y}\downarrow & & \downarrow{\scriptstyle u} \\ C & \xrightarrow{v} & G \end{array} \qquad \text{und} \qquad \begin{array}{ccc} B & \xrightarrow{k} & D \\ {\scriptstyle u}\downarrow & & \downarrow{\scriptstyle m} \\ G & \xrightarrow{n} & H \end{array}$$

   Pushouts, so ist das Diagramm

$$\begin{array}{ccc} A & \xrightarrow{k \circ f} & D \\ {\scriptstyle g}\downarrow & & \downarrow{\scriptstyle m} \\ C & \xrightarrow{n \circ v} & H \end{array}$$

   ein Pushout.
4. Beweisen Sie: Wenn $f : A \to B$ und $g : B \to C$ Homomorphismen von Gruppen sind und f surjektiv ist, dann ist

$$\begin{array}{ccc} A & \xrightarrow{f} & B \\ {\scriptstyle g \circ f}\downarrow & & \downarrow{\scriptstyle g} \\ C & \xrightarrow{Id_C} & C \end{array}$$

   ein Pushout.
5. Berechnen Sie die Fundamentalgruppe von $S^1 \vee S^1 = S^1 \times \{1\} \cup \{1\} \times S^1$.
6. Geben Sie zu jeder natürlichen Zahl n einen topologischen Raum X_n an, dessen Fundamentalgruppe isomorph ist zu $\mathbb{Z}/n\mathbb{Z}$.
7. Es seien X ein wegweise zusammenhängender Raum und SX die Einhängung von X (vgl. Aufgabe 8 in I, 4.30). Zeigen Sie, daß SX einfach zusammenhängend ist.

§ 4 Kategorien und Funktoren

In §2 wurde zu jedem topologischen Raum X mit Basispunkt x_0 die Fundamentalgruppe $\pi_1(X, x_0)$ konstruiert, und jeder stetigen Abbildung $f : X \to Y$ mit $f(x_0) = y_0$ wurde ein Gruppenhomomorphismus $\pi_1(f) : \pi_1(X, x_0) \to \pi_1(Y, y_0)$ zugeordnet. Diese Zuordnung verhielt sich natürlich, d.h. der Identität bei den topologischen Räumen wurde der identische Homomorphismus der Gruppen zugeordnet, der Komposition stetiger Abbildungen entsprach die Komposition der zugehörigen Homomorphismen. Dieses Vorgehen läßt sich so beschreiben: Zu den topologischen Räumen wurden algebraische Modelle, nämlich Gruppen, und zu den stetigen Abbildungen ebenfalls algebraische Modelle, nämlich die Homomorphismen von Gruppen konstruiert. Die oben angesprochene Natürlichkeit der Zuordnung besagt in diesem Bild, daß das algebraische Modell die Komposition stetiger Abbildungen in natürlicher Weise wiedergibt. Zur Beschreibung dieser innermathematischen Modellbildung wird der Begriff des Funktors eingeführt. Um den Funktor abstrakt definieren zu können, hat man sich zunächst Klarheit über die Gesamtheit der Objekte zu verschaffen, die man modellieren will. Es handelt sich dabei im allgemeinen um Mengen mit einer zusätzlichen Struktur und um Abbildungen, die diese Struktur erhalten. Diese Gesamtheit wird ganz allgemein, nicht nur für die Zwecke der algebraischen Topologie, durch den Begriff der Kategorie erfaßt.

4.1 Definition. Eine Kategorie $\mathcal{C}$ besteht aus einer Klasse von Objekten $Ob\,(\mathcal{C})$ und aus einer Menge $\mathcal{C}(X, Y)$ für jedes geordnete Paar (X, Y) von Objekten aus $Ob\,(\mathcal{C})$, so daß je zwei Mengen $\mathcal{C}(X, Y)$ und $\mathcal{C}(X', Y')$ disjunkt sind, wenn nicht $X = X'$ und $Y = Y'$ gilt. Die Elemente aus $\mathcal{C}(X, Y)$ heißen Morphismen von X nach Y. Wenn $f \in \mathcal{C}(X, Y)$ ist, dann heißen X der Definitionsbereich und Y der Bildbereich von f. Statt $f \in \mathcal{C}(X, Y)$ schreibt man auch $f : X \to Y$ oder $X \xrightarrow{f} Y$.
Zu jedem geordneten Tripel (X, Y, Z) von Objekten aus $Ob\,(\mathcal{C})$ gehört eine Abbildung

$$\mathcal{C}(X, Y) \times \mathcal{C}(Y, Z) \to \mathcal{C}(X, Z).$$

Diese Abbildung heißt Komposition. Das Bild von (f, g) unter der Komposition wird mit $g \circ f$ bezeichnet. Die Komposition soll die folgenden Axiome erfüllen:
(Assoziativität) Sind $X, Y, Z, W \in Ob\,(\mathcal{C})$ und $f \in \mathcal{C}(X, Y)$, $g \in \mathcal{C}(Y, Z)$, $h \in \mathcal{C}(Z, W)$, dann ist

$$h \circ (g \circ f) = (h \circ g) \circ f.$$

(Identität) Zu jedem $X \in Ob(\mathcal{C})$ existiert ein Morphismus $Id_X \in \mathcal{C}(X,X)$, so daß für alle $f \in \mathcal{C}(X,Y)$ gilt $f \circ Id_X = f$ und für alle $g \in \mathcal{C}(Z,X)$ gilt $Id_X \circ g = g$.

Die Morphismen der Kategorie sind im allgemeinen Abbildungen, und der ausgezeichnete Morphismus Id_X für jedes Objekt X ist in diesem Falle die Identität auf X. Das folgende Beispiel (viii) ist ein Beispiel für eine Kategorie, in der die Morphismen keine Abbildungen sind. Unmittelbar aus der Definition leitet man her, daß für jedes Objekt X einer Kategorie genau ein ausgezeichneter Morphismus $Id_X \in \mathcal{C}(X,X)$ existiert.

4.2 Beispiele. (i) Die Kategorie $\mathcal{S}$ der Mengen und Abbildungen. Die Objekte sind die Mengen und für je zwei Mengen X und Y ist $\mathcal{S}(X,Y)$ die Menge der Abbildungen von X nach Y.

(ii) Die Kategorie $\mathcal{TOP}$ der topologischen Räume und stetigen Abbildungen. Objekte sind die topologischen Räume, und für je zwei topologische Räume X nach Y ist $\mathcal{TOP}(X,Y)$ die Menge der stetigen Abbildungen von X nach Y.

(iii) Die Kategorie $\mathcal{TOP}^2$ der Raumpaare und stetigen Abbildungen zwischen Raumpaaren. Die Objekte von $\mathcal{TOP}^2$ sind die Raumpaare. Ein Raumpaar (X,A) besteht aus einem topologischen Raum X und einem Teilraum A von X. Ist $A = \emptyset$, so schreibt man auch X statt $(X,\emptyset)$. Besteht A aus einem Punkt x_0, so schreibt man (X,x_0) statt $(X,\{x_0\})$, und (X,x_0) heißt ein punktierter Raum bzw. ein Raum mit Basispunkt. Für je zwei Raumpaare (X,A) und (Y,B) sind die Morphismen von (X,A) nach (Y,B) die stetigen Abbildungen von Raumpaaren $f:(X,A) \to (Y,B)$, das sind stetige Abbildungen $f: X \to Y$ mit $f(A) \subset B$.

(iv) Die Kategorie $\mathcal{TOP}_0$ der Räume mit Basispunkt und der stetigen Abbildungen, die Basispunkte in Basispunkte überführen.

(v) Die Kategorie $\mathcal{G}$ der Gruppen und Gruppenhomomorphismen. Die Objekte sind die Gruppen, und für je zwei Gruppen G und H ist $\mathcal{G}(G,H)$ die Menge der Homomorphismen von G nach H.

(vi) Die Kategorie $\mathcal{AB}$ der abelschen Gruppen und Homomorphismen zwischen abelschen Gruppen.

(vii) Die Kategorie $\mathcal{HTP}$ der topologischen Räume und Homotopieklassen stetiger Abbildungen. Die Objekte sind die topologischen Räume, und für je zwei topologische Räume X und Y ist $\mathcal{HTP}(X,Y) = [X,Y]$ die Menge der Homotopieklassen stetiger Abbildungen von X nach Y (s. 1.6). Die Kategorie $\mathcal{HTP}$ heißt die Homotopiekategorie.

(viii) X sei ein wegweise zusammenhängender topologischer Raum. Man kann eine Kategorie $\mathcal{C}$ folgendermaßen definieren. Die Objekte von $\mathcal{C}$ sind die Punkte von X. Für jedes Paar von Punkten $x,y \in X$ sei $\mathcal{C}(x,y)$ die

Menge der Homotopieklassen $rel\,\{0,1\}$ von Wegen von x nach y. Die Komposition ist die Komposition von Wegen. Daß $\mathcal{C}$ eine Kategorie ist, wurde in §1 bewiesen.

In fast allen Beispielen ist es unmittelbar klar, daß es sich hier um eine Kategorie handelt. Es bleibt nur zu zeigen, daß die Komposition die beiden Axiome erfüllt.

4.3 Definition. $\mathcal{C}$ sei eine Kategorie, $f \in \mathcal{C}(X,Y)$ und $g \in \mathcal{C}(Y,X)$. Wenn $f \circ g = Id_Y$ ist, dann heißt f Linksinverses von g, und g heißt Rechtsinverses von f. Ein Morphismus heißt zu f invers, wenn er zu f rechtsinvers und linksinvers ist. Ein Morphismus aus $\mathcal{C}(X,Y)$ heißt Isomorphismus, wenn er ein Rechtsinverses und ein Linksinverses besitzt. Zwei Objekte X und Y aus $Ob\,(\mathcal{C})$ heißen isomorph, wenn $\mathcal{C}(X,Y)$ einen Isomorphismus enthält.

4.4 Bemerkungen. Durch Vorgabe der Kategorie legt man fest, wie die Isomorphismen zwischen den betrachteten Objekten aussehen sollen. In der Kategorie der topologischen Räume und stetigen Abbildungen sind die Isomorphismen die Homöomorphismen. In der Homotopiekategorie sind die Isomorphismen die Homotopieäquivalenzen. Die Eigenschaften einer Kategorie garantieren, daß in jeder Kategorie $\mathcal{C}$ Isomorphie eine Äquivalenzrelation in $Ob\,(\mathcal{C})$ ist.

Sätze, die für Kategorien bewiesen werden, haben aufgrund der Allgemeinheit dieses Begriffes Gültigkeit für sehr viele spezielle Strukturen. Im Rahmen dieses Buches dient der Begriff Kategorie lediglich als ordnendes Prinzip oder weniger anspruchsvoll als nützliche Sprechweise. Ein Modell im eingangs beschriebenen Sinne ist nun eine Abbildung zwischen Kategorien.

4.5 Definition. Es seien $\mathcal{C}$ und $\mathcal{D}$ Kategorien. Ein kovarianter (kontravarianter) Funktor von $\mathcal{C}$ nach $\mathcal{D}$ ist eine Funktion T, die jedem Objekt $X \in Ob\,(\mathcal{C})$ ein Objekt $T(X) \in Ob\,(\mathcal{D})$ und jedem Morphismus $f \in \mathcal{C}(X,Y)$ einen Morphismus $T(f) \in \mathcal{D}(T(X),T(Y))$ $(T(f) \in \mathcal{D}(T(Y),T(X))$ zuordnet, mit:

(i) $T(Id_X) = Id_{T(X)}$ und

(ii) $T(g \circ f) = T(g) \circ T(f) \quad (T(g \circ f) = T(f) \circ T(g))$
für alle $f \in \mathcal{C}(X,Y)$ und $g \in \mathcal{C}(Y,Z)$.

4.6 Beispiele. (i) Der Funktor v von der Kategorie $\mathcal{TOP}$ in die Kategorie $\mathcal{S}$. v ordnet jedem topologischen Raum X die zugrundeliegende Menge X zu und jeder stetigen Abbildung zwischen topologischen Räumen die zugehörige Abbildung der zugrundeliegenden Mengen. Dieser Funktor heißt Vergiß-Funktor, weil er die zusätzliche Struktur der Kategorie $\mathcal{TOP}$ einfach vergißt. Ein entsprechender Funktor kann für viele Kategorien definiert werden.

(ii) Der Funktor K von der Kategorie $\mathcal{TOP}$ in die Kategorie $\mathcal{S}$, der jedem Raum die Menge der Zusammenhangskomponenten und jeder stetigen Abbildung die induzierte Abbildung der Zusammenhangskomponenten zuordnet. Vgl. hierzu I, 6.11 und I, 6.14.

(iii) Der kovariante Funktor π_1 von der Kategorie $\mathcal{TOP}_0$ in die Kategorie $\mathcal{G}$. π_1 ordnet jedem punktierten Raum (X, x_0) die Fundamentalgruppe $\pi_1(X, x_0)$ und jeder stetigen Abbildung $f : (X, x_0) \to (Y, y_0)$ die Abbildung $\pi_1(f) : \pi_1(X, x_0) \to \pi_1(Y, y_0)$ zu.

(iv) Der kovariante Funktor von der Kategorie $\mathcal{TOP}^2$ in die Kategorie $\mathcal{TOP}$, der jedem Raumpaar (X, A) den topologischen Raum X und jeder stetigen Abbildung von Raumpaaren $f : (X, A) \to (Y, B)$ die stetige Abbildung $f : X \to Y$ zuordnet.

(v) Der Funktor * von der Kategorie der reellen Vektorräume und linearen Abbildungen in die gleiche Kategorie ordnet jedem reellen Vektorraum V den dualen Vektorraum V^* und jeder linearen Abbildung $f : V \to W$ die duale Abbildung $f^* : W^* \to V^*$ zu. Dieser Funktor ist ein kontravarianter Funktor.

4.7 Bemerkung. Kategorien und Funktoren wurden von S. Eilenberg und S. MacLane 1942 eingeführt. In den Jahren nach 1945 entwickelte sich die Kategorientheorie zu einer umfangreichen mathematischen Theorie. Für Grundlagenfragen im Zusammenhang mit Kategorien wird z.B. auf S. MacLane (1972) verwiesen.

4.8 Aufgaben

1. Es seien $\mathcal{C}$ eine Kategorie, X und Y aus $Ob(\mathcal{C})$, $f \in \mathcal{C}(X, Y)$ und $g, g' \in \mathcal{C}(Y, X)$.
   Zeigen Sie: Wenn g linksinvers ist zu f und g' rechtsinvers ist zu f, dann ist $g = g'$, und f ist ein Isomorphismus.
2. Beweisen Sie, daß die Homotopiekategorie $\mathcal{HTP}$ aus Beispiel 5.2 (vii) eine Kategorie ist.
3. Es sei X ein topologischer Raum. Zeigen Sie, daß die Funktion, die jedem topologischen Raum Y die Menge $[X, Y]$ (bzw. $[Y, X]$) und jeder stetigen Abbildung $f : Y \to Z$ die Abbildung $f_* : [X, Y] \to [X, Z]$ mit $f_*([\alpha]) = [f \circ \alpha]$ (bzw. $f^* : [Z, X] \to [Y, X]$ mit $f^*([\beta]) = [\beta \circ f]$) zuordnet, ein kovarianter (bzw. kontravarianter) Funktor von der Kategorie $\mathcal{HTP}$ in die Kategorie $\mathcal{S}$ ist.
4. Zeigen Sie, daß jeder Funktor Isomorphismen in Isomorphismen überführt.

Kapitel III

Die singuläre Homologietheorie

§ 1 Algebraische Vorbereitungen

In diesem Paragraphen werden algebraische Hilfsmittel bereitgestellt, die im folgenden laufend benutzt werden. Das sind die direkte Summe abelscher Gruppen, die von einer Menge erzeugte freie abelsche Gruppe und exakte Sequenzen. Die elementaren Begriffe aus der Gruppentheorie wie Untergruppe, Normalteiler, Faktorgruppe werden wie schon bisher als bekannt vorausgesetzt.

Da in diesem Paragraphen nur abelsche Gruppen auftreten, wird die Verknüpfung stets als Addition geschrieben und das neutrale Element durchweg mit 0 notiert. Ist G eine abelsche Gruppe und H eine Untergruppe von G, so wird die Faktorgruppe von G nach H mit G/H bezeichnet. Für jedes $g \in G$ wird die Äquivalenzklasse von g in G/H als $[g]$, manchmal auch als $\overline{g}$, geschrieben. Die Verknüpfung in G/H, die ebenfalls als Addition geschrieben wird, ist repräsentantenweise definiert durch $[g]+[h]=[g+h]$. Die Abbildung $\pi : G \to G/H$, die definiert ist durch $\pi(g)=[g]$, ist ein Homomorphismus und heißt die kanonische Projektion von G auf G/H. Sind G' eine weitere abelsche Gruppe, H' eine Untergruppe von G' und $f : G \to G'$ ein Homomorphismus mit $f(H) \subset H'$, so ist ein kanonischer Homomorphismus $\overline{f} : G/H \to G'/H'$ definiert durch die Festsetzung $\overline{f}([g]) = [f(g)]$ für alle $g \in G$. Mit den kanonischen Projektionen $\pi : G \to G/H$ und $\pi' : G' \to G'/H'$ ist das Diagramm

$$\begin{array}{ccc} G & \xrightarrow{f} & G' \\ \pi \downarrow & & \downarrow \pi' \\ G/H & \xrightarrow{\overline{f}} & G'/H' \end{array}$$

kommutativ, d.h. es ist $\pi' \circ f = \overline{f} \circ \pi$.

Ist G eine abelsche Gruppe, so ist für jedes $n \in \mathbb{Z}$ und jedes $a \in G$ das Element $na \in G$ auf die übliche Weise definiert: Man setzt $0a = 0$ und definiert für $n \geq 0$ induktiv $(n+1)a = na + a$. Ist n negativ, so setzt man $na = (-n)(-a)$. Damit gilt $(m+n)a = ma + na$ und $(mn)a = m(na)$ für alle $a \in G$ und alle $m, n \in \mathbb{Z}$.
Für alle $a \in G$ ist der Homomorphismus $i_a : \mathbb{Z} \to G$, der definiert ist durch $i_a(n) = na$, der eindeutig bestimmte Homomorphismus mit der Eigenschaft, daß $i_a(1) = a$ ist.

1.1 Definition. $(G_\lambda)_{\lambda \in \Lambda}$ sei eine Familie von abelschen Gruppen. $\prod_{\lambda \in \Lambda} G_\lambda$ ist definiert als die Menge der Abbildungen $\varphi : \Lambda \to \bigcup\limits_{\lambda \in \Lambda} G_\lambda$, so daß $\varphi(\lambda) \in G_\lambda$ für alle $\lambda \in \Lambda$. Man schreibt häufig φ_λ statt $\varphi(\lambda)$ und $(\varphi_\lambda)_{\lambda \in \Lambda}$ oder kurz (φ_λ) statt φ. In $\prod_{\lambda \in \Lambda} G_\lambda$ wird eine Verknüpfung "+" komponentenweise eingeführt durch $(\varphi + \psi)(\lambda) = \varphi(\lambda) + \psi(\lambda)$ für alle $\lambda \in \Lambda$. Man rechnet direkt nach, daß $\prod_{\lambda \in \Lambda} G_\lambda$ mit dieser Addition eine abelsche Gruppe ist. Diese abelsche Gruppe heißt das direkte Produkt von $(G_\lambda)_{\lambda \in \Lambda}$.

1.2 Definition. $(G_\lambda)_{\lambda \in \Lambda}$ sei eine Familie von abelschen Gruppen. Die Teilmenge des direkten Produktes $\prod G_\lambda$, die aus den Funktionen φ mit $\varphi(\lambda) \neq 0$ für höchstens endlich viele $\lambda \in \Lambda$ besteht, ist unter der im direkten Produkt definierten Addition abgeschlossen und mit dieser Addition eine Untergruppe von G. Diese Untergruppe heißt die direkte Summe von $(G_\lambda)_{\lambda \in \Lambda}$ und wird mit $\bigoplus\limits_{\lambda \in \Lambda} G_\lambda$ bezeichnet. Ist $\Lambda = \{1, \ldots, n\}$, so schreibt man $G_1 \oplus G_2 \oplus \ldots \oplus G_n$ für die direkte Summe von (G_λ).
Ist G eine abelsche Gruppe, $(G_\lambda)_{\lambda \in \Lambda}$ eine Familie von Untergruppen von G, so heißt G direkte Summe der G_λ, wenn der Homomorphismus $i : \bigoplus\limits_{\lambda \in \Lambda} G_\lambda \to G$, der definiert ist durch $i((g_\lambda)) = \sum_{\lambda \in \Lambda} g_\lambda$, ein Isomorphismus ist.

1.3 Satz. *Ist $(G_\lambda)_{\lambda \in \Lambda}$ eine Familie von Untergruppen der abelschen Gruppe G, so ist G direkte Summe der G_λ genau dann, wenn $G = \underset{\lambda \in \Lambda}{+} G_\lambda$ und für alle $\kappa \in \Lambda$ gilt, daß $G_\kappa \cap (\underset{\lambda \in \Lambda \setminus \{\kappa\}}{+} G_\lambda) = \{0\}$ ist. Hier wird mit $\underset{\lambda \in K}{+} G_\lambda$ für jede Teilmenge K von Λ die von $\bigcup\limits_{\lambda \in K} G_\lambda$ erzeugte Untergruppe von G bezeichnet.*

Der Beweis wird dem Leser überlassen. □

In den folgenden Paragraphen spielen solche direkten Summen eine Rolle, deren Summanden Gruppen $\mathbb{Z}$ sind.

1.4 Definition. M sei eine Menge, und $(G_m)_{m \in M}$ sei eine Familie von abelschen Gruppen mit $G_m = \mathbb{Z}$ für alle $m \in M$. Die direkte Summe $\bigoplus\limits_{m \in M} G_m$ heißt die von M erzeugte freie abelsche Gruppe und wird mit $\mathbb{Z} \prec M \succ$ bezeichnet.

1.5 Bemerkungen. (i) Nach Definition ist $\mathbb{Z} \prec \emptyset \succ$ die Gruppe, die aus genau einem Element besteht, d.h. $\mathbb{Z} \prec \emptyset \succ = \{0\}$.

(ii) Die $\mathbb{Z} \prec M \succ$ zugrundeliegende Menge ist die Menge aller Abbildungen $\varphi : M \to \mathbb{Z}$ mit $\varphi(m) \neq 0$ für höchstens endlich viele $m \in M$. Die Addition ist die übliche Addition von Abbildungen. Wenn $m \in M$ und $k \in \mathbb{Z}$ sind, dann wird mit $k \cdot m$ diejenige Abbildung $\varphi : M \to \mathbb{Z}$ bezeichnet mit $\varphi(m) = k$ und $\varphi(n) = 0$ für alle $n \in M \setminus \{m\}$. Jedes Element $\varphi \in \mathbb{Z} \prec M \succ$ läßt sich auf genau eine Weise schreiben als

$$\varphi = \sum_{m \in M} k_m \cdot m$$

mit $k_m \neq 0$ für höchstens endlich viele $m \in M$.

Beweis: Wenn eine solche Darstellung existiert, so müssen beide Seiten auf jedem $n \in M$ den gleichen Wert annehmen. Also muß $k_n = \varphi(n)$ gelten für alle $n \in M$. Andererseits ist für jedes $\varphi \in \mathbb{Z} \prec M \succ$ auch die Summe $\sum_{m \in M} \varphi(m) \cdot m$ ein Element aus $\mathbb{Z} \prec M \succ$ und man rechnet nach, daß $\varphi = \sum_{m \in M} \varphi(m) \cdot m$ ist. □

Die Abbildung $f_M : M \to \mathbb{Z} \prec M \succ$, die definiert ist durch $f_M(m) = 1 \cdot m$, ist injektiv. M wird unter dieser Abbildung mit einer Teilmenge von $\mathbb{Z} \prec M \succ$ identifiziert, und es wird meist m statt $1 \cdot m$ geschrieben. Außerdem wird im folgenden meist km statt $k \cdot m$ notiert.

1.6 Satz (Universelle Eigenschaft der freien abelschen Gruppe). *Es seien M eine Menge und $g : M \to A$ eine Abbildung von M in eine abelsche Gruppe A. Dann gibt es genau einen Homomorphismus $g_* : \mathbb{Z} \prec M \succ \to A$, so daß das Diagramm*

$$\begin{array}{ccc} M & \xrightarrow{g} & A \\ {\scriptstyle f_M}\downarrow & \nearrow{\scriptstyle g_*} & \\ \mathbb{Z} \prec M \succ & & \end{array}$$

kommutativ ist, d.h. daß $g_* \circ f_M = g$ ist.

Beweis: Eindeutigkeit: Da für alle $m \in M$ gelten soll $g_*(1 \cdot m) = g(m)$ und g_* ein Homomorphismus sein soll, muß für alle $\varphi \in \mathbb{Z} \prec M \succ$ gelten

$$g_*(\varphi) = g_*\left(\sum_{m \in M} \varphi(m) \cdot m\right) = \sum_{m \in M} \varphi(m) \cdot g(m).$$

Damit kann man g_* auf höchstens eine Art definieren.

EXISTENZ: Es wird gezeigt, daß durch die Festsetzung

$$g_*(\varphi) = \sum_{m \in M} \varphi(m) g(m)$$

für alle $\varphi \in \mathbb{Z} \prec M \succ$ ein Homomorphismus definiert ist. Dazu seien $\varphi, \psi \in \mathbb{Z} \prec M \succ$. Dann ist $(\varphi + \psi)(m) = \varphi(m) + \psi(m)$ und

$$\begin{aligned} g_*(\varphi + \psi) &= \sum_{m \in M} (\varphi + \psi)(m) g(m) \\ &= \sum_{m \in M} \varphi(m) g(m) + \sum_{m \in M} \psi(m) g(m) = g_*(\varphi) + g_*(\psi). \end{aligned}$$

Außerdem ist $g_*(f_M(m)) = g(m)$ für alle $m \in M$ und daher $g_* \circ f_M = g$. □

1.7 Satz. *Zu jeder Abbildung $g : M \to N$ von Mengen gibt es genau einen Homomorphismus $\tilde{g} : \mathbb{Z} \prec M \succ \to \mathbb{Z} \prec N \succ$, so daß das Diagramm*

$$\begin{array}{ccc} M & \xrightarrow{g} & N \\ f_M \downarrow & & \downarrow f_N \\ \mathbb{Z} \prec M \succ & \xrightarrow{\tilde{g}} & \mathbb{Z} \prec N \succ \end{array}$$

kommutativ ist.

BEWEIS: Man wähle $\tilde{g} = (f_N \circ g)_*$ nach 1.6. □

Die abelschen Gruppen der Form $\mathbb{Z} \prec M \succ$ sind besonders einfache abelsche Gruppen. Sie besitzen wie die Vektorräume eine Basis, und man kann ihnen einen Rang zuordnen, der der Dimension bei den Vektorräumen entspricht.

1.8 Definition. A sei eine abelsche Gruppe, und B sei eine Teilmenge von A. B heißt linear unabhängig, wenn für alle Familien $(n_b)_{b \in B}$ ganzer Zahlen mit $n_b \neq 0$ für höchstens endlich viele $b \in B$ gilt: Wenn

$$\sum_{b \in B} n_b b = 0$$

ist, so ist $n_b = 0$ für alle $b \in B$. B heißt eine Basis von A, wenn es zu jedem $a \in A$ genau eine Familie $(n_b)_{b \in B}$ ganzer Zahlen mit $n_b \neq 0$ für höchstens endlich viele $b \in B$ gibt mit

$$a = \sum_{b \in B} n_b b.$$

Eine abelsche Gruppe A heißt freie abelsche Gruppe, wenn sie eine Basis besitzt.

1.9 Bemerkungen. (i) Ist M eine Menge, so ist $\mathbb{Z} \prec M \succ$ eine freie abelsche Gruppe, und die Menge M ist eine Basis von $\mathbb{Z} \prec M \succ$ (vgl. 1.5).

(ii) Ist A eine freie abelsche Gruppe mit Basis B, so ist A isomorph zu $\mathbb{Z} \prec B \succ$.

Mit diesen beiden Feststellungen läßt sich eine freie abelsche Gruppe definieren als eine solche, die isomorph ist zu $\mathbb{Z} \prec M \succ$ für eine Menge M.

1.10 Satz und Definition. *A sei eine freie abelsche Gruppe. Wenn A eine endliche Basis besitzt, so ist jede Basis von A endlich, und alle Basen besitzen die gleiche Anzahl von Elementen. Diese Anzahl heißt der Rang von A. Wenn A keine endliche Basis besitzt, wird der Rang von A als unendlich definiert.*

BEWEIS: $\{a_1, \ldots, a_n\}$ sei eine Basis von A. Es sei B eine weitere Basis von A, und o.B.d.A. sei die Kardinalität von $B \geq n$. Es seien $\{x_1, \ldots, x_n\}$ eine Basis von $\mathbb{Q}^n$ und $\{y_b \mid b \in B\}$ eine Basis von $\bigoplus_{b \in B} \mathbb{Q} = V$. Die Homomorphismen $f : A \to \mathbb{Q}^n$ und $g : A \to V$ sind eindeutig definiert durch die Festsetzung

$$f(a_\nu) = x_\nu, \quad g(b) = y_b, \quad b \in B.$$

f und g sind injektiv. Nun definiert man eine lineare Abbildung

$$h : V \to \mathbb{Q}^n$$

durch $h(y_b) = f(b)$ für alle $b \in B$. Wenn für $u = \sum_{b \in B} u_b y_b \in V$ mit $u_b \in \mathbb{Q}$ gilt, daß $h(u) = 0$ ist, gibt es eine ganze Zahl $z \neq 0$ mit $z u_b \in \mathbb{Z}$ für alle $b \in B$ ($u_b \neq 0$ für höchstens endlich viele $b \in B$), und es ist

$$0 = h(zu) = h\left(\sum_b z u_b y_b\right) = f\left(\sum_b z u_b b\right).$$

Da f injektiv ist, ist $\sum z u_b b = 0$, und da B eine Basis ist, ist $z u_b = 0$ für alle $b \in B$. Damit ist $h : V \to \mathbb{Q}^n$ eine injektive lineare Abbildung, also ist die Kardinalität von $B \leq n$. □

Schließlich wird an dieser Stelle noch ein Begriff eingeführt, der nur insofern wichtig ist, als er gestattet, einen Sachverhalt, der später häufig auftritt, kurz zu beschreiben.

1.11 Definition. Eine Folge $G = (G_m)_{m \in \mathbb{Z}}$ von abelschen Gruppen heißt eine graduierte Gruppe. Sind $G = (G_m)_{m \in \mathbb{Z}}$ und $H = (H_m)_{m \in \mathbb{Z}}$ graduierte Gruppen, so ist ein Homomorphismus zwischen graduierten Gruppen $f : G \to H$ eine Folge $f = (f_m)_{m \in \mathbb{Z}}$ von Homomorphismen $f_m : G_m \to H_m$.

Es ist offensichtlich, daß die graduierten Gruppen zusammen mit den Homomorphismen zwischen graduierten Gruppen eine Kategorie bilden.

Der zweite Teil dieses Paragraphen ist den exakten Sequenzen gewidmet. Vor der Definition wird an einige Standardbezeichnugnen erinnert: Ist $\alpha : G \to H$ ein Homomorphismus von abelschen Gruppen, so sind

$$\begin{aligned} \mathit{Kern}\,(\alpha) &= \{g \in G \mid \alpha(g) = 0\} \\ \mathit{Bild}\,(\alpha) &= \{h \in H \mid \text{es gibt ein } g \in G \text{ und } \alpha(g) = h\} \\ \mathit{Kokern}\,(\alpha) &= H/\mathit{Bild}\,(\alpha). \end{aligned}$$

1.12 Definition. (i) Ein Paar von Homomorphismen abelscher Gruppen

$$G' \xrightarrow{\alpha} G \xrightarrow{\beta} G''$$

heißt exakt, wenn $\mathit{Bild}\,(\alpha) = \mathit{Kern}\,(\beta)$ ist.

(ii) Eine Folge von Homomorphismen, etwa

$$\to G_{-2} \xrightarrow{\alpha_{-2}} G_{-1} \xrightarrow{\alpha_{-1}} G_0 \xrightarrow{\alpha_0} G_1 \xrightarrow{\alpha_1} G_2 \xrightarrow{\alpha_2} G_3 \to,$$

heißt exakt an der Stelle G_ν, wenn das Paar

$$G_{\nu-1} \xrightarrow{\alpha_{\nu-1}} G_\nu \xrightarrow{\alpha_\nu} G_{\nu+1}$$

exakt ist. Die Folge heißt eine exakte Sequenz, wenn jedes Paar aufeinanderfolgender Homomorphismen exakt ist.

(iii) Eine exakte Sequenz der Form

$$0 \to G' \xrightarrow{\alpha} G \xrightarrow{\beta} G'' \to 0$$

heißt kurze exakte Sequenz.

1.13 Bemerkungen. Unmittelbar aus der Definition erhält man: Ist $\alpha : G \to H$ ein Homomorphismus von abelschen Gruppen, so gelten die Aussagen:

(i) $0 \to G \xrightarrow{\alpha} H$ ist exakt genau dann, wenn α injektiv ist.

(ii) $G \xrightarrow{\alpha} H \to 0$ ist exakt genau dann, wenn α surjektiv ist.

(iii) $0 \to G \xrightarrow{\alpha} H \to 0$ ist exakt genau dann, wenn α ein Isomorphismus ist.

1.14 Satz und Definition. *Für eine kurze exakte Sequenz*

$$0 \to G' \xrightarrow{\alpha} G \xrightarrow{\beta} G'' \to 0$$

sind die folgenden beiden Aussagen äquivalent.

(i) *Es gibt einen Homomorphismus $\lambda : G'' \to G$, so daß $\beta \circ \lambda = Id_{G''}$ ist, d.h. β besitzt ein Rechtsinverses.*

(ii) *Es gibt einen Homomorphismus* $\mu : G \to G'$, *so daß* $\mu \circ \alpha = Id_{G'}$ *ist, d.h.* α *besitzt ein Linksinverses.*

Wenn eine der beiden äquivalenten Bedingungen (i) *oder* (ii) *erfüllt ist, sagt man, die kurze exakte Sequenz spaltet. Wenn die kurze exakte Sequenz spaltet, ist* G *isomorph zu* $G' \oplus G''$.

BEWEIS: (i) $\Rightarrow$ (ii) Man definiert einen Homomorphismus $h : G \to G$ durch $h(g) = g - \lambda(\beta(g))$. Dann ist $Bild\,(h) = Bild\,(\alpha)$. Denn $\beta(h(g)) = \beta(g) - \beta \circ \lambda \circ \beta(g) = \beta(g) - \beta(g) = 0$, und wegen der Exaktheit ist $Kern\,(\beta) = Bild\,(\alpha)$ und $h(g) \in Bild\,(\alpha)$. Für $g = \alpha(u)$ ist $h(g) = \alpha(u) - \lambda \circ \beta \circ \alpha(u) = \alpha(u)$. Da α injektiv ist, ist $\alpha^{-1} : Bild\,(\alpha) \to G'$ ein wohldefinierter Homomorphismus, und man definiert $\mu = \alpha^{-1} \circ h$. Es ist $\mu \circ \alpha(g) = \alpha^{-1}\alpha(g) = g$.

(ii) $\Rightarrow$ (i) Man definiert $f : G \to G$ durch $f(g) = g - \alpha \circ \mu(g)$. Dann ist $\beta|Bild\,(f) : Bild\,(f) \to G''$ ein Isomorphismus. Wegen $\beta \circ f(g) = \beta(g) - \beta \circ \alpha \circ \mu(g) = \beta(g)$ ist $\beta|Bild\,(f)$ surjektiv. Wenn für ein $g \in G$ gilt $\beta(f(g)) = \beta(g) = 0$, dann gibt es ein $h \in G'$ mit $\alpha(h) = g$ und $f(g) = \alpha(h) - \alpha \circ \mu \circ \alpha(h) = 0$. Daher ist $\beta|Bild\,(f)$ injektiv. Wenn $i : Bild\,(f) \to G$ den Inklusionshomomorphismus bezeichnet, definiert man $\lambda = i \circ (\beta|Bild\,(f))^{-1}$. Dann ist $\beta(\lambda(g)) = \beta((\beta|Bild\,(f))^{-1}(g)) = g$ für alle $g \in G''$.

Wenn (i) erfüllt ist, dann ist $G = \alpha(G') \oplus \lambda(G'')$. Nach 1.3 genügt es, zu zeigen, daß $G = \alpha(G') + \lambda(G'')$ und $\alpha(G') \cap \lambda(G'') = \{0\}$. Wenn $g \in G$ ist, dann ist $g = \lambda(\beta(g)) + g - \lambda(\beta(g))$. Da $\beta(g - \lambda(\beta(g))) = \beta(g) - \beta \circ \lambda \circ \beta(g)$, ist $g - \lambda(\beta(g)) \in Kern\,(\beta) = Bild\,(\alpha)$ und $g \in \alpha(G') + \lambda(G'')$. Wenn $g \in \alpha(G') \cap \lambda(G'')$ ist, dann gibt es ein $u \in G'$ mit $g = \alpha(u)$ und ein $v \in G''$ mit $g = \lambda(v)$, und es ist $\beta(g) = \beta \circ \lambda(v) = v = \beta \circ \alpha(u) = 0$, also $g = 0$. □

1.15 Satz. *Wenn in der kurzen exakten Sequenz* $0 \to G' \xrightarrow{\alpha} G \xrightarrow{\beta} G'' \to 0$ *die Gruppe* G'' *eine freie abelsche Gruppe ist, dann spaltet die Sequenz.*

BEWEIS: B sei eine Basis von G''. Für jedes $b \in B$ wird ein Element $g_b \in G$ gewählt mit $\beta(g_b) = b$. Nach 1.6 gibt es genau einen Homomorphismus $\gamma : G'' \to G$ mit $\gamma(b) = g_b$. Für diesen ist ebenfalls nach 1.6 $\beta \circ \gamma = Id_{G''}$. □

Das folgende Fünferlemma wird häufig im Zusammenhang mit exakten Sequenzen benutzt. Die bei seinem Beweis benutzte Methode wird in der algebraischen Topologie etwas salopp als "Beweis durch Diagrammjagen" bezeichnet.

1.16 Satz (Fünferlemma). *Das Diagramm von Homomorphismen abelscher Gruppen*

$$\begin{array}{ccccccccc} A & \xrightarrow{\alpha} & B & \xrightarrow{\beta} & C & \xrightarrow{\gamma} & D & \xrightarrow{\delta} & E \\ \downarrow f & & \downarrow g & & \downarrow h & & \downarrow k & & \downarrow l \\ A' & \xrightarrow{\alpha'} & B' & \xrightarrow{\beta'} & C' & \xrightarrow{\gamma'} & D' & \xrightarrow{\delta'} & E' \end{array}$$

sei kommutativ und habe exakte Zeilen. Wenn f, g, k und l Isomorphismen sind, ist auch h ein Isomorphismus.

BEWEIS: (i) h ist injektiv. Dazu sei $c \in C$ mit $h(c) = 0$. Da $0 = \gamma' \circ h(c) = k \circ \gamma(c)$ und k injektiv ist, ist $\gamma(c) = 0$, und es gibt ein $b \in B$ mit $\beta(b) = c$. Weil g injektiv ist und $0 = h \circ \beta(b) = \beta' \circ g(b)$, gibt es ein $u \in A'$ mit $\alpha'(u) = g(b)$. Da f surjektiv ist, gibt es ein $v \in A$ mit $f(v) = u$. Wegen $g \circ \alpha(v) = \alpha' \circ f(v) = \alpha'(u) = g(b)$ und der Injektivität von g ist $\alpha(v) = b$ und $\beta(b) = \beta \circ \alpha(v) = 0$. Daher ist $c = 0$.

(ii) h ist surjektiv. Dazu sei $c \in C'$. Wegen der Surjektivität von k gibt es ein $d \in D$ mit $k(d) = \gamma'(c)$. Weil $l \circ \delta(d) = \delta' \circ k(d) = \delta' \circ \gamma'(c) = 0$ ist und l injektiv ist, ist $\delta(d) = 0$, und es gibt ein $u \in C$ mit $\gamma(u) = d$. Da $\gamma'(h(u)) = k(\gamma(u)) = k(d) = \gamma'(c)$ ist, ist $\gamma'(h(u) - c) = 0$, und es gibt ein $b \in B'$ mit $\beta'(b) = h(u) - c$. Wegen der Surjektivität von g gibt es ein $v \in B$ mit $g(v) = b$. Dann ist aber $h(\beta(v)) = \beta'(g(v)) = \beta'(b) = h(u) - c$ und $h(u - \beta(v)) = c$. □

1.17 Bemerkung. In dem Beweis von 1.16 wurden die Voraussetzungen nicht voll ausgenutzt. Es wurde nur benutzt: g und k sind Isomorphismen, f ist surjektiv und l ist injektiv. Man kann also die Voraussetzung des Fünferlemmas abschwächen. Die angegebene Formulierung ist die, die sich leicht merken läßt und die man üblicherweise braucht.

In dem Vorangehenden sind die wichtigsten Tatsachen über Gruppen, die in dem folgenden Paragraphen benutzt werden, zusammengestellt. Es zeigt sich im folgenden, daß die Homologiegruppen vieler interessanter topologischer Räume endlich erzeugte abelsche Gruppen sind.

1.18 Definition. A sei eine abelsche Gruppe, und E sei eine Teilmenge von A. E heißt ein Erzeugendensystem von A, und A heißt von E erzeugt, wenn jedes Element aus A eine endliche Summe von Elementen aus E und von Inversen zu Elementen aus E ist.
Wenn A ein endliches Erzeugendensystem besitzt, heißt A endlich erzeugt.

1.19 Beispiele. (i) Jede endliche abelsche Gruppe ist endlich erzeugt.

(ii) $\mathbb{Z}$ ist endlich erzeugt. Die Mengen $\{1\}$ und $\{-1\}$ sind Erzeugendensysteme.

(iii) Jede endliche direkte Summe von endlich erzeugten abelschen Gruppen ist endlich erzeugt.

1.20 Definition. A sei eine abelsche Gruppe, $a \in A$ heißt ein Torsionselement von A, wenn es eine positive ganze Zahl m gibt mit $ma = 0$. Die Menge der Torsionselemente von A ist eine Untergruppe von A und heißt Torsionsuntergruppe von A und wird mit A_t bezeichnet. Eine abelsche Gruppe A heißt torsionsfrei, wenn das neutrale Element das einzige Torsionselement von A ist.

Daß A_t bezüglich der Verknüpfung in A abgeschlossen und damit A_t eine Untergruppe von A ist, ist offensichtlich, ebenso wie die Aussage des folgenden Satzes.

1.21 Satz. *Für jede abelsche Gruppe A ist die Faktorgruppe A/A_t torsionsfrei.* □

Ziel der folgenden Untersuchungen ist die Definition des Ranges für jede endlich erzeugte abelsche Gruppe. Dazu wird zunächst gezeigt, daß für eine endlich erzeugte abelsche Gruppe A die torsionsfreie abelsche Gruppe A/A_t eine freie abelsche Gruppe ist. Das Beispiel der rationalen Zahlen zeigt, daß nicht jede torsionsfreie abelsche Gruppe auch eine freie abelsche Gruppe ist.

1.22 Lemma. *Es seien A eine abelsche Gruppe und A' eine freie abelsche Gruppe von endlichem Rang. Wenn $\alpha : A \to A'$ ein surjektiver Homomorphismus ist, dann gibt es eine Untergruppe C von A, so daß $\alpha|C : C \to A'$ ein Isomorphismus ist, und es ist*

$$A = C \oplus Kern\,(\alpha).$$

BEWEIS: Nach 1.15 spaltet die kurze exakte Sequenz

$$0 \to Kern\,(\alpha) \to A \xrightarrow{\alpha} A' \to 0,$$

d.h. es existiert ein Homomorphismus $\lambda : A' \to A$ mit $\alpha \circ \lambda = Id_{A'}$. Nach dem Beweis zu 1.14 ist $A = \lambda(A') \oplus Kern\,(\alpha)$, und die Behauptung gilt mit $C = \lambda(A')$. □

1.23 Satz. *Wenn A eine freie abelsche Gruppe von endlichem Rang ist und C eine Untergruppe von A, so ist C eine freie abelsche Gruppe von endlichem Rang und $Rang(C) \leq Rang(A)$.*

BEWEIS: Es sei $\{x_1, \ldots, x_n\}$ eine Basis von A. Dann ist $A \cong \mathbb{Z}x_1 \oplus \ldots \oplus \mathbb{Z}x_n$. Der Beweis erfolgt durch vollständige Induktion über n. Für $n = 1$ ist $C = \{0\}$, oder es gibt eine ganze Zahl k, so daß $C = \mathbb{Z}kx_1$ ist. Daher ist C frei und $Rang\, C \leq 1$. Es sei also $n \geq 2$, und die Behauptung sei schon für $n-1$ bewiesen. Es wird eine Abbildung

$$f : A \to \mathbb{Z}x_n$$

definiert durch $f(u_1x_1 + \ldots + u_nx_n) = u_nx_n$, d.h. f ist die Projektion auf die letzte Koordinate. Dann ist $B_1 = Kern\,(f|C) \subset \mathbb{Z}x_1 \oplus \ldots \oplus \mathbb{Z}x_{n-1}$ nach Induktionsvoraussetzung eine freie abelsche Gruppe vom Rang $\leq n-1$. Andererseits ist $f(C) \subset \mathbb{Z}x_n$ entweder $\{0\}$ und damit $C = B_1$, oder $f(C)$ ist eine freie abelsche Gruppe mit einem erzeugenden Element kx_n, $k \neq 0$. In diesem Falle läßt sich 1.22 anwenden, und es ist $C = B_1 \oplus C'$ mit einer freien abelschen Gruppe C' vom Rang 1. Damit besitzt C einen Rang $\leq n$. □

1.24 Satz. *Wenn A eine torsionsfreie, endlich erzeugte abelsche Gruppe ist, dann ist A frei, und A besitzt endlichen Rang.*

BEWEIS: Wenn $A = \{0\}$ ist, ist nichts zu beweisen. Wenn $A \neq \{0\}$ ist, sei E ein endliches Erzeugendensystem von A. $\{x_1, \ldots, x_n\}$ sei eine maximale linear unabhängige Teilmenge von E. Dann gilt für jedes n-tupel ganzer Zahlen $(u_1, \ldots, u_n)$ mit

$$u_1x_1 + \ldots + u_nx_n = 0,$$

daß $u_1 = \ldots = u_n = 0$, und für jedes $y \in E$ gibt es $u, u_1, \ldots, u_n \in \mathbb{Z}$, die nicht alle verschwinden mit

$$uy + u_1x_1 + \ldots + u_nx_n = 0.$$

Da $\{x_1, \ldots, x_n\}$ linear unabhängig ist, ist insbesondere $u \neq 0$. Es sei nun B die von $x_1, \ldots, x_n$ erzeugte Untergruppe von A. Dann ist B frei, und es gibt eine ganze Zahl $m \neq 0$ mit

$$mA \subset B.$$

Daher ist mA nach 1.23 frei und $\mathit{Rang}\,(mA) \leq n$. Da A isomorph zu mA ist, ist damit die Aussage bewiesen. □

1.25 Definition. Es seien A eine endlich erzeugte abelsche Gruppe und A_t die Torsionsuntergruppe von A. Dann wird der Rang von A definiert durch $\mathit{Rang}\,(A) = \mathit{Rang}\,(A/A_t)$.

Damit steht die gewünschte Definition zur Verfügung. Der folgende Satz zeigt nun, daß der Rang sich ähnlich verhält wie die Dimension von Vektorräumen.

1.26 Satz. *Wenn A eine endlich erzeugte abelsche Gruppe ist und B eine Untergruppe von A, so sind B und A/B endlich erzeugt, und es gilt $\mathit{Rang}(A) = \mathit{Rang}(B) + \mathit{Rang}(A/B)$.*

BEWEIS: Wenn A endlich erzeugt ist und $\{e_1, \ldots, e_n\}$ ein Erzeugendensystem von A ist, dann wird die Faktorgruppe A/B von den Klassen $[e_1], \ldots, [e_n]$ erzeugt. Da A_t endlich ist und B_t Untergruppe von A_t, ist auch B_t endlich. Die Inklusionsabbildung induziert einen Homomorphismus $\alpha : B/B_t \to A/A_t$. Da α injektiv ist, ist B/B_t isomorph zu einer Untergruppe der freien abelschen Gruppe A/A_t von endlichem Rang und ist damit selbst freie abelsche Gruppe von endlichem Rang. Nach 1.15 spaltet die kurze exakte Sequenz $0 \to B_t \to B \to B/B_t \to 0$, und nach 1.14 ist $B \cong B_t \oplus B/B_t$ und damit endlich erzeugt.

Es bleibt die Rangformel zu beweisen. Dazu seien $C = A/B$ und C_t die Torsionsuntergruppe von C sowie $\alpha : A \to C/C_t$ die natürliche Projektion.

C/C_t ist nach 1.24 frei und besitzt endlichen Rang. Nach 1.22 gibt es eine Untergruppe D von A, die isomorph ist zu C/C_t, so daß $A = D \oplus Kern\,(\alpha)$ ist. Da $B \subset Kern(\alpha)$ ist, ist $\mathit{Rang}\, B \leq \mathit{Rang}\,(Kern(\alpha))$ und daher $\mathit{Rang}\,(A) \geq \mathit{Rang}\,(B) + \mathit{Rang}\,(A/B)$. Zum Beweis der umgekehrten Ungleichung seien $(a_1, \ldots, a_n)$ eine Basis von A/A_t, $(b_1, \ldots, b_m)$ eine Basis von B/B_t, $(x_1, \ldots, x_n)$ eine Basis von $\mathbb{Q}^n$ und $(y_1, \ldots, y_m)$ eine Basis von $\mathbb{Q}^m$. $f' : B/B_t \to \mathbb{Q}^m$ und $g' : A/A_t \to \mathbb{Q}^n$ seien die Homomorphismen mit $f'(b_\mu) = y_\mu$ für alle $\mu \in \{1, \ldots, m\}$ und $g'(a_\nu) = x_\nu$ für alle $\nu \in \{1, \ldots, n\}$. Die Homomorphismen $f : B \to \mathbb{Q}^m$ und $g : A \to \mathbb{Q}^n$ seien definiert durch $f = f' \circ \pi$ und $g = g' \circ \rho$ mit den kanonischen Projektionen $\pi : B \to B/B_t$ und $\rho : A \to A/A_t$. Weiter sei $h : \mathbb{Q}^m \to \mathbb{Q}^n$ die eindeutig bestimmte lineare Abbildung mit $h(y_\nu) = g(b_\nu)$ für alle $\nu \in \{1, \ldots, m\}$. In dem Diagramm mit exakten Zeilen

$$\begin{array}{ccccccccc} 0 \longrightarrow & B & \xrightarrow{i} & A & \xrightarrow{\kappa} & A/B & \longrightarrow 0 \\ & {\scriptstyle f}\big\downarrow & & {\scriptstyle g}\big\downarrow & & {\scriptstyle s}\big\downarrow & \\ 0 \longrightarrow & \mathbb{Q}^m & \xrightarrow{h} & \mathbb{Q}^n & \xrightarrow{\lambda} & \mathbb{Q}^n/h(\mathbb{Q}^m) & \longrightarrow 0 \end{array}$$

sind i die Inklusionsabbildung, κ und λ kanonische Projektionen und s der eindeutig bestimmte Homomorphismus für den $s \circ \kappa = \lambda \circ g$ gilt. Nach Definition von h und s ist das Diagramm kommutativ. Die Menge $s(A/B) = \lambda \circ g(A)$ enthält eine Basis von $\mathbb{Q}^n/h(\mathbb{Q}^m)$. Daher enthält A/B wenigstens $n - m$ linear unabhängige Elemente, und es ist $\mathit{Rang}\,(A/B) \geq n - m$. Dann ist $\mathit{Rang}\,(A) = n = m + n - m \leq \mathit{Rang}\,(B) + \mathit{Rang}\,(A/B)$. Zusammen mit der zuvor hergeleiteten umgekehrten Ungleichung ergibt sich, daß $\mathit{Rang}\,(A) = \mathit{Rang}\,(B) + \mathit{Rang}\,(A/B)$ ist. □

1.27 Bemerkung. Die in diesem Paragraphen angegebenen algebraischen Strukturen waren am Anfang der algebraischen Topologie (1895) in der heute benutzten Form zum großen Teil ebenfalls noch nicht vorhanden. Die bekannte axiomatische Definition der Gruppe durch H. Weber stammt aus dem Jahre 1893, also im wesentlichen aus der gleichen Zeit, in der man begann, topologische Räume als selbständige mathematische Objekte zu begreifen und in der H. Poincaré mit seiner Arbeit Analysis situs die algebraische Topologie begründete. Einer der hier aufgeführten Begriffe tauchte allerdings viel später auf, nämlich der Begriff der exakten Sequenz. Die Existenz einer exakten Sequenz wurde erstmals von W. Hurewicz 1941 formuliert.

1.28 Aufgaben

1. Es seien $(G_\alpha)_{\alpha\in A}$ eine Familie von abelschen Gruppen und G eine abelsche Gruppe. Beweisen Sie: G ist genau dann isomorph zu dem direkten Produkt der G_α, wenn es zu jedem $\alpha \in A$ einen Homomorphismus $g_\alpha : G \to G_\alpha$ gibt, so daß gilt: Zu jeder abelschen Gruppe H und jeder Familie von Homomorphismen $(h_\alpha : H \to G_\alpha)_{\alpha\in A}$ existiert genau ein Homomorphismus $h : H \to G$ mit $g_\alpha \circ h = h_\alpha$ für alle $\alpha \in A$.
2. Es seien $(G_\alpha)_{\alpha\in A}$ eine Familie von abelschen Gruppen und G eine abelsche Gruppe. Beweisen Sie: G ist isomorph zu der direkten Summe der G_α genau dann, wenn es zu jedem $\alpha \in A$ einen Homomorphismus $g_\alpha : G_\alpha \to G$ gibt, so daß gilt: Zu jeder abelschen Gruppe H und zu jeder Familie von Homomorphismen $(h_\alpha : G_\alpha \to H)_{\alpha\in A}$ existiert genau ein Homomorphismus $h : G \to H$ mit $h_\alpha = h \circ g_\alpha$ für alle $\alpha \in A$.
3. Es seien M eine Menge, H eine abelsche Gruppe und $j : M \to H$ eine Abbildung mit der Eigenschaft: Zu jeder Abbildung $f : M \to G$ existiert genau ein Homomorphismus $h : H \to G$ mit $h \circ j = f$. Zeigen Sie, daß H isomorph ist zu $\mathbb{Z} \prec M \succ$.
4. Für jede Menge M sei $F_{Ab}(M) = \mathbb{Z} \prec M \succ$, und für jede Abbildung $g : M \to N$ zwischen Mengen sei $F_{Ab}(g)$ der in 1.7 angegebene Homomorphismus $\tilde{g}$. Zeigen Sie, daß F_{Ab} ein kovarianter Funktor von der Kategorie $\mathcal{S}$ in die Kategorie $\mathcal{AB}$ ist.
5. Es sei $2 : \mathbb{Z} \to \mathbb{Z}$ der Homomorphismus, der jedem $n \in \mathbb{Z}$ die Zahl $2n$ zuordnet, und $\pi : \mathbb{Z} \to \mathbb{Z}/2\mathbb{Z}$ sei die natürliche Projektion. Zeigen Sie: $0 \to \mathbb{Z} \xrightarrow{2} \mathbb{Z} \xrightarrow{\pi} \mathbb{Z}/2\mathbb{Z} \to 0$ ist eine kurze exakte Sequenz, die nicht spaltet.
6. Es sei

$$\begin{array}{ccccccccc}
 & & 0 & & 0 & & 0 & & \\
 & & \downarrow & & \downarrow & & \downarrow & & \\
0 & \to & A_1 & \xrightarrow{\alpha_1} & A_2 & \xrightarrow{\alpha_2} & A_3 & \to & 0 \\
 & & {\scriptstyle f_1}\downarrow & & \downarrow{\scriptstyle f_2} & & \downarrow{\scriptstyle f_3} & & \\
0 & \to & B_1 & \xrightarrow{\beta_1} & B_2 & \xrightarrow{\beta_2} & B_3 & \to & 0 \\
 & & {\scriptstyle g_1}\downarrow & & \downarrow{\scriptstyle g_2} & & \downarrow{\scriptstyle g_3} & & \\
0 & \to & C_1 & \xrightarrow{\gamma_1} & C_2 & \xrightarrow{\gamma_2} & C_3 & \to & 0 \\
 & & \downarrow & & \downarrow & & \downarrow & & \\
 & & 0 & & 0 & & 0 & &
\end{array}$$

ein kommutatives Diagramm von Homomorphismen zwischen abelschen Gruppen. Zeigen Sie: Wenn alle Spalten und die letzten beiden Zeilen exakt sind, dann ist auch die erste Zeile exakt.

§ 2 Die singulären Homologiegruppen

In §2 wird für jede nichtnegative Zahl q ein Funktor H_q von der Kategorie $\mathcal{TOP}$ der topologischen Räume und stetigen Abbildungen in die Kategorie $\mathcal{AB}$ der abelschen Gruppen und ihrer Homomorphismen konstruiert. Für jeden topologischen Raum X ist die abelsche Gruppe $H_q(X)$ die q-te singuläre Homologiegruppe von X. Der hier eingeführte Homologiefunktor erweist sich als nützliches Werkzeug bei zahlreichen Anwendungen, wie an späterer Stelle, insbesondere in Kapitel IV, gezeigt wird. Darüber hinaus stehen für die Berechnung der Homologiegruppen und der zugehörigen Homomorphismen effektive Methoden zur Verfügung. Ein Teil derselben wird in den folgenden Paragraphen bereitgestellt.
Die Definition der singulären Homologiegruppen erfolgte in der Entwicklung der Homologietheorie zu einem sehr späten Zeitpunkt. Zunächst ging man von speziellen Räumen aus, die sich in einfache Standardräume, Zellen oder Simplizes zerlegen lassen. Diese Standardräume sind gleichzeitig kombinatorische Objekte mit einem Rand, der selbst aus Standardräumen niedrigerer Dimension besteht. Diese Randbeziehung wurde benutzt, um aus den Zellen der Dimension q und ihren Beziehungen zu den Zellen der Dimension $q-1$ und $q+1$ die q-te Homologiegruppe des Raumes zu definieren.
Bei der Konstruktion der singulären Homologiegruppen wird keine Zerlegung in Standardräume vorausgesetzt. Es wird für jede nicht-negative ganze Zahl q das Standard-q-Simplex Δ_q definiert. Δ_0 ist ein Punkt, Δ_1 eine Strecke, Δ_2 ein Dreieck usw. Δ_q ist gleichzeitig ein topologischer Raum und ein kombinatorisches Objekt mit Seiten, die sich bijektiv affin auf Δ_{q-1} abbilden lassen. Statt der Zerlegung des Raumes X in Standardräume wird für jedes q die Menge der stetigen Abbildungen $\Delta_q \to X$ betrachtet. Der Übergang von der Topologie zur Algebra erfolgt durch Bildung der von den stetigen Abbildungen $\Delta_q \to X$ erzeugten freien abelschen Gruppe $S_q(X)$ und Konstruktion eines Homomorphismus $\partial_q : S_q(X) \to S_{q-1}(X)$ für jedes q. Die Gruppe $S_q(X)$ heißt die q-te singuläre Kettengruppe, und ∂_q heißt Randoperator. ∂_q wird konstruiert unter Ausnutzung der oben angesprochenen Beziehung von Δ_{q-1} zu den $(q-1)$-dimensionalen Seiten von Δ_q. Auf diese Weise wird jedem topologischen Raum X eine Folge von Homomorphismen

$$\to S_{q+1}(X) \overset{\partial_{q+1}}{\to} S_q(X) \overset{\partial_q}{\to} S_{q-1}(X) \to$$

zugeordnet, für die gilt $\partial_q \circ \partial_{q+1} = 0$. Wegen der letzten Gleichheit ist *Bild* $\partial_{q+1} \subset$ *Kern* ∂_q. Die Faktorgruppe *Kern* $(\partial_q)/$*Bild* (∂_{q+1}) ist die q-te singuläre Homologiegruppe von X.

2.1 Bezeichnungen. Für jede natürliche Zahl n wird $\mathbb{R}^n$ als Teilraum von $\mathbb{R}^{n+1}$ betrachtet und mit dem Bild der Einbettung $\mathbb{R}^n \to \mathbb{R}^{n+1}$, die definiert ist durch die Zuordnung $(t_0, \ldots, t_{n-1}) \to (t_0, \ldots, t_{n-1}, 0)$, identifiziert. Auf diese Art erhält man eine Folge von Inklusionen

$$\mathbb{R}^1 \subset \mathbb{R}^2 \subset \ldots \subset \mathbb{R}^n \subset \mathbb{R}^{n+1} \subset \ldots .$$

In $\mathbb{R}^{n+1}$ besteht die kanonische Basis aus den $n+1$ Vektoren $e_0 = (1, 0, \ldots, 0)$, $e_1 = (0, 1, 0, \ldots, 0)$, ..., $e_n = (0, \ldots, 0, 1)$. Für alle $n \geq i$ wird der i-te Basisvektor des $\mathbb{R}^{n+1}$ mit dem gleichen Symbol e_i notiert.

2.2 Bemerkung. In I, 5.6 wurde der Begriff der konvexen Teilmenge eines reellen Vektorraumes und der konvexen Hülle eingeführt. Sind $P_0, \ldots, P_k$ Punkte des $\mathbb{R}^n$, so ist die konvexe Hülle von $\{P_0, \ldots, P_k\}$ die Menge der Punkte $t_0 P_0 + t_1 P_1 + \ldots + t_k P_k$ mit der Eigenschaft, daß $t_i \in \mathbb{R}$ und $t_i \geq 0$ für alle $i \in \{0, \ldots, k\}$ und $\sum_{i=0}^{k} t_i = 1$. Das nachzuweisen ist eine leichte Übungsaufgabe, die in I, 5.9 gestellt wurde.

Für jede nicht-negative ganze Zahl q wird eine konvexe Teilmenge des $\mathbb{R}^{q+1}$, das Standard-q-Simplex, ausgezeichnet.

2.3 Definition. Das Standard-q-Simplex Δ_q ist die konvexe Hülle der $q+1$ kanonischen Basisvektoren des $\mathbb{R}^{q+1}$,

$$\Delta_q = \left\{ (t_0, \ldots, t_q) \in \mathbb{R}^{q+1} \mid t_0, \ldots, t_q \geq 0 \quad \text{und} \quad \sum_{i=0}^{q} t_i = 1 \right\}.$$

Die Punkte $e_0, \ldots, e_q$ heißen die Ecken von Δ_q. Für jedes $i \in \{0, \ldots, q\}$ heißt die Teilmenge

$$\Delta_q^i = \{(t_0, \ldots, t_q) \in \Delta_q \mid t_i = 0\}$$

von Δ_q die i-te Seite von Δ_q.

Δ_q^i ist die konvexe Hülle der Menge $\{e_0, \ldots, e_{i-1}, e_{i+1}, \ldots, e_q\}$. Die i-te Seite von Δ_q liegt der i-ten Ecke gegenüber. Δ_q^i ist ein $(q-1)$-Simplex, d.h. die konvexe Hülle von q affin unabhängigen Punkten. Von den affinen Abbildungen, durch die man Δ_{q-1} bijektiv auf Δ_q^i abbilden kann, wird eine ausgezeichnet.

2.4 Definition. Für jedes $i \in \{0, \ldots, q\}$ wird die Abbildung

$$d_q^i : \Delta_{q-1} \to \Delta_q \qquad q \geq 1$$

definiert durch

$$d_q^i(t_0, \ldots, t_{q-1}) = (t_0, \ldots, t_{i-1}, 0, t_i, \ldots, t_{q-1}).$$

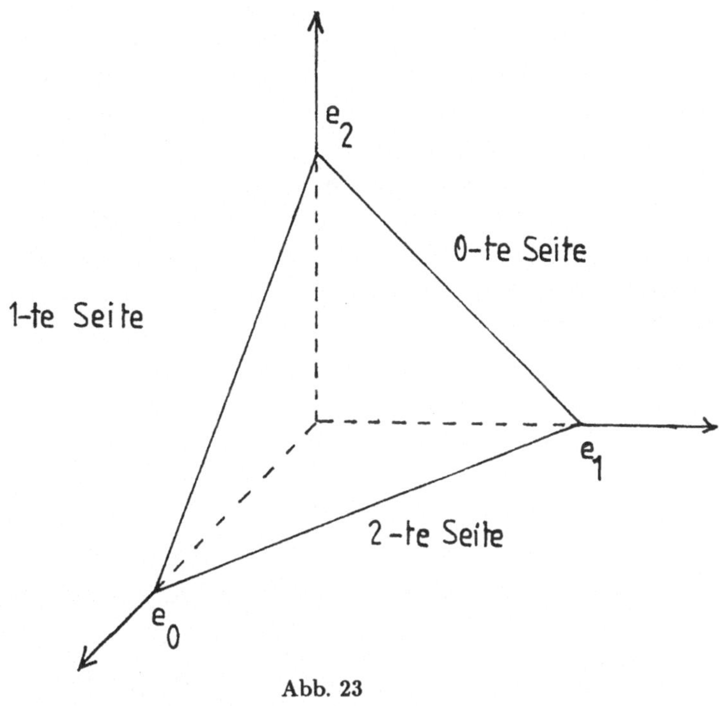

Abb. 23

Die d_q^i heißen Seitenabbildungen oder Seitenoperatoren. d_q^i ist also die Einschränkung der linearen Abbildung $\mathbb{R}^q \to \mathbb{R}^{q+1}$ auf Δ_{q-1}, die bestimmt ist durch die folgende Zuordnung der kanonischen Basisvektoren:

$$d_q^i(e_j) = e_j \qquad \text{für } j < i,$$

$$d_q^i(e_j) = e_{j+1} \qquad \text{für } j \geq i.$$

Für die Komposition der Seitenoperatoren gelten die folgenden Relationen.

2.5 Lemma. *Für alle $i, j \in \{0, 1, \ldots, q\}$ mit $j < i$ ist*

$$d_q^i \circ d_{q-1}^j = d_q^j \circ d_{q-1}^{i-1}.$$

Beweis: Es genügt, diese Gleichheit auf den Basisvektoren $e_0, \ldots, e_{q-2}$ nachzurechnen, da die Abbildungen Einschränkungen linearer Abbildungen sind.

(i) Für jedes $\nu < j$ ist $d_q^i \circ d_{q-1}^j(e_\nu) = d_q^i(e_\nu) = e_\nu$, und wegen $i - 1 \geq j$ ist auch $d_q^j \circ d_{q-1}^{i-1}(e_\nu) = d_q^j(e_\nu) = e_\nu$.

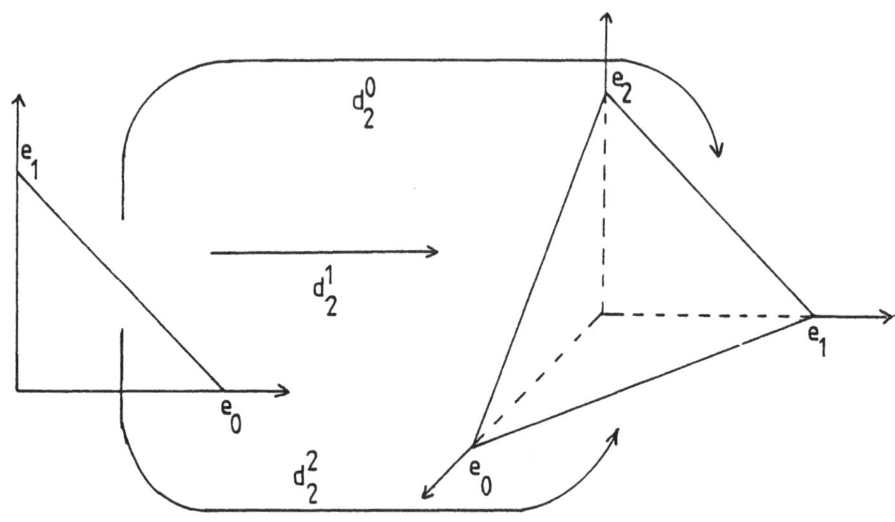

Abb. 24

(ii) Für $j \leq \nu \leq i-2$ ist $d_q^i \circ d_{q-1}^j(e_\nu) = d_q^i(e_{\nu+1}) = e_{\nu+1}$, und wegen $\nu < i-1$ ist auch $d_q^j \circ d_{q-1}^{i-1}(e_\nu) = d_q^j(e_\nu) = e_{\nu+1}$.

(iii) Für $\nu > i-2$ ist $\nu \geq i-1 \geq j$ und daher $d_q^i \circ d_{q-1}^j(e_\nu) = d_q^i(e_{\nu+1}) = e_{\nu+2}$ und $d_q^j \circ d_{q-1}^{i-1}(e_\nu) = d_q^j(e_{\nu+1}) = e_{\nu+2}$. □

Damit sind die Aussagen und Definitionen über das Standardsimplex zusammengestellt, die hier zunächst interessieren. Natürlich ist Δ_q als Teilraum des $\mathbb{R}^{q+1}$ ein topologischer Raum, und die Abbildungen $d_q^i : \Delta_{q-1} \to \Delta_q$ sind als Einschränkungen linearer Abbildungen stetig.

2.6 Definition. X sei ein topologischer Raum. Für alle nicht-negativen Zahlen q ist ein singuläres q-Simplex in X eine stetige Abbildung $T : \Delta_q \to X$.

In §1 wurde ausführlich besprochen, wie man einer Menge eine freie abelsche Gruppe in natürlicher Weise zuordnen kann. Als Basismenge wird hier nun die Menge der singulären q-Simplizes in X genommen.

2.7 Definition. X sei ein topologischer Raum. Für jedes $q \in \mathbb{Z}$ ist die q-te singuläre Kettengruppe $S_q(X)$ folgendermaßen definiert:
$S_q(X)$ ist die von der Menge der singulären q-Simplizes in X, das ist die Menge $\{T : \Delta_q \to X | T \text{ stetig }\}$, erzeugte freie abelsche Gruppe, wenn $q \geq 0$ ist. $S_q(X) = 0$, wenn $q < 0$ ist. Die Elemente von $S_q(X)$ heißen singuläre q-Ketten in X.

Vereinbarung: Im folgenden werden die singulären q-Simplizes in X mit den Basiselementen von $S_q(X)$, wie in 1.5 beschrieben, identifiziert.

2.8 Bemerkung. Gemäß 1.5 (i) ist $S_q(\emptyset) = 0$ für alle $q \in \mathbb{Z}$. Ist $X \neq \emptyset$, so sind die singulären q-Ketten in X die "formalen Linearkombinationen" mit ganzzahligen Koeffizienten von singulären q-Simplizes in X, d.h. $c \in S_q(X)$ hat die Form $c = \sum_{i=1}^{s} n_i T_i$ mit $n_i \in \mathbb{Z}$ und $T_i : \Delta_q \to X$ stetig. In 1.5 ist genau beschrieben, was unter diesen "formalen Linearkombinationen" zu verstehen ist. Ist $q \geq 1$ und $i \in \{0, 1, \dots, q\}$, so definiert der Seitenoperator $d_q^i : \Delta_{q-1} \to \Delta_q$ aus 2.4 eine Abbildung $\{T : \Delta_q \to X | T \text{ stetig}\} \to \{S : \Delta_{q-1} \to X | S \text{ stetig}\}$ der Menge der singulären q-Simplizes in X in die Menge der singulären $(q-1)$-Simplizes in X durch die Zuordnung $T \to T \circ d_q^i$. Es sei $\partial_q^i : S_q(X) \to S_{q-1}(X)$ der zugehörige eindeutig bestimmte Homomorphismus der Kettengruppen, für den gilt $\partial_q^i(T) = T \circ d_q^i$ für alle singulären q-Simplizes T in X (s. 1.6).

2.9 Definition. Für alle positiven ganzen Zahlen q wird der Randoperator

$$\partial_q : S_q(X) \to S_{q-1}(X)$$

definiert durch $\partial_q = \sum_{i=0}^{q} (-1)^i \partial_q^i$. Hier ist der Homomorphismus $\partial_q^i : S_q(X) \to S_{q-1}(X)$ der eindeutig bestimmte Homomorphismus mit $\partial_q^i(T) = T \circ d_q^i$ für jedes singuläre q-Simplex T in X. Für $q \leq 0$ wird $\partial_q : S_q(X) \to S_{q-1}(X)$ als der Nullhomomorphismus definiert.

2.10 Beispiele. (i) Für jeden topologischen Raum X kann man die singulären 0-Simplizes in X mit den Punkten von X identifizieren. Damit ist $S_0(X)$ die von der Menge X erzeugte freie abelsche Gruppe.

(ii) Da Δ_1 und das Einheitsintervall homöomorph sind, kann man die Menge der singulären 1-Simplizes mit der Menge der Wege in X identifizieren. Dann ist $S_1(X)$ die von der Menge der Wege in X erzeugte freie abelsche Gruppe. Ist $T : \Delta_1 \to X$ ein singuläres 1-Simplex in X, so ist $\partial_1(T) = T \circ d_1^0 - T \circ d_1^1 = T(e_1) - T(e_0)$. Im letzten Schritt wurde die Abbildung $T \circ d_1^i$ mit ihrem Wert in X gleichgesetzt.

(iii) Ist X eine konvexe Teilmenge des $\mathbb{R}^n$ und sind $A_0, \dots, A_q \in X$, so wird das lineare (singuläre) q-Simplex $(A_0, \dots, A_q) : \Delta_q \to X$ definiert durch $(A_0, \dots, A_q)(t_0, \dots, t_q) = t_0 A_0 + t_1 A_1 + \dots + t_q A_q$. Dann ist

$$\begin{aligned} &(A_0, \dots, A_q) \circ d_q^i(t_0, \dots, t_{q-1}) \\ &= (A_0, \dots, A_q)(t_0, \dots, t_{i-1}, 0, t_i, \dots, t_{q-1}) \\ &= t_0 A_0 + \dots + t_{i-1} A_{i-1} + t_i A_{i+1} + \dots + t_{q-1} A_q \\ &= (A_0, \dots, \hat{A}_i, \dots, A_q)(t_0, \dots, t_{q-1}), \end{aligned}$$

also $\partial_q^i(A_0, \dots, A_q) = (A_0, \dots, \hat{A}_i, \dots, A_q)$, wo "^" über A_i andeuten soll,

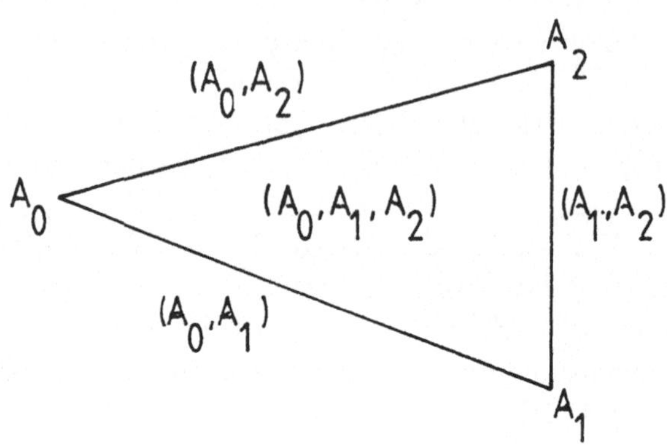

Abb. 25

daß A_i weggelassen wird. Damit erhält man:

$$\partial_q(A_0, \dots, A_q) = \sum_{i=0}^{q} (-1)^i (A_0, \dots, \hat{A}_i, \dots, A_q).$$

Für $q = 2$ liefert das: $\partial_2(A_0, A_1, A_2) = (A_1, A_2) - (A_0, A_2) + (A_0, A_1)$ und $\partial_1 \circ \partial_2(A_0, A_1, A_2) = \partial_1(A_1, A_2) - \partial_1(A_0, A_2) + \partial_1(A_0, A_1) = (A_2) - (A_1) - (A_2) + (A_0) + (A_1) - (A_0) = 0$.

Die letzte Beziehung $\partial_1 \circ \partial_2 = 0$ gilt allgemeiner.

2.11 Lemma. *Für alle $q \in \mathbb{Z}$ ist $\partial_q \circ \partial_{q+1} = 0$.*

Beweis: Ist $q \leq 0$, so gilt die Aussage trivialerweise, da $\partial_q = 0$ ist. Es sei also $q \geq 1$. Dann genügt es, die Behauptung auf den Basiselementen nachzurechnen. Es sei also T ein singuläres $(q+1)$-Simplex in X. Dann ist

$$\partial_q \circ \partial_{q+1}(T) = \partial_q \left(\sum_{i=0}^{q+1} (-1)^i T \circ d_{q+1}^i \right) = \sum_{i=0}^{q+1} \sum_{j=0}^{q} (-1)^{i+j} T \circ d_{q+1}^i \circ d_q^j$$

$$= \sum_{0 \leq j < i \leq q+1} (-1)^{i+j} T \circ d_{q+1}^i \circ d_q^j + \sum_{0 \leq i \leq j \leq q} (-1)^{i+j} T \circ d_{q+1}^i \circ d_q^j$$

$$= \sum_{0 \leq j < i \leq q+1} (-1)^{i+j} T \circ d_{q+1}^j \circ d_q^{i-1} + \sum_{0 \leq i \leq j \leq q} (-1)^{i+j} T \circ d_{q+1}^i \circ d_q^j$$

$$= - \sum_{0 \leq i \leq j \leq q} (-1)^{i+j} T \circ d_{q+1}^i \circ d_q^j + \sum_{0 \leq i \leq j \leq q} (-1)^{i+j} T \circ d_{q+1}^i \circ d_q^j = 0.$$

Beim Übergang vom drittletzten zum vorletzten Ausdruck in dieser Reihe von Gleichungen wurde in der ersten Summe j in i umbenannt und $i-1$ durch j ersetzt. □

2.12 Definition. X sei ein topologischer Raum. Die Folge $(S_q(X), \partial_q)_{q\in\mathbb{Z}}$ der q-ten singulären Kettengruppen $S_q(X)$ und der Randoperatoren $\partial_q : S_q(X) \to S_{q-1}(X)$ heißt der singuläre Kettenkomplex von X und wird mit $S(X)$ bezeichnet.

Man kann den singulären Kettenkomplex auch schreiben als eine lange Sequenz von Homomorphismen

$$\to S_{q+1}(X) \xrightarrow{\partial_{q+1}} S_q(x) \xrightarrow{\partial_q} S_{q-1}(X) \to$$

mit $\partial_q \circ \partial_{q+1} = 0$.

Nachdem den topologischen Räumen ein algebraisches Objekt, der singuläre Kettenkomplex, zugeordnet wurde, werden als nächstes den stetigen Abbildungen Homomorphismen der Kettengruppen zugeordnet, und es wird untersucht, ob diese Homomorphismen mit den Randoperatoren verträglich sind.

2.13 Definition. X und Y seien topologische Räume, $S(X)$ und $S(Y)$ die zugehörigen singulären Kettenkomplexe und $f : X \to Y$ eine stetige Abbildung. Für alle nichtnegativen ganzen Zahlen q ist der Homomorphismus

$$S_q(f) : S_q(X) \to S_q(Y)$$

definiert als der eindeutig bestimmte Homomorphismus mit $S_q(f)(T) = f \circ T$ für jedes singuläre q-Simplex T in X. Für alle negativen ganzen Zahlen q sei $S_q(f)$ der Nullhomomorphismus. Die Folge $(S_q(f))_{q\in\mathbb{Z}}$ wird mit $S(f)$ bezeichnet und heißt der von f induzierte Homomorphismus der singulären Kettenkomplexe, in Zeichen $S(f) : S(X) \to S(Y)$.

Betrachtet man den singulären Kettenkomplex als eine Folge von Homomorphismen, so bildet $S(f)$ diese beiden Folgen ineinander ab.

$$\begin{array}{ccccccc}
\to & S_{q+1}(X) & \xrightarrow{\partial_{q+1}} & S_q(X) & \xrightarrow{\partial_q} & S_{q-1}(X) & \to \\
 & {\scriptstyle S_{q+1}(f)}\downarrow & & {\scriptstyle S_q(f)}\downarrow & & {\scriptstyle S_{q-1}(f)}\downarrow & \\
\to & S_{q+1}(Y) & \xrightarrow{\partial_{q+1}} & S_q(Y) & \xrightarrow{\partial_q} & S_{q-1}(Y) & \to
\end{array}$$

2.14 Satz. *Ist $f : X \to Y$ eine stetige Abbildung, so gilt für jedes $q \in \mathbb{Z}$*

$$\partial_q \circ S_q(f) = S_{q-1}(f) \circ \partial_q.$$

(Beachten Sie, daß auf der linken Seite der Randoperator von $S(Y)$ und auf der rechten Seite der Randoperator von $S(X)$ steht.)

BEWEIS: Für $q \geq 1$ genügt es, die Behauptung auf den Basiselementen nachzurechnen. Dazu sei T ein singuläres q-Simplex in X. Dann ist

$$\partial_q \circ S_q(f)(T) = \partial_q(f \circ T) = \sum_{i=0}^{q}(-1)^i (f \circ T) \circ d_q^i$$

$$= \sum_{i=0}^{q}(-1)^i f \circ (T \circ d_q^i) = \sum_{i=0}^{q}(-1)^i S_{q-1}(f)\,(T \circ d_q^i) = S_{q-1}(f) \circ \partial_q(T).$$

Für $q \leq 0$ ist die Behauptung trivial, da $\partial_q = 0$ ist. □

2.15 Satz. *Wenn $f : X \to Y$ und $g : Y \to Z$ stetige Abbildungen sind, dann ist*

$$S(g \circ f) = S(g) \circ S(f),$$

d.h. für alle $q \in \mathbb{Z}$ ist $S_q(g \circ f) = S_q(g) \circ S_q(f)$. Außerdem ist $S(Id_X) = Id_{S(X)}$.

Der Beweis dieses Satzes wird dem Leser überlassen. □

Die Definition des singulären Kettenkomplexes eines topologischen Raumes sowie die Eigenschaften der von stetigen Abbildungen induzierten Homomorphismen legen es nahe, solche Strukturen mit einem besonderen Namen zu belegen und gesondert zu untersuchen.

2.16 Definition. Ein Kettenkomplex $K = (K_q, \partial_q)_{q \in \mathbb{Z}}$ ist eine Folge von abelschen Gruppen K_q und Homomorphismen $\partial_q : K_q \to K_{q-1}$, so daß für jedes $q \in \mathbb{Z}$ gilt $\partial_{q-1} \circ \partial_q = 0$. Sind $K = (K_q, \partial_q)_{q \in \mathbb{Z}}$ und $L = (L_q, \partial_q)_{q \in \mathbb{Z}}$ Kettenkomplexe, so ist ein Homomorphismus von Kettenkomplexen $f : K \to L$ eine Folge $(f_q)_{q \in \mathbb{Z}}$ von Homomorphismen $f_q : K_q \to L_q$ derart, daß für alle $q \in \mathbb{Z}$ gilt $\partial_q \circ f_q = f_{q-1} \circ \partial_q$.

2.17 Beispiele. (i) $E = (E_q, \partial_q)_{q \in \mathbb{Z}}$ mit $E_0 = \mathbb{Z}$ und $E_q = 0$ für $q \neq 0$ und $\partial_q = 0$ für alle q ist ein Kettenkomplex.

(ii) Für jeden topologischen Raum X ist der singuläre Kettenkomplex $S(X)$ ein Kettenkomplex.

(iii) Für jeden topologischen Raum X und jede ganze Zahl q sei der Homomorphismus $\varepsilon_q : S_q(X) \to E_q$ definiert durch $\varepsilon_q = 0$ für $q \neq 0$ und $\varepsilon_0(T) = 1$ für jedes singuläre 0-Simplex T, d.h. für jede 0-Kette $c = \sum_{i=1}^{s} n_i T_i$ ist $\varepsilon_0(c) = \sum_{i=1}^{s} n_i$. Die Folge $\varepsilon = (\varepsilon_q)_{q \in \mathbb{Z}}$ ist ein Homomorphismus von Kettenkomplexen. Dazu ist zu zeigen, daß $\partial_q \circ \varepsilon_q = \varepsilon_{q-1} \circ \partial_q$ ist für alle $q \in \mathbb{Z}$. Da $\varepsilon_q = 0$ ist für alle $q \neq 0$, sind nur die Fälle $q = 0$ und $q = 1$ zu untersuchen. Da $\partial_0 = 0$ ist, ist die Behauptung für 0 richtig. Es bleibt $0 = \varepsilon_0 \circ \partial_1$ zu beweisen.

Dazu sei T ein singuläres 1-Simplex. Dann ist

$$\varepsilon_0 \circ \partial_1(T) = \varepsilon_0(T \circ d_1^0 - T \circ d_1^1) = \varepsilon_0(T \circ d_1^0) - \varepsilon_0(T \circ d_1^1) = 1 - 1 = 0.$$

Ist $f : X \to Y$ eine stetige Abbildung, so ist das Diagramm

$$\begin{array}{ccc} S(X) & \stackrel{S(f)}{\to} & S(Y) \\ \varepsilon \searrow & & \swarrow \varepsilon \\ & E, & \end{array}$$

bestehend aus Homomorphismen von Kettenkomplexen, kommutativ. Es genügt, die Behauptung auf den Basiselementen von $S_0(X)$ nachzurechnen. Sei x ein singuläres 0-Simplex in X. Dann ist $\varepsilon_0 \circ S_0(f)(x) = \varepsilon_0(f(x)) = 1 = \varepsilon_0(x)$.

2.18 Bemerkungen. (i) Ein Kettenkomplex ist nichts anderes als eine Folge von Homomorphismen abelscher Gruppen

$$\longrightarrow K_{q+2} \xrightarrow{\partial_{q+2}} K_{q+1} \xrightarrow{\partial_{q+1}} K_q \xrightarrow{\partial_q} K_{q-1} \xrightarrow{\partial_{q-1}} K_{q-2} \longrightarrow$$

mit der Bedingung $\partial_q \circ \partial_{q+1} = 0$. Diese Bedingung bedeutet gerade, daß *Bild* $(\partial_{q+1}) \subset$ *Kern* (∂_q). Gälte hier das Gleichheitszeichen, so wäre die Sequenz exakt. Die Abweichung von der Exaktheit ist eine charakteristische Eigenschaft von Kettenkomplexen und wird durch die Homologie, die als nächstes eingeführt wird, beschrieben.

(ii) Ein Homomorphismus von Kettenkomplexen $f : K \to L$ ist eine Abbildung zwischen langen Sequenzen

$$\begin{array}{ccccccc} \longrightarrow & K_{q+1} & \xrightarrow{\partial_{q+1}} & K_q & \xrightarrow{\partial_q} & K_{q-1} & \longrightarrow \\ & f_{q+1} \downarrow & & f_q \downarrow & & f_{q-1} \downarrow & \\ \longrightarrow & L_{q+1} & \xrightarrow{\partial_{q+1}} & L_q & \xrightarrow{\partial_q} & L_{q-1} & \longrightarrow \end{array}$$

so daß alle f_q Homomorphismen sind und jedes einzelne Rechteck und damit das ganze Diagramm kommutativ ist.

(iii) Für den Randoperator ∂_q wird in den verschiedenen Kettenkomplexen immer das gleiche Symbol benutzt. Das dürfte kaum zu Verwirrungen führen, erspart jedoch eine Überladung der Symbole.

(iv) Da für jeden Kettenkomplex K die Identität $Id_K = (Id_{K_q})_{q \in \mathbb{Z}}$ ein Homomorphismus von Kettenkomplexen ist, ist es nach Definition klar, daß die Kettenkomplexe zusammen mit den Homomorphismen von Kettenkomplexen eine Kategorie bilden, die im folgenden mit $\mathcal{K}$ bezeichnet und die Kategorie der Kettenkomplexe genannt wird.

(v) Die Sätze 2.11, 2.14 und 2.15 besagen, daß die Funktion S, die jedem topologischen Raum X den singulären Kettenkomplex $S(X)$ und jeder stetigen Abbildung $f : X \to Y$ den Homomorphismus von Kettenkomplexen

$S(f) : S(X) \to S(Y)$ zuordnet, ein kovarianter Funktor von der Kategorie $\mathcal{TOP}$ in die Kategorie $\mathcal{K}$ ist.

(vi) Zu jedem Kettenkomplex $K = (K_q, \partial_q)_{q\in\mathbb{Z}}$ gehört eine graduierte Gruppe $(K_q)_{q\in\mathbb{Z}}$; die man erhält, wenn man die Randoperatoren wegläßt. Umgekehrt kann man einer graduierten Gruppe $G = (G_q)_{q\in\mathbb{Z}}$ in trivialer Weise den Kettenkomplex $(G_q, 0)_{q\in\mathbb{Z}}$ zuordnen.

2.19 Definition. $K = (K_q, \partial_q)_{q\in\mathbb{Z}}$ sei ein Kettenkomplex. Für jedes $q \in \mathbb{Z}$ werden die Gruppen $Z_q(K)$ und $B_q(K)$ definiert durch

$$Z_q(K) = Kern\,(\partial_q),$$
$$B_q(K) = Bild\,(\partial_{q+1}).$$

Die Elemente aus $Z_q(K)$ heißen die q-Zyklen von K, die Elemente aus $B_q(K)$ heißen die q-Ränder von K. Wegen $\partial_q \circ \partial_{q+1} = 0$ ist $B_q(K)$ Untergruppe von $Z_q(K)$, und für jedes $q \in \mathbb{Z}$ ist die Faktorgruppe

$$H_q(K) = Z_q(K)/B_q(K)$$

definiert. $H_q(K)$ heißt die q-te Homologiegruppe von K. Die Elemente von $H_q(K)$ heißen Homologieklassen. Zwei q-Zyklen heißen homolog, wenn sie der gleichen Homologieklasse angehören. Ein Zykel, der gleichzeitig ein Rand ist, heißt nullhomolog. Ist $c \in Z_q(K)$, so wird die Homologieklasse von c mit $[c]$ bezeichnet. Die graduierte Gruppe $H(K) = (H_q(K))_{q\in\mathbb{Z}}$ heißt die (graduierte) Homologiegruppe von K.

2.20 Satz und Definition. *Für jeden Homomorphismus von Kettenkomplexen $f : K \to L$ und jedes $q \in \mathbb{Z}$ ist $f_q(Z_q(K)) \subset Z_q(L)$ und $f_q(B_q(K)) \subset B_q(L)$. Daher ist durch die Zuordnung $[c] \to [f_q(c)]$ für jedes $c \in Z_q(K)$ ein Homomorphismus*

$$H_q(f) : H_q(K) \to H_q(L)$$

definiert. Der Homomorphismus von graduierten Gruppen

$$H(f) : H(K) \to H(L),$$

der definiert ist durch $H(f) = (H_q(f))_{q\in\mathbb{Z}}$, heißt der von f induzierte Homomorphismus der Homologiegruppen. Ist $g : L \to M$ ein weiterer Homomorphismus von Kettenkomplexen, so ist

$$H(g \circ f) = H(g) \circ H(f),$$

und es ist $H(\mathrm{Id}_K) = \mathrm{Id}_{H(K)}$. □

Der Beweis dieses Satzes wird dem Leser überlassen. Seine Aussage läßt sich in der Feststellung zusammenfassen, daß die in 2.20 definierte Funktion H ein kovarianter Funktor von der Kategorie der Kettenkomplexe in die Kategorie der graduierten Gruppen ist.

Nach diesem Einschub über allgemeine Kettenkomplexe wird nun wieder der singuläre Kettenkomplex eines topologischen Raumes betrachtet. Zunächst werden in diesem Falle spezielle Bezeichnungen gewählt.

2.21 Bezeichnungen. Ist X ein topologischer Raum und $S(X)$ der singuläre Kettenkomplex von X, so schreibt man $Z_q(X)$ statt $Z_q(S(X))$, $B_q(X)$ statt $B_q(S(X))$ und $H_q(X)$ statt $H_q(S(X))$. Ebenso schreibt man $H_q(f)$ statt $H_q(S(f))$ für jede stetige Abbildung $f : X \to Y$.

2.22 Definition. Ist X ein topologischer Raum, so heißt die abelsche Gruppe $H_q(X)$ die q-te (singuläre) Homologiegruppe von X. Die graduierte Gruppe $H(X) = (H_q(X))_{q\in\mathbb{Z}}$ heißt die (graduierte) Homologiegruppe von X.

Bemerkung 2.18 und Satz 2.20 liefern zusammen den folgenden Satz.

2.23 Satz. *H ist ein kovarianter Funktor von der Kategorie der topologischen Räume und stetigen Abbildungen in die Kategorie der graduierten Gruppen und Homomorphismen von graduierten Gruppen.* □

Nun ist zunächst einmal das Ziel erreicht, für jede ganze Zahl einen Funktor von der Kategorie $\mathcal{TOP}$ in die Kategorie $\mathcal{AB}$ zu konstruieren. Es soll gezeigt werden, daß dieser Funktor gestattet, interessante Aussagen über topologische Räume zu gewinnen, und daß man ihn für eine größere Klasse von Räumen berechnen kann. Die Definition läßt es völlig hoffnungslos erscheinen, die Homologiegruppen für konkrete topologische Räume sofort aus den singulären Kettengruppen zu gewinnen. Zur Berechnung der Homologiegruppen eines topologischen Raumes werden in den folgenden Paragraphen Methoden bereitgestellt, die in vielen Spezialfällen zum Ziele führen. In diesem Abschnitt wird gezeigt, daß der Funktor H_0 die gleichen Informationen über einen topologischen Raum liefert wie der Funktor π_0, der jedem topologischen Raum die Menge seiner Wegzusammenhangskomponenten zuordnet. Zunächst werden die Homologiegruppen eines Punktes bestimmt.

2.24 Beispiel. Es sei $P = \{p\}$ ein topologischer Raum, der genau einen Punkt enthält. Da für jede nichtnegative ganze Zahl q genau eine stetige Abbildung $T_q : \Delta_q \to P$ existiert, ist $S_q(P) = \mathbb{Z} \prec \{T_q\} \succ \cong \mathbb{Z}$ für alle $q \geq 0$. Ist $q \geq 1$, so erhält man für den Randoperator $\partial_q : S_q(P) \to S_{q-1}(P)$:

$$\partial_q(T_q) = \sum_{i=0}^{q}(-1)^i T_q \circ d_q^i = \sum_{i=0}^{q}(-1)^i T_{q-1},$$

$$\text{also } \partial_q(T_q) = \begin{cases} 0, & \text{wenn } q \text{ ungerade,} \\ T_{q-1}, & \text{wenn } q \text{ gerade.} \end{cases}$$

Da $\partial_q = 0$ ist für alle $q \leq 0$, erhält man:

$$Z_q(P) = \begin{cases} S_q(P), & \text{wenn } q = 0 \text{ oder wenn } q > 0 \text{ und } q \text{ ungerade,} \\ 0, & \text{wenn } q < 0 \text{ oder wenn } q > 0 \text{ und } q \text{ ungerade;} \end{cases}$$

$$B_q(P) = \begin{cases} S_q(P), & \text{wenn } q > 0 \text{ und } q \text{ ungerade,} \\ 0, & \text{wenn } q \leq 0 \text{ oder } (q > 0 \text{ und } q \text{ gerade}). \end{cases}$$

Damit erhält man für $H_q(P) = Z_q(P)/B_q(P)$ das folgende Ergebnis.

2.25 Satz. *Für einen topologischen Raum P, der nur aus einem Punkt besteht, ist*

$$H_q(P) \cong \begin{cases} \mathbb{Z}, & \text{wenn } q = 0 \text{ ist,} \\ 0, & \text{wenn } q \neq 0 \text{ ist.} \end{cases} \square$$

Ein derart vollständiges Ergebnis läßt sich so einfach für andere topologische Räume nicht herleiten. Jedoch kann man über H_0 relativ leicht Aussagen gewinnen.

2.26 Satz. *Wenn X ein nicht leerer, wegweise zusammenhängender topologischer Raum ist, ist $H_0(X) \cong \mathbb{Z}$.*

BEWEIS: Da die singulären 0-Simplizes in X eindeutig durch die Punkte von X bestimmt sind, kann man $S_0(X)$ mit der von den Punkten aus X erzeugten freien abelschen Gruppe identifizieren. Wegen $\partial_0 = 0$ ist $Z_0(X) = S_0(X)$. Man benutzt den Homomorphismus $\varepsilon_0 : Z_0(X) \to \mathbb{Z}$ aus 2.17 (iii), der jedem singulären 0-Simplex in X den Wert 1 zuordnet. Zunächst ist ε_0 surjektiv, denn für jedes $n \in \mathbb{Z}$ und $x_0 \in X$ ist $\varepsilon_0(nx_0) = n$. Es wird gezeigt, daß $Kern\,(\varepsilon_0) = B_0(X)$ ist. Die Aussage $B_0(X) \subset Kern\,(\varepsilon_0)$ folgt sofort aus 2.17 (iii), denn dort wurde gezeigt, daß $\varepsilon_0 \circ \partial_1 = 0$ ist. Es bleibt also nur die Inklusion $Kern\,(\varepsilon_0) \subset B_0(X)$ zu zeigen. Dazu sei $a \in Kern\,(\varepsilon_0)$. Dann ist $a = \sum_{x \in X} n_x x$ mit $n_x \neq 0$ für höchstens endlich viele x und $\sum_{x \in X} n_x = 0$. Der Punkt $x_0 \in X$ sei fest gewählt, und für jedes $x \in X$ sei $c_x : I \to X$ ein Weg mit $c_x(0) = x_0$ und $c_x(1) = x$. Wenn man für jedes $x \in X$ ein singuläres 1-Simplex T_x definiert durch $T_x((t, 1-t)) = c_x(1-t)$, so ist $\partial_1(T_x) = T_x(e_1) - T_x(e_0) = x - x_0$. Daher gilt für die 1-Kette $c = \sum_{x \in X} n_x T_x$ mit den n_x aus der 0-Kette a, daß $\partial_1(c) = \sum_{x \in X} n_x(x - x_0) = \sum_{x \in X} n_x x - (\sum_{x \in X} n_x) x_0 = \sum_{x \in X} n_x x = a$ und $a \in B_0(X)$. Damit ist $Kern\,(\varepsilon_0) = B_0(X)$ und $H_0(X) = Z_0(X)/B_0(X) = S_0(X)/Kern\,(\varepsilon_0)$. Nach dem Homomorphiesatz ist aber $S_0(X)/Kern\,(\varepsilon_0) \cong Bild\,(\varepsilon_0) = \mathbb{Z}$. $\square$

Tatsächlich kann man aus $H_0(X) \cong \mathbb{Z}$ schließen, daß X wegweise zusammenhängend ist. Das läßt sich aus dem folgenden Ergebnis herleiten:

2.27 Satz. *X sei ein topologischer Raum, und $(X_\alpha)_{\alpha \in A}$ sei die Familie der Wegzusammenhangskomponenten von X. Dann ist für alle $q \in \mathbb{Z}$*

$$H_q(X) \cong \bigoplus_{\alpha \in A} H_q(X_\alpha).$$

BEWEIS: Da Δ_q wegweise zusammenhängend ist, gilt für jedes singuläre q-Simplex T in X, daß $T(\Delta_q) \subset X_\alpha$ für genau eine Wegzusammenhangskomponente X_α. Mit dieser Überlegung sieht man, daß $S_q(X_\alpha)$ eine Untergruppe von $S_q(X)$ ist für jedes $\alpha \in A$ und $S_q(X)$ direkte Summe der $(S_q(X_\alpha))_{\alpha\in A}$ ist. Die gleiche Überlegung liefert, daß $\partial_q(S_q(X_\alpha)) \subset S_{q-1}(X_\alpha)$ für alle $q \in \mathbb{Z}$ und alle $\alpha \in A$. Bezeichnet $i_\alpha : X_\alpha \to X$ die Inklusionsabbildung für jedes $\alpha \in A$, so sei $j_q : \oplus H_q(X_\alpha) \to H_q(X)$ definiert durch $j_q(([c_\alpha])_{\alpha\in A}) = \sum_{\alpha\in A} H_q(i_\alpha)[c_\alpha] = \sum_{\alpha\in A}[c_\alpha] = [\sum_{\alpha\in A} c_\alpha]$. Hier sind $c_\alpha \in S_q(X_\alpha)$ mit $\partial_q c_\alpha = 0$, und $[c_\alpha]$ bezeichnet die zugehörige Homologieklasse.

Es wird gezeigt, daß j_q ein Isomorphismus ist für alle natürlichen Zahlen q. Für $q < 0$ ist die Aussage trivial. Zunächst wird bewiesen, daß j_q injektiv ist. Ist $j_q([c_\alpha]) = [\sum c_\alpha] = 0$ in $H_q(X)$, so existiert ein $b \in S_{q+1}(X)$ mit $\partial_{q+1} b = \sum c_\alpha$. Nach den vorangehenden Überlegungen ist $b = \sum_{\alpha\in A} b_\alpha$ mit $b_\alpha \in S_{q+1}(X_\alpha)$ und $\partial_{q+1}(b_\alpha) = c_\alpha$. Dann ist aber schon $[c_\alpha] = 0$ in $H_q(X_\alpha)$. Zum Nachweis der Surjektivität sei $[c] \in H_q(X)$, d.h. $c \in S_q(X)$ mit $\partial_q c = 0$. Da $c = \sum_{\alpha\in A} c_\alpha$ mit $c_\alpha \in S_q(X_\alpha)$ und $\partial_q c_\alpha = 0$, ist $[c] = j_q(([c_\alpha])_{\alpha\in A})$. □

2.28 Satz. *Ist $(X_\alpha)_{\alpha\in A}$ die Familie der Wegzusammenhangskomponenten von X, so ist $H_0(X) \cong \bigoplus_{\alpha\in A} \mathbb{Z}$, d.h. $H_0(X)$ ist eine freie abelsche Gruppe, deren Rang gleich der Kardinalität der Menge der Wegzusammenhangskomponenten von X ist. Insbesondere ist ein nicht leerer Raum X wegweise zusammenhängend genau dann, wenn $H_0(X) \cong \mathbb{Z}$ ist.*

BEWEIS: Nach 2.27 ist $H_0(X) \cong \bigoplus_{\alpha\in A} H_0(X_\alpha)$. Da X_α wegweise zusammenhängend ist, ist $H_0(X_\alpha) \cong \mathbb{Z}$ für alle $\alpha \in A$. Daraus folgt die Behauptung. □

2.29 Bemerkung. Bei den Konstruktionen dieses Paragraphen kann ohne besondere Schwierigkeiten der Ring $\mathbb{Z}$ durch eine beliebigen kommutativen Ring Λ mit Eins ersetzt werden. Statt der freien abelschen Gruppe $S_q(X)$ definiert man in 2.8 den von den singulären q-Simplizes in X erzeugten freien Λ-Modul $S_q(X, \Lambda)$ und statt des Kettenkomplexes $S(X)$ entsprechend den Kettenkomplex $S(X, \Lambda)$. Diese Konstruktion führt zu den Homologiegruppen $H_q(X; \Lambda)$ mit Koeffizienten in Λ. Von besonderem Interesse ist neben dem in diesem Buch betrachteten Fall $\Lambda = \mathbb{Z}$ der Fall, daß Λ der Körper $\mathbb{Q}$ der rationalen Zahlen oder einer der endlichen Körper $\mathbb{Z}/p\mathbb{Z}$ mit einer Primzahl p ist.

2.30 Bemerkung. Das Konzept der Homologie geht auf H. Poincaré zurück. Er schuf in seiner wegweisenden Arbeit aus dem Jahre 1895, der einige Ergänzungen folgten, die Grundlagen der algebraischen Topologie. Die Homologie eines Raumes beschrieb er darin durch die Bettischen Zahlen und die Torsionszahlen. Die q-te Betti-Zahl eines Raumes ist der Rang seiner q-ten Homologiegruppe. Die Betti-Zahlen wurden nach Enrico Betti benannt und sind eine

Verallgemeinerung der von diesem beim Studium von Flächen eingeführten Zusammenhangszahlen. Das Interesse konzentrierte sich lange auf diese numerischen Invarianten der Homologiegruppen. Erst durch den Einfluß von Emmy Noether (1925) rückten die Homologiegruppen selbst in den Mittelpunkt der Betrachtung. Der Begriff des Komplexes tritt in der Topologie in verschiedener Bedeutung auf, meist als Zellenkomplex oder simplizialer Komplex. Kettenkomplexe im algebraischen Sinne wurden von W. Mayer 1929 eingeführt. Der Grundgedanke der singulären Homologietheorie geht auf O. Veblen (1921) zurück. Die erste formale Definition der singulären Homologiegruppen gab S. Lefschetz 1933, die endgültige Formulierung lieferte S. Eilenberg 1944. Die moderne Auffassung der Homologietheorie wurde wesentlich durch das Buch "Foundations of Algebraic Topology" von S. Eilenberg und N. Steenrod aus dem Jahre 1952 geprägt. Schließlich sei erwähnt, daß vor Erscheinen des Buches "Algebraic Topology" von S. Lefschetz im Jahre 1942 für diesen Teil der Topologie die Bezeichnung Kombinatorische Topologie üblich war, die aber in der Folgezeit außer Gebrauch kam (vgl. dazu L. Markus 1973).

2.31 Aufgaben

1. Geben Sie einen Kettenkomplex K an mit den Homologiegruppen $H_q(K) \cong \mathbb{Z}/|q|\mathbb{Z}$ für alle $q \in \mathbb{Z}$.
2. Es sei $f : K \to L$ ein Homomorphismus von Kettenkomplexen. Für jedes $q \in \mathbb{Z}$ wird die abelsche Gruppe $M_q(f)$ definiert durch $M_q(f) = K_{q-1} \oplus L_q$, und es wird der Homomorphismus $\partial_q : M_q(f) \to M_{q-1}(f)$ definiert durch $\partial_q(x,y) = (-\partial_{q-1}(x), \partial_q(y) + f_{q-1}(x))$ für alle $(x,y) \in M_q(f)$. Zeigen Sie, daß $M(f) = (M_q(f), \partial_q)$ ein Kettenkomplex ist.
3. Es seien $f : K \to L$ und $M(f)$ wie in Aufgabe 2. $\hat{K} = (\hat{K}_1, \hat{\partial}_q)$ sei der Kettenkomplex mit $\hat{K}_q = K_{q-1}$ und $\hat{\partial}_q = \partial_{q-1}$.
   a) Für alle $q \in \mathbb{Z}$ seien $\alpha_q : \hat{K}_q \to M_q(f)$ und $\beta_q : L_q \to M_q(f)$ durch $\alpha_q(x) = (x, 0)$ und $\beta_q(y) = (0, y)$ definiert. Welche der Homomorphismen $\alpha = (\alpha_q)$ und $\beta = (\beta_q)$ sind Homomorphismen von Kettenkomplexen?
   b) Für jedes $q \in \mathbb{Z}$ werden die Homomorphismen $\pi_q : M_q(f) \to \hat{K}_q$ und $\rho_q : M_q(f) \to L_q$ definiert durch $\pi_q(x,y) = (-1)^q x$ und $\rho_q(x,y) = y$. Welche der Homomorphismen $\pi = (\pi_q)$ und $\rho = (\rho_q)$ sind Homomorphismen von Kettenkomplexen?
4. Es sei $f : X \to Y$ eine stetige Abbildung zwischen topologischen Räumen. Zeigen Sie: Wenn X wegweise zusammenhängend ist, ist $H_0(f) : H_0(X) \to H_0(Y)$ injektiv.

§ 3 Homologie von Raumpaaren

In II, 3 wurde eine Methode angegeben, die Fundamentalgruppe von topologischen Räumen aus den Fundamentalgruppen gewisser Teilräume zu berechnen. Auch für die Homologie besteht diese Möglichkeit auf verschiedene Weisen. Zunächst existiert für jeden Teilraum A eines topologischen Raumes X ein Kettenkomplex $S(A) \subset S(X)$. Man kann nun einen Quotientenkomplex $S(X, A)$ definieren und dessen Homologie betrachten. Die Homologiegruppen von (X, A) lassen sich mit Hilfe der in §6 beschriebenen Ausscheidung in vielen Fällen berechnen. Andererseits gehört zu jedem Raumpaar eine lange exakte Sequenz, bestehend aus den Homologiegruppen von X, A und (X, A). Damit kann man dann versuchen, die Homologiegruppen von X aus denen von A und (X, A) zu berechnen. Die Herleitung der langen exakten Homologiesequenz ist eine rein algebraische Angelegenheit und wird deshalb allgemein für Kettenkomplexe durchgeführt. Im zweiten Teil werden dann singuläre Kettenkomplexe von topologischen Räumen betrachtet und die lange exakte Homologiesequenz von Raumpaaren bereitgestellt.

Begriffe, die für abelsche Gruppen zur Verfügung stehen, lassen sich teilweise ohne Schwierigkeiten auf Kettenkomplexe übertragen.

3.1 Definition. $K = (K_q, \partial_q)_{q \in \mathbb{Z}}$ sei ein Kettenkomplex. Ein Kettenkomplex $K' = (K'_q, \partial'_q)$ heißt Unterkomplex von K, wenn für jedes $q \in \mathbb{Z}$ die Gruppe K'_q Untergruppe von K_q ist und $\partial'_q : K'_q \to K'_{q-1}$ die Einschränkung von ∂_q auf K'_q ist.

3.2 Beispiele. (i) Wenn K, L Kettenkomplexe sind und $\alpha : K \to L$ ein Homomorphismus von Kettenkomplexen ist, dann ist $Kern\,(\alpha) := (Kern\,(\alpha_q), \partial_q | Kern\,(\alpha_q))$ ein Unterkomplex von K und $Bild\,(\alpha) := (Bild\,(\alpha_q), \partial_q | Bild\,(\alpha_q))$ ein Unterkomplex von L.

(ii) Wenn X ein topologischer Raum ist und A ein Teilraum, dann kann man jedes singuläre q-Simplex in A auch als singuläres q-Simplex in X betrachten. Auf diese Weise ist für jedes $q \in \mathbb{Z}$ die Gruppe $S_q(A)$ eine Untergruppe von $S_q(X)$ und damit $S(A)$ ein Unterkomplex von $S(X)$.

Wenn $K' = (K'_q, \partial'_q)$ ein Unterkomplex von $K = (K_q, \partial_q)$ ist, dann ist für jedes $q \in \mathbb{Z}$ die Faktorgruppe K_q/K'_q definiert. Da außerdem $\partial_q(K'_q) \subset K'_{q-1}$, induziert ∂_q einen Homomorphismus $\overline{\partial}_q : K_q/K'_q \to K_{q-1}/K'_{q-1}$. Nach Definition dieses $\overline{\partial}_q$ gilt $\overline{\partial}_{q-1} \circ \overline{\partial}_q = 0$. Damit ist $(K_q/K'_q, \overline{\partial}_q)$ ein Kettenkomplex.

3.3 Definition. $K' = (K'_q, \partial'_q)$ sei ein Unterkomplex des Kettenkomplexes $K = (K_q, \partial_q)$. Der Kettenkomplex $K/K' := (K_q/K'_q, \overline{\partial}_q)_{q \in \mathbb{Z}}$ heißt der Quotientenkomplex von K nach K'.

3.4 Definition. Eine Folge von Homomorphismen von Kettenkomplexen heißt exakt, wenn für jedes q die zugehörige Folge von Homomorphismen zwischen abelschen Gruppen exakt ist. Insbesondere heißt eine exakte Folge von Homomorphismen von Kettenkomplexen in der Form

$$0 \to K' \xrightarrow{\alpha} K \xrightarrow{\beta} K'' \to 0$$

eine kurze exakte Sequenz von Kettenkomplexen. Dabei bezeichnet 0 den Kettenkomplex, dessen sämtliche Gruppen trivial sind.

3.5 Beispiele. (i) Wenn K ein Kettenkomplex ist, K' ein Unterkomplex, $\alpha : K' \to K$ die Inklusionsabbildung und $\pi : K \to K/K'$ die Projektionsabbildung $\pi = (\pi_q : K_q \to K_q/K'_q)$, dann ist

$$0 \to K' \xrightarrow{\alpha} K \xrightarrow{\pi} K/K' \to 0$$

eine kurze exakte Sequenz von Kettenkomplexen. Daß π ein Homomorphismus von Kettenkomplexen ist, ist klar nach der Definition des Randoperators in K/K'.

(ii) Wenn $\alpha : K \to L$ ein Homomorphismus von Kettenkomplexen ist, dann ist

$$0 \to \mathit{Kern}\,(\alpha) \to K \xrightarrow{\alpha} L \to L/\mathit{Bild}\,(\alpha) \to 0$$

mit den natürlichen Homomorphismen eine exakte Sequenz von Kettenkomplexen.

Es soll nun jeder kurzen exakten Sequenz von Kettenkomplexen eine lange Sequenz von Homologiegruppen zugeordnet werden. Wenn

$$\text{(S)} \quad 0 \to K' \xrightarrow{\alpha} K \xrightarrow{\beta} K'' \to 0$$

eine kurze exakte Sequenz von Homomorphismen von Kettenkomplexen ist, dann hat man für jedes $q \in \mathbb{Z}$ eine Folge von Homomorphismen

$$H_q(K') \xrightarrow{H_q(\alpha)} H_q(K) \xrightarrow{H_q(\beta)} H_q(K'').$$

Um eine lange exakte Sequenz zu bekommen, werden die einzelnen Stücke durch einen verbindenden Homomorphismus für jedes q aneinandergehängt, so daß eine lange Sequenz

$$\to H_{q+1}(K'') \to H_q(K') \to H_q(K) \to H_q(K'') \to H_{q-1}(K') \to$$

entsteht. Dann bleibt die Exaktheit an jeder Stelle nachzuweisen. Es wird mit dem Nachweis der Exaktheit an der Stelle $H_q(K)$ begonnen. Dann wird der verbindende Homomorphismus konstruiert und anschließend gezeigt, daß die so entstehende lange Sequenz exakt ist. Für die Beweise und Konstruktionen wird das aus der exakten Sequenz (S) gewonnene kommutative Diagramm

$$
\text{(D)}\qquad
\begin{array}{ccccccccc}
0 & \to & K'_{q+1} & \xrightarrow{\alpha_{q+1}} & K_{q+1} & \xrightarrow{\beta_{q+1}} & K''_{q+1} & \to & 0 \\
 & & \downarrow{\scriptstyle \partial'_{q+1}} & & \downarrow{\scriptstyle \partial_{q+1}} & & \downarrow{\scriptstyle \partial''_{q+1}} & & \\
0 & \to & K'_{q} & \xrightarrow{\alpha_{q}} & K_{q} & \xrightarrow{\beta_{q}} & K''_{q} & \to & 0 \\
 & & \downarrow{\scriptstyle \partial'_{q}} & & \downarrow{\scriptstyle \partial_{q}} & & \downarrow{\scriptstyle \partial''_{q}} & & \\
0 & \to & K'_{q-1} & \xrightarrow{\alpha_{q-1}} & K_{q-1} & \xrightarrow{\beta_{q-1}} & K''_{q-1} & \to & 0
\end{array}
$$

benutzt. In diesem Diagramm sind alle Zeilen exakt. Die Beweise werden geführt, indem die Bilder der einzelnen Elemente unter den Abbildungen in diesem Diagramm verfolgt werden. Bei den Beweisen zu 3.6, 3.7 und 3.8 empfiehlt es sich, die einzelnen Schritte in diesem Diagramm nachzuvollziehen.

3.6 Satz. *Für jede kurze exakte Sequenz von Homomorphismen von Kettenkomplexen*

$$0 \to K' \xrightarrow{\alpha} K \xrightarrow{\beta} K'' \to 0$$

und jedes $q \in \mathbb{Z}$ ist die Folge

$$H_q(K') \xrightarrow{H_q(\alpha)} H_q(K) \xrightarrow{H_q(\beta)} H_q(K'')$$

an der Stelle $H_q(K)$ exakt.

BEWEIS: Zunächst ist $H_q(\beta) \circ H_q(\alpha) = H_q(\beta \circ \alpha) = 0$, da $\beta_q \circ \alpha_q = 0$ ist. Damit ist *Bild* $(H_q(\alpha)) \subset$ *Kern* $(H_q(\beta))$, und es bleibt die Inklusion *Kern* $(H_q(\beta)) \subset$ *Bild* $(H_q(\alpha))$ zu beweisen. Wenn $[x] \in$ *Kern* $(H_q(\beta))$ ist, dann ist $x \in Z_q(K)$ und $\beta_q(x) \in B_q(K'')$, denn $[\beta_q(x)] = 0$ in $H_q(K'')$. Es gibt also ein $y \in K''_{q+1}$ mit $\partial''_{q+1}(y) = \beta_q(x)$. Wegen der Exaktheit gibt es ein $z \in K_{q+1}$ mit $\beta_{q+1}(z) = y$. Aus der Kommutativität des Diagramms folgt $\beta_q \circ \partial_{q+1}(z) = \partial''_{q+1} \circ \beta_{q+1}(z) = \partial''_{q+1}(y) = \beta_q(x)$. Daher ist $\beta_q(x - \partial_{q+1}(z)) = 0$, und wieder wegen der Exaktheit existiert ein $u \in K'_q$ mit $\alpha_q(u) = x - \partial_{q+1}(z)$. u ist ein Zykel, denn $\alpha_{q-1}(\partial'_q(u)) = \partial_q \circ \alpha_q(u) = \partial_q(x) - \partial_q \circ \partial_{q+1}(z) = 0$. Wegen der Injektivität von α_{q-1} ist $\partial'_q(u) = 0$. Damit repräsentiert u ein Element $[u] \in H_q(K')$. Es gilt $H_q(\alpha)([u]) = [\alpha_q(u)] = [x - \partial_{q+1}(z)] = [x]$. Daher ist $[x] \in$ *Bild* $(H_q(\alpha))$, und die Behauptung ist bewiesen. □

3.7 Konstruktion des verbindenden Homomorphismus

$$\partial_{*q} : H_q(K'') \to H_{q-1}(K').$$

Dazu wird noch einmal das kommutative Diagramm (D) herangezogen. Es wird ein Homomorphismus $\delta_q : Z_q(K'') \to H_{q-1}(K')$ konstruiert und dann gezeigt, daß $\delta_q(B_q(K'')) = 0$ ist. Daher induziert δ_q einen Homomorphismus $H_q(K'') \to H_{q-1}(K')$. Das ist der verbindende Homomorphismus ∂_{*q}. Die Abbildung δ_q wird auf dem folgenden Weg konstruiert:

$$\begin{array}{ccc} & K_q & \to & Z_q(K'') \\ & \downarrow \partial_q & & \\ H_{q-1}(K') & \leftarrow & K_{q-1}. & \end{array}$$

Wenn $x \in Z_q(K'')$ ist, dann gibt es ein $y \in K_q$ mit $\beta_q(y) = x$. Da $\partial''_q(x) = 0$, ist $\beta_{q-1}(\partial_q(y)) = \partial''_q \circ \beta_q(y) = 0$, und es gibt genau ein $u \in K'_{q-1}$ mit $\alpha_{q-1}(u) = \partial_q(y)$. Dieses u ist ein Zykel, da $\alpha_{q-2}(\partial'_{q-1}(u)) = \partial_{q-1} \circ \alpha_{q-1}(u) = \partial_{q-1} \circ \partial_q(y) = 0$, und es repräsentiert eine Homologieklasse $[u]$ in $H_{q-1}(K')$. Das u ist nicht eindeutig bestimmt, in seine Konstruktion ging die willkürliche Auswahl von y mit $\beta_q(y) = x$ ein. Sei also $y' \in K_q$ ein weiteres Element mit $\beta_q(y') = x$ und $u' \in K'_{q-1}$ mit $\alpha_{q-1}(u') = \partial_q(y')$. Dann ist $\beta_q(y-y') = 0$, und es gibt ein $v \in K'_q$ mit $\alpha_q(v) = y - y'$, und es ist $\alpha_{q-1}(\partial'_q(v)) = \partial_q(y - y')$. Deshalb ist $\partial'_q(v) = u - u'$ und $[u] = [u']$. Damit ist die Homologieklasse von u eindeutig durch x bestimmt und von der Auswahl unabhängig. Man definiert $\delta_q(x) = [u]$. Es ist leicht zu sehen, daß δ_q ein Homomorphismus ist. Ist $x \in B_q(K'')$, also $x = \partial''_{q+1}(c)$, dann gibt es ein $z \in K_{q+1}$ mit $\beta_{q+1}(z) = c$, also $\beta_q(\partial_{q+1}(z)) = \partial''_{q+1}(c) = x$. Da $\partial_q \circ \partial_{q+1}(z) = 0$, ist $\delta_q(\partial''_{q+1}(c)) = 0$, und δ_q induziert einen Homomorphismus $\partial_{*q} : H_q(K'') \to H_{q-1}(K')$.

3.8 Satz und Definition. *Zu jeder kurzen exakten Sequenz*

$$(\mathrm{S}) \quad 0 \to K' \xrightarrow{\alpha} K \xrightarrow{\beta} K'' \to 0$$

von Homomorphismen von Kettenkomplexen existiert die lange exakte Sequenz von Homomorphismen abelscher Gruppen

$$\to H_q(K') \xrightarrow{H_q(\alpha)} H_q(K) \xrightarrow{H_q(\beta)} H_q(K'') \xrightarrow{\partial_{*q}} H_{q-1}(K') \to .$$

Diese Sequenz heißt lange exakte Homologiesequenz von (S).

BEWEIS: Alle Homomorphismen sind schon definiert. Es bleibt die Exaktheit an den einzelnen Stellen nachzurechnen.

a) Die Exaktheit an der Stelle $H_q(K)$ gilt nach 3.6.

b) Exaktheit in $H_q(K'')$: Für $[x] \in H_q(K)$ ist $\partial_{*q} \circ H_q(\beta)([x]) = \partial_{*q}([\beta_q(x)]) = \delta_q \circ \beta_q(x) = [0]$, da $\partial_q(x) = 0$. Es gilt also $\mathit{Bild}\,(H_q(\beta)) \subset \mathit{Kern}\,(\partial_{*q})$. Sei nun $[x] \in \mathit{Kern}\,(\partial_{*q})$ also $\delta_q(x) = [0]$. Dann sei $y \in K_q$ mit $\beta_q(y) = x$. Wegen $\delta_q(x) = [0]$ gibt es ein $z \in K'_q$, so daß $\alpha_{q-1}(\partial'_q(z)) = \partial_q(y)$ ist. Für dieses z ist $\partial_q \circ \alpha_q(z) = \partial_q(y)$, also $\partial_q(y - \alpha_q(z)) = 0$. $y - \alpha_q(z)$ ist also ein Zykel, und außerdem ist $\beta_q(y - \alpha_q(z)) = \beta_q(y) = x$ und $[x] = H_q(\beta)([y - \alpha_q(z)])$. Daher ist $\mathit{Kern}\,(\partial_{*q}) \subset \mathit{Bild}\,(H_q(\beta))$.

c) Exaktheit in $H_{q-1}(K')$. Sei zunächst $[x] \in H_q(K'')$. Dann ist $H_{q-1}(\alpha) \circ \partial_{*q}([x]) = H_{q-1}(\alpha)(\delta_q(x)) = [\alpha_{q-1}(u)] = [0]$, wobei $u \in Z_{q-1}(K')$ mit $\alpha_{q-1}(u) = \partial_q(y)$ für ein $y \in K_q$ mit $\beta_q(y) = x$. Also ist $\mathit{Bild}\,(\partial_{*q}) \subset \mathit{Kern}\,(H_{q-1}(\alpha))$. Sei nun $[x] \in \mathit{Kern}\,(H_{q-1}(\alpha))$. Dann ist $\alpha_{q-1}(x)$ ein Rand, d.h. es gibt ein $u \in K_q$, so daß $\partial_q(u) = \alpha_{q-1}(x)$ gilt. Da $\beta_{q-1} \circ \partial_q(u) = \beta_{q-1} \circ \alpha_{q-1}(x) = 0$, ist $\partial''_q \circ \beta_q(u) = \beta_{q-1} \circ \partial_q(u) = 0$, und $\beta_q(u)$ ist ein Zykel in K''_q. Außerdem ist $\delta_q \circ \beta_q(u) = [x]$. Daher ist $[x] = \partial_{*q}([\beta_q(u)])$, und es ist $\mathit{Kern}\,(H_{q-1}(\alpha)) \subset \mathit{Bild}\,(\partial_{*q})$. □

3.9 Satz. *Wenn*

$$\begin{array}{ccccccccc} 0 & \to & K' & \xrightarrow{\alpha} & K & \xrightarrow{\beta} & K'' & \to & 0 \\ & & \gamma' \downarrow & & \downarrow \gamma & & \downarrow \gamma'' & & \\ 0 & \to & L' & \xrightarrow{\kappa} & L & \xrightarrow{\lambda} & L'' & \to & 0 \end{array}$$

ein kommutatives Diagramm von Homomorphismen von Kettenkomplexen mit exakten Zeilen ist, dann ist das folgende Diagramm von Homomorphismen abelscher Gruppen kommutativ.

$$\begin{array}{ccccccccc} \to & H_q(K') & \xrightarrow{H_q(\alpha)} & H_q(K) & \xrightarrow{H_q(\beta)} & H_q(K'') & \xrightarrow{\partial_{*q}} & H_{q-1}(K') & \to \\ & H_q(\gamma') \downarrow & & H_q(\gamma) \downarrow & & H_q(\gamma'') \downarrow & & H_{q-1}(\gamma') \downarrow & \\ \to & H_q(L') & \xrightarrow{H_q(\kappa)} & H_q(L) & \xrightarrow{H_q(\lambda)} & H_q(L'') & \xrightarrow{\partial_{*q}} & H_{q-1}(L') & \to \end{array}$$

BEWEIS: Es ist lediglich noch die Kommutativität des Diagramms

$$(*) \qquad \begin{array}{ccc} H_q(K'') & \xrightarrow{\partial_{*q}} & H_{q-1}(K') \\ H_q(\gamma'') \downarrow & & \downarrow H_{q-1}(\gamma') \\ H_q(L'') & \xrightarrow{\partial_{*q}} & H_{q-1}(L') \end{array}$$

nachzurechnen. Die Kommutativität an den anderen Stellen folgt aus der Tatsache, daß H_q ein kovarianter Funktor ist.

Zum Nachweis der Kommutativität von (*) betrachtet man das folgende Diagramm, in dem sich die Konstruktion von ∂_{*q} aus beiden Homologiesequenzen verfolgen läßt.

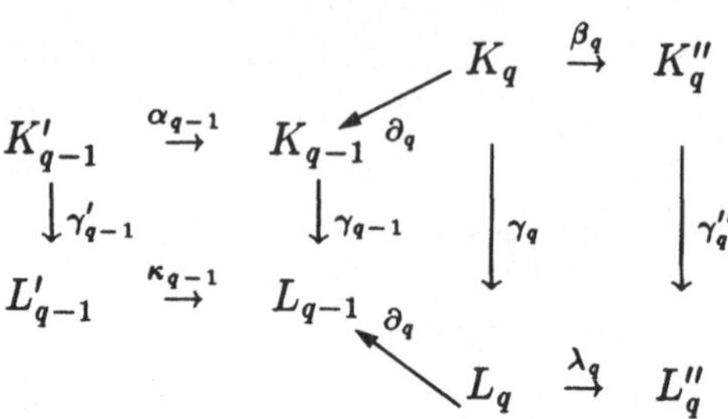

Wenn $x \in Z_q(K'')$ ist, dann ist $\gamma''_q(x) \in Z_q(L'')$. Mit $y \in K_q$ und $\beta_q(y) = x$ ist $\lambda_q \circ \gamma_q(y) = \gamma''_q(x)$. Wenn $u \in K'_{q-1}$ das Element ist mit $\alpha_{q-1}(u) = \partial_q(y)$, dann hat $\gamma'_{q-1}(u) \in L'_{q-1}$ die Eigenschaft, daß $\kappa_{q-1}(\gamma'_{q-1}(u)) = \gamma_{q-1} \circ \partial_q(y) = \partial_q(\gamma_q(y))$. Daher ist $\delta_q(\gamma''_q(x)) = [\gamma'_{q-1}(u)] = H_{q-1}(\gamma')([u])$ und damit $\partial_{*q} \circ H_q(\gamma'')([x]) = H_{q-1}(\gamma') \circ \partial_{*q}([x])$.Diese letzte Gleichung beinhaltet aber gerade die Kommutativität von (*). □

Nachdem die lange exakte Homologiesequenz für abstrakte Komplexe zur Verfügung steht, wird nun die lange exakte Homologiesequenz von Raumpaaren angegeben. Die Kategorie $\mathcal{TOP}^2$ der Raumpaare und stetigen Abbildungen zwischen Raumpaaren wurde in II, 4.2 (iii) eingeführt. Zu jedem Raumpaar (X, A) existiert eine kanonische Folge von Abbildungen

$$A \xrightarrow{i} X \xrightarrow{j} (X, A).$$

Dabei ist i die Inklusionsabbildung und $j : X \to (X, A)$ die Abbildung von Paaren $(X, \emptyset) \to (X, A)$, die definiert ist durch $j(x) = x$.

3.10 Bezeichnungen. Ist (X, A) ein Raumpaar, so wird der Quotientenkomplex $S(X)/(S(A)$ mit $S(X, A) = (S_q(X, A), \overline{\partial}_q)_{q \in \mathbb{Z}}$ bezeichnet. Die kanonische Projektion

$$S(X) \to S(X)/S(A) = S(X, A)$$

ist ein Homomorphismus von Kettenkomplexen und wird mit $S(j) = (S_q(j))_{q \in \mathbb{Z}}$ notiert. Statt $H_q(S(X, A))$ wird im folgenden $H_q(X, A)$ und statt $H_q(S(j))$ wird $H_q(j)$ geschrieben.

3.11 Definition. Für jedes Raumpaar (X, A) heißt $H_q(X, A)$ die q-te Homologiegruppe von (X, A) oder die q-te relative Homologiegruppe von X modulo A. Entsprechend heißt $H(X, A) = (H_q(X, A))_{q \in \mathbb{Z}}$ die (graduierte) relative Homologiegruppe von X modulo A.

3.12 Bemerkungen. (i) Nach Definition ist $H_q(X, \emptyset) = H_q(X)$.

(ii) Ist $x \in Z_q(X, A)$, d.h. ist x ein Zykel in $S_q(X, A)$ so wird x repräsentiert von einer Kette $c \in S_q(X)$ mit $\partial_q(c) \in S_{q-1}(A)$, d.h. der Rand ist eine

Kette in $S_{q-1}(A)$. Demgemäß heißt $x \in Z_q(X, A)$ auch ein relativer Zykel modulo A.

(iii) Zu jedem Raumpaar (X, A) gehört eine kurze exakte Sequenz von Kettenkomplexen

$$0 \to S(A) \overset{S(i)}{\to} S(X) \overset{S(j)}{\to} S(X, A) \to 0.$$

Dazu gehört nach 3.8 eine lange exakte Homologiesequenz. Diese Tatsache wird in folgendem Satz festgehalten.

3.13 Satz. *Zu jedem Raumpaar (X, A) existiert eine lange exakte Homologiesequenz*

$$\to H_q(A) \overset{H_q(i)}{\to} H_q(X) \overset{H_q(j)}{\to} H_q(X, A) \overset{\partial_{*q}}{\to} H_{q-1}(A) \to . \square$$

Nachdem die Funktion H auf den Objekten von $\mathcal{TOP}^2$ definiert ist, wenden wir uns den Morphismen zu.

Ist $f : (X, A) \to (Y, B)$ eine stetige Abbildung, so existiert ein kanonisches, kommutatives Diagramm

$$\begin{array}{ccccc} A & \overset{i_X}{\to} & X & \overset{j_X}{\to} & (X, A) \\ {\scriptstyle f|A}\downarrow & & {\scriptstyle f}\downarrow & & {\scriptstyle f}\downarrow \\ B & \overset{i_Y}{\to} & Y & \overset{j_Y}{\to} & (Y, B). \end{array}$$

Da $S_q(f)\,(S_q(A)) \subset S_q(B)$ ist für jedes $q \in \mathbb{Z}$, definiert $S_q(f)$ einen kanonischen Homomorphismus

$$\overline{S}_q(f) : S_q(X, A) \to S_q(Y, B).$$

Wenn $c \in S_q(X)$ ist, werde mit $[c]$ die Klasse von c in der Faktorgruppe $S_q(X, A) = S_q(X)/S_q(A)$ bezeichnet. Dann ist

$$\begin{aligned} \overline{\partial}_q \circ \overline{S}_q(f)([c]) &= \overline{\partial}_q([S_q(f)(c)]) = [\partial_q \circ S_q(f)(c)] \\ &= [S_{q-1}(f) \circ \partial_q(c)] = \overline{S}_{q-1}(f) \circ \overline{\partial}_q([c]). \end{aligned}$$

Daher ist die Folge $S(f) = (\overline{S}_q(f))_{q \in \mathbb{Z}}$ ein Homomorphismus von Kettenkomplexen und induziert einen Homomorphismus der Homologiegruppen $H(f) : H(X, A) \to H(Y, B)$.

Das am Anfang dieser Überlegungen angegebene kommutative Diagramm von stetigen Abbildungen führt zu einem kommutativen Diagramm von Homomorphismen von Kettenkomplexen mit exakten Zeilen.

$$\begin{array}{ccccccccc}
0 & \rightarrow & S(A) & \overset{S(i_X)}{\longrightarrow} & S(X) & \overset{S(j_X)}{\longrightarrow} & S(X,A) & \rightarrow & 0 \\
 & & {\scriptstyle S(f|A)}\downarrow & & {\scriptstyle S(f)}\downarrow & & {\scriptstyle S(f)}\downarrow & & \\
0 & \rightarrow & S(B) & \overset{S(i_Y)}{\longrightarrow} & S(Y) & \overset{S(j_Y)}{\longrightarrow} & S(Y,B) & \rightarrow & 0
\end{array}$$

Zu einem solchen Diagramm gehört nach 3.9 ein kommutatives Diagramm von Homomorphismen zwischen Homologiegruppen. Das Ergebnis dieser Betrachtungen wird in den folgenden beiden Sätzen festgehalten. Die Behauptungen, die in dieser Vorbemerkung noch nicht bewiesen wurden, sind nach den Vorüberlegungen offensichtlich.

3.14 Satz. *Ist $f : (X,A) \rightarrow (Y,B)$ eine stetige Abbildung von Raumpaaren, so definiert f einen Homorphismus*

$$H(f) : H(X,A) \rightarrow H(Y,B)$$

der relativen Homologiegruppen. $H(f)$ heißt der von f induzierte Homomorphismus. Ist $g : (Y,B) \rightarrow (Z,C)$ eine weitere stetige Abbildung von Raumpaaren, so ist

$$H(g \circ f) = H(g) \circ H(f).$$

Außerdem ist $H(\mathrm{Id}_{(X,A)}) = \mathrm{Id}_{H(X,A)}$. □

Damit ist gezeigt, daß H ein Funktor von der Kategorie der Raumpaare und stetigen Abbildungen von Raumpaaren in die Kategorie der graduierten Gruppen und deren Homomorphismen ist.

3.15 Satz. *Ist $f : (X,A) \rightarrow (Y,B)$ eine stetige Abbildung von Raumpaaren, so ist das Diagramm*

$$\begin{array}{ccccccccc}
\rightarrow H_q(A) & \overset{H_q(i_X)}{\rightarrow} & H_q(X) & \overset{H_q(j_X)}{\rightarrow} & H_q(X,A) & \overset{\partial_{*q}}{\rightarrow} & H_{q-1}(A) \rightarrow \\
{\scriptstyle H_q(f|A)}\downarrow & & {\scriptstyle H_q(f)}\downarrow & & {\scriptstyle H_q(f)}\downarrow & & {\scriptstyle H_{q-1}(f|A)}\downarrow \\
\rightarrow H_q(B) & \overset{H_q(i_Y)}{\rightarrow} & H_q(Y) & \overset{H_q(j_Y)}{\rightarrow} & H_q(Y,B) & \overset{\partial_{*q}}{\rightarrow} & H_{q-1}(B) \rightarrow
\end{array}$$

kommutativ. □

Da die lange exakte Homologiesequenz allgemein für Kettenkomplexe hergeleitet wurde, ist man jetzt in der Lage, eine lange exakte Homologiesequenz auch für Tripel anzugeben. Diese Homologieseqeunz ist ein nützliches Hilfsmittel und nicht eine leere Verallgemeinerung der Homologiesequenz eines Raumpaares.

3.16 Satz.
(i) *Es sei (X, B, A) ein Tripel topologischer Räume, d.h. X sei ein topologischer Raum, A und B seien Teilmengen von X und $B \supset A$. Dann existiert eine lange exakte Homologiesequenz*

$$\to H_q(B,A) \to H_q(X,A) \to H_q(X,B) \to H_{q-1}(B,A) \to .$$

(ii) *Die exakte Homologiesequenz eines Tripels verhält sich funktoriell, d.h. ist (Y, D, C) ein weiteres Tripel und $f : X \to Y$ eine stetige Abbildung mit $f(B) \subset D$ und $f(A) \subset C$, so wird durch die von f induzierten Homomorphismen die Homologiesequenz von (X, B, A) in die Homologiesequenz von (Y, D, C) abgebildet, und das Diagramm*

$$\begin{array}{ccccccccc}
\to & H_q(B,A) & \to & H_q(X,A) & \to & H_q(X,B) & \to & H_{q-1}(B,A) & \to \\
 & {\scriptstyle H_q(f|B)}\downarrow & & {\scriptstyle H_q(f)}\downarrow & & {\scriptstyle H_q(f)}\downarrow & & {\scriptstyle H_{q-1}(f|B)}\downarrow & \\
\to & H_q(D,C) & \to & H_q(Y,C) & \to & H_q(Y,D) & \to & H_{q-1}(D,C) & \to
\end{array}$$

ist kommutativ.

Der Beweis dieses Satzes wird dem Leser überlassen. □

Für die relativen Homologiegruppen gilt ein 2.27 entsprechender Satz.

3.17 Satz. *Es sei (X, A) ein Raumpaar, $(X_\lambda)_{\lambda\in\Lambda}$ die Familie der Wegzusammenhangskomponenten von X, und für jedes $\lambda \in \Lambda$ sei $A_\lambda = A \cap X_\lambda$. Dann ist $H_q(X,A) \cong \bigoplus_{\lambda\in\Lambda} H_q(X_\lambda, A_\lambda)$ für alle $q \in \mathbb{Z}$.*

Beweis: Für jedes $\lambda \in \Lambda$ sei $i_\lambda : (X_\lambda, A_\lambda) \to (X, A)$ die Inklusionsabbildung für Paare. Mit den gleichen Überlegungen wie im Beweis zu 2.27 wird der Homomorphismus $j_q : \bigoplus_{\lambda\in\Lambda} H_q(X_\lambda, A_\lambda) \to H_q(X, A)$ definiert durch

$$j_q(([c_\lambda])_{\lambda\in\Lambda}) = \sum_{\lambda\in\Lambda} H_q(i_\lambda)[c_\lambda] = \sum_{\lambda\in\Lambda}[c_\lambda] = \left[\sum_{\lambda\in\Lambda} c_\lambda\right].$$

Hier sind die $c_\lambda \in S_q(X_\lambda)$ mit $\partial_q c_\lambda \in S_{q-1}(A_\lambda)$, und $[c_\lambda]$ bezeichnet die zugehörige Homologieklasse in $H_q(X_\lambda, A_\lambda)$. Daß j_q ein Isomorphismus ist, folgt wie im Beweis von 2.27. □

3.18 Bemerkungen. Die Definition der relativen Homologiegruppen geht auf S. Lefschetz (1927) zurück. W. Hurewicz scheint 1941 erstmals die Homologiesequenz explizit erwähnt und ihre Exaktheit formal festgestellt zu haben. Alle einzelnen Aussagen, die in der Exaktheit der Homologiesequenz enthalten sind, waren schon vorher bekannt. Exakte Sequenzen wurden von S. Eilenberg und N.E. Steenrod (1945) bei der axiomatischen Charakterisierung von Homologietheorien benutzt und wurden durch J.L. Kelley und E. Pitcher (1947) zu einem nützlichen Hilfsmittel weiter ausgebaut.

3.19 Aufgaben

1. Es seien $f : K \to L$ ein Homomorphismus von Kettenkomplexen und $M(f)$ der in 2.30 Aufgabe 2 definierte Kettenkomplex. Zeigen Sie: f induziert einen Isomorphismus $H_q(f) : H_q(K) \to H_q(L)$ für alle $q \in \mathbb{Z}$ genau dann, wenn $H_q(M(f)) = 0$ ist für alle $q \in \mathbb{Z}$.
2. Es sei (X, A) ein Raumpaar. Beweisen Sie:
   a) Wenn A wegweise zusammenhängend ist, so ist $H_1(j) : H_1(X) \to H_1(X, A)$ surjektiv.
   b) Wenn X wegweise zusammenhängend ist und A nicht leer, so ist $H_0(X, A) = 0$.
3. Zeigen Sie: Wenn $r : X \to A$ eine Retraktion ist, dann ist $H_q(X) \cong H_q(A) \oplus H_q(X, A)$ für alle $q \in \mathbb{Z}$.
4. Es sei (X, A) ein Raumpaar, und für jede natürliche Zahl q sei $\overline{S}_q(X, A)$ die freie abelsche Gruppe, die von der Menge der singulären Simplizes $T : \Delta_q \to X$ mit $T(\Delta_q) \cap (X \setminus A) \neq \emptyset$ erzeugt wird. Zeigen Sie, daß $\overline{S}_q(X, A)$ isomorph zu $S_q(X, A)$ ist.
5. Es sei $f : (X, A) \to (Y, B)$ eine stetige Abbildung von Raumpaaren. Zeigen Sie: Wenn zwei der drei Homomorphismen $H(f) : H(X, A) \to H(Y, B)$, $H(f) : H(X) \to H(Y)$, $H(f|A) : H(A) \to H(B)$ Isomorphismen graduierter Gruppen sind, dann ist auch der dritte ein Isomorphismus.
6. Berechnen Sie die Homologiegruppen $H_q(\mathbb{R}, \mathbb{Q})$.

§ 4 Homotopieinvarianz der Homologiegruppen

Die zentrale Aussage von §4 ist der Satz, daß homotope Abbildungen in der Homologie gleiche Homomorphismen induzieren. Das impliziert insbesondere, daß homotopieäquivalente topologische Räume isomorphe Homologiegruppen besitzen. Zum Beweis wird zunächst eine der Homotopie entsprechende Äquivalenzrelation unter den Homomorphismen von Kettenkomplexen eingeführt, die ebenfalls als Homotopie bezeichnet wird. Es wird gezeigt, daß homotope Abbildungen zwischen topologischen Räumen homotope Homomorphismen der zugehörigen singulären Kettenkomplexe induzieren. Da homotope Homomorphismen von Kettenkomplexen die gleichen Homomorphismen in der Homologie induzieren, gilt das dann auch für homotope Abbildungen von topologischen Räumen. Diese Ergebnisse werden sodann zu Aussagen über die Homologie von Raumpaaren verallgemeinert.

4.1 Definition. (i) K und L seien Kettenkomplexe. Zwei Homomorphismen von Kettenkomplexen $\alpha, \beta : K \to L$ heißen homotop, in Zeichen $\alpha \simeq \beta$, wenn es eine Folge $(R_q)_{q\in \mathbb{Z}}$ von Homomorphismen $R_q : K_q \to L_{q+1}$ gibt, so daß für jedes $q \in \mathbb{Z}$ gilt

$$\partial_{q+1} \circ R_q + R_{q-1} \circ \partial_q = \beta_q - \alpha_q.$$

Die Folge $(R_q)_{q\in \mathbb{Z}}$ heißt eine Homotopie von α nach β.

(ii) Zwei Kettenkomplexe K und L heißen homotopieäquivalent, in Zeichen $K \cong L$, wenn es Homomorphismen von Kettenkomplexen $\alpha : K \to L$ und $\beta : L \to K$ gibt, so daß $\beta \circ \alpha \simeq Id_K$ und $\alpha \circ \beta \simeq Id_L$ ist.

4.2 Satz. (i) *Homotopie von Homomorphismen von Kettenkomplexen ist eine Äquivalenzrelation.*

(ii) *Homotopieäquivalenz von Kettenkomplexen ist eine Äquivalenzrelation.*

Der Beweis wird als Übungsaufgabe dem Leser überlassen. □

4.3 Beispiel. Es sei P ein topologischer Raum, der aus einem einzigen Punkt besteht, und E sei der Kettenkomplex aus Beispiel 2.17 (i). Die beiden Kettenkomplexe $S(P)$ und E sind homotopieäquivalent. Als Homomorphismen wählt man $\varepsilon : S(P) \to E$ aus dem Beispiel 2.17 (iii) und $\lambda : E \to S(P)$ mit $\lambda_0(1) = p_0$, wo p_0 das einzige singuläre 0-Simplex in P ist, und $\lambda_q = 0$ für $q \neq 0$. Dann ist $\varepsilon \circ \lambda = Id_E$. Es wird eine Homotopie von $\lambda \circ \varepsilon$ zur Identität angegeben durch $R_q(p_q) = p_{q+1}$ für $q \geq 0$, wo p_q das einzige singuläre

q-Simplex in P bezeichnet. Dann gilt für $q > 0$ die Gleichheit

$$\begin{aligned}(\partial_{q+1} \circ R_q + R_{q-1} \circ \partial_q)(p_q) &= \partial_{q+1}(p_{q+1}) + R_{q-1} \circ \partial_q(p_q) \\ &= \begin{cases} p_q + 0, & \text{wenn } q \text{ gerade} \\ 0 + p_q, & \text{wenn } q \text{ ungerade ist.} \end{cases}\end{aligned}$$

Das rechnet man mit der Definition von R_q und dem Randoperator von $S(P)$, der in 2.24 angegeben wurde, sofort nach. Für $q = 0$ erhält man $(\partial_1 \circ R_0 + R_{-1} \circ \partial_0)(p_0) = 0 = p_0 - p_0$. Daher ist $\partial_{q+1} \circ R_q + R_{q-1} \circ \partial_q = Id_{S_q(P)} - \lambda_q \circ \varepsilon_q$ für alle $q \in \mathbb{Z}$, und $(R_q)_{q \in \mathbb{Z}}$ ist eine Homotopie von $\lambda \circ \varepsilon$ nach $Id_{S(P)}$.

4.4 Satz. *Sind $\alpha, \beta : K \to L$ homotope Homomorphismen von Kettenkomplexen, so ist $H_q(\alpha) = H_q(\beta)$ für alle $q \in \mathbb{Z}$.*

BEWEIS: Es sei $(R_q)_{q \in \mathbb{Z}}$ eine Homotopie von β nach α. Wenn $x \in Z_q(K)$, ist, dann ist $\partial_{q+1} \circ R_q(x) + R_{q-1} \circ \partial_q(x) = \beta_q(x) - \alpha_q(x)$, und da x ein Zykel ist, also $\partial_q(x) = 0$, ist $\alpha_q(x) = \beta_q(x) - \partial_{q+1} \circ R_q(x)$. In der Homologie ergibt das

$$\begin{aligned}H_q(\alpha)([x]) = [\alpha_q(x)] &= [\beta_q(x) - \partial_{q+1}(R_q(x))] = [\beta_q(x)] \\ &= H_q(\beta)([x]), \quad \text{also} \quad H_q(\alpha) = H_q(\beta). \square\end{aligned}$$

Der nächste Satz ist eine direkte Folgerung:

4.5 Satz. *Sind K und L homotopieäquivalente Kettenkomplexe, so ist $H_q(K) \cong H_q(L)$ für alle $q \in \mathbb{Z}$.*

BEWEIS: Wenn $\alpha : K \to L$ und $\beta : L \to K$ Homomorphismen von Kettenkomplexen sind mit $\beta \circ \alpha \simeq Id_K$ und $\alpha \circ \beta \simeq Id_L$, so gilt für alle $q \in \mathbb{Z}$, daß

$$H_q(\beta) \circ H_q(\alpha) = H_q(\beta \circ \alpha) = H_q(Id_K) = Id_{H_q(K)} \quad \text{und}$$

$$H_q(\alpha) \circ H_q(\beta) = H_q(\alpha \circ \beta) = H_q(Id_L) = Id_{H_q(L)} \quad \text{ist.}$$

Damit ist gezeigt, daß $H_q(\alpha) : H_q(K) \to H_q(L)$ ein Isomorphismus ist. $\square$

Nach dieser Vorbereitung in der Kategorie der Kettenkomplexe wird nun der Hauptsatz dieses Paragraphen formuliert. Sein Beweis erfolgt in mehreren Schritten.

4.6 Satz. *Es seien X und Y topologische Räume und $f, g : X \to Y$ stetige Abbildungen. Wenn f homotop zu g ist, dann ist $H(f) = H(g)$.*

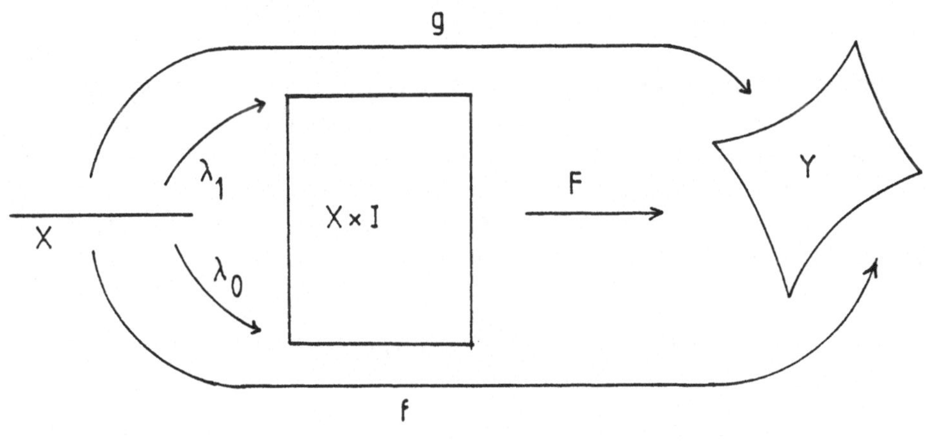

Abb. 26

Sei $F : X \times I \to Y$ eine Homotopie von f nach g. Für alle $t \in I$ wird die Abbildung $\lambda_t : X \to X \times I$ definiert durch $\lambda_t(x) = (x,t)$. Damit ist $F(x,t) = F \circ \lambda_t(x)$ für alle $(x,t) \in X \times I$. Insbesondere ist $f = F_0 = F \circ \lambda_0$ und $g = F_1 = F \circ \lambda_1$.

Wegen des funktoriellen Verhaltens von H_q erhält man daraus $H_q(f) = H_q(F) \circ H_q(\lambda_0)$ und $H_q(g) = H_q(F) \circ H_q(\lambda_1)$. Wenn bewiesen ist, daß $H_q(\lambda_0) = H_q(\lambda_1)$ gilt für alle $q \in \mathbb{Z}$, so ist damit die Aussage von 4.6 bewiesen. Daher genügt es, zum Beweis von 4.6 den folgenden Satz zu beweisen, der natürlich seinerseits aus 4.6 folgt, da λ_0 und λ_1 homotop sind.

4.7 Satz. *Für jeden topologischen Raum X und jedes $t \in I$ sei*

$$\lambda_t^X : X \to X \times I$$

definiert durch $\lambda_t^X(x) = (x,t)$. Dann ist $H(\lambda_0^X) = H(\lambda_1^X)$.

Der Beweis von 4.7 erfolgt durch Konstruktion einer Homotopie $(R_q^X)_{q \in \mathbb{Z}}$, $R_q^X : S_q(X) \to S_{q+1}(X \times I)$, von $S(\lambda_0^X)$ nach $S(\lambda_1^X)$ für jeden topologischen Raum X. Dann läßt sich 4.4 anwenden.

Die Konstruktion der Homotopie wird so durchgeführt, daß sie natürlich ist, das soll heißen: Für jede stetige Abbildung $f : X \to Y$ ist das Diagramm

$$\begin{array}{ccc} S_q(X) & \xrightarrow{R_q^X} & S_{q+1}(X \times I) \\ {\scriptstyle S_q(f)}\downarrow & & \downarrow{\scriptstyle S_{q+1}(f \times Id_I)} \\ S_q(Y) & \xrightarrow{R_q^Y} & S_{q+1}(Y \times I) \end{array} \tag{1}$$

kommutativ.

Nun wird ausgenutzt, daß Δ_q selbst ein topologischer Raum ist und daß ein singuläres Simplex T in X eine stetige Abbildung $T: \Delta_q \to X$ ist. In Δ_q gibt es ein ausgezeichnetes singuläres q-Simplex, nämlich die Identität. Dieses ausgezeichnete singuläre Simplex wird im folgenden mit δ_q bezeichnet. Es hat die Eigenschaft, daß $T \circ \delta_q = T$ ist. Daher kann man das Element $T \in S_q(X)$ auch schreiben in der Form $T = S_q(T)(\delta_q)$, wo $S_q(T): S_q(\Delta_q) \to S_q(X)$ wie üblich die von T induzierte Abbildung bezeichnet. Wenn man das einmal eingesehen hat, so weiß man, wie $R_q^X(T) \in S_{q+1}(X \times I)$ aussieht, da die Konstruktion der R_q ja natürlich sein soll. Es muß dann gelten

$$R_q^X(T) = R_q^X \circ S_q(T)\,(\delta_q) = S_{q+1}(T \times Id_I) \circ R_q^{\Delta_q}(\delta_q).$$

Damit ist durch die Forderung nach Natürlichkeit der Konstruktion von R_q der Homomorphismus R_q^X für alle topologischen Räume X bestimmt, wenn nur $R_q^{\Delta_q}(\delta_q)$ gegeben ist.

Es genügt nun, den Wert von $R_q^{\Delta_q} : S_q(\Delta_q) \to S_{q+1}(\Delta_q \times I)$ auf dem singulären q-Simplex $\delta_q = Id_{\Delta_q}$ für jedes $q \geq 0$ anzugeben, so daß

$$(2) \qquad \partial_{q+1} \circ R_q^{\Delta_q}(\delta_q) + R_{q-1}^{\Delta_q} \circ \partial_q(\delta_q) = S_q(\lambda_1^{\Delta_q})(\delta_q) - S_q(\lambda_0^{\Delta_q})(\delta_q)$$

gilt.

Damit gliedert sich der Beweis in zwei Teile. Im ersten Teil wird gezeigt, daß die Konstruktion von R_q mit den geforderten Bedingungen möglich ist, wenn man $R_q^{\Delta_q}(\delta_q)$ geeignet vorgibt. Im zweiten Teil wird dann gezeigt, daß $R_q^{\Delta_q}(\delta_q)$ mit der geforderten Bedingung (2) für jedes $q \geq 0$ vorgegeben werden kann. Natürlich ist R_q^X der Nullhomomorphismus, wenn q negativ ist.

4.8 Satz. *Für jede nichtnegative ganze Zahl q sei ein Element $R_q(\delta_q) \in S_{q+1}(\Delta_{q+1} \times I)$ vorgegeben, und für jeden topologischen Raum X bezeichne $R_q^X : S_q(X) \to S_{q+1}(X \times I)$ den eindeutig bestimmten Homomorphismus, der auf jedem singulären Simplex T in X den Wert $R_q^X(T) = S_{q+1}(T \times Id_I)R_q(\delta_q)$ annimmt. Dann ist für jede stetige Abbildung $f : X \to Y$ das Diagramm (1) kommutativ. Gilt mit dieser Festsetzung außerdem für jede nichtnegative ganze Zahl q die Formel (2), so ist*

$$\partial_{q+1} R_q^X + R_{q-1}^X \partial_q = S_q(\lambda_1^X) - S_q(\lambda_0^X)$$

für jeden topologischen Raum X erfüllt.

BEWEIS: Es genügt, die Kommutativität des Diagramms (1) ebenso wie die zweite Behauptung auf den Basiselementen nachzurechnen. Dazu sei T ein singuläres q-Simplex in X. Dann ist

$$\begin{aligned} S_{q+1}(f \times Id_I)R_q^X(T) &= S_{q+1}(f \times Id_I)S_{q+1}(T \times Id_I)R_q(\delta_q) \\ &= S_{q+1}((f \circ T) \times Id_I)R_q(\delta_q) = R_q^Y(f \circ T) = R_q^Y \circ S_q(f)(T). \end{aligned}$$

Also gilt: $S_{q+1}(f \times Id_I) \circ R_q^X = R_q^Y \circ S_q(f)$, und die Kommutativität von (1) ist nachgewiesen. Dem Beweis des zweiten Teiles dient die folgende Rechnung unter Benutzung der Kommutativität von (1):

$$\begin{aligned} (\partial_{q+1}R_q^X + R_{q-1}^X\partial_q)(T) &= (\partial_{q+1}R_q^X + R_{q-1}^X\partial_q)S_q(T)(\delta_q) \\ &= (\partial_{q+1}S_{q+1}(T \times Id_I)R_q^{\Delta_q} + R_{q-1}^X S_{q-1}(T)\partial_q)(\delta_q) \\ &= S_q(T \times Id_I)(\partial_{q+1}R_q^{\Delta_q} + R_{q-1}^{\Delta_q}\partial_q)(\delta_q) \\ &= S_q(T \times Id_I)(S_q(\lambda_1^{\Delta_q}) - S_q(\lambda_0^{\Delta_q}))(\delta_q) \\ &= (S_q(\lambda_1^X \circ T) - S_q(\lambda_0^X \circ T))(\delta_q) \\ &= (S_q(\lambda_1^X) - S_q(\lambda_0^X))(T). \end{aligned}$$

Hier wurde ausgenutzt, daß $(T \times Id_I) \circ \lambda_\nu^{\Delta_q}(x) = T \times Id_I(x,\nu) = (T(x),\nu) = \lambda_\nu^X \circ T(x)$ für $\nu \in \{0,1\}$. □

Zur Vorgabe der Elemente $R_q(\delta_q)$ werden die linearen singulären Simplizes aus 2.10 (iii) benutzt. Die konvexe Teilmenge $\Delta_q \times I$ von $\mathbb{R}^{q+2}$ hat die Eckpunkte $A_0 = (e_0,0)$, $A_1 = (e_1,0), \ldots$, $A_q = (e_q,0)$, $B_0 = (e_0,1), \ldots$ $B_q = (e_q,1)$, wo $e_0, e_1, \ldots, e_q$ die kanonischen Basisvektoren des $\mathbb{R}^{q+1}$ sind.

4.9 Definition. Für jede nichtnegative ganze Zahl q wird das Element $R_q(\delta_q)$ $\in S_{q+1}(\Delta_q \times I)$ definiert durch

$$R_q(\delta_q) = \sum_{i=0}^{q}(-1)^i\,(A_0, \ldots, A_i, B_i, B_{i+1}, \ldots, B_q).$$

Die Abbildung 27 veranschaulicht die Definition für $q = 2$.

4.10 Satz. *Mit der Festsetzung von $R_q(\delta_q)$ in 4.9 ist die Gleichung (2) erfüllt.*

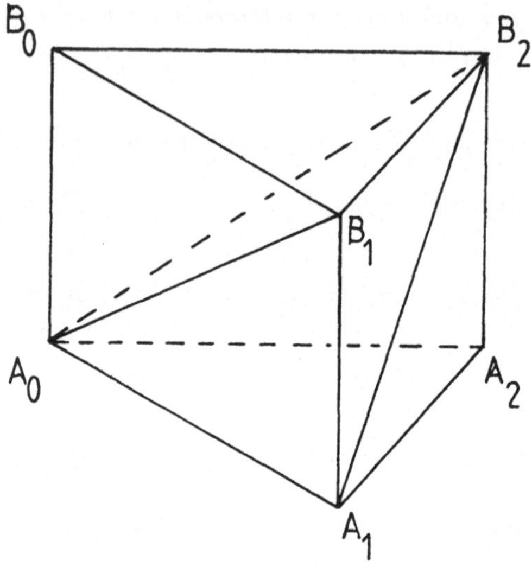

Abb. 27

BEWEIS: Der Beweis erfolgt durch Nachrechnen unter Benutzung der expliziten Form des Randoperators auf den linearen singulären Simplizes.

$$\partial_{q+1}\circ R_q(\delta_q)=\sum_{i=0}^{q}(-1)^i\partial_{q+1}(A_0,\dots,A_i,B_i,\dots,B_q)$$

$$= \sum_{0\leq j\leq i\leq q}(-1)^{i+j}(A_0,\dots,\hat{A}_j,\dots,A_i,B_i,\dots,B_q)$$

$$+ \sum_{0\leq i<j\leq q+1}(-1)^{i+j}(A_0,\dots,A_i,B_i,\dots,\hat{B}_{j-1},\dots,B_q)$$

$$= \sum_{0\leq j\leq i\leq q}(-1)^{i+j}(A_0,\dots,\hat{A}_j,\dots,A_i,B_i,\dots,B_q)$$

$$- \sum_{0\leq i\leq j\leq q}(-1)^{i+j}(A_0,\dots,A_i,B_i,\dots,\hat{B}_j,\dots,B_q)$$

$$R_{q-1}^{\Delta_q}\circ\partial_q(\delta_q)=R_{q-1}^{\Delta_1}\left(\sum_{j=0}^{q}(-1)^j(e_0,\dots,e_j,\dots,e_q)(\delta_{q-1})\right)$$

$$=\sum_{j=0}^{q}(-1)^j S_q((e_0,\dots,\hat{e}_j,\dots,e_q)\times Id_I)\circ R_{q-1}(\delta_{q-1})$$

$$=\sum_{j=0}^{q}(-1)^j S_q((e_0,\dots,\hat{e}_j,\dots,e_q)\times Id_I)\left(\sum_{i=0}^{q-1}(-1)^i(A_0,\dots,A_i,B_i,\dots,B_{q-1})\right)$$

Hier hat man $S_q((e_0,\ldots,\hat{e}_j,\ldots,e_q)\times Id_I)\,(A_0,\ldots,A_i,B_i,\ldots,B_{q-1})$ zu berechnen. Dazu erinnert man sich, wie die A_i und B_i definiert waren. Es ist

$$S_q((e_0,\ldots,\hat{e}_j,\ldots,e_q)\times Id_I)\,((e_0,0),\ldots,(e_i,0),(e_i,1),\ldots,(e_{q-1},1))$$

$$=\begin{cases}((e_0,0),\ldots,\widehat{(e_j,0)},\ldots,(e_{i+1},0),(e_{i+1},1),\ldots,(e_q,1)) & \text{für } j\leqq i\\ ((e_0,0),\ldots,(e_i,0),(e_i,1),\ldots,\widehat{(e_j,1)},\ldots,(e_q,1)) & \text{für } j>i\end{cases}$$

$$=\begin{cases}(A_0,\ldots,\hat{A}_j,\ldots,A_{i+1},B_{i+1},\ldots,B_q) & \text{für } j\leqq i\\ (A_0,\ldots,A_i,B_i,\ldots,\hat{B}_j,\ldots,B_q) & \text{für } j>i.\end{cases}$$

Damit ist

$$R_{q-1}^{\Delta_q}\circ\partial_q(\delta_q)=\sum_{0\leq j\leq i<q}(-1)^{i+j}(A_0,\ldots,\hat{A}_j,\ldots,A_{i+1},B_{i+1},\ldots,B_q)$$

$$+\sum_{0\leq i<j\leq q}(-1)^{i+j}(A_0,\ldots,A_i,B_i,\ldots,\hat{B}_j,\ldots,B_q)$$

$$=-\sum_{0\leq j<i\leq q}(-1)^{i+j}(A_0,\ldots,\hat{A}_j,\ldots,A_i,B_i,\ldots,B_q)$$

$$+\sum_{0\leq i<j\leq q}(-1)^{i+j}(A_0,\ldots,A_i,B_i,\ldots,\hat{B}_j,\ldots,B_q).$$

Durch Addition erhält man

$$\partial_{q+1}\circ R_q(\delta_q)+R_{q-1}^{\Delta_q}\circ\partial_q(\delta_q)=\sum_{0\leq i\leq q}(A_0,\ldots,A_{i-1},B_i,\ldots,B_q)$$

$$-\sum_{0\leq i\leq q}(A_0,\ldots,A_i,B_{i+1},\ldots,B_q)=(B_0,\ldots,B_q)-(A_0,\ldots,A_q)$$

$$=S_q(\lambda_1^{\Delta_q})(\delta_q)-S_q(\lambda_0^{\Delta_q})(\delta_q).\ \square$$

Mit diesem Beweis ist nun für jeden topologischen Raum X eine Homotopie von $S(\lambda_0^X)$ nach $S(\lambda_1^X)$ angegeben. Nach 4.4 ist deshalb $H_q(\lambda_0^X)=H_q(\lambda_1^X)$ für alle $q\in\mathbb{Z}$ und der Satz 4.7 ist bewiesen. Nach den in 4.7 vorangehenden Überlegungen gilt dann auch 4.6. □

Als direkte Anwendung von 4.6 erhält man, daß die Homologiegruppen Homotopieinvarianten sind.

4.11 Satz. *Homotopieäquivalente topologische Räume besitzen isomorphe Homologiegruppen.* □

Um die Sätze 4.6 und 4.11 auf Raumpaare verallgemeinern zu können, wird zunächst der Homotopiebegriff für stetige Abbildungen von Raumpaaren definiert. Das geschieht natürlich so, daß die Abbildungen und ihre Einschränkungen auf die Teilräume homotop sind.

4.12 Definition. (i) Sind $f, g : (X, A) \to (Y, B)$ stetige Abbildungen von Raumpaaren, so heißt f homotop zu g, in Zeichen $f \simeq g$, wenn es eine stetige Abbildung

$$H : (X \times I, A \times I) \to (Y, B)$$

gibt, so daß für alle $x \in X$ gilt $H(x, 0) = f(x)$ und $H(x, 1) = g(x)$. H heißt in diesem Falle eine Homotopie von f nach g.

(ii) Zwei Raumpaare (X, A) und (Y, B) heißen homotopieäquivalent, wenn es stetige Abbildungen $f : (X, A) \to (Y, B)$ und $g : (Y, B) \to (X, A)$ gibt, so daß $g \circ f \simeq Id_{(X,A)}$ und $f \circ g \simeq Id_{(Y,B)}$ gilt.

4.13 Bezeichnung. Statt $(X \times I, A \times I)$ wird im folgenden $(X, A) \times I$ geschrieben.

4.14 Bemerkung. Homotopie ist eine Äquivalenzrelation in der Menge der stetigen Abbildungen $(X, A) \to (Y, B)$. Entsprechend ist Homotopieäquivalenz eine Äquivalenzrelation unter den Raumpaaren. Das braucht man nicht noch einmal nachzurechnen. Man hat im Beweis zu II, 1.4 lediglich zu bemerken, daß bei allen Homotopien $A \times I$ in B abgebildet wird. Ebenso leicht ergibt sich, daß $\mathcal{HTP}^2$, bestehend aus den Raumpaaren als Objekten und den Homotopieklassen von stetigen Abbildungen von Raumpaaren, eine Kategorie ist, das ist die Homotopiekategorie der Raumpaare. Damit sind die Begriffe bereitgestellt, um den zu 4.6 analogen Satz für Raumpaare zu formulieren.

4.15 Satz. *Sind $f, g : (X, A) \to (Y, B)$ homotope stetige Abbildungen von Raumpaaren, so sind die induzierten Homomorphismen der relativen Homologiegruppen $H(f), H(g) : H(X, A) \to H(Y, B)$ gleich.*

BEWEIS: Nach den Überlegungen zum Beweis zu 4.6 genügt es wieder zu zeigen, daß die stetigen Abbildungen $\lambda_0, \lambda_1 : (X, A) \to (X, A) \times I$, die definiert sind durch $\lambda_0(x) = (x, 0)$ und $\lambda_1(x) = (x, 1)$, die gleichen Homomorphismen $H(\lambda_0) = H(\lambda_1)$ induzieren. Dazu wird eine Homotopie

$$(\overline{R}_q)_{q \in \mathbb{Z}}, \ \overline{R}_q : S_q(X, A) \to S_{q+1}((X, A) \times I)$$

von $S_q(\lambda_0)$ nach $S_q(\lambda_1)$ angegeben. In 4.8 bis 4.10 wurden solche Homotopien in den Kettenkomplexen von topologischen Räumen konstruiert und die

Natürlichkeit der Konstruktion nachgewiesen. Daher ist in dem Diagramm

$$\begin{array}{ccccc} S_q(A) & \to & S_q(X) & \xrightarrow{S_q(j)} & S_q(X)/S_q(A) \\ {\scriptstyle R_q^A}\downarrow & & {\scriptstyle R_q^X}\downarrow & & \downarrow{\scriptstyle \overline{R}_q} \\ S_{q+1}(A \times I) & \to & S_{q+1}(X \times I) & \xrightarrow{S_q(j \times Id_I)} & S_{q+1}(X \times I)/S_{q+1}(A \times I) \end{array}$$

das erste Rechteck kommutativ. Aus diesem Grunde definiert R_q^X einen Homomorphismus

$$\overline{R}_q : S_q(X)/S_q(A) \to S_{q+1}(X \times I)/S_{q+1}(A \times I)$$

derart, daß das zweite Rechteck im obigen Diagramm kommutativ ist. Ist $c \in S_q(X)$ und $[c]$ die zugehörige Klasse in $S_q(X)/S_q(A)$, so ist $\overline{R}_q([c]) = [R_q^X(c)]$. Damit rechnet man nun sofort die Eigenschaften einer Homotopie von Homomorphismen von Kettenkomplexen nach:

$$\begin{aligned} &\overline{\partial}_{q+1} \circ \overline{R}_q([c]) + \overline{R}_{q+1} \circ \overline{\partial}_q([c]) = [(\partial_{q+1} \circ R_q + R_{q-1} \circ \partial_q)(c)] \\ &= [S_q(\lambda_1)(c) - S_q(\lambda_0)(c)] = S_q(\lambda_1)([c]) - S_q(\lambda_0)[c]). \end{aligned}$$

Also ist $(\overline{R}_q)_{q \in \mathbb{Z}}$ die gesuchte Homotopie zwischen $S(\lambda_0)$ und $S(\lambda_1)$. □

4.16 Satz. *Wenn zwei Raumpaare (X, A) und (Y, B) homotopieäquivalent sind, dann ist $H_q(X, A) = H_q(Y, B)$ für alle $q \in \mathbb{Z}$.*

Der Beweis dieses Satzes wird dem Leser überlassen. □

4.17 Bemerkung. Der Inhalt dieses Paragraphen läßt sich in der folgenden Feststellung zusammenfassen: Der Homologiefunktor ist ein kovarianter Funktor von der Homotopiekategorie in die Kategorie der graduierten Gruppen und deren Homomorphismen.

4.18 Bemerkung. Die Homotopieinvarianz der Homologiegruppen scheint erst spät explizit formuliert worden zu sein, obwohl es schon früh bekannt war, daß homotope Zykel homolog sind. Spätestens in dem Buch "Topology" von S. Lefschetz (1930) ist die Homotopieinvarianz auch formal festgestellt. Dieses Buch enthält eine 4.1 entsprechende Definition für die Deformation von Ketten und den Beweis der Homotopieinvarianz von Homologieklassen mittels einer Prismenkonstruktion ähnlich der in 4.9.

4.19 Aufgaben

1. Beweisen Sie Satz 4.2.
2. Es sei X eine sternförmige Teilmenge von $\mathbb{R}^n$, d.h. es gibt ein $x_0 \in X$, so daß für alle $x \in X$ die Strecke $\{tx_0 + (1-t)x \mid 0 \leq t \leq 1\}$ ganz in X enthalten ist. Beweisen Sie, daß der singuläre Kettenkomplex $S(X)$ homotopieäquivalent ist zu dem Komplex E aus Beispiel 2.17 (i).
3. Es sei $K = (K_q, \partial_q)_{q \in \mathbb{Z}}$ ein Kettenkomplex mit $H(K) = 0$, und für jedes $q \in \mathbb{Z}$ existiere ein Homomorphismus $p_q : B_q \to K_{q+1}$ mit $\partial_{q+1} \circ p_q = Id_{B_q}$, wo $B_q = Bild\,(\partial_{q+1})$ die Rändergruppe bezeichnet. Beweisen Sie, daß Id_K homotop zum Nullhomomorphismus ist.
4. Berechnen Sie die Homologiegruppe aller topologischen Räume, die aus genau zwei Elementen bestehen.
5. Es sei (X, A) ein Raumpaar, das die HEE besitzt (s. II, 1.16, Aufgabe 9), und A sei zusammenziehbar. $\pi : X \to X/A$ bezeichne die kanonische Projektion. Zeigen Sie, daß $H_q(\pi) : H_q(X) \to H_q(X/A)$ ein Isomorphismus ist für alle $q \in \mathbb{Z}$.

§ 5 Beziehungen zwischen π_1 und H_1

Nachdem eine Reihe von Eigenschaften der Homologiegruppen hergeleitet worden ist, kann man feststellen, daß die Homologiegruppen ähnliche Eigenschaften besitzen wie die Fundamentalgruppen. In diesem Paragraphen werden die Beziehungen zwischen der Fundamentalgruppe und der ersten Homologiegruppe eines topologischen Raumes untersucht. Zunächst ist klar, daß die Fundamentalgruppe und die erste Homologiegruppe auch für wegweise zusammenhängende Räume im allgemeinen verschieden sind, denn die Homologiegruppe ist abelsch, während die Fundamentalgruppe nicht notwendig abelsch ist. Es zeigt sich jedoch, daß für einen wegweise zusammenhängenden Raum die erste Homologiegruppe gleich der "abelsch gemachten" Fundamentalgruppe ist. Die Definition einer Abbildung von $\pi_1(X, x_0)$ nach $H_1(X)$ ist nach Definition der beiden Gruppen naheliegend. Eine Klasse in $\pi_1(X, x_0)$ wird von einem geschlossenen Weg repräsentiert. Da Einheitsintervall und Standard-1-Simplex homöomorph sind, kann man solch einen geschlossenen Weg auch als ein singuläres 1-Simplex betrachten. Dieses 1-Simplex ist ein Zykel, da der Weg geschlossen ist, und repräsentiert eine Homologieklasse in $H_1(X)$. So einleuchtend die Definition dieser Abbildung ist, so wenig ist es klar, daß sie ein Homomorphismus ist.

Für die Untersuchungen in diesem Paragraphen wird ein fester Homöomorphismus zwischen den beiden topologischen Räumen Δ_1 und I gewählt. Der Homöomorphimus $\pi : \Delta_1 \to I$ wird definiert durch $\pi(t_0, t_1) = t_1$.

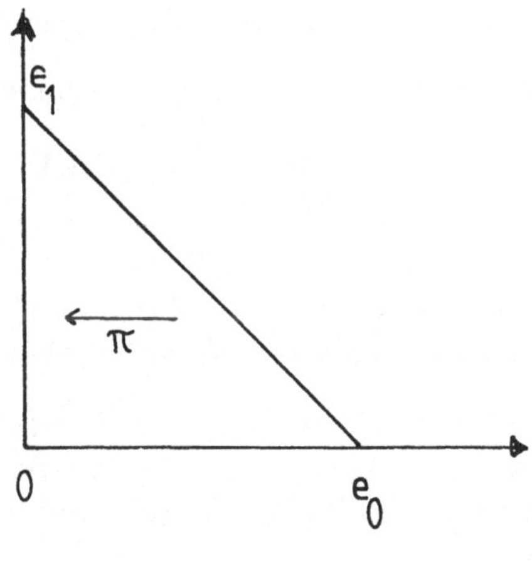

Abb. 28

Dann ist $\rho : I \to \Delta_1$ mit $\rho(t) = (1 - t, t)$ der zu π inverse Homöomorphismus. π wurde so gewählt, daß $\pi(e_0) = 0$ und $\pi(e_1) = 1$ sind.

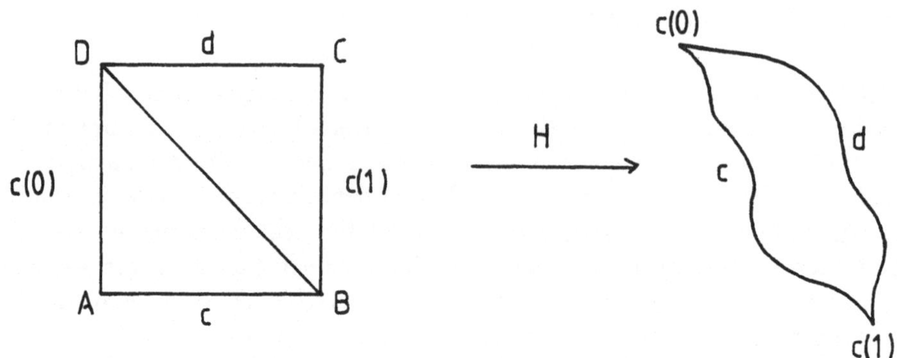

Abb. 29

Es erweist sich für spätere Beweise als zweckmäßig, eine Abbildung nicht nur von $\Omega(X, x_0)$, sondern von der Menge aller Wege in X, die mit X^I bezeichnet wird, in $S_1(X)$ zu erklären. Die Abbildung

$$\chi' : X^I \to S_1(X)$$

wird definiert durch $\chi'(c) = c \circ \pi$ für alle $c \in X^I$. Dann ist

$$\partial_1(\chi'(c)) = \partial_1(c \circ \pi) = c \circ \pi(e_1) - c \circ \pi(e_0) = c(1) - c(0),$$

wo $c(1)$ und $c(0)$ die singulären 0-Simplizes mit Wert $c(1)$ bzw. $c(0)$ in X bezeichnen, entsprechend $c \circ \pi(e_1)$ und $c \circ \pi(e_0)$. Ist $c(0) = c(1) = x_0$, so ist $\chi'(c)$ ein Zykel und repräsentiert eine Homologieklasse $[\chi'(x)] \in H_1(X)$.

5.1 Definition. Ist (X, x_0) ein punktierter Raum, so wird die Abbildung

$$\chi : \Omega(X, x_0) \to H_1(X)$$

definiert durch $\chi(c) = [\chi'(c)] = [c \circ \pi]$.

Da ein Homomorphismus $h : \pi_1(X, x_0) \to H_1(X)$ definiert werden soll, wird nun nachgewiesen, daß χ auf Homotopieklassen *rel* $\{0, 1\}$ konstant ist.

5.2 Satz. *Sind $c, d : I \to X$ Wege in X, die rel$\{0, 1\}$ homotop sind, so ist $\chi'(c) - \chi'(d)$ ein Rand. Wenn $c \in \Omega(X, x_0)$ ist, so ist $\chi(c)$ nur von der Homotopieklasse $\bar{c}$ von c rel$\{0, 1\}$ abhängig, und χ induziert eine Abbildung*

$$h : \pi_1(X, x_0) \to H_1(X),$$

die definiert ist durch $h(\bar{c}) = \chi(c)$.

BEWEIS: Es sei $H : I \times I \to X$ eine Homotopie *rel* $\{0, 1\}$ von c nach d.

Die Ecken von $I \times I$ werden wie folgt benannt: $A = (0,0)$, $B = (1,0)$, $C = (1,1)$, $D = (0,1)$. Da $I \times I$ eine konvexe Teilmenge des $\mathbb{R}^2$ ist, kann man wieder die linearen singulären Simplizes aus 2.10 (iii) benutzen. Um nachzuweisen, daß $\chi'(c) - \chi'(d)$ ein Rand ist, berechnet man den Rand der Kette $H \circ (A, B, D) - H \circ (B, D, C) \in S_2(X)$.

Es ist

$$\partial_2(H \circ (A,B,D) - H \circ (B,D,C)) = H \circ (B,D) - H \circ (A,D) + H \circ (A,B)$$
$$- H \circ (D,C) + H \circ (B,C) - H \circ (B,D) = c \circ \pi - c(0) - d \circ \pi + c(1).$$

Da die konstante Kette $c(0) \in S_2(X)$ den Rand $\partial_2(c(0)) = c(0)$ hat, entsprechend $c(1)$, ist

$$\begin{aligned}\chi'(c) - \chi'(d) &= c \circ \pi - d \circ \pi \\ &= \partial_2(H \circ (A,B,D) - H \circ (B,D,C) + c(0) - c(1)),\end{aligned}$$

und $\chi'(c) - \chi'(d)$ ist ein Rand.
Ist $c \in \Omega(X, x_0)$, so hängt $\chi(c)$ nur von der Klasse $\bar{c} \in \pi_1(X, x_0)$ ab, und durch die Festsetzung $h(\bar{c}) = \chi(c)$ erhält man eine Abbildung

$$h : \pi_1(X, x_0) \to H_1(X). \square$$

Es soll nun nachgewiesen werden, daß h ein Homomorphismus ist. Auch hier wird zunächst ein etwas allgemeineres Ergebnis bewiesen.

5.3 Satz. *Sind c, d Wege in X mit $c(1) = d(0)$, dann ist $\chi'(c*d) - \chi'(c) - \chi'(d)$ ein Rand. Damit ist*

$$h : \pi_1(X, x_0) \to H_1(X)$$

ein Homomorphismus von Gruppen.

BEWEIS: Es ist eine geeignete 2-Kette zu definieren, die die Kette $\chi'(c * d) - \chi'(c) - \chi'(d)$ als Rand hat. Dazu seien $A = (0,0)$, $B = (1,0)$, $C = (\frac{1}{2}, 1)$. $F : I \times I \to X$ werde definiert durch $F(s,t) = c * d(s)$.
Dann ist $F(\frac{1}{2}s, s) = c(s)$ und $F(\frac{1}{2} + \frac{1}{2}s, 1 - s) = d(s)$ für alle $s \in I$, und

$$\begin{aligned}\partial_2(F \circ (A,C,B)) &= F \circ (C,B) - F \circ (A,B) + F \circ (A,C) \\ &= d \circ \pi - (c * d) \circ \pi + c \circ \pi \\ &= \chi'(d) + \chi'(c) - \chi'(c * d).\end{aligned}$$

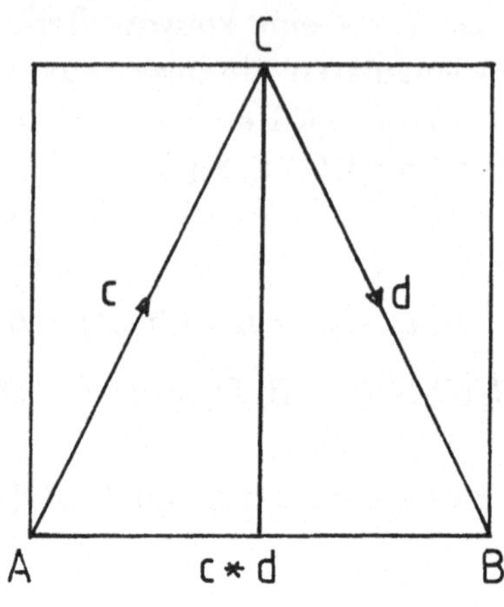

Abb. 30

Diese letzte Gleichheit rechnet man folgendermaßen nach:

$$F \circ (C, B)(t_0, t_1) = F(t_0 C + t_1 B) = F\left(\frac{1}{2}t_0 + t_1, t_0\right)$$

$$= F\left(\frac{1}{2}(1 - t_1) + t_1, t_0\right) = F\left(\frac{1}{2} + \frac{1}{2}t_1, t_0\right) = d(t_1) = d \circ \pi(t_0, t_1),$$

$$F \circ (A, B)(t_0, t_1) = F(t_0 A + t_1 B) = F(t_1, 0) = c * d(t_1)$$

$$= c * d \circ \pi(t_0, t_1).$$

$$F \circ (A, C)(t_0, t_1) = F(t_0 A + t_1 C) = F\left(\frac{1}{2}t_1, t_1\right) = c(t_1)$$

$$= c \circ \pi(t_0, t_1).$$

Insbesondere gilt für $c, d \in \Omega(X, x_0)$, daß $h(\overline{c} \cdot \overline{d}) = h(\overline{c * d}) = \chi(c * d) = \chi(c) + \chi(d) = h(\overline{c}) + h(\overline{d})$, und h ist ein Homomorphismus von Gruppen. □

5.4 Satz. *Ist X ein wegweise zusammenhängender Raum, so ist der Homomorphismus $h : \pi_1(X, x_0) \to H_1(X)$ surjektiv.*

BEWEIS: Es sei $x \in H_1(X)$, und x werde repräsentiert von einem Zykel $c = \sum_{i=1}^{s} n_i c_i$ mit $n_i \in \mathbb{Z}$ und $c_i : \Delta_1 \to X$ stetig. Da c ein Zykel ist, ist

$$\partial_1(c) = \sum_{i=1}^{s} n_i \partial_1(c_i) = \sum_{i=1}^{s} n_i(c_i(e_1) - c_i(e_0)) = 0,$$

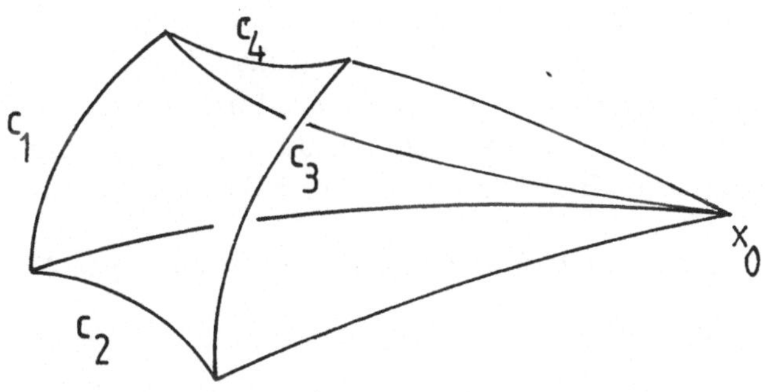

Abb. 31

und die Summe der Koeffizienten von jedem der in der letzten Summe auftretenden 0-Simplizes verschwindet.

Da geschlossene Wege in X mit Anfangs-und Endpunkt x_0 gesucht werden, werden die 1-Simplizes c_i zu geschlossenen Wegen ergänzt. Dazu wird jeder der in $\partial_1(c)$ auftretenden Punkte $c_i(e_\nu)$ durch einen Weg a_i^ν mit x_0 verbunden, d.h. zu jedem $c_i(e_\nu)$ wird ein Weg $a_i^\nu : I \to X$ definiert mit $a_i^\nu(0) = x_0$ und $a_i^\nu(1) = c_i(e_\nu)$, und es soll $a_i^\nu = a_i^\mu$ sein, wenn $c_i(e_\nu) = c_j(e_\mu)$ ist. Außerdem wird a_i^ν als der konstante Weg x_0 gewählt, wenn $c_i(e_\nu) = x_0$ ist. Dann ist

$$\sum_i n_i(a_i^1 \circ \pi - a_i^0 \circ \pi) = 0, \quad \text{da} \quad \sum_i n_i(c_i(e_1) - c_i(e_0)) = 0$$

ist, und die Kette $\sum_{i=0}^s n_i(a_i^1 \circ \pi + c_i - a_i^0 \circ \pi)$ repräsentiert ebenfalls x. Nun ist

$$\begin{aligned} a_i^1 \circ \pi + c_i - a_i^0 \circ \pi &= \chi'(a_i^1) + \chi'(c_i \circ \rho) - \chi'(a_i^0) \\ &= \chi'((a_i^1 * (c_i \circ \rho)) * a_i^{0-}) \; mod \; B_1(X). \end{aligned}$$

Dabei wurde benutzt, daß $\chi'(a_i^{0-}) = -\chi'(a_i^0) \; mod \; B_1(X)$ ist nach 5.3.

Damit ist aber

$$\begin{aligned} \sum_{i=1}^s n_i c_i &= \sum_{i=0}^s n_i(a_i^1 \circ \pi + c_i - a_i^0 \circ \pi) \\ &= \sum_{i=1}^s n_i \chi'((a_i^1 * (c_i \circ \rho)) * a_i^{0-}) \; mod \; B_1(X), \text{ also} \end{aligned}$$

$$x = h\left(\prod_{i=1}^s \overline{(a_i^1 * (c_i \circ \rho) * a_i^{0-})}^{\,n_i}\right). \square$$

5.5 Bemerkung. Bevor die Untersuchung des Homomorphismus h fortgesetzt wird, sei kurz an den Begriff der Kommutatoruntergruppe einer Gruppe erinnert. Ist G ein Gruppe, so heißt die von der Menge $\{aba^{-1}b^{-1} \mid a, b \in G\}$ erzeugte Untergruppe von G die Kommutatoruntergruppe K von G. K ist ein Normalteiler von G und wird durch die Eigenschaft charakterisiert, daß er der kleinste Normalteiler mit abelscher Faktorgruppe ist.

5.6 Satz. *Kern(h) ist gleich der Kommutatoruntergruppe K von $\pi_1(X, x_0)$.*

BEWEIS: O.B.d.A. kann man voraussetzen, daß X wegweise zusammenhängend ist. Andernfalls kann man sich auf die Wegzusammenhangskomponente von x_0 beschränken.
Da $H_1(X)$ abelsch ist, ist $\pi_1(X, x_0)/Kern\,(h)$ abelsch, und nach der vorhergehenden Bemerkung ist $K \subset Kern\,(h)$. Aus diesem Grund induziert h einen Homomorphismus

$$\overline{h} : \pi_1(X, x_0)/K \to H_1(X).$$

Es wird gezeigt, daß $\overline{h}$ injektiv ist. Dazu wird ausgenutzt, daß $\pi_1(X, x_0)/K$ abelsch ist. Die Klasse von $c \in \Omega(X, x_0)$ in $\pi_1(X, x_0)$ wird mit $\overline{c}$ und in $\pi_1(X, x_0)/K$ mit $[c]$ bezeichnet.
Es sei nun $c \in \Omega(X, x_0)$ und $\overline{h}([c]) = h(\overline{c}) = \chi(c) = 0$. Dann existiert ein $F \in S_2(X)$ mit $\partial_2(F) = \chi'(c)$. Die 2-Kette F hat die Form $F = \sum_{i=1}^{s} n_i F_i$ mit $n_i \in \mathbb{Z}$ und singulären 2-Simplizes $F_1, \ldots, F_s$ in X. Berechnung von $\partial_2(F)$ liefert

$$\begin{aligned}\partial_2(F) &= \sum_{i=1}^{s} n_i(F_i \circ (e_1, e_2) - F_i \circ (e_0, e_2) + F_i \circ (e_0, e_1)) \\ &= \sum_{i=1}^{s} n_i(\chi'(F_i^{1,2}) - \chi'(F_i^{0,2}) + \chi'(F_i^{0,1})),\end{aligned}$$

wo im letzten Ausdruck $F_i^{\mu,\nu} = F_i \circ (e_\mu, e_\nu) \circ \rho$ gesetzt wurde. Da $\partial_2(F) = \chi'(c)$ ist, steht nach Ausrechnen in der letzten Summe nur $\chi'(c)$ mit Koeffizient 1, während die Koeffizienten aller übrigen auftretenden 1-Simplizes verschwinden.

Um Wege in $\Omega(X, x_0)$ zu erhalten, werden die Wege $F_i^{\mu,\nu}$ zu geschlossenen Wegen ergänzt: Es seien $a_i^\nu : I \to X$ Wege mit $a_i^\nu(0) = x_0$ und $a_i^\nu(1) = F_i(e_\nu)$ derart, daß $a_i^\nu = a_j^\mu$ ist, wenn $F_i(e_\nu) = F_j(e_\mu)$ ist. a_i^ν wird als der konstante Weg x_0 gewählt, wenn $F_i(e_\nu) = x_0$ ist.

Da in $\partial_2 F$ sich alle Summanden $\chi'(F_\nu^{\kappa\lambda})$ bis auf einen, der gleich $\chi'(c)$ ist wegheben, heben sich ebenso in $\sum n_\nu(\chi'(A_\nu^{12}) - \chi'(A_\nu^{02}) + \chi'(A_\nu^{01}))$ mit $A_\nu^{\kappa\lambda} = a_\nu^\kappa * F_\nu^{\kappa\lambda} * a_\nu^{\lambda-}$ alle $\chi'(A_\nu^{\kappa\lambda})$ weg bis auf eines, nämlich $\chi'(x_0 * c * x_0)$. Wegen dieser Tatsache gilt in der kommutativen Gruppe $\pi_1(X, x_0)/K$ die Gleichheit

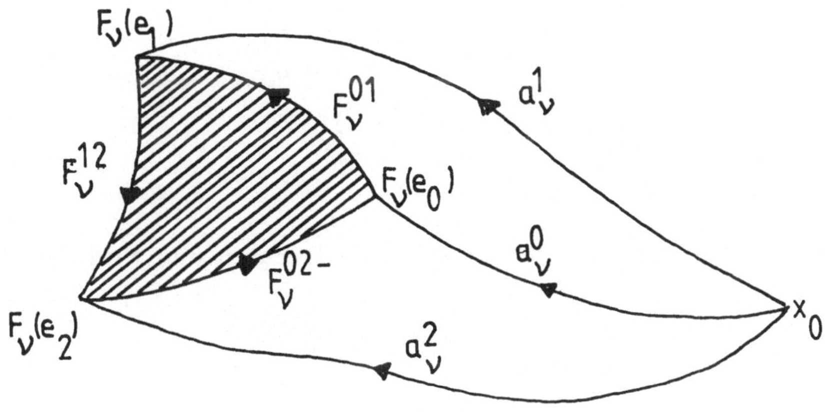

Abb. 32

$[c] = [x_0 * c * x_0] = \prod [A_\nu^{12} * A_\nu^{02-} * A_\nu^{01}]^{n_\nu}$. Andererseits ist aber $A_\nu^{12} * A_\nu^{02-} * A_\nu^{01} \simeq x_0 \; rel \, \{0,1\}$, da bis auf Homotopie $rel \, \{0,1\}$ gilt:

$$\begin{aligned} A_\nu^{12} * A_\nu^{02-} * A_\nu^{01} &= a_\nu^1 * F_\nu^{12} * a_\nu^{2-} * a_\nu^2 * F_\nu^{02-} * a_\nu^{0-} * a_\nu^0 * F_\nu^{01} * a_\nu^{1-} \\ &= a_\nu^1 * F_\nu^{12} * F_\nu^{02-} * F_\nu^{01} * a_\nu^{1-} = a_\nu^1 * a_\nu^{1-} = x_0 \; rel \, \{0,1\}. \end{aligned}$$

Also ist $[c] = 0$ und $\overline{c} \in K$. □

Zusammenfassend erhält man damit den folgenden Satz.

5.7 Satz. *Wenn X ein wegweise zusammenhängender topologischer Raum ist, ist $H_1(X)$ isomorph zu $\pi_1(X, x_0)/K$, wo K die Kommutatoruntergruppe von $\pi_1(X, x_0)$ bezeichnet. Ist insbesondere $\pi_1(X, x_0)$ abelsch, so ist $H_1(X)$ isomorph zu $\pi_1(X, x_0)$.* □

5.8 Beispiele.

(i) $H_1(S^1) \cong \mathbb{Z}$.

(ii) $H_1(S^n) = 0$ für $n > 1$.

(iii) $H_1(\mathbb{R}P^n) \cong \mathbb{Z}/2\mathbb{Z}$ für $n \geq 2$.

5.9 Satz. *Der Homomorphismus $h : \pi_1(X, x_0) \to H_1(X)$ aus 5.3 verhält sich natürlich gegenüber stetigen Abbildungen von punktierten Räumen, d.h. für* *jede stetige Abbildung von punktierten Räumen* $f : (X, x_0) \to (Y, y_0)$ *ist das Diagramm*

$$\begin{array}{ccc} \pi_1(X, x_0) & \xrightarrow{h} & H_1(X) \\ {\scriptstyle \pi_1(f)} \downarrow & & \downarrow {\scriptstyle H_1(f)} \\ \pi_1(Y, y_0) & \xrightarrow{h} & H_1(Y) \end{array}$$

kommutativ.

Der Beweis erfolgt durch einfaches Nachrechnen und wird dem Leser überlassen. □

5.10 Aufgaben

1. Geben Sie zwei topologische Räume an, die verschiedene Fundamentalgruppen aber gleiche erste Homologiegruppen besitzen.
2. Es seien s ein erzeugendes Element von $H_1(S^1)$, $m \in \mathbb{Z}$ und $f : S^1 \to S^1$ definiert durch $f(z) = z^m$. Zeigen Sie, daß $H_1(f)s = m \cdot s$ ist.
3. Es seien X ein topologischer Raum, $x_0, x_1 \in X$ und $r : I \to X$ ein Weg mit $r(0) = x_1$ und $r(1) = x_0$. Zeigen Sie, daß das Diagramm

$$\begin{array}{ccc} \pi_1(X, x_0) & \searrow^{h} & \\ {\scriptstyle \alpha_r} \downarrow & & H_1(X) \\ \pi_1(X, x_1) & \nearrow_{h} & \end{array}$$

kommutativ ist, in dem α_r den in II, 2.10 definierten Homomorphismus bezeichnet.

§ 6 Der Ausschneidungssatz

Der Ausschneidungssatz beschreibt eine weitere fundamentale Eigenschaft der Homologietheorie. Er sagt aus, daß die relative Homologiegruppe $H_q(X, A)$ isomorph ist zu $H_q(X \setminus U, A \setminus U)$, wenn die abgeschlossene Hülle von U im offenen Kern von A enthalten ist. Es ist klar, daß dieser Satz ein nützliches Hilfsmittel zur Berechnung der relativen Homologiegruppen ist und über die exakte Homologiesequenz eines Raumpaares auch zur Berechnung der Homologiegruppen eines Raumes herangezogen werden kann.
Der Beweis des Ausschneidungssatzes läßt sich folgendermaßen skizzieren: Jedes Element aus $H_q(X, A)$ wird repräsentiert von einem Zykel z modulo A. Es wird nun gezeigt, daß z modulo A homolog ist zu einem Zykel $w + w'$, wo w Linearkombination von "kleinen q-Simplizes" in $X \setminus U$ und w' eine Linearkombination von "kleinen q-Simplizes" in A ist. Da w' als Kette in $S_q(A)$ für die relative Homologiegruppe modulo A keine Rolle spielt, repräsentieren z und w in $H_q(X, A)$ die gleiche Homologieklasse. Die Erzeugung der "kleinen Simplizes" erfolgt in geometrischer Weise durch Unterteilung der Simplizes. Zunächst werden die Konstruktionen zur Verkleinerung der singulären Simplizes in einer Kette angegeben.

6.1 Definition. X sei eine konvexe Teilmenge des $\mathbb{R}^n$ und q eine nichtnegative ganze Zahl. Ein lineares q-Simplex in X ist ein singuläres q-Simplex

$$T : \Delta_q \to X,$$

das Einschränkung einer linearen Abbildung von $\mathbb{R}^{q+1}$ in $\mathbb{R}^n$ ist. Die von den linearen q-Simplizes in X erzeugte freie abelsche Gruppe heißt die q-te lineare Kettengruppe von X und wird mit $SL_q(X)$ bezeichnet. Für negative ganze Zahlen wird $SL_q(X) = 0$ gesetzt. Der Randoperator $\partial_q : S_q(X) \to S_{q-1}(X)$ definiert durch Einschränkung auf die Untergruppe $SL_q(X)$ einen Homomorphismus

$$\partial_q : SL_q(X) \to SL_{q-1}(X).$$

Der Kettenkomplex $SL(X) = (SL_q(X), \partial_q)$ ist ein Unterkomplex von $S(X)$ und heißt der lineare Kettenkomplex von X.

6.2 Bemerkung. Wenn T ein lineares q-Simplex in X ist, dann ist für alle $(t_0, \ldots, t_q) \in \Delta_q$

$$T(t_0, \ldots, t_q) = t_0 T(e_0) + t_1 T(e_1) + \ldots + t_q T(e_q),$$

wo e_i den i-ten Basisvektor der kanonischen Basis des $\mathbb{R}^{q+1}$ bezeichnet. Setzt man $T(e_i) = A_i$ für $i \in \{0, \ldots, q\}$, so ist $T = (A_0, \ldots, A_q)$, wo $(A_0, \ldots, A_q)$

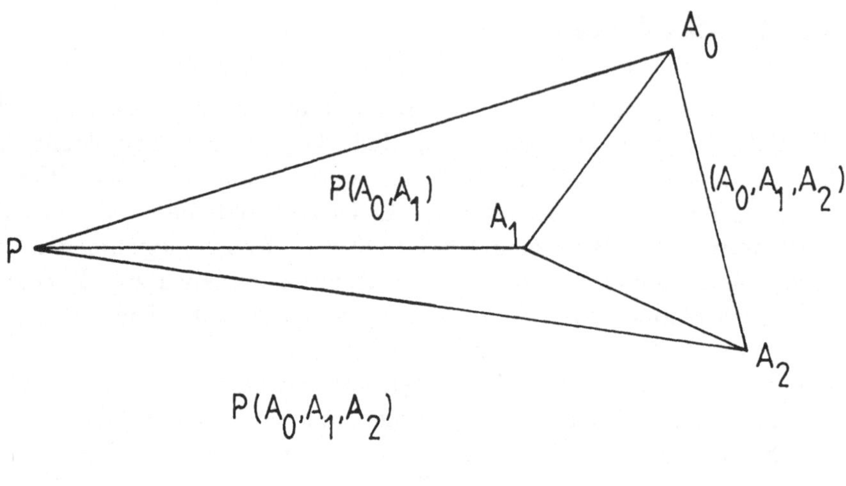

Abb. 33

das in Beispiel 2.10 (iii) eingeführte lineare Simplex bezeichnet, und $\partial_q(T)$ hat die Form

$$\partial_q((A_0,\ldots,A_q)) = \sum_{i=0}^{q}(-1)^i(A_0,\ldots,\hat{A},\ldots,A_q),$$

ist also insbesondere in $SL_{q-1}(X)$.

Sind $A_0,\ldots,A_q \in X$, und ist P ein weiterer Punkt in X, so kann man durch eine einfache Kegelkonstruktion dem linearen q-Simplex $(A_0,\ldots,A_q)$ das lineare $(q+1)$-Simplex $P(A_0,\ldots,A_q) = (P,A_0,\ldots,A_q)$ zuordnen. $P(A_0,\ldots,A_q)$ ist der Kegel über $(A_0,\ldots,A_q)$ mit Spitze P. Diese Zuordnung zwischen den linearen Simplizes führt in bekannter Weise gemäß 1.7 zu einem Homomorphismus der linearen Kettengruppen.

6.3 Definition. Es sei X eine konvexe Teilmenge des $\mathbb{R}^n$ und $P \in X$. Für jede nichtnegative ganze Zahl q ist der Homomorphismus

$$K_P : SL_q(X) \to SL_{q+1}(X)$$

der eindeutig bestimmte Homomorphismus mit $K_P((A_0,\ldots,A_q)) = (P,A_0,\ldots,A_q)$ für jedes lineare q-Simplex $(A_0,\ldots,A_q)$ in X. Wenn $q<0$ ist, wird K_P als der Nullhomomorphismus definiert. K_P heißt Kegelkonstruktion mit Spitze P.

6.4 Hilfssatz. *Für alle positiven, ganzen Zahlen q und alle $c \in SL_q(X)$ ist*

$$\partial_{q+1} \circ K_P(c) = c - K_P \circ \partial_q(c), \text{ und für } c \in SL_0(X) \text{ ist}$$
$$\partial_1 \circ K_P(c) = c - \varepsilon_0(c)\,(P),$$

wo $\varepsilon_0 : SL_0(X) \to \mathbb{Z}$ den eindeutig bestimmten Homomorphismus mit $\varepsilon_0(T) = 1$ für jedes lineare 0-Simplex T in X bezeichnet.

BEWEIS: Es genügt, die Behauptung auf den Basiselementen nachzurechnen. Dazu sei $q \geq 1$ und $(A_0, \ldots, A_q)$ ein lineares q-Simplex in X. Dann ist

$$\begin{aligned}
\partial_{q+1} \circ K_P((A_0, \ldots, A_q)) &= \partial_{q+1}((P, A_0, \ldots, A_q)) \\
&= (A_0, \ldots, A_q) - \sum_{i=0}^{q} (-1)^i (P, A_0, \ldots, \hat{A}_i, \ldots, A_q) \\
&= (A_0, \ldots, A_q) - \sum_{i=0}^{q} (-1)^i P(A_0, \ldots, \hat{A}_i, \ldots, A_q) \\
&= (A_0, \ldots, A_q) - K_P \circ \partial_q((A_0, \ldots, A_q)).
\end{aligned}$$

Für $q = 0$ erhält man $\partial_1 K_P((A_0)) = \partial_1((P, A_0)) = (A_0) - (P)$. □

Der Beweis des folgenden Hilfssatzes wird als einfache Übungsaufgabe dem Leser überlassen.

6.5 Hilfssatz. *Seien X und Y konvexe Teilmengen von $\mathbb{R}^n$ bzw. $\mathbb{R}^k$, $f : X \to Y$ Einschränkung einer linearen Abbildung von $\mathbb{R}^n$ in $\mathbb{R}^k$ und $B \in X$. Im linearen Komplex ist für alle $q \geq 0$*

$$S_{q+1}(f) \circ K_B = K_{f(B)} \circ S_q(f).$$

(Man beachte, daß $S_q(f)$ den linearen Komplex $SL_q(X)$ in den linearen Komplex $SL_q(Y)$ abbildet.) □

Im folgenden wird für jeden topologischen Raum X ein Unterteilungsoperator

$$U : S(X) \to S(X)$$

konstruiert, so daß U ein Homomorphismus von Kettenkomplexen ist, und eine Homotopie $R = (R_q)_{q \in \mathbb{Z}}$

$$R_q : S_q(X) \to S_{q+1}(X)$$

von U zur Identität auf $S(X)$. Beide Operatoren werden so definiert, daß sie sich gegenüber stetigen Abbildungen natürlich verhalten, d.h. für jede stetige Abbildung $f: X \to Y$ sollen die beiden Diagramme

$$\begin{array}{ccc} S_q(X) & \xrightarrow{U_q} & S_q(X) \\ {\scriptstyle S_q(f)}\downarrow & & \downarrow{\scriptstyle S_q(f)} \\ S_q(Y) & \xrightarrow{U_q} & S_q(Y) \end{array}$$

und

$$\begin{array}{ccc} S_q(X) & \xrightarrow{R_q} & S_{q+1}(X) \\ {\scriptstyle S_q(f)}\downarrow & & \downarrow{\scriptstyle S_{q+1}(f)} \\ S_q(Y) & \xrightarrow{R_q} & S_{q+1}(Y) \end{array}$$

kommutativ sein. Diese zusätzliche Forderung führt dazu, daß beide Operatoren U_q und R_q bekannt sind, wenn ihr Wert auf dem ausgezeichneten q-Simplex $\delta_q = Id_{\Delta_q}$ bekannt ist.
Dann muß nämlich für jedes singuläre q-Simplex $T: \Delta_q \to X$ gelten:

$$U_q(T) = U_q(T \circ \delta_q) = U_q(S_q(T)(\delta_q)) = S_q(T) \circ U_q(\delta_q) \quad \text{und}$$
$$R_q(T) = R_q(T \circ \delta_q) = R_q(S_q(T)(\delta_q)) = S_{q+1}(T) \circ R_q(\delta_q).$$

Das ausgezeichnete singuläre q-Simplex δ_q ist aber ein lineares Simplex in der konvexen Teilmenge Δ_q des $\mathbb{R}^{q+1}$ und ist damit ein Basiselement der linearen Kettengruppe $SL_q(\Delta_q)$, in der die oben angegebene Kegelkonstruktion durchgeführt werden kann. Da $SL(\Delta_q)$ Unterkomplex von $S(\Delta_q)$ ist, ist jedes Element aus $SL_q(\Delta_q)$ auch Element aus $S_q(\Delta_q)$, und man kann darauf den Homomorphismus $S_q(T)$ anwenden.

Zur geometrischen Unterteilung eines Simplexes wird ein ausgezeichneter Punkt dieses Simplexes, nämlich sein Schwerpunkt herangezogen.

6.6 Definition. Für jede nichtnegative ganze Zahl q wird der Schwerpunkt des Standardsimplexes Δ_q definiert als

$$B_q = \left(\frac{1}{q+1}, \ldots, \frac{1}{q+1}\right) = \frac{1}{q+1}\,(e_0 + e_1 + \ldots + e_q).$$

Ist X eine konvexe Teilmenge des $\mathbb{R}^n$, und sind $A_0, \ldots, A_q \in X$, so heißt der Punkt

$$(A_0, \ldots, A_q)\,(B_q) = \frac{1}{q+1}\,(A_0 + \ldots + A_q)$$

der Schwerpunkt von $(A_0, \ldots, A_q)$ und wird mit $B(A_0, \ldots, A_q)$ bezeichnet.

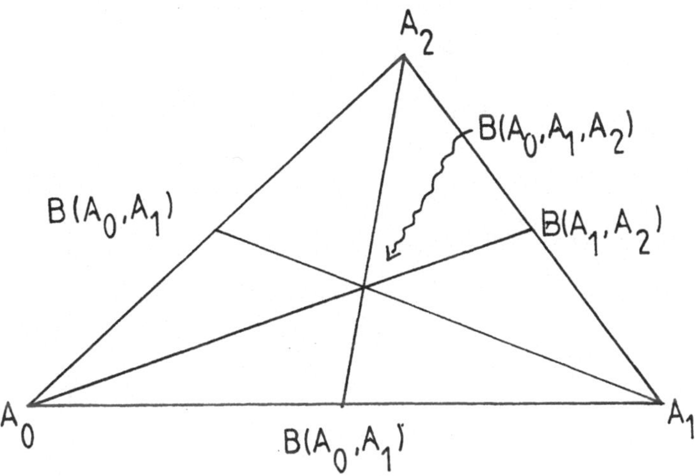

Abb. 34

6.7 Beispiel. Für $q = 1$ ist $B(A_0, A_1) = \frac{1}{2}\,(A_0 + A_1)$ der Mittelpunkt der Strecke von A_0 nach A_1. Ist $q = 2$ und liegen A_0, A_1, A_2 nicht auf einer Geraden, so ist $B(A_0, A_1, A_2) = \frac{1}{3}\,(A_0 + A_1 + A_2)$ der Schwerpunkt des Dreiecks mit den Ecken A_0, A_1, A_2 und der Schnittpunkt der drei Seitenhalbierenden $B(A_0, A_1, A_2) = \frac{1}{3}A_0 + \frac{2}{3}B(A_1, A_2) = \frac{1}{3}A_1 + \frac{2}{3}B(A_0, A_2) = \frac{1}{3}A_2 + \frac{2}{3}B(A_0, A_1)$.

6.8 Definition. Sind X ein topologischer Raum und q eine nichtnegative ganze Zahl, so wird der Unterteilungsoperator $U_q : S_q(X) \to S_q(X)$ definiert durch $U_q(T) = S_q(T) \circ U_q(\delta_q)$ für jedes singuläre q-Simplex T in X mit der Festsetzung $U_0(\delta_0) = \delta_0$ und $U_q(\delta_q) = K_{B_q} \circ U_{q-1} \circ \partial_q(\delta_q)$ für $q \geq 1$. Für $q < 0$ ist U_q der Nullhomomorphismus.

Für die explizite Rechnung mit linearen Simplizes ist die folgende Formel nützlich, deren Beweis durch einfache Rechnung wieder dem Leser überlassen wird.

6.9 Hilfssatz. *Wenn* $A_0, \ldots, A_q \in \mathbb{R}^n$ *und* $q \geq 1$, *ist* $U_q((A_0, \ldots, A_q)) = K_{B(A_0,\ldots,A_q)} \circ U_{q-1} \circ \partial_q((A_0, \ldots, A_q))$. □

Damit läßt sich explizit das nächste Beispiel berechnen, das zur Veranschaulichung der Konstruktion dient.

6.10 Beispiel. Es seien $A_0, A_1, A_2 \in \mathbb{R}^2$. Dann ist nach 6.9

$$\begin{aligned} U_1((A_0, A_1)) &= K_{B(A_0,A_1)} \circ U_0((A_1) - (A_0)) \\ &= K_{B(A_0,A_1)}\,((A_1) - (A_0)) \\ &= (B(A_0, A_1), A_1) - (B(A_0, A_1), A_0) \end{aligned}$$

und

$$\begin{aligned} &U_2((A_0, A_1, A_2)) = K_{B(A_0,A_1,A_2)} \circ U_1 \circ \partial_2((A_0, A_1, A_2)) \\ &= K_{B(A_0,A_1,A_2)} \circ U_1((A_1, A_2) - (A_0, A_2) + (A_0, A_1)) \\ &= K_{B(A_0,A_1,A_2)}((B(A_1, A_2), A_2) - (B(A_1, A_2), A_1) - (B(A_0, A_2), A_2) \\ &\quad + (B(A_0, A_2), A_0) + (B(A_0, A_1), A_1) - (B(A_0, A_1), A_0)) \\ &= (B(A_0, A_1, A_2),\ B(A_1, A_2), A_2) - (B(A_0, A_1, A_2),\ B(A_1, A_2), A_1) \\ &\quad - (B(A_0, A_1, A_2), B(A_0, A_2), A_2) + (B(A_0, A_1, A_2), B(A_0, A_2), A_0) \\ &\quad + (B(A_0, A_1, A_2), B(A_0, A_1), A_1) - (B(A_0, A_1, A_2), B(A_0, A_1), A_0) \end{aligned}$$

Die Unterteilung geht also so vor sich (vgl. Abb. 34), daß zunächst die Strecken durch ihren Schwerpunkt, das ist der Mittelpunkt, unterteilt werden. Der Schwerpunkt des 2-Simplexes wird dann mit allen vorher vorhandenen Ecken und Schwerpunkten verbunden usw.

6.11 Satz. *Der in* 6.8 *für jeden topologischen Raum* X *definierte Unterteilungsoperator* $U_q : S_q(X) \to S_q(X)$ *verhält sich natürlich gegenüber stetigen Abbildungen, und die Folge* $U = (U_q)_{q \in \mathbb{Z}}$ *ist ein Homomorphismus von Kettenkomplexen, d.h. für alle* $q \in \mathbb{Z}$ *ist*

$$U_{q-1} \circ \partial_q = \partial_q \circ U_q.$$

Beweis: Zum Nachweis der Natürlichkeit gegenüber stetigen Abbildungen ist zu zeigen, daß für jede stetige Abbildung $f : X \to Y$ gilt

$$S_q(f) \circ U_q = U_q \circ S_q(f).$$

Es genügt, diese Gleichheit auf den Basiselementen von $S_q(X)$ nachzurechnen. Dazu sei $T : \Delta_q \to X$ ein singuläres q-Simplex. Dann ist

$$\begin{aligned} S_q(f) \circ U_q(T) &= S_q(f) \circ S_q(T) \circ U_q(\delta_q) \\ &= S_q(f \circ T) \circ U_q(\delta_q) \\ &= U_q(f \circ T) = U_q \circ S_q(f)\,(T). \end{aligned}$$

Der zweite Teil der Behauptung ist für $q \leq 0$ trivial, da dann $\partial_q = 0$ ist. Für $q \geq 1$ erfolgt der Beweis mit vollständiger Induktion durch Ausrechnen auf einem singulären q-Simplex T in X. Dabei werden die Definition von $U_q(\delta_q)$ in 6.8 und Hilfssatz 6.4 ausgenutzt.

Für $q = 1$ ist

$$\begin{aligned}\partial_1 \circ U_1(T) &= S_0(T) \circ \partial_1 \circ U_1(\delta_1) = S_0(T) \circ \partial_1(K_{B_1} \circ U_0(\partial_1(\delta_1)))\\ &= S_0(T)\,(U_0 \circ \partial_1(\delta_1) - \varepsilon_0(\partial_1(\delta_1))\,(B_1)) = U_0 \circ \partial_1(T).\end{aligned}$$

Wenn die Behauptung für $q-1$ mit $q > 1$ bewiesen ist, d.h. wenn für ein $q > 1$ gilt $\partial_{q-1} \circ U_{q-1} = U_{q-2} \circ \partial_{q-1}$, dann ist

$$\begin{aligned}\partial_q \circ U_q(T) &= S_{q-1}(T) \circ \partial_q \circ U_q(\delta_q)\\ &= S_{q-1}(T) \circ \partial_q(K_{B_q}(U_{q-1} \circ \partial_q(\delta_q))\\ &= S_{q-1}(T)\,(U_{q-1} \circ \partial_q(\delta_q) - K_{B_q}(\partial_{q-1} \circ U_{q-1} \circ \partial_q(\delta_q)))\\ &= U_{q-1} \circ \partial_q(T) - S_{q-1}(T) \circ K_{B_q}(U_{q-2} \circ \partial_{q-1} \circ \partial_q(\delta_q))\\ &= U_{q-1} \circ \partial_q(T). \square\end{aligned}$$

Nachdem der Unterteilungsoperator U zur Verfügung steht, wird die angekündigte Homotopie R von U zur Identität angegeben.

6.12 Definition. Für jeden topologischen Raum X und jede nichtnegative ganze Zahl q wird der Homomorphismus

$$R_q : S_q(X) \to S_{q+1}(X)$$

als der eindeutig bestimmte Homomorphismus definiert, der auf jedem singulären q-Simplex T in X den Wert

$$R_q(T) = S_{q+1}(T) \circ R_q(\delta_q)$$

annimmt. $R_q(\delta_q)$ wird induktiv definiert durch die Festsetzung

$$\begin{aligned}&R_0(\delta_0) = 0 \quad \text{und}\\ &R_q(\delta_q) = K_{B_q}(\delta_q - U_q(\delta_q) - R_{q-1} \circ \partial_q(\delta_q)) \quad \text{für} \quad q \geq 1.\end{aligned}$$

Für $q < 0$ wird R_q als der Nullhomomorphismus definiert.

6.13 Satz. *Für jeden topologischen Raum X ist die Folge $R = (R_q)_{q \in \mathbb{Z}}$ eine Homotopie von $U : S(X) \to S(X)$ zur Identität auf $S(X)$. R verhält sich natürlich gegenüber stetigen Abbildungen.*

BEWEIS: Zum Nachweis, daß R eine Homotopie von U nach Id ist, ist für jedes $q \in \mathbb{Z}$ zu zeigen, daß

$$\partial_{q+1} \circ R_q + R_{q-1} \circ \partial_q = Id_{S_q(X)} - U_q \quad \text{ist.}$$

Diese Aussage ist für $q < 0$ trivial. Um sie für $q \geq 0$ zu beweisen, geht man induktiv vor. Natürlich genügt es, die Aussage auf den Basiselementen nachzurechnen. Es sei also T ein singuläres q-Simplex. Ist $q = 0$, so gilt

$$\partial_1 R_0(T) = 0 = T - T = T - U_0(T),$$

da $U_0 = Id$ ist. Es wird nun angenommen, daß die Behauptung schon für $q-1$ mit $q \geq 1$ bewiesen ist. Dann gilt

$$\begin{aligned}\partial_{q+1} \circ R_q(T) &= \partial_{q+1} \circ S_{q+1}(T) \circ R_q(\delta_q)\\ &= S_q(T)\,(\partial_{q+1} \circ R_q(\delta_q))\\ &= S_q(T)\,(\partial_{q+1}(K_{B_q}(\delta_q - U_q(\delta_q) - R_{q-1} \circ \partial_q(\delta_q))))\\ &= S_q(T)\,(\delta_q - U_q(\delta_q) - R_{q-1} \circ \partial_q(\delta_q)\\ &\quad - K_{B_q}(\partial_q(\delta_q) - \partial_q U_q(\delta_q) - \partial_q \circ R_{q-1} \circ \partial_q(\delta_q))).\end{aligned}$$

Nach Induktionsvoraussetzung ist aber

$$\partial_q \circ R_{q-1}(\partial_q(\delta_q)) + R_{q-2}(\partial_{q-1} \circ \partial_q(\delta_q)) = \partial_q(\delta_q) - U_q(\partial_q(\delta_q)).$$

Daher liefert die vorangehende Rechnung

$$\begin{aligned}\partial_{q+1} \circ R_q(T) &= S_q(T)\,(\delta_q - U_q(\delta_q) - R_{q-1} \circ \partial_q(\delta_q))\\ &= T - U_q(T) - R_{q-1} \circ \partial_q(T).\end{aligned}$$

Zum Nachweis der Natürlichkeit sei $f : X \to Y$ eine stetige Abbildung und T ein singuläres q-Simplex in X. Dann ist

$$\begin{aligned}S_{q+1}(f) \circ R_q(T) &= S_{q+1}(f) \circ S_{q+1}(T) \circ R_q(\delta_q)\\ &= S_{q+1}(f \circ T) \circ R_q(\delta_q) = R_q \circ S_q(f)\,(T). \square\end{aligned}$$

Um die durch den Unterteilungsoperator U bewirkte "Verkleinerung" der Ketten zu messen, wird als Maß für ein lineares q-Simplex $(A_0, \ldots, A_q)$ in $\mathbb{R}^n$ der Durchmesser der Punktmenge $(A_0, \ldots, A_q)\,(\Delta_q)$ benutzt (vgl. I, 4.16). Die Metrik von $\mathbb{R}^n$ ist durch die euklidische Norm definiert. Statt $D((A_0, \ldots, A_q)\,(\Delta_q))$ wird im folgenden $D(A_0, \ldots, A_q)$ geschrieben.

6.14 Hilfssatz. *Sind* $A_0, \ldots, A_q \in \mathbb{R}^n$, *so ist*

$$D(A_0, \ldots, A_q) = \max\{\| A_i - A_j \| \mid i, j \in \{0, \ldots, q\}\}.$$

BEWEIS: Es seien $x, y \in (A_0, \ldots, A_q)(\Delta_q)$, $x = \sum_{i=0}^q s_i A_i$, $s_i \geq 0$, $\sum_{i=0}^q s_i = 1$. Dann ist

$$\begin{aligned} \| x - y \| &= \left\| \sum_{i=0}^q s_i A_i - \left(\sum_{i=0}^q s_i \right) y \right\| = \left\| \sum_{i=0}^q s_i (A_i - y) \right\| \\ &\leq \sum_{i=0}^q s_i \| A_i - y \| \leq \max\{\| A_i - y \| \mid i \in \{0, \ldots, q\}\}. \end{aligned}$$

Damit ist aber auch gezeigt, daß

$$\| A_i - y \| \leq \max\{\| A_i - A_j \| \mid j \in \{0, \ldots, q\}\}$$

gilt, also auch

$$\| x - y \| \leq \max\{\| A_i - A_j \| \mid i, j \in \{0, \ldots, q\}\}.$$

Da diese Ungleichung für alle $x, y \in (A_0, \ldots, A_q)(\delta_q)$ gilt, ist auch

$$D(A_0, \ldots, A_q) \leq \max\{\| A_i - A_j \| \mid i, j \in \{0, \ldots, q\}\}.$$

Andererseits wird der rechts stehende Betrag tatsächlich angenommen. □

6.15 Satz. *Es seien* $A_0, \ldots, A_q \in \mathbb{R}^n$. *Die in der* q*-Kette* $U_q((A_0, \ldots, A_q))$ *auftretenden linearen Simplizes haben einen Durchmesser*

$$\leq \frac{q}{q+1} D(A_0, \ldots, A_q).$$

BEWEIS: Der Satz wird durch vollständige Induktion über die Anzahl der Ecken bewiesen. Für $q = 0$ ist die Behauptung offensichtlich richtig, da jeder Punkt in $\mathbb{R}^n$ den Durchmesser Null hat. Die Behauptung sei für die Anzahl k von Ecken mit $k < q$ schon bewiesen. Nach 6.8 ist

$$U_q((A_0, \ldots, A_q)) = K_{B(A_0, \ldots, A_q)} \left(\sum_{i=0}^q (-1)^i U_{q-1}((A_0, \ldots, \hat{A}_i, \ldots, A_q)) \right).$$

Der Durchmesser der linearen Simplizes aus der $(q-1)$-Kette $U_{q-1}((A_0,\ldots,\hat{A}_i,\ldots,A_q))$ ist nach Induktionsvoraussetzung

$$\begin{aligned}&\leq \frac{q-1}{q} D((A_0,\ldots,\hat{A}_i,\ldots,A_q))\\&\leq \frac{q-1}{q}\max\{\| A_\mu - A_\nu \| \mid \mu,\nu\in\{0,\ldots,q\}\}\\&= \frac{q-1}{q} D(A_0,\ldots,A_q).\end{aligned}$$

Die linearen Simplizes in $U_q((A_0,\ldots,A_q))$ sind solche linearen Simplizes, deren Ecken aus $B(A_0,\ldots,A_q)$ und den Ecken je eines Simplexes aus $U_{q-1}((A_0,\ldots,\hat{A}_i,\ldots,A_q))$, $i=0,\ldots,q$, bestehen. Daher genügt es, zusätzlich noch den Abstand des Schwerpunktes $B(A_0,\ldots,A_q)$ von den Ecken des Simplexes aus $U_{q-1}((A_0,\ldots,\hat{A}_i,\ldots,A_q))$, $i=0,\ldots,q$ abzuschätzen. Dieser ist aber sicher

$$\leq \sup\{\| B(A_0,\ldots,A_q) - x \| \mid x\in(A_0,\ldots,A_q)(\Delta_q)\}.$$

Es sei also $x\in(A_0,\ldots,A_q)(\Delta_q)$, d.h. $x=\sum_{i=0}^q t_iA_i$ mit $t_i\geq 0$ und $\sum_{i=0}^q t_i = 1$. Dann ist

$$\| B(A_0,\ldots,A_q) - x \| \leq \max\{\| B(A_0,\ldots,A_q) - A_\nu \| \mid \nu = 0,1,\ldots,q\},$$

wie schon im Beweis zu 6.14 gezeigt wurde. Nun ist aber

$$\begin{aligned}\| B(A_0,\ldots,A_q) - A_\nu \| &= \left\| \frac{1}{q+1}\left(\sum_{i=0}^q A_i\right) - A_\nu \right\|\\&\leq \frac{1}{q+1}\sum_{i=0}^q \| A_i - A_\nu \|\\&\leq \frac{q}{q+1}\max\{\| A_\mu - A_\nu \| \mid \mu,\nu\in\{0,\ldots q\}\}\\&= \frac{q}{q+1} D(A_0,\ldots,A_q).\end{aligned}$$

Da $\frac{q-1}{q} < \frac{q}{q+1}$, ist damit die Behauptung des Satzes bewiesen. □

Um den Ausschneidungssatz, der schon in der Einleitung formuliert wurde, endlich zu beweisen, definiert man Kettenkomplexe, die von bezüglich einer Überdeckung von X "kleinen" Simplizes erzeugt werden. Man zeigt, daß bei geeigneter Wahl der Überdeckung diese neuen Kettenkomplexe die gleichen Homologiegruppen besitzen wie der singuläre Komplex. Schließlich hat man für den letzten Beweisschritt die richtige Überdeckung zu wählen.

6.16 Definition. Es seien X ein topologischer Raum und $\mathcal{U}$ eine Überdeckung von X. Der Kettenkomplex $S(X,\mathcal{U}) = (S_q(X,\mathcal{U}), \partial_q)_{q\in\mathbb{Z}}$ wird definiert als der Unterkomplex von $S(X)$, dessen q-te Kettengruppe die von $\bigcup_{U\in\mathcal{U}} S_q(U)$ erzeugte Untergruppe von $S_q(X)$ ist. Statt $H_q(S(X,\mathcal{U}))$ wird $H_q(X,\mathcal{U})$ geschrieben. Ist $A \subset X$, so sei $S_q(A,\mathcal{U}) = S_q(A) \cap S_q(X,\mathcal{U})$ für alle $q \in \mathbb{Z}$.

6.17 Bemerkungen. (i) $S_q(X,\mathcal{U})$ läßt sich auch beschreiben als die freie abelsche Gruppe, die erzeugt wird von den singulären q-Simplizes T in X, für die es ein $U \in \mathcal{U}$ gibt mit $T(\Delta_q) \subset U$.

(ii) Man hat sich natürlich klarzumachen, daß für jedes $q \in \mathbb{Z}$ auch $\partial_q(S_q(X,\mathcal{U})) \subset S_{q-1}(X,\mathcal{U})$ gilt. Das gilt, da $\partial_q(S_q(U)) \subset S_{q-1}(U)$ gilt für jedes $U \in \mathcal{U}$.

(iii) Ist (X,A) ein Raumpaar und $\mathcal{U}$ eine Überdeckung von X, so bilden die Mengen $U \cap A$ mit $U \in \mathcal{U}$ eine Überdeckung $\mathcal{U}_A$ von A, und es ist $S_q(A,\mathcal{U}_A) = S_q(A,\mathcal{U})$. Natürlich ist $S(A,\mathcal{U})$ ein Unterkomplex von $S(X,\mathcal{U})$ und ebenfalls ein Unterkomplex von $S(A)$. Durch die Inklusion $S(X,\mathcal{U}) \subset S(X)$ wird ein Homomorphismus von Kettenkomplexen $\eta : S(X,\mathcal{U})/S(A,\mathcal{U}) \to S(X)/S(A)$ induziert. Die natürlichen Inklusionen und Projektionen führen zu einem kommutativen Diagramm von Homomorphismen von Kettenkomplexen mit exakten Zeilen

$$\begin{array}{ccccccccc} 0 & \to & S(A,\mathcal{U}) & \to & S(X,\mathcal{U}) & \to & S(X,\mathcal{U})/S(A,\mathcal{U}) & \to & 0 \\ & & \downarrow & & \downarrow & & \downarrow \eta & & \\ 0 & \to & S(A) & \to & S(X) & \to & S(X)/S(A) & \to & 0 \end{array}$$

Dieses kommutative Diagramm führt nach 3.9 zu einem kommutativen Diagramm, dessen Zeilen lange exakte Homologiesequenzen sind. Diese Tatsache wird im Beweis des folgenden Satzes benutzt.

6.18 Satz. *Es seien (X,A) ein Raumpaar und $\mathcal{U} = (U_j)_{j\in J}$ eine Überdeckung von X, so daß $\bigcup_{j\in J} \mathring{U}_j = X$ ist. Dann induziert der durch die Inklusion induzierte Homomorphismus von Kettenkomplexen*

$$\eta : S(X,\mathcal{U})/S(A,\mathcal{U}) \to S(X)/S(A)$$

einen Isomorphismus der Homologiegruppen

$$H(\eta) : H(S(X,\mathcal{U})/S(A,\mathcal{U})) \to H(X,A).$$

BEWEIS: (i) Es genügt zu zeigen, daß die Inklusion $S(X,\mathcal{U}) \to S(X)$ einen Isomorphismus $H(X,\mathcal{U}) \to H(X)$ induziert. Denn mit $\mathcal{U} = (U_j)_{j\in J}$ ist $\mathcal{U}_A = (U_j \cap A)_{j\in J}$ eine Überdeckung von A mit $\bigcup_{j\in J}(\mathring{U}_j \cap A) = A$. Da $\mathring{U}_j \cap A$ in der Teilraumtopologie von A offen ist, ist $\mathring{U}_j \cap A$ im offenen Kern von $U_j \cap A$ bezüglich der Teilraumtopologie von A enthalten, und die Überdeckung $\mathcal{U}_A$ von A erfüllt ebenfalls die Voraussetzung des Satzes. Daher induziert dann auch die Inklusion $S(A,\mathcal{U}) \to S(A)$ in der Homologie einen Isomorphismus. Nun gehört zu dem kommutativen Diagramm in 6.17 (iii) das kommutative Diagramm

$$\begin{array}{ccccccc}
\to H_q(A,\mathcal{U}) & \to & H_q(X,\mathcal{U}) & \to & H_q(S(X,\mathcal{U})/S(A,\mathcal{U})) & \to & \\
\downarrow\cong & & \downarrow\cong & & \downarrow H_q(\eta) & & \\
\to H_q(A) & \to & H_q(X) & \to & H_q(X,A) & \to &
\end{array}$$

$$\begin{array}{ccc}
H_{q-1}(A,\mathcal{U}) & \to & H_{q-1}(X,\mathcal{U}) \to \\
\downarrow\cong & & \downarrow\cong \\
H_{q-1}(A) & \to & H_{q-1}(X) \to
\end{array}$$

mit Isomorphismen an den angedeuteten Stellen und exakten Zeilen. Damit läßt sich das Fünferlemma 1.16 anwenden, und $H_q(\eta)$ ist ebenfalls ein Isomorphismus.

(ii) Es bleibt zu zeigen, daß die Inklusion

$$i : S(X,\mathcal{U}) \to S(X)$$

einen Isomorphismus der Homologiegruppen induziert. Nun hat man eine kurze Sequenz

$$0 \to S(X,\mathcal{U}) \to S(X) \to S(X)/S(X,\mathcal{U}) \to 0$$

von Homomorphismen von Kettenkomplexen, zu der die lange exakte Homologiesequenz

$$\to H_{q+1}(S(X)/S(X,\mathcal{U})) \to H_q(X,\mathcal{U}) \overset{H_q(i)}{\to} H_q(X) \to H_q(S(X)/S(X,\mathcal{U})) \to$$

gehört.
Wenn man zeigt, daß $H_q(S(X)/S(X,\mathcal{U})) = 0$ ist für jedes q, so folgt aus der exakten Sequenz, daß $H_q(i)$ ein Isomorphismus ist. Es genügt deshalb, die folgende Behauptung zu beweisen.

(iii) $$H_q(S(X)/S(X,\mathcal{U})) = 0 \quad \text{für alle} \quad q \in \mathbb{Z}.$$

Beweis von (iii): Die Behauptung ist sicher richtig für $q < 0$. Es sei also $q \geq 0$ und $\sigma \in H_q(S(X)/S(X,\mathcal{U}))$. Dieses σ wird repräsentiert von einer Kette $c \in S_q(X)$ mit $\partial_q(c) \in S_{q-1}(X,\mathcal{U})$.

Nun ist $c = \sum_{i=1}^{s} n_i T_i$, und $T_i : \Delta_q \to X$ ist ein singuläres q-Simplex, d.h. eine stetige Abbildung. Da $\mathring{\mathcal{U}} = (\mathring{\mathcal{U}}_j)_{j\in J}$ eine offene Überdeckung von X ist und Δ_q ein kompakter metrischer Raum (als Teilmenge des $\mathbb{R}^{q+1}$), läßt sich das Lemma von Lebesgue (I, 4.17) anwenden. Es gibt also eine positive reelle Zahl ε_i, so daß für alle Teilmengen V von Δ_q mit $D(V) < \varepsilon_i$ gilt: Es gibt ein $j \in J$ mit $T_i(V) \subset \mathring{U}_j \subset U_j$. Wählt man $\varepsilon = \min\{\varepsilon_i \mid i \in \{1,\ldots,s\}\}$, so gilt für alle $V \subset \Delta_q$ mit $D(V) < \varepsilon$: Für jedes $i \in \{1,\ldots,s\}$ existiert ein $j \in J$ mit $T_i(V) \subset U_j$.

Da $\frac{q}{q+1} < 1$, gibt es eine natürliche Zahl n mit $\sqrt{2}(\frac{q}{q+1})^n < \varepsilon$, und nach 6.15 enthält die q-Kette $U_q^n(\delta_q)$ nur lineare Simplizes mit Durchmesser $(\frac{q}{q+1})^n\sqrt{2} < \varepsilon$. Wendet man T_i auf eines dieser linearen Simplizes an, so wird es ganz in eine Menge U_j der Überdeckung $\mathcal{U}$ abgebildet. Nun ist aber

$$U_q^n(T_i) = U_q^n \circ S_q(T_i)(\delta_q) = S_q(T_i)U_q^n(\delta_q),$$

und deshalb liegt jedes Simplex aus der Kette $U_q^n(T_i)$ ganz in einer Menge U_j der Überdeckung $\mathcal{U}$, d.h. $U_q^n(T_i) \in S_q(X,\mathcal{U})$. Da diese Tatsache für alle $i \in \{1,\ldots,s\}$ gilt, ist auch

$$U_q^n(c) = \sum_{i=1}^{s} n_i U_q^n(T_i) \in S_q(X,\mathcal{U}).$$

Es wird noch gezeigt, daß $c - U_q^n(c)$ ein Rand modulo $S_q(X,\mathcal{U})$ ist. Dann repräsentieren beide in $H_q(S(X)/S(X,\mathcal{U}))$ die gleiche Klasse. Da $U_q^n(c) \in S_q(X,\mathcal{U})$ ist, ist es die Nullklasse.

Um das zu zeigen, erinnert man sich an den Homotopieoperator $R = (R_q)_{q\in\mathbb{Z}}$ aus 6.12. Dieser erfüllt nach 6.13 folgende Gleichungen

$$\partial_{q+1} \circ R_q(c) = -R_{q-1} \circ \partial_q(c) + c - U_q(c)$$

$$\partial_{q+1} \circ R_q \circ U_q(c) = -R_{q-1} \circ \partial_q \circ U_q(c) + U_q(c) - U_q^2(c)$$

$$\vdots$$

$$\partial_{q+1} \circ R_q \circ U_q^{n-1}(c) = -R_{q-1} \circ \partial_q \circ U_q^{n-1}(c) + U_q^{n-1}(c) - U_q^n(c).$$

Addition dieser Gleichungen ergibt:

$$\begin{aligned}\partial_{q+1}\left(\sum_{i=0}^{n-1} R_q \circ U_q^i(c)\right) &= -\sum_{i=0}^{n-1} R_{q-1} \circ \partial_q \circ U_q^i(c) + c - U_q^n(c)\\ &= c - \sum_{i=0}^{n-1} R_{q-1} \circ U_{q-1}^i \circ \partial_q(c) - U_q^n(c).\end{aligned}$$

Hier sind $\sum_{i=0}^{n-1} R_{q-1} \circ U_{q-1}^i \circ \partial_q(c)$ und $U_q^n(c)$ in $S_q(X,\mathcal{U})$. Daß $R_{q-1} \circ U_{q-1}^i \circ \partial_q(c) \in S_q(X,\mathcal{U})$ ist, sieht man so ein: Da $\partial_q c \in S_{q-1}(X,\mathcal{U})$ ist, ist $\partial_q c = \sum_{\nu=1}^r m_\nu L_\nu$ mit singulären $(q-1)$-Simplizes L_ν, und zu jedem $\nu \in \{1,\ldots,r\}$ existiert ein $j \in J$, so daß $L_\nu(\Delta_{q-1}) \subset U_j$. Nun ist mit $L_\nu \in S_{q-1}(U_j)$ auch $R_{q-1} \circ U_{q-1}^i(L_\nu) \in S_q(U_j)$ und daher

$$R_{q-1} \circ U_{q-1}^i \partial_q(c) = \sum_{\nu=1}^r m_\nu R_{q-1} \circ U_{q-1}^i(L_\nu) \in S_q(X,\mathcal{U}).$$

Also ist

$$\partial_{q+1}\left(\sum_{i=0}^{n-1} R_q \circ U_q^i(c)\right) - c \in S_q(X,\mathcal{U}),$$

und c repräsentiert in $H_q(S(X)/S(X,\mathcal{U}))$ die Nullklasse. Mithin ist $\sigma = 0$. □

6.19 Satz (Ausschneidungssatz). *Es seien (X, A) ein Raumpaar und U eine Teilmenge von X derart, daß $\overline{U} \subset \mathring{A}$ gilt. Dann induziert die Inklusion*

$$e : (X \setminus U, A \setminus U) \to (X, A)$$

einen Isomorphismus der Homologiegruppen

$$H_q(e) : H_q(X \setminus U, A \setminus U) \to H_q(X, A)$$

für alle $q \in \mathbb{Z}$.

Beweis: $\mathcal{U} = (X \setminus U, A)$ ist eine Überdeckung von X, und es ist

$$(X \setminus U)^\circ \cup \mathring{A} = (X \setminus \overline{U}) \cup \mathring{A} = X$$

wegen $\overline{U} \subset \mathring{A}$. Damit erfüllt $\mathcal{U}$ die Voraussetzungen von 6.18, und $H_q(\eta) : H_q(S(X,\mathcal{U})/S(A,\mathcal{U})) \to H_q(X, A)$ ist ein Isomorphismus.
Für jede nichtnegative ganze Zahl ist

$$\begin{aligned}S_q(A \setminus U) &= S_q(X \setminus U) \cap S_q(A),\\ S_q(X,\mathcal{U}) &= S_q(X \setminus U) + S_q(A)\end{aligned}$$

(das ist die von $S_q(X \setminus U)$ und $S_q(A)$ erzeugte Untergruppe von $S_q(X)$),

$$S_q(A,\mathcal{U}) = S_q(X,\mathcal{U}) \cap S_q(A) = S_q(A),$$

und man hat die durch Inklusionen induzierten Homomorphismen

$$\begin{aligned} j_q &: S_q(X \setminus U)/S_q(A \setminus U) \to S_q(X,\mathcal{U})/S_q(A,\mathcal{U}) \\ \eta_q &: S_q(X,\mathcal{U})/S_q(A,\mathcal{U}) \to S_q(X)/S_q(A) \\ i_q &:= S_q(e) : S_q(X \setminus U)/S_q(A \setminus U) \to S_q(X)/S_q(A) \end{aligned}$$

mit $i_q = \eta_q \circ j_q$, und die Folgen $i = (i_q)$, $j = (j_q)$, $\eta = (\eta_q)$ sind Homomorphismen von Kettenkomplexen.
Nach dem Noetherschen Isomorphiesatz ist der durch die Inklusion induzierte Homomorphismus

$$\frac{S_q(X \setminus U)}{S_q(X \setminus U) \cap S_q(A)} \to \frac{S_q(X \setminus U) + S_q(A)}{S_q(A)}$$

ein Isomorphismus. Beachtet man die eingangs des Beweises gegebene Beschreibung der auftretenden Gruppen, so sieht man, daß j_q ein Isomorphismus ist.
Da j ein Isomorphismus von Kettenkomplexen ist, ist $H_q(j)$ ein Isomorphismus. Da auch $H_q(\eta)$ ein Isomorphismus ist und $H_q(i) = H_q(\eta) \circ H_q(j)$ ist, ist auch $H_q(i)$ ein Isomorphismus. Nach Definition ist $H_q(e) = H_q(i)$, und der Satz ist bewiesen. □

6.20 Definition. Es seien (X, A) ein Raumpaar und U eine Teilmenge von X derart, daß $\overline{U} \subset \mathring{A}$ ist. Dann heißt die Inklusionsabbildung

$$e : (X \setminus U, A \setminus U) \to (X, A)$$

eine Ausschneidung.

Der Ausschneidungssatz besagt nun gerade, daß jede Ausschneidung einen Isomorphismus der relativen Homologiegruppen induziert.

6.21 Beispiel. Es seien X ein topologischer Raum, $f : S^{n-1} \to X$ eine stetige Abbildung und $X \cup_f D^n$ der Raum, der aus X durch Anheften einer n-Zelle entsteht (vgl. I, 2.15). Die Inklusionsabbildungen

$$\begin{aligned} e &: (\mathring{D}^n, \mathring{D}^n \setminus \{0\}) \to (X \cup_f D^n, X \cup_f D^n \setminus \{0\}) \\ \text{und } i &: (\mathring{D}^n, \mathring{D}^n \setminus \{0\}) \to (D^n, D^n \setminus \{0\}) \end{aligned}$$

sind Ausschneidungsabbildungen. Nach 6.19 ist

$$H_q(X \cup_f D^n, X \cup_f (D^n \setminus \{x_0\})) \cong H_q(\mathring{D}^n, \mathring{D}^n \setminus \{0\}) \cong H_q(D^n, D^n \setminus \{0\}).$$

6.22 Bemerkung. Die explizite Formulierung der Ausschneidungseigenschaft steht in der Arbeit von S. Eilenberg und N. Steenrod 1945. Dort wird die intuitive Vorstellung von dieser Eigenschaft so formuliert: $H_q(X, A)$ ist weitgehend unabhängig von der inneren Struktur von A. Den Nachweis der Ausschneidungseigenschaft für die singuläre Homologietheorie liefern die beiden Autoren in ihrem Buch "Foundations of Algebraic Topology". In den historischen Anmerkungen verweisen sie darauf, daß die Ausschneidungseigenschaft implizit in der Konstruktion der relativen Homologiegruppen bei S. Lefschetz enthalten ist.

6.23 Aufgaben

1. Beweisen Sie den Hilfssatz 6.5.
2. Beweisen Sie den Hilfssatz 6.9.
3. Zeigen Sie, daß für jedes $x \in \mathbb{R}P^n$ gilt

$$H(\mathbb{R}P^n, \mathbb{R}P^n \setminus \{x\}) \cong H(D^n, D^n \setminus \{0\}).$$

§ 7 Die Eigenschaften der singulären Homologietheorie

Als singuläre Homologietheorie bezeichnet man den singulären Homologiefunktor zusammen mit den Randoperatoren ∂_{*q} in der exakten Sequenz für Raumpaare wie sie in §2 und §3 dieses Kapitels definiert wurden. Bei den Anwendungen der Homologietheorie oder der Berechnung von Homologiegruppen spezieller Räume geht man nur selten auf die ursprüngliche Definition zurück, man benutzt vielmehr die Eigenschaften, die in dem vorangehenden Paragraphen aufwendig hergeleitet wurden. Die wichtigsten dieser Eigenschaften werden deshalb in einem Satz zusammengefaßt. Im Anschluß daran werden die reduzierten Homologiegruppen definiert und die exakte reduzierte Homologiesequenz aus den fundamentalen Eigenschaften hergeleitet. Die Einführung der reduzierten Homologiegruppen geschieht aus technischen Gründen. Ihre Nützlichkeit wird sich bei der Berechnung der Homologiegruppen der Sphären in §8 zeigen.

7.1 Satz (Eigenschaften der singulären Homologietheorie). *Die singuläre Homologietheorie* (H, ∂_*) *besteht aus einem kovarianten Funktor* $H = (H_q)_{q \in \mathbb{Z}}$ *von der Kategorie der Raumpaare und stetigen Abbildungen in die Kategorie der graduierten Gruppen und Homomorphismen von graduierten Gruppen und einer Funktion* ∂_**, die jedem* $q \in \mathbb{Z}$ *und jedem Raumpaar* (X, A) *einen Homomorphismus*

$$\partial_{*q} : H_q(X, A) \to H_{q-1}(A)$$

zuordnet, so daß die folgenden Eigenschaften erfüllt sind:

(H–1) (Natürlichkeit von ∂_*).

Für jede stetige Abbildung $f : (X, A) \to (Y, B)$ *und jedes* $q \in \mathbb{Z}$ *ist das Diagramm*

$$\begin{array}{ccc} H_q(X,A) & \xrightarrow{\partial_{*q}} & H_{q-1}(A) \\ {\scriptstyle H_q(f)}\downarrow & & \downarrow{\scriptstyle H_{q-1}(f|A)} \\ H_q(Y,B) & \xrightarrow{\partial_{*q}} & H_{q-1}(B) \end{array}$$

kommutativ.

(H–2) (Exaktheit).

Für jedes Raumpaar (X, A) *mit den Inklusionen* $i : A \to X$ *und* $j : X \to (X, A)$ *ist die Sequenz von Homomorphismen*

$$\to H_q(A) \xrightarrow{H_q(i)} H_q(X) \xrightarrow{H_q(j)} H_q(X, A) \xrightarrow{\partial_{*q}} H_{q-1}(A) \to$$

exakt.

(H–3) (Homotopieeigenschaft).

Wenn zwei stetige Abbildungen zwischen Raumpaaren

$$f, g : (X, A) \to (Y, B)$$

homotop sind, sind die induzierten Homomorphismen

$$H(f), H(g) : H(X, A) \to H(Y, B)$$

gleich.

(H–4) (Ausschneidungseigenschaft).

Für jedes Raumpaar (X, A) *und jede Teilmenge* U *von* X *mit* $\overline{U} \subset \mathring{A}$ *induziert die Inklusionsabbildung*

$$e : (X \setminus U, A \setminus U) \to (X, A)$$

einen Isomorphismus der Homologiegruppen

$$H(e) : H(X \setminus U, A \setminus U) \to H(X, A).$$

(H–5) (Dimensionseigenschaft).

Für einen topologischen Raum P, *der nur aus einem einzigen Punkt besteht, ist*

$$H_q(P) = \begin{cases} \mathbb{Z} & \text{für } q = 0, \\ 0 & \text{für } q \neq 0. \end{cases}$$

(H–6) (Additivitätseigenschaft).

Sind (X, A) *ein Raumpaar,* X *die Vereinigung einer Familie* $(X_\lambda)_{\lambda \in \Lambda}$ *paarweise disjunkter offener Teilmengen von* X, *sowie* $A_\lambda = A \cap X_\lambda$ *und* $i_\lambda : (X_\lambda, A_\lambda) \to (X, A)$ *die Inklusionsabbildung für jedes* $\lambda \in \Lambda$, *so ist der Homomorphismus*

$$j_q : \bigoplus_{\lambda \in \Lambda} H_q(X_\lambda, A_\lambda) \to H_q(X, A)$$

mit $j_q((c_\lambda)) = \sum_{\lambda \in \Lambda} H_q(i_\lambda)(c_\lambda)$ *ein Isomorphismus für alle* $q \in \mathbb{Z}$.

BEWEIS: Nur die Eigenschaft (H–6) ist in den vorangehenden Paragraphen nicht explizit formuliert und bewiesen. Der Beweis ist eine fast wörtliche Übertragung des Beweises von 3.17. □

7.2 Bemerkung. Die Eigenschaft (H–6) läßt sich für endliche Λ aus den übrigen in 7.1 genannten Eigenschaften der singulären Homologietheorie ohne Rückgriff auf die Definition herleiten.

7.3 Bemerkung. Viele der im folgenden benutzten Eigenschaften der Homologietheorie lassen sich aus 7.1 folgern. Das wird in diesem Buch nicht durchgeführt, es wird vielmehr frei auf die früher angegebenen Konstruktionen und Ergebnisse zurückgegriffen. Die Berechnung der Homologiegruppen der Sphären in §8 ist ein Beispiel dafür, wie Berechnungen allein mit 7.1 ohne Rückgriff auf die ursprünglichen Definitionen durchgeführt werden können.

Zunächst werden die reduzierten Homologiegruppen eingeführt. Dazu bezeichne P einen topologischen Raum, der aus einem einzigen Punkt besteht. Für jeden topologischen Raum X sei $k_X : X \to P$ die konstante Abbildung.

7.4 Definition. Die q-te reduzierte Homologiegruppe eines Raumes X ist $\tilde{H}_q(X) = \mathit{Kern}\, H_q(k_X)$. Ist in dem Raumpaar (X, A) die Menge A nicht leer, so wird $\tilde{H}_q(X, A) = H_q(X, A)$ gesetzt.

7.5 Satz. *Für jeden topologischen Raum X ist $\tilde{H}_q(X) = H_q(X)$, wenn $q \neq 0$, und für $X \neq \emptyset$ ist $H_0(X) \cong \tilde{H}_0(X) \oplus \mathbb{Z}$.*

Beweis: Der erste Teil der Behauptung gilt wegen $H_q(P) = 0$ für $q \neq 0$. Mit jeder Abbildung $f : P \to X$ gilt $k_X \circ f = Id_P$. Daher ist $H_0(k_X)$ surjektiv, und die Behauptung folgt mit $H_0(P) \cong \mathbb{Z}$ aus der kurzen exakten Sequenz

$$0 \to \tilde{H}_0(X) \to H_0(X) \to H_0(P) \to 0. \square$$

7.6 Satz. *Ist $f : X \to Y$ eine stetige Abbildung, so ist $H(f)(\tilde{H}(X)) \subset \tilde{H}(Y)$, und die Einschränkung von $H(f)$ auf $\tilde{H}(X)$ definiert einen Homomorphismus $\tilde{H}(f) : \tilde{H}(X) \to \tilde{H}(Y)$.*

Beweis: Die Behauptung folgt aus $k_Y \circ f = k_X$. $\square$

7.7 Satz. *Zu jedem Raumpaar (X, A) mit $A \neq \emptyset$ existiert die reduzierte lange exakte Homologiesequenz $\to \tilde{H}_{q-1}(A) \to \tilde{H}_q(X) \to \tilde{H}_q(X, A) \to \tilde{H}_{q-1}(A) \ldots$, deren Homomorphismen Einschränkungen der Homomorphismen aus der Homologiesequenz des Paares (X, A) sind.*

Beweis: Es genügt, das Stück

$$\tilde{H}_1(X, A) \xrightarrow{\tilde{\partial}_*} \tilde{H}_0(A) \to \tilde{H}_0(X) \to \tilde{H}_0(X, A) \to 0$$

zu betrachten. Zu dem Homomorphismus $k_X : (X, A) \to (P, P)$ gehört das kommutative Diagramm mit exakten Zeilen

$$\begin{array}{ccccccccc} H_1(X, A) & \xrightarrow{\partial_*} & H_0(A) & \to & H_0(X) & \to & H_0(X, A) & \to & 0 \\ \downarrow & & \downarrow & & \downarrow & & \downarrow & & \\ H_1(P, P) & \xrightarrow{\partial_*} & H_0(P) & \to & H_0(P) & \to & H_0(P, P) & \to & 0. \end{array}$$

Daraus liest man ab, daß $\tilde{\partial}_*$ als Einschränkung von ∂_* wohldefiniert ist und ebenso, daß der angegebene Teil der reduzierten Homologiesequenz exakt ist. □

7.8 Bemerkung. Die singuläre Homologietheorie, wie sie hier eingeführt wurde, ist die singuläre Homologietheorie mit ganzzahligen Koeffizienten. Sie ist keineswegs die einzige Homologietheorie und auch nicht diejenige, die am Anfang der Entwicklung stand. Dem ursprünglichen Konstruktionsprinzip kommen die in IV.2 und IV.4 angegebenen Konstruktionen entschieden näher. S. Eilenberg und N. Steenrod geben in ihrem Buch "Foundations of Algebraic Topology" ein Axiomensystem für eine Homologietheorie mit Koeffizienten in einer beliebigen abelschen Gruppe G an. Sie definieren eine Homologietheorie mit Koeffizienten in G als ein Paar (H, ∂_*) wie in 7.1, das die Eigenschaften (H–1) bis (H–5) erfüllt, wo in (H–5) $\mathbb{Z}$ durch die abelsche Gruppe G zu ersetzen ist und H ein kovarianter Funktor von einer zulässigen Kategorie möglicherweise speziellerer Raumpaare und stetiger Abbildungen in die Kategorie der graduierten abelschen Gruppen ist. Eilenberg und Steenrod zeigen, daß eine so definierte Homologietheorie auf der Kategorie der Paare von triangulierbaren Räumen (s. IV, 4.11) und stetigen Abbildungen zwischen ihnen durch die Koeffizientengruppe eindeutig bestimmt ist. Die Additivitätseigenschaft (H–6) läßt sich nicht aus den übrigen Eigenschaften einer Homologietheorie herleiten. J. Milnor bewies 1962, daß eine Homologietheorie, die zusätzlich das Additivitätsaxiom (H–6) erfüllt auf der Kategorie der Paare von Räumen (X, A), so daß X und A beide den Homotopietyp eines CW-Raumes haben, und den stetigen Abbildungen zwischen solchen Paaren durch die Koeffizientengruppe G eindeutig bestimmt ist.

Zusammen mit der Homologietheorie spielt die Kohomologie in der Topologie eine wichtige Rolle. Sie ist bei geeigneten Koeffizienten ein Funktor in die Kategorie der graduierten Ringe mit ähnlichen formalen Eigenschaften wie die Homologietheorie. Die zusätzliche algebraische Struktur des Kohomologierings sowie verschiedene Paarungen zwischen Homologie und Kohomologie machen beide zusammen zu einem sehr wirkungsvollen Instrument beim Studium topologischer Räume. Zu diesem Themenkreis sei auf die weiterführenden Lehrbücher über Algebraische Topologie verwiesen, z.B. die Bücher von A. Dold, M. Greenberg und J. Harper sowie von E. Spanier.

In den Jahren nach 1960 wurden verallgemeinerte Homologietheorien (und entsprechende verallgemeinerte Kohomologietheorien) konstruiert, die die oben genannten Eigenschaften (H–1) bis (H–4) besitzen. In diesen Theorien können auch andere als die 0-ten Homologiegruppen eines Punktes von Null verschieden sein. Ein Beispiel für eine verallgemeinerte oder exotische Kohomologietheorie ist die 1961 von M.F. Atiyah und F. Hirzebruch eingeführte K-Theorie. Als Literatur für diese und andere Theorien wird auf das Buch von R.M. Switzer (1975) verwiesen.

7.9 Aufgaben

1. Beweisen Sie die Aussage in 7.2.
2. Es seien A eine abgeschlossene Teilmenge von X und U eine offene Teilmenge von X derart, daß A starker Deformationsretrakt von U ist. Zeigen Sie, daß $H_q(X,A) \cong \tilde{H}_q(X/A)$ ist für alle $q \in \mathbb{Z}$.

§ 8 Die Homologiegruppen der Sphären

Nachdem die singuläre Homologietheorie zusammen mit ihren fundamentalen Eigenschaften zur Verfügung steht, werden nun allein unter Benutzung dieser in §7 zusammengefaßten Eigenschaften die Homologiegruppen der Sphären berechnet. Sie liefern nicht nur ein erstes Beispiel für die Berechnung von Homologiegruppen eines topologischen Raumes, sondern werden in Kapitel IV sowohl zur Berechnung der Homologiegruppen anderer Räume als auch für viele geometrische Anwendungen direkt herangezogen. Die Herleitung geschieht durch vollständige Induktion über die Dimension der Sphären. Um ohne zusätzliche Überlegungen die Induktion bei 0 beginnen zu können, werden die reduzierten Homologiegruppen benutzt. Es ist $\tilde{H}_q(S^n) = 0$ für $q \neq n$, und $\tilde{H}_n(S^n)$ ist die von einem Element erzeugte freie abelsche Gruppe. Für ein erzeugendes Element wird ein repräsentierender n-Zykel angegeben.

8.1 Bezeichnungen. Für alle $n \geq 0$ sind die obere bzw. die untere Hemisphäre von S^n die Räume

$$E^n_+ = \{(x_0,\dots,x_n) \in S^n \mid x_n \geq 0\} \quad \text{bzw.}$$
$$E^n_- = \{(x_0,\dots,x_n) \in S^n \mid x_n \leq 0\}.$$

Die Punkte e_n und $-e_n$ werden mit den Buchstaben N bzw. S notiert. Mit diesen Vereinbarungen ist $E^n_+ \cap E^n_- = S^{n-1}$, und die Paare (E^n_+, S^{n-1}) und (E^n_-, S^{n-1}) sind homöomorph zu (D^n, S^{n-1}).

8.2 Satz. *Für alle $n \geq 1$ induzieren die Inklusionsabbildungen $i_+ : (E^n_+, S^{n-1}) \to (S^n, E^n_-)$ und $i_- : (E^n_-, S^{n-1}) \to (S^n, E^n_+)$ Isomorphismen $H(i_+) : H(E^n_+, S^{n-1}) \to H(S^n, E^n_-)$ und $H(i_-) : H(E^n_-, S^{n-1}) \to H(S^n, E^n_+)$.*

Beweis: Der Beweis wird für i_+ geführt. Mit den Inklusionsabbildungen $j : (E^n_+, S^{n-1}) \to (S^n\backslash\{S\}, E^n_-\backslash\{S\})$ und $e : (S^n\backslash\{S\}, E^n_-\backslash\{S\}) \to (S^n, E^n_-)$ ist $i_+ = e \circ j$. Nun ist e eine Ausschneidung, und j ist eine Homotopieäquivalenz. Die Homotopieinverse $k : (S^n \setminus \{S\}, E^n_- \setminus \{S\}) \to (E^n_+, S^{n-1})$ von j wird gegeben durch

$$k(x_0,\dots,x_n) = \begin{cases} (x_0,\dots,x_n) & \text{für } x_n \geq 0 \\ \frac{1}{(1-x_n^2)^{1/2}}(x_0,\dots,x_{n-1},0) & \text{für } x_n \leq 0. \end{cases}$$

Damit ist $k \circ j = Id$ und $j \circ k$ ist homotop zur Identität vermittels der Homotopie

$$H(x,t) = ((1-t)x + tk(x)) \cdot \| (1-t)x + tk(x) \|^{-1} . \square$$

8.3 Satz. *Für alle nichtnegativen ganzen Zahlen n sind die reduzierten Homologiegruppen der n-Sphäre*

$$\tilde{H}_q(S^n) \cong \begin{cases} \mathbb{Z}, & \text{wenn } q = n \\ 0, & \text{wenn } q \neq n. \end{cases}$$

Ist $n \geq 1$, so sind

$$H_q(S^n) \cong \begin{cases} \mathbb{Z}, & \text{wenn } q \in \{0,n\} \\ 0, & \text{wenn } q \notin \{0,n\}. \end{cases}$$

BEWEIS: Es genügt, die Behauptung für die reduzierten Homologiegruppen zu beweisen. Der Beweis erfolgt durch vollständige Induktion. Für $n = 0$ folgt die Behauptung aus 7.1 oder 2.25 und 2.27. Sei $n \geq 1$ und die Behauptung für $n-1$ bewiesen. Da $\tilde{H}_q(E^n_-) = 0$ und $\tilde{H}_q(E^n_+) = 0$ für alle q, liest man aus den langen exakten Homologiesequenzen der Paare (S^n, E^n_-) und (E^n_+, S^{n-1}) ab, daß der durch die Inklusionsabbildung induzierte Homomorphismus $\tilde{H}_q(j) : \tilde{H}_q(S^n) \to \tilde{H}_q(S^n, E^n_-)$ ebenso wie der verbindende Homomorphismus $\partial_{*q} : \tilde{H}_q(E^n_+, S^{n-1}) \to \tilde{H}_{q-1}(S^{n-1})$ Isomorphismen sind für jedes q. Mit 8.2 ist dann die Komposition $\partial_{*q} \circ \tilde{H}_q(i_+)^{-1} \circ \tilde{H}_q(j) : \tilde{H}_q(S^n) \to \tilde{H}_{q-1}(S^{n-1})$ ein Isomorphismus für alle q. $\square$

Im Verlaufe des vorangehenden Beweises wurde benutzt, daß $\tilde{H}_q(S^n) \cong \tilde{H}_q(E^n_+, S^{n-1})$. Daraus und der Homöomorphie von (E^n_+, S^{n-1}) mit (D^n, S^{n-1}) ergibt sich.

8.4 Satz. *Für alle $n \geq 0$ ist*

$$H_q(D^n, S^{n-1}) \cong \begin{cases} \mathbb{Z}, & \text{wenn } q = n \\ 0, & \text{wenn } q \neq n \text{ ist.} \end{cases} \square$$

8.5 Satz.

(i) *Für alle $n \geq 1$ ist*

$$\tilde{H}_q(\mathbb{R}^n \setminus \{0\}) \cong \tilde{H}_q(D^n \setminus \{0\}) \cong \begin{cases} \mathbb{Z} & \text{für } q = n-1, \\ 0 & \text{für } q \neq n-1. \end{cases}$$

(ii) *Für alle $n \geq 0$ ist*

$$H_q(\mathbb{R}^n, \mathbb{R}^n \setminus \{0\}) \cong H_q(D^n, D^n \setminus \{0\}) \cong \begin{cases} \mathbb{Z} & \text{für } q = n \\ 0 & \text{für } q \neq n. \end{cases}$$

BEWEIS: Man rechnet ohne Schwierigkeiten nach, daß $(D^n, D^n \setminus \{0\})$ homotopieäquivalent zu $(\mathbb{R}^n, \mathbb{R}^n \setminus \{0\})$ ist. Damit folgt die Aussage (i) und die erste Isomorphie aus (ii). Die zweite Isomorphie ist richtig für $n = 0$, da $H_q(D^0, D^0 \setminus \{0\}) = H_q(D^0)$ ist. Für $n \geq 1$ induziert die Inklusionsabbildung $i : (D^n, S^{n-1}) \to (D^n, D^n \setminus \{0\})$ einen Isomorphismus $H_q(S^{n-1}) \to H_q(D^n \setminus \{0\})$, da S^{n-1} starker Deformationsretrakt von $D^n \setminus \{0\}$ ist. Aus dem kommutativen Diagramm

$$\begin{array}{ccc} H_q(D^n, S^{n-1}) & \to & \tilde{H}_{q-1}(S^{n-1}) \\ {\scriptstyle H_q(i)} \downarrow & & \downarrow {\scriptstyle \tilde{H}_q(i|S^{n-1})} \\ H_q(D^n, D^n \setminus \{0\}) & \to & \tilde{H}_q(D^n \setminus \{0\}) \end{array}$$

folgt, daß $H_q(i)$ ein Isomorphismus ist, da in den Zeilen Isomorphismen stehen. □

Es werden zwei unmittelbare Anwendungen der Sätze 8.3 und 8.5 angegeben. Weitere Anwendungen enthält der §1 in Kapitel IV.

8.6 Satz. *Es seien m und n zwei nichtnegative ganze Zahlen.*

(i) *Wenn $m \neq n$, dann ist S^m nicht homotopieäquivalent und insbesondere nicht homöomorph zu S^n.*

(ii) *Wenn $m \neq n$, dann ist $\mathbb{R}^m$ nicht homöomorph zu $\mathbb{R}^n$.*

BEWEIS: Zu (i): Wenn S^m homotopieäquivalent zu S^n ist, dann ist $H_q(S^m)$ isomorph zu $H_q(S^n)$ für alle $q \in \mathbb{Z}$. Das ist nach 8.3 nur möglich, wenn $m = n$ ist.

Zu (ii): Es wird angenommen, daß $h : \mathbb{R}^m \to \mathbb{R}^n$ ein Homöomorphismus ist. Dann ist auch die Translation $f : \mathbb{R}^n \to \mathbb{R}^n$, die definiert ist durch $f(x) = x - h(0)$, ein Homöomorphismus, und $f \circ h : \mathbb{R}^m \to \mathbb{R}^n$ ist ein Homöomorphismus mit $f \circ h(0) = 0$. Damit ist

$$f \circ h : (\mathbb{R}^m, \mathbb{R}^m \setminus \{0\}) \to (\mathbb{R}^n, \mathbb{R}^n \setminus \{0\})$$

ein Homöomorphismus von Raumpaaren und induziert einen Isomorphismus

$$H_q(f \circ h) : H_q(\mathbb{R}^m, \mathbb{R}^m \setminus \{0\}) \to H_q(\mathbb{R}^n, \mathbb{R}^n \setminus \{0\}).$$

Dann ist nach 8.5 aber $m = n$. □

Die bisher berechneten Homologiegruppen sind entweder trivial oder von einem Element erzeugte freie abelsche Gruppen. Es soll nun ein Repräsentant für das erzeugende Element der zu $\mathbb{Z}$ isomorphen Gruppen aus 8.3, 8.4 und 8.5 angegeben werden. Einerseits ist es manchmal nützlich, bei Rechnungen den Repräsentanten einer Klasse explizit zu kennen, andererseits gibt diese Kenntnis auch eine gewisse Anschauung von den recht abstrakt definierten Homologieklassen. Es wird zunächst gezeigt, daß alle kompakten, konvexen Teilmengen des $\mathbb{R}^n$ mit inneren Punkten untereinander homöomorph sind. Damit kann man für die Berechnung D^n durch Δ_n ersetzen, das Objekt also, mit dessen Hilfe die singulären Homolgiegruppen definiert wurden.

8.7 Satz. *Für jede kompakte, konvexe Teilmenge X des $\mathbb{R}^n$ mit inneren Punkten ist das Paar $(X, Rd\,X)$ homöomorph zu (D^n, S^{n-1}).*

BEWEIS: (i) Zunächst wird angenommen, daß 0 innerer Punkt von X ist und $D^n \subset X$. Diese Annahme bedeutet keine Einschränkung der Allgemeinheit. Wenn sie nicht erfüllt ist, dann sei $x_0 \in X$ ein innerer Punkt von X. Die Translation $f : \mathbb{R}^n \to \mathbb{R}^n$, die definiert ist durch $f(x) = x - x_0$, ist ein Homöomorphismus, der konvexe Mengen in konvexe Mengen überführt. $f(X)$ ist eine konvexe Menge, und 0 ist innerer Punkt. Da 0 innerer Punkt von $f(X)$ ist, gibt es ein $\varepsilon > 0$, so daß $D^n_\varepsilon(0) = \{x \in \mathbb{R}^n \mid \| x \| \leq \varepsilon\} \subset f(X)$. Die lineare Abbildung $g : \mathbb{R}^n \to \mathbb{R}^n$ mit $g(x) = \frac{1}{\varepsilon}x$ ist ein Homöomorphismus und $D^n = g(D^n_\varepsilon(0)) \subset g \circ f(X)$. Daher ist $g \circ f(X)$ eine zu X homöomorphe, kompakte, konvexe Teilmenge des $\mathbb{R}^n$ mit $D^n \subset g \circ f(X)$.

(ii) Es wird angenommen, daß $D^n \subset X$ ist, und eine Abbildung

$$r : Rd\,X \to S^{n-1}$$

definiert durch $r(x) = \frac{x}{\|x\|}$. r ist stetig und bijektiv. Stetigkeit von r ist klar, da r Einschränkung einer auf $\mathbb{R}^n \setminus \{0\}$ definierten, stetigen Abbildung ist. Zum Nachweis der Surjektivität von r sei $x \in S^{n-1}$. Die Menge $A = \{tx | t \in [0, \infty[\} \cap X$ ist beschränkt und abgeschlossen und daher kompakt. Die Abbildung $\alpha : A \to \mathbb{R}$, die definiert ist durch $\alpha(tx) = \sum_{i=0}^{n-1} tx_i^2 = t$, ist stetig und nimmt auf A ihr Maximum λ_0 an. Dann ist $\lambda_0 x \in X$, und für alle $\lambda > \lambda_0$ ist $\lambda x \in \mathbb{R}^n \setminus X$. Daher ist $\lambda_0 x \in Rd\,X$ und $r(\lambda_0 x) = x$.

Zum Nachweis der Injektivität von r seien $x, y \in Rd\,X$ mit $r(x) = r(y)$. Das heißt $\frac{x}{\|x\|} = \frac{y}{\|y\|}$ und $y = \lambda x$ mit $\lambda = \| y \| / \| x \|$. Es ist $\lambda > 0$, und o.B.d.A. wird angenommen, daß $\lambda \leq 1$ ist. Andernfalls werden x und y umbenannt. Man betrachtet nun den Kegel $K(x)$ über $\mathring{D}^n$ mit Spitze x, d.h.

$$K(x) = \{tu + (1-t)x \mid u \in \mathring{D}^n \quad \text{und} \quad t \in I\}.$$

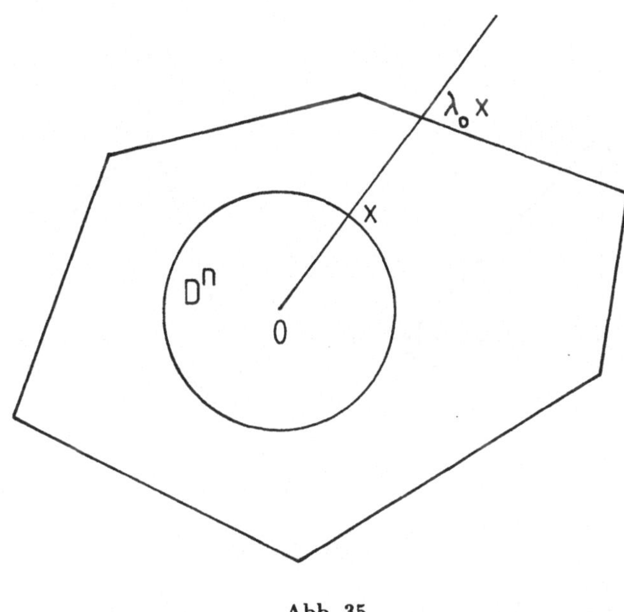

Abb. 35

Da X konvex ist, ist $K(x) \subset X$. Außerdem ist $K(x) \setminus \{x\}$ offen in $\mathbb{R}^n$, denn $K(x) \setminus \{x\} = \bigcup_{t \in]0,1]} f_t(\mathring{D}^n)$, wo $f_t : \mathbb{R}^n \to \mathbb{R}^n$ definiert ist durch

$$f_t(u) = tu + (1-t)x.$$

f_t ist für jedes $t \neq 0$ ein Homöomorphismus, und $f_t(\mathring{D}^n)$ ist offen. Da $y = \lambda x$ mit $\lambda \leq 1$ ist, ist $y \in K(x)$. Wenn $\lambda < 1$ ist, dann ist $y \in K(x) \setminus \{x\}$ und daher $y \in \mathring{X}$ im Widerspruch zu der Annahme $y \in Rd\, X$. Daher ist $\lambda = 1$ und $y = x$. Weil $Rd\, X$ kompakt ist, ist $r : Rd\, X \to S^{n-1}$ ein Homöomorphismus nach I, 4.12.
r wird erweitert zu einer Abbildung $s : X \to D^n$ durch $s(tx) = tr(x)$ für alle $x \in Rd\, X$ und $t \in [0,1]$.
s ist surjektiv: Es ist $s(0) = 0$, und für $y \in D^n \setminus \{0\}$ existiert ein $x \in Rd\, X$ mit $r(x) = \frac{y}{\|y\|}$. Dann ist $s(\| y \| x) = y$.
s ist injektiv: Für tx und uy mit $s(tx) = s(uy)$ ist $tr(x) = ur(y)$. Wenn $t = 0$ ist, ist $u = 0$ und $tx = uy$. Wenn $t \neq 0$ ist, ist $r(x) = \frac{u}{t} r(y)$, also $u = t$ und $r(x) = r(y)$ und $x = y$.
Zum Nachweis, daß s ein Homöomorphismus ist, betrachtet man zunächst die Abbildung

$$f : Rd\, X \times I \to X,$$

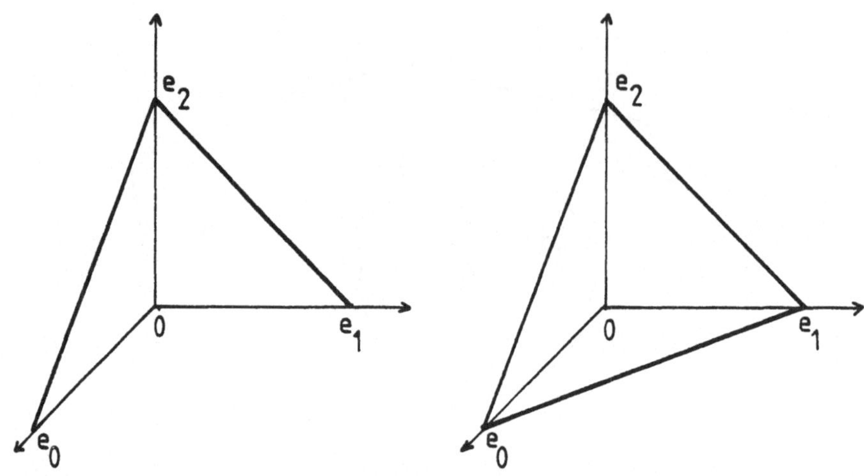

Abb. 36

die definiert ist durch $f(x,t) = tx$. f ist stetig und surjektiv, d.h. X trägt nach I, 4.12 die Quotiententopologie bezüglich f. Daher ist s stetig, wenn die Abbildung $\tilde{s} : Rd\, X \times I \to D^n$, die definiert ist durch $\tilde{s}(x,t) = s \circ f(x,t) = s(tx) = tr(x)$, stetig ist.
$\tilde{s}$ ist aber stetig, da r stetig ist und die Multiplikation mit einem Skalar, $\mathbb{R} \times \mathbb{R}^n \to \mathbb{R}^n$, $(\alpha, x) \to \alpha x$, stetig ist. Wegen der Kompaktheit ist dann auch s ein Homöomorphismus. □

Das Standard-n-Simplex Δ_n war als Teilmenge des $\mathbb{R}^{n+1}$ eingeführt worden, derart daß $\mathring{\Delta}_n = \emptyset$ und $Rd\, \Delta_n = \Delta_n$ sind. Betrachtet man Δ_n als Teilmenge des topologischen Raumes $H = \{(x_0, \ldots, x_n) \in \mathbb{R}^{n+1} \mid x_0 + \ldots + x_n = 1\}$, so ist der Rand von Δ_n die Vereinigung der Seiten, was der Vorstellung entspricht.

8.8 Bezeichnung. Für alle nichtnegativen ganzen Zahlen n sei

$$\dot{\Delta}_n = \bigcup_{0 \le i \le n} \Delta_n^i$$

und

$$\underset{n}{\Lambda} = \bigcup_{0 \le i < n} \Delta_n^i$$

$\dot{\Delta}_n$ ist die Vereinigung aller Seiten von Δ_n, während $\underset{n}{\Lambda}$ die Vereinigung aller i-ten Seiten von Δ_n mit $i \neq n$ ist. Man erhält $\underset{n}{\Lambda}$ aus $\dot{\Delta}_n$, indem man aus $\dot{\Delta}_n$

die Menge $\Delta_{n-1} \setminus \dot{\Delta}_{n-1}$ herausnimmt. Nach der Vorbemerkung von 8.8 ist es klar, daß $(\Delta_n,\ \dot{\Delta}_n)$ homöomorph zu (D^n, S^{n-1}) ist.

Um ein erzeugendes Element von $H_n(\Delta_n, \dot{\Delta}_n)$ zu bestimmen, geht man induktiv vor. Ein erzeugendes Element von $H_0(\Delta_0, \dot{\Delta}_0) = H_0(\Delta_0)$ läßt sich leicht angeben. $H_n(\Delta_n, \dot{\Delta}_n)$ und $H_{n-1}(\Delta_{n-1}, \dot{\Delta}_{n-1})$ werden in Verbindung gesetzt durch die lange exakte Homologiesequenz des Tripels $(\Delta_n, \dot{\Delta}_n, \underset{n}{\Lambda})$

$$\to H_q(\dot{\Delta}_n, \underset{n}{\Lambda}) \to H_q(\Delta_n, \underset{n}{\Lambda}) \to H_q(\Delta_n, \dot{\Delta}_n) \to H_{q-1}(\dot{\Delta}_n, \underset{n}{\Lambda}) \to$$

und einen Isomorphismus

$$H_{n-1}(\dot{\Delta}_n, \underset{n}{\Lambda}) \cong H_{n-1}(\Delta_{n-1}, \dot{\Delta}_{n-1}),$$

der mittels Ausschneidung bewiesen wird.

Um die Isomorphie $H_n(\Delta_n, \dot{\Delta}_n) \cong H_{n-1}(\dot{\Delta}_n, \underset{n}{\Lambda})$ zu beweisen, wird der folgende Satz bewiesen.

8.9 Satz. $(\Delta_n, \underset{n}{\Lambda})$ *besitzt* (e_n, e_n) *als starken Deformationsretrakt.* □

Die Definition des Deformationsretraktes aus II, 1.12 läßt sich direkt auf Raumpaare übertragen. Der Beweis von 8.9 wird dem Leser überlassen.

8.10 Hilfssatz. *Die Seitenabbildung aus 2.4*

$$d_n^n : (\Delta_{n-1}, \dot{\Delta}_{n-1}) \to (\dot{\Delta}_n \setminus \{e_n\},\ \underset{n}{\Lambda} \setminus \{e_n\})$$

mit $d_n^n(t_0, \ldots, t_{n-1}) = (t_0, \ldots, t_{n-1}, 0)$ *ist eine Homotopieäquivalenz.*

Beweis: Es ist eine Abbildung

$$r : (\dot{\Delta}_n \setminus \{e_n\}, \underset{n}{\Lambda} \setminus \{e_n\}) \to (\Delta_{n-1}, \dot{\Delta}_{n-1})$$

anzugeben und zu zeigen, daß $d_n^n \circ r \simeq Id$ und $r \circ d_n^n \simeq Id$ ist. r wird definiert durch

$$r(t_0, \ldots, t_n) = \frac{1}{1 - t_n}\,(t_0, \ldots, t_{n-1}).$$

Wegen $\sum_{i=0}^{n-1} \frac{1}{1-t_n} t_i = 1$ ist $r(\dot{\Delta}_n \setminus \{e_n\}) \subset \Delta_{n-1}$.

Aus der Definition sieht man sofort, daß $r(\Delta_n^i \setminus \{e_n\}) \subset \Delta_{n-1}^i$ ist. Da $r \circ d_n^n = Id$ ist, bleibt nur eine Homotopie von $d_n^n \circ r$ zur Identität auf $\dot{\Delta}_n \setminus \{e_n\}$ anzugeben. Die Homotopie

$$H : (\dot{\Delta}_n \setminus \{e_n\}, \underset{n}{\Lambda} \setminus \{e_n\}) \times I \to (\dot{\Delta}_n \setminus \{e_n\}, \underset{n}{\Lambda} \setminus \{e_n\})$$

von Id nach $d_n^n \circ r$ wird als lineare Verbindung gewählt:

$$H(x,t) = (1-t)x + td_n^n \circ r(x).$$

Da Δ_n und alle Δ_n^i konvex sind, ist

$$H((\dot{\Delta}_n \setminus \{e_n\}) \times I) \subset \dot{\Delta}_n \setminus \{e_n\} \quad \text{und} \quad H((\underset{n}{\Lambda} \setminus \{e_n\}) \times I) \subset \underset{n}{\Lambda} \setminus \{e_n\}.$$

Es ist $H(x,0) = x$ und $H(x,1) = d_n^n \circ r(x)$. □

8.11 Satz. *Ein erzeugendes Element von $H_n(\Delta_n, \dot{\Delta}_n) \cong \mathbb{Z}$ wird repräsentiert durch den relativen Zykel von $\delta_n = Id_{\Delta_n}$.*

Beweis durch vollständige Induktion über die Dimension n. Für $n = 0$ ist $H_0(\Delta_0, \dot{\Delta}_0) = H_0(\Delta_0)$, und δ_0 ist ein Zykel und repräsentiert ein erzeugendes Element (s. 2.24). Es sei nun $n > 0$, und δ_{n-1} repräsentiere ein erzeugendes Element von $H_{n-1}(\Delta_{n-1}, \dot{\Delta}_{n-1})$. Aus der exakten Homologiesequenz des Tripels $(\Delta_n, \dot{\Delta}_n, \underset{n}{\Lambda})$

$$\to H_n(\Delta_n, \underset{n}{\Lambda}) \to H_n(\Delta_n, \dot{\Delta}_n) \xrightarrow{\partial_*} H_{n-1}(\dot{\Delta}_n, \underset{n}{\Lambda}) \to H_{n-1}(\Delta_n, \underset{n}{\Lambda}) \to$$

folgt, da $H_q(\Delta_n, \underset{n}{\Lambda}) = 0$ wegen 8.8, daß

$$\partial_* : H_n(\Delta_n, \dot{\Delta}_n) \to H_{n-1}(\dot{\Delta}_n, \underset{n}{\Lambda})$$

ein Isomorphismus ist. Die Abbildung $d_n^n : (\Delta_{n-1}, \dot{\Delta}_{n-1}) \to (\dot{\Delta}_n, \underset{n}{\Lambda})$ läßt sich faktorisieren durch

$$(\Delta_{n-1}, \dot{\Delta}_{n-1}) \to (\dot{\Delta}_n \setminus \{e_n\}, \underset{n}{\Lambda} \setminus \{e_n\}) \subset (\dot{\Delta}_n, \underset{n}{\Lambda}),$$

wo an erster Stelle eine Homotopieäquivalenz nach 8.10 und an zweiter Stelle eine Ausschneidung steht. Beide Abbildungen induzieren in der Homologie Isomorphismen. Daher ist auch

$$H_{n-1}(d_n^n) : H_{n-1}(\Delta_{n-1}, \dot{\Delta}_{n-1}) \to H_{n-1}(\dot{\Delta}_n, \underset{n}{\Lambda})$$

ein Isomorphismus. Man hat also Isomorphismen der folgenden Art:

$$H_n(\Delta_n, \dot{\Delta}_n) \xrightarrow{\partial_*} H_{n-1}(\dot{\Delta}_n, \underset{n}{\Lambda}) \xleftarrow{H_{n-1}(d_n^n)} H_{n-1}(\Delta_{n-1}, \dot{\Delta}_{n-1}).$$

Nun ist

$$H_{n-1}(d_n^n)([\delta_{n-1}]) = [d_n^n \circ \delta_{n-1}] = [\delta_n \circ d_n^n]$$

und

$$\partial_*([\delta_n]) = [\partial_n(\delta_n)] = \left[\sum_{i=0}^{n}(-1)^i \delta_n \circ d_n^i\right]$$

$$= [(-1)^n \delta_n \circ d_n^n] = (-1)^n [\delta_n \circ d_n^n].$$

Bei der Rechnung ist zu beachten, daß $\partial_*[(\delta_n)] \in H_{n-1}(\dot{\Delta}_n, \underset{n}{\Lambda})$ ist. Die vorletzte Gleichung gilt dann, da

$$\sum_{i=0}^{n-1}(-1)^i \delta_n \circ d_n^i \in S_{n-1}(\underset{n}{\Lambda}).$$

Damit ist gezeigt, daß δ_n unter dem Isomorphismus ∂_* auf ein erzeugendes Element abgebildet wird. Daher ist $[\delta_n] \in H_n(\Delta_n, \dot{\Delta}_n)$ selbst ein erzeugendes Element. □

8.12 Satz. *Für alle $n \geq 1$ wird ein erzeugendes Element von $\tilde{H}_{n-1}(\dot{\Delta}_n)$ repräsentiert durch den Zykel $\partial_n(\delta_n)$.*

BEWEIS: Aus der reduzierten langen exakten Homologiesequenz des Paares $(\Delta_n, \dot{\Delta}_n)$ folgt, daß der verbindende Homomorphismus $\partial_* : H_n(\Delta_n, \dot{\Delta}_n) \to \tilde{H}_{n-1}(\dot{\Delta}_n)$ ein Isomorphismus ist. δ_n repräsentiert ein erzeugendes Element von $H_n(\Delta_n, \dot{\Delta}_n)$. Daher ist $\partial_*[\delta_n]$ ein erzeugendes Element von $\tilde{H}_{n-1}(\dot{\Delta}_n)$. Aus der Definition von ∂_* in 3.7 folgt, daß $\partial_*[\delta_n] = [\partial_n(\delta_n)]$, und damit die Behauptung. □

Mit 8.11 und 8.12 ist es nun einfach, auch für die übrigen in diesem Paragraphen berechneten Homologiegruppen erzeugende Elemente zu finden.

8.13 Aufgaben

1. Geben Sie für ein erzeugendes Element aus $H_n(\mathbb{R}^n, \mathbb{R}^n \setminus \{0\})$ einen repräsentierenden Zykel an.
2. Berechnen Sie für einen beliebigen topologischen Raum X, dessen Homologiegruppen als bekannt vorausgesetzt werden, die Homologiegruppen der Einhängung SX.
3. Es seien $x_1, \ldots, x_k \in \mathbb{R}^n$ und $x_i \neq x_j$ für $i \neq j$. Berechnen Sie die Homologiegruppen von $\mathbb{R}^n \setminus \{x_1, \ldots, x_k\}$.
4. Es seien $n \geq 0$ und $f : S^n \to X$ eine stetige Abbildung von S^n in den topologischen Raum X, dessen Homologiegruppen als bekannt vorausgesetzt werden. Berechnen Sie die Homologiegruppen von $X \cup_f D^{n+1}$.

5. Berechnen Sie $H_q(S^n, S^k)$ für alle $q \in \mathbb{Z}$ und alle natürlichen Zahlen n, k mit $n \geq k \geq 0$.
6. Es seien X ein topologischer Raum, n eine positive ganze Zahl und $N = (0, \ldots, 0, 1) \in \mathbb{R}^{n+1}$. Beweisen Sie die folgenden Isomorphien für alle ganzen Zahlen q.

   (i) $H_q(D^n \times X, S^{n-1} \times X) \cong H_{q-n}(X)$.

   Hinweis: Benutzen Sie die exakte Homologiesequenz des Tripels $(D^n \times X, S^{n-1} \times X, E_+^{n-1} \times X)$.

   (ii) $H_q(S^n \times X, \{N\} \times X) \cong H_{q-n}(X)$.

   Hinweis: Benutzen Sie die exakte Homologiesequenz des Tripels $(D^{n+1} \times X, S^n \times X, \{N\} \times X)$.

   (iii) $H_q(S^n \times X) \cong H_{q-n}(X) \oplus H_q(X)$.
7. Berechnen Sie $H_q(S^n \vee S^k)$, wo $S^n \vee S^k = S^n \times \{y_0\} \cup \{x_0\} \times S^k$ für zwei Punkte $x_0 \in S^n$ und $y_0 \in S^k$ die Einpunktvereinigung von S^n mit S^k ist.

§ 9 Mayer-Vietoris-Sequenzen

Mayer-Vietoris-Sequenzen sind lange exakte Sequenzen von Homomorphismen zwischen Homologiegruppen, die ähnlich wie die Homologiesequenz eines Raumpaares die Homologiegruppen eines Raumes bzw. Raumpaares mit denen von Unterräumen bzw. Paaren von Unterräumen in Verbindung setzen. Es wird die Mayer-Vietoris-Sequenz für Paare eigentlicher Triaden hergeleitet. Die anderen Mayer-Vietoris-Sequenzen ergeben sich aus dieser durch Spezialisierung. Anwendungen der Mayer-Vietoris-Sequenz werden insbesondere in IV, 5 gegeben.

9.1 Definition. Eine Triade (X, X_1, X_2) besteht aus einem topologischen Raum X und zwei Unterräumen X_1 und X_2 von X. Die Triade (X, X_1, X_2) heißt eigentliche Triade, wenn die Inklusionsabbildungen

$$k_1 : (X_1, X_1 \cap X_2) \to (X_1 \cup X_2, X_2) \quad \text{und}$$
$$k_2 : (X_2, X_1 \cap X_2) \to (X_1 \cup X_2, X_1)$$

Isomorphismen der relativen Homologiegruppen induzieren.

9.2 Beispiel. (S^n, E^n_+, E^n_-) ist eine eigentliche Triade. Hier sind $E^n_+ \cup E^n_- = S^n$ und $E^n_+ \cap E^n_- = S^{n-1}$.
Die Inklusionsabbildungen

$$k_1 : (E^n_+, S^{n-1}) \to (S^n, E^n_-) \quad \text{und}$$
$$k_2 : (E^n_-, S^{n-1}) \to (S^n, E^n_+)$$

induzieren Isomorphismen

$$H(k_1) : H(E^n_+, S^{n-1}) \to H(S^n, E^n_-) \quad \text{und}$$
$$H(k_2) : H(E^n_-, S^{n-1}) \to H(S^n, E^n_+)$$

nach 8.2.

Der Nachweis, daß eine Triade eigentlich ist, erfolgt meist mit Hilfe einer Ausschneidung, häufig in Verbindung mit einer Homotopie. Im folgenden Satz wird zunächst gezeigt, daß es zum Nachweis einer eigentlichen Triade zu zeigen genügt, daß eine der beiden Inklusionsabbildungen k_1 und k_2 einen Isomorphismus der relativen Homologiegruppen induziert. Außerdem wird bewiesen, daß diese Eigenschaft äquivalent ist zu einer technischen Bedingung (d), die im folgenden wesentlich benutzt wird, um die Mayer-Vietoris-Sequenz in 9.6 herzuleiten.

9.3 Satz. *Für jede Triade (X, X_1, X_2) sind die folgenden Bedingungen äquivalent.*

(a) *(X, X_1, X_2) ist eine eigentliche Triade.*

(b) *Die Inklusionsabbildung $k_1 : (X_1, X_1 \cap X_2) \to (X_1 \cup X_2, X_2)$ induziert einen Isomorphismus der relativen Homologiegruppen.*

(c) *Die Inklusionsabbildung $k_2 : (X_2, X_1 \cap X_2) \to (X_1 \cup X_2, X_1)$ induziert einen Isomorphismus der relativen Homologiegruppen.*

(d) *Für alle $q \in \mathbb{Z}$ ist $H_q(S(X_1 \cup X_2)/(S(X_1) + S(X_2)) = 0$, wo $S(X_1) + S(X_2)$ den von $S(X_1)$ und $S(X_2)$ erzeugten Unterkomplex von $S(X_1 \cup X_2)$ bezeichnet.*

(e) *Der Inklusionshomomorphismus $\rho : S(X_1) + S(X_2) \to S(X_1 \cup X_2)$ induziert einen Isomorphismus der Homologiegruppen.*

BEWEIS: Es wird gezeigt, daß jede der Bedingungen (b) und (c) alleine äquivalent ist zu (d). Dann wird gezeigt, daß (d) äquivalent ist zu (e).
Der Homomorphismus $H(k_1) : H(X_1, X_1 \cap X_2) \to H(X_1 \cup X_2, X_2)$ wird induziert durch den Homomorphismus von Kettenkomplexen

$$S(k_1) : \frac{S(X_1)}{S(X_1 \cap X_2)} \to \frac{S(X_1 \cup X_2)}{S(X_2)}.$$

Der Inklusionshomomorphismus $S(X_1) \to S(X_1) + S(X_2)$ liefert nach dem Noetherschen Isomorphiesatz für jedes $q \in \mathbb{Z}$ einen Isomorphismus

$$\frac{S_q(X_1)}{S_q(X_1 \cap X_2)} \to \frac{S_q(X_1) + S_q(X_2)}{S_q(X_2)}$$

und daher einen Isomorphismus von Kettenkomplexen

$$\frac{S(X_1)}{S(X_1 \cap X_2)} \to \frac{S(X_1) + S(X_2)}{S(X_2)}.$$

Mit diesem Isomorphismus läßt sich $S(k_1)$ in eine kurze exakte Sequenz von Homomorphismen zwischen Kettenkomplexen einbetten:

$$0 \to \frac{S(X_1)}{S(X_1 \cap X_2)} \to \frac{S(X_1 \cup X_2)}{S(X_2)} \to \frac{S(X_1 \cup X_2)}{S(X_1) + S(X_2)} \to 0.$$

Zu dieser kurzen exakten Sequenz gehört eine lange exakte Homologiesequenz

$$\to H_q(X_1, X_1 \cap X_2) \xrightarrow{H_q(k_1)} H_q(X_1 \cup X_2, X_2) \to H_q\left(\frac{S(X_1 \cup X_2)}{S(X_1) + S(X_2)}\right) \to,$$

mit deren Hilfe man nun sofort sieht: $H_q(k_1)$ ist für alle $q \in \mathbb{Z}$ ein Isomorphismus genau dann, wenn $H_q(S(X_1 \cup X_2)/S(X_1) + S(X_2)) = 0$ ist für alle $q \in \mathbb{Z}$. Damit ist die Äquivalenz von (b) und (d) gezeigt.

Die Äquivalenz von (c) und (d) ergibt sich aus dem vorhergehenden Beweis durch Vertauschen der Indizes 1 und 2.

Die Äquivalenz von (d) und (e) liest man aus der langen exakten Homologiesequenz

$$\to H_q(S(X_1) + S(X_2)) \to H_q(X_1 \cup X_2) \to H_q\left(\frac{S(X_1 \cup X_2)}{S(X_2) + S(X_2)}\right) \to$$

ab, die zu der kurzen exakten Sequenz

$$0 \to S(X_1) + S(X_2) \to S(X_1 \cup X_2) \to \frac{S(X_1 \cup X_2)}{S(X_1) + S(X_2)} \to 0$$

gehört. □

Ein einfaches und häufig anwendbares hinreichendes Kriterium dafür, daß eine Triade eigentlich ist, liefert der folgende Satz. Sein Beweis erfolgt durch direkte Anwendung des Ausschneidungssatzes und wird dem Leser überlassen.

9.4 Satz. *Wenn in der Triade (X, X_1, X_2) die Mengen X_1 und X_2 offene Teilmengen von $X_1 \cup X_2$ sind, dann ist (X, X_1, X_2) eine eigentliche Triade.* □

9.5 Definition. Ein Paar eigentlicher Triaden $(A, A_1, A_2) \subset (X, X_1, X_2)$ besteht aus zwei eigentlichen Triaden (A, A_1, A_2) und (X, X_1, X_2) derart, daß A Teilraum von X, A_1 Teilraum von X_1 und A_2 Teilraum von X_2 ist.

Das Paar eigentlicher Triaden aus 9.5 führt in natürlicher Weise zu einem kommutativen Diagramm von Homomorphismen zwischen Kettenkomplexen, dessen Zeilen kurze exakte Sequenzen sind und in dem die senkrechten Homomorphismen Inklusionshomomorphismen sind, bzw. durch solche induziert werden.

$$\begin{array}{ccccccccc}
0 & \to & S(A_1) + S(A_2) & \to & S(X_1) + S(X_2) & \to & \frac{S(X_1)+S(X_1)}{S(A_1)+S(A_2)} & \to & 0 \\
(\mathrm{D}) & & \rho_1 \downarrow & & \rho_2 \downarrow & & \downarrow \rho & & \\
0 & \to & S(A_1 \cup A_2) & \to & S(X_1 \cup X_2) & \to & \frac{S(X_1 \cup X_2)}{S(A_1 \cup A_2)} & \to & 0
\end{array}$$

Da (A, A_1, A_2) und (X, X_1, X_2) eigentliche Triaden sind, induzieren ρ_1 und ρ_2 Isomorphismen

$$H(\rho_1) : H(S(A_1) + S(A_2)) \to H(A_1 \cup A_2) \quad \text{und}$$

$$H(\rho_2) : H(S(X_1) + S(X_2)) \to H(X_1 \cup X_2) \quad \text{nach} \quad 9.3.$$

Aus dem zu (D) gehörenden kommutativen Diagramm, dessen Zeilen lange exakte Homologiesequenzen sind, folgt mit dem Fünferlemma, daß auch der dritte senkrechte Homomorphismus ρ in (D) einen Isomorphismus

$$H(\rho) : H\left(\frac{S(X_1)+S(X_2)}{S(A_1)+S(A_2)}\right) \to H(X_1 \cup X_2, A_1 \cup A_2)$$

liefert. Zur Herleitung der Mayer-Vietoris-Sequenz eines Paares eigentlicher Triaden betrachtet man die Sequenz von Homomorphismen von Kettenkomplexen

$$\text{(T)} \qquad \begin{aligned} 0 \to \frac{S(X_1 \cap X_2)}{S(A_1 \cap A_2)} &\overset{(S(i_1),-S(i_2))}{\longrightarrow} \frac{S(X_1)}{S(A_1)} \oplus \frac{S(X_1)}{S(A_2)} \\ &\overset{\lambda_1+\lambda_2}{\longrightarrow} \frac{S(X_1)+S(X_2)}{S(A_1)+S(A_2)} \to 0 \end{aligned}$$

in dem $i_\nu : (X_1 \cap X_2, A_1 \cap A_2) \to (X_\nu, A_\nu)$, $\nu = 1,2$ Inklusionsabbildungen von Raumpaaren sind und

$$\lambda_\nu : \frac{S(X_\nu)}{S(A_\nu)} \to \frac{S(X_1)+S(X_2)}{S(A_1)+S(A_2)}, \quad \nu = 1,2,$$

die durch die Inklusionen induzierten Homomorphismen sind. Man rechnet ohne Schwierigkeiten nach, daß diese Sequenz exakt ist. Die zugehörige lange exakte Homologiesequenz führt zusammen mit dem Isomorphismus $H(\rho)$ zu der Mayer-Vietoris-Sequenz für Paare eigentlicher Triaden.

9.6 Satz. *Zu jedem Paar eigentlicher Triaden* $(A, A_1, A_2) \subset (X, X_1, X_2)$ *existiert eine lange exakte Homologiesequenz*

$$\begin{aligned} &\to H_q(X_1 \cap X_2, A_1 \cap A_2) \overset{(H_q(i_1),-H_q(i_2))}{\longrightarrow} H_q(X_1, A_1) \oplus H_q(X_2, A_2) \\ &\overset{H_q(j_1)+H_q(j_2)}{\longrightarrow} H_q(X_1 \cup X_2, A_1 \cup A_2) \overset{\Delta_q}{\to} H_{q-1}(X_1 \cap X_2, A_1 \cap A_2) \to, \end{aligned}$$

die als Mayer-Vietoris-Sequenz eines Paares eigentlicher Triaden bezeichnet wird. In der Sequenz bezeichnen

$$i_\nu : (X_1 \cap X_2, A_1 \cap A_2) \to (X_\nu, A_\nu), \quad \nu = 1,2$$
$$j_\nu : (X_\nu, A_\nu) \to (X_1 \cup X_2, A_1 \cup A_2), \quad \nu = 1,2$$

Inklusionsabbildungen. Der Homomorphismus Δ_q *hat die Form* $\partial_{*q} H_q(\rho)^{-1}$ *mit* ρ *aus* (D) *und dem verbindenden Homomorphismus* ∂_{*q} *aus der zu* (T) *gehörenden langen exakten Homologiesequenz.* □

Werden in 9.6 die Paare eigentlicher Triaden speziell als $(\emptyset,\emptyset,\emptyset) \subset (X, X_1, X_2)$ bzw. als $(X, X_1, X_2) \subset (X, X, X)$ gewählt, so ergeben sich als Korollare die folgenden beiden Sätze.

9.7 Satz. *Zu jeder eigentlichen Triade (X, X_1, X_2) existiert die exakte Sequenz*

$$H_q(X_1 \cap X_2) \xrightarrow{\alpha_q} H_q(X_1) \oplus H_q(X_2) \xrightarrow{\beta_q}$$
$$H_q(X_1 \cup X_2) \xrightarrow{\Delta_q} H_{q-1}(X_1 \cap X_2) \xrightarrow{\alpha_{q-1}},$$

die als absolute Mayer-Vietoris-Sequenz der eigentlichen Triade (X, X_1, X_2) bezeichnet wird. In dieser Sequenz sind $\alpha_q = (H_q(i_1), -H_q(i_2))$ und $\beta_q = H_q(j_1) + H_q(j_2)$ mit den Inklusionsabbildungen $i_\nu : X_1 \cap X_2 \to X_\nu$ und $j_\nu : X_\nu \to X_1 \cup X_2$, $\nu = 1, 2$, sowie $\Delta_q = \partial_* H_q(\rho)^{-1}$ mit dem Homomorphismus ρ aus 9.3 (e) und dem verbindenden Homomorphismus ∂_{*q} aus der langen exakten Homologiesequenz

$$\to H_q(X_1 \cap X_2) \to H_q(X_1) \oplus H_q(X_2) \to H_q(S(X_1) + S(X_2))$$
$$\xrightarrow{\partial_{*q}} H_{q-1}(X_1 \cap X_2). \square$$

9.8 Satz. *Zu jeder eigentlichen Triade (X, X_1, X_2) existiert die lange exakte Homologiesequenz*

$$H_q(X, X_1 \cap X_2) \xrightarrow{(H_q(i_1), -H_q(i_2))} H_q(X, X_1) \oplus H_q(X, X_2)$$
$$\xrightarrow{H_q(j_1)+H_q(j_2)} H_q(X, X_1 \cup X_2) \xrightarrow{\Delta_q} H_{q-1}(X, X_1 \cap X_2) \to,$$

in der $i_\nu : (X, X_1 \cap X_2) \to (X, X_\nu)$, $\nu = 1, 2$ und $j_\nu : (X, X_\nu) \to (X, X_1 \cup X_2)$, $\nu = 1, 2$, die Inklusionsabbildungen von Raumpaaren bezeichnen und $\Delta_q = \partial_{*q} H_q(\rho)^{-1}$ ist mit dem natürlichen Homomorphismus

$$\rho : \frac{S(X)}{S(X_1) + S(X_2)} \to \frac{S(X)}{S(X_1 \cup X_2)}$$

und dem verbindenden Homomorphismus ∂_{*q} aus der Homologiesequenz

$$\to H_q(X, X_1 \cap X_2) \to H_q(X, X_1) \oplus H_q(X, X_2)$$
$$\to H_q\left(\frac{S(X)}{S(X_1) + S(X_2)}\right) \xrightarrow{\partial_{*q}} H_{q-1}(X, X_1 \cap X_2) \to$$

Diese exakte Sequenz heißt relative Mayer-Vietoris-Sequenz. $\square$

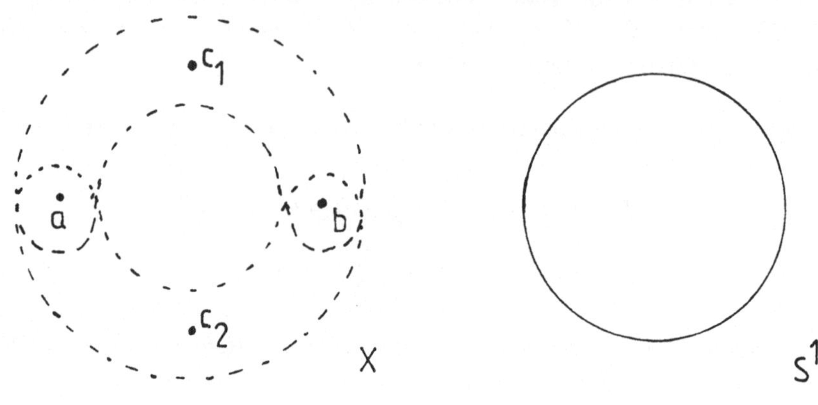

Abb. 37

9.9 Beispiel. Es sei X der topologische Raum, dessen zugrundeliegende Menge $\{a, b, c_1, c_2\}$ aus genau vier Elementen besteht mit der topologischen Struktur $\{\emptyset, \{a\}, \{b\}, \{a,b\}, \{a,b,c_1\}, \{a,b,c_2\}, \{a,b,c_1,c_2\}\}$.
Die Triade (X, X_1, X_2) mit $X_1 = \{a,b,c_1\}$ und $X_2 = \{a,b,c_2\}$ ist eine eigentliche Triade; denn da X_2 offen und $\{c_2\}$ abgeschlossen ist, ist $k_1 : (X_1, X_1 \cap X_2) \to (X_1 \cup X_2, X_2)$ eine Ausschneidung.
Aus der zugehörigen Mayer-Vietoris-Sequenz läßt sich ohne Schwierigkeiten die Homologie von $X = X_1 \cup X_2$ berechnen. $X_1 \cap X_2 = \{a, b\}$ ist homöomorph zu S^0. Die Räume X_1 und X_2 sind beide zusammenziehbar. Für $\nu \in \{1,2\}$ ist die Abbildung $H_\nu : X_\nu \times I \to X_\nu$, die definiert ist durch $H_\nu(x,t) = x$ für alle $x \in X_\nu$ und alle $t \in [0,1[$ und $H_\nu(x,1) = c_\nu$ für alle $x \in X_\nu$, eine Homotopie *rel* $\{c_\nu\}$ von der Identität auf X_ν zu der Retraktion $X_\nu \to \{c_\nu\}$. Da X_1 und X_2 wegweise zusammenhängend sind, ist auch X wegweise zusammenhängend. Die q-ten Homologiegruppen von X_1, X_2 und $X_1 \cap X_2$ verschwinden für alle $q \neq 0$. Daher ist $H_{q+1}(X) \cong H_q(X_1 \cap X_2)$ für alle $q \geq 1$ und $H_1(X)$ ist isomorph zum Kern der Abbildung

$$(H_0(i_1), -H_0(i_2)) : H_0(\{a,b\}) \to H_0(X_1) \oplus H_0(X_2)$$

aus der Mayer-Vietoris-Sequenz. $H_0(\{a,b\})$ ist die von den Klassen $[a]$ und $[b]$ erzeugte freie abelsche Gruppe und

$$(H_0(i_1), -H_0(i_2))\,(m[a] + n[b]) = ((m+n)\,[a], -(m+n)\,[a]),$$

da X_1 und X_2 wegweise zusammenhängend sind (vgl. 2.26). Also ist der Kern isomorph zu $\mathbb{Z}$. Weil X wegweise zusammenhängend ist, ist $H_0(X) \cong \mathbb{Z}$, und es ist

$$H_q(X) \cong \begin{cases} \mathbb{Z}, & \text{wenn } q \in \{0,1\} \\ 0, & \text{wenn } q \notin \{0,1\}. \end{cases}$$

Damit besitzt der aus vier Punkten bestehende Raum X die gleichen Homologiegruppen wie S^1, beide lassen sich also durch die Homologiegruppen nicht unterscheiden.

9.10 Bemerkung. Bei der Benutzung der Mayer-Vietoris-Sequenzen in 9.7 und 9.8 ist es meist nicht nötig, den verbindenden Homomorphismus explizit zu kennen. Es sei trotzdem darauf hingewiesen, daß in beiden Fällen dieser Homomorphismus sich ohne Rückgriff auf die Konstruktion der Sequenz beschreiben läßt. Für Einzelheiten wird beispielsweise auf A. Dold (1972), S. 49, verwiesen.

Die Konstruktionen der Mayer-Vietoris-Sequenzen erfolgt aus kurzen exakten Sequenzen von Homomorphismen von Kettenkomplexen, die durch Inklusionsabbildungen induziert werden. Unter Benutzung dieser Tatsache beweist man den folgenden Satz.

9.11 Satz. *Die in 9.6, 9.7 und 9.8 angegebenen Mayer-Vietoris-Sequenzen verhalten sich natürlich gegenüber stetigen Abbildungen.* □

9.12 Bemerkung. Eine Formel für die Beziehung zwischen den Betti-Zahlen der Räume X_1, X_2, $X_1 \cup X_2$ und $X_1 \cap X_2$ wurde für spezielle eigentliche Triaden (X, X_1, X_2) erstmals von W. Mayer (1929) und L. Vietoris (1930) angegeben. Diese Formeln sind in den exakten Mayer-Vietoris-Sequenzen dieses Paragraphen verschlüsselt und lassen sich ohne Schwierigkeiten daraus herleiten (vgl. Aufgabe 8).

9.13 Aufgaben

1. Beweisen Sie Satz 9.4.
2. Geben Sie für jede natürliche Zahl $n \geq 1$ einen topologischen Raum an, der aus endlich vielen Punkten besteht und die gleichen Homologiegruppen besitzt wie S^n.
3. Es seien X und Y topologische Räume, $x_0 \in X$ und $y_0 \in Y$ sowie $X \vee Y = X \times \{y_0\} \cup \{x_0\} \times Y$.
   Beweisen Sie: Besitzt die abgeschlosse Hülle $\overline{\{x_0\}}$ von $\{x_0\}$ eine *rel* $\{x_0\}$ zusammenziehbare Umgebung, so ist $\tilde{H}_q(X \vee Y) \cong \tilde{H}_q(X) \oplus \tilde{H}_q(Y)$ für alle $q \in \mathbb{Z}$.
4. S_1^m und S_2^n, $m, n \geq 1$ seien folgende Teilräume von $\mathbb{R}^{m+n+1}$.

$$S_1^m = \{(x_0, \ldots, x_{m+n}) \in \mathbb{R}^{m+n+1} \mid x_0^2 + \ldots + x_{m-1}^2 + \left(x_m - \frac{1}{2}\right)^2 = 1$$

$$\text{und} \quad x_{m+1} = \ldots = x_{m+n} = 0\}$$

$$S_2^n = \{(x_0, \ldots, x_{m+n}) \in \mathbb{R}^{m+n+1} \mid x_m^2 + \ldots + x_{m+n}^2 = 1$$

$$\text{und} \quad x_0 = \ldots = x_{m-1} = 0\}.$$

   Berechnen Sie die Homologiegruppen von $\mathbb{R}^{m+n+1} \setminus (S_1^m \cup S_2^n)$.

5. Es seien $X_1, \ldots, X_n$ abgeschlossene Teilmengen von X, $X = \bigcup_{i=1}^{n} X_i$, $X_i \cap X_j = A$ für alle $i \neq j$ und $\overline{X_i \setminus A} \cap \overline{X_j \setminus A} = \emptyset$ für alle $i \neq j$. Zeigen Sie: Der durch die Inklusion induzierte Homomorphismus $H(X_i, A) \to H(X, A)$ ist injektiv und $H(X, A) \cong \bigoplus_{i=1}^{n} H(X_i, A)$.
6. Es seien X ein topologischer Raum, X_1 und X_2 offene Teilmengen von X, so daß $X = X_1 \cup X_2$ gilt. Beweisen Sie, daß $H_q(X, X_1 \cap X_2) \cong H_q(X, X_1) \oplus H_q(X, X_2)$ ist für alle $q \in \mathbb{Z}$.
7. Beweisen Sie 9.11.
8. Leiten Sie aus der Mayer-Vietoris-Sequenz der eigentlichen Triade (X, X_1, X_2) in 9.7 die folgende Mayer-Vietoris-Formel für die Beziehung zwischen den Rängen her

$$\begin{aligned} &\mathit{Rang}\,(H_q(X_1 \cup X_2)) + \mathit{Rang}\,(H_q(X_1 \cap X_2)) = \mathit{Rang}\,(H_q(X_1)) \\ &+ \mathit{Rang}\,(H_q(X_2)) + \mathit{Rang}\,(N_q) + \mathit{Rang}\,(N_{q-1}), \end{aligned}$$

wo N_q der Durchschnitt der Kerne der durch die Inklusionen induzierten Homomorphismen $H_q(X_1 \cap X_2) \to H_q(X_i)$, $i = 1, 2$, ist.

Kapitel IV

Anwendungen der Homologietheorie

§ 1 Anwendungen im euklidischen Raum

Nachdem in III, 8 die ersten Anwendungen der Homologietheorie auf das Homöomorphieproblem bei Sphären und euklidischen Räumen gegeben wurden, wird die Homologie in diesem Paragraphen zur Herleitung einer Reihe von geometrischen Sätzen im euklidischen Raum benutzt. So werden Aussagen über die Selbstabbildungen des Balles und der Sphäre gewonnen. Es werden Sätze über die Dimensionsinvarianz und die Invarianz des Randes bewiesen und die Frage nach der Existenz von nirgends verschwindenden Vektorfeldern auf der Sphäre beantwortet. Schließlich wird die Umlaufzahl aus II, 3 auf höhere Dimensionen verallgemeinert.

1.1 Satz. *Für keine positive ganze Zahl n ist S^{n-1} Retrakt von D^n.*

BEWEIS: Der Beweis ist eine direkte Übertragung des Beweises von II, 3.5 unter Benutzung des Funktors $\tilde{H}_{n-1}$ statt π_1. □

1.2 Definition. Es seien X ein topologischer Raum, U eine Teilmenge von X und $f : U \to X$ eine Abbildung. Ein Punkt $x \in U$ heißt Fixpunkt von f, wenn $f(x) = x$ ist.

1.3 Satz (Brouwerscher Fixpunktsatz). *Jede stetige Abbildung von D^n in sich besitzt wenigstens einen Fixpunkt.*

BEWEIS: Es wird angenommen, daß f keinen Fixpunkt besitzt. Unter dieser Annahme wird eine Retraktion $r : D^n \to S^{n-1}$ konstruiert und so ein Widerspruch zu 1.1 hergestellt. Für jedes $x \in D^n$ sei $r(x)$ derjenige Punkt von

S^{n-1}, der auf dem von $f(x)$ ausgehenden Strahl durch x liegt. Da $f(x) \neq x$ vorausgesetzt wurde, ist r eindeutig definiert. Für alle $x \in S^{n-1}$ ist $r(x) = x$. Der Nachweis der Stetigkeit erfolgt leicht aus der analytischen Beschreibung der Abbildung. □

1.4 Bemerkung. Natürlich gilt auch für jeden zu D^n homöomorphen topologischen Raum X, daß jede stetige Abbildung $X \to X$ einen Fixpunkt besitzt. Insbesondere besitzt jede stetige Selbstabbildung einer kompakten konvexen Teilmenge des $\mathbb{R}^n$ einen Fixpunkt.

Die Homologiegruppen eines topologischen Raumes sind globale Invarianten dieses Raumes. Mit ihrer Hilfe kann man in vielen Fällen zeigen, daß zwei topologische Räume nicht zueinander homöomorph sind. Trotzdem können offene Teilmengen des einen Raumes homöomorph zu offenen Teilmengen des anderen Raumes sein. So ist S^n nicht homöomorph zu $\mathbb{R}^n$, aber $\mathbb{R}^n$ ist homöomorph zu einer offenen Teilmenge von S^n. In diesem Abschnitt werden lokale Invarianten eingeführt. Mit Hilfe dieser Invarianten wird gezeigt, daß gewisse Räume schon allein deshalb nicht homöomorph zueinander sein können, weil schon Umgebungen von Punkten nicht homöomorph aufeinander abgebildet werden können.

1.5 Definition. Es seien X ein topologischer Raum und $x_0 \in X$. Für jedes $q \in \mathbb{Z}$ heißt die Gruppe $H_q(X, X \setminus \{x_0\})$ die q-te lokale Homologiegruppe von X in x_0.

Die Bezeichnung "lokal" wird im folgenden Satz erläutert.

1.6 Satz. *Es seien X ein topologischer Raum, $x_0 \in X$ und $\{x_0\}$ abgeschlossen in X. Dann induziert für jede Umgebung V von x_0 die Inklusionsabbildung*

$$e : (V, V \setminus \{x_0\}) \to (X, X \setminus \{x_0\})$$

einen Isomorphismus der Homologiegruppen

$$H_q(e) : H_q(V, V \setminus \{x_0\}) \to H_q(X, X \setminus \{x_0\})$$

für alle $q \in \mathbb{Z}$.

BEWEIS: Da $\{x_0\}$ abgeschlossen ist, ist $X \setminus \{x_0\}$ offen. Weil V eine Umgebung von x_0 ist, ist $x_0 \in \mathring{V}$ und $\overline{X \setminus V} = X \setminus \mathring{V} \subset X \setminus \{x_0\} = \widehat{X \setminus \{x_0\}}$. Damit ist e eine Ausschneidung, und die Behauptung gilt nach dem Ausschneidungssatz III, 6.19. □

1.7 Beispiele. (i) Für jedes $p \in \mathbb{R}^n$ ist

$$H_q(\mathbb{R}^n, \mathbb{R}^n \setminus \{p\}) \cong \begin{cases} \mathbb{Z}, & \text{wenn } q = n \\ 0. & \text{wenn } q \neq n. \end{cases}$$

Für $p = 0$ gilt das nach III, 8.5. Ist $p \neq 0$, so folgt die Aussage mit Hilfe der Translation $f : (\mathbb{R}^n, \mathbb{R}^n \setminus \{p\}) \to (\mathbb{R}^n, \mathbb{R}^n \setminus \{0\})$, die gegeben ist durch $f(x) = x - p$.

(ii) Ist U eine offene Teilmenge von $\mathbb{R}^n$ und $p \in U$, so ist $H_q(U, U \setminus \{p\}) \cong H_q(\mathbb{R}^n, \mathbb{R}^n \setminus \{p\})$ nach 1.6.

(iii) Es seien $\mathbb{R}^n_+ = \{(x_0, \dots, x_{n-1}) \in \mathbb{R}^n \mid x_0 \geq 0\}$ und $p = (p_0, \dots, p_{n-1}) \in \mathbb{R}^n_+$. Ist $p_0 > 0$, d.h. liegt p im Innern von $\mathbb{R}^n_+$, so existiert ein $\varepsilon > 0$ mit $B(p, \varepsilon) \subset \mathbb{R}^n_+$ und $H_q(\mathbb{R}^n_+, \mathbb{R}^n_+ \setminus \{p\}) \cong H_q(B(p, \varepsilon), B(p, \varepsilon) \setminus \{p\}) \cong H_q(\mathbb{R}^n, \mathbb{R}^n \setminus \{p\})$. Ist $p_0 = 0$, d.h. liegt p auf dem Rande von $\mathbb{R}^n_+$, dann läßt sich $(\mathbb{R}^n_+, \mathbb{R}^n_+ \setminus \{p\})$ auf $(\{s\}, \{s\})$ für jedes $s \in \mathbb{R}^n_+$ mit $s_0 > 0$ zusammenziehen mittels einer Homotopie $H : (\mathbb{R}^n_+, \mathbb{R}^n_+ \setminus \{p\}) \times I \to (\mathbb{R}^n_+, \mathbb{R}^n_+ \setminus \{p\})$, die definiert ist durch $H(x, t) = (1 - t)x + ts$. Daher ist

$$H_q(\mathbb{R}^n_+, \mathbb{R}^n_+ \setminus \{p\}) \cong H_q(\{s\}, \{s\}) = 0$$

für alle $q \in \mathbb{Z}$. Der Raum $\mathbb{R}^n_+$ hat also in Randpunkten und in inneren Punkten verschiedene lokale Homologiegruppen.

Damit lassen sich Randpunkte und innere Punkte von R^n_+ durch die lokale Homologiegruppe in diesen Punkten charakterisieren.

1.8 Satz (von der Dimensionsinvarianz). *Wenn $m \neq n$ ist, ist keine offene Teilmenge des $\mathbb{R}^m$ homöomorph zu einer offenen Teilmenge des $\mathbb{R}^n$.*

BEWEIS: Es seien U eine offene Teilmenge des $\mathbb{R}^m$, V eine offene Teilmenge des $\mathbb{R}^n$ und $f : U \to V$ ein Homöomorphismus. Wenn $x \in U$ ist, dann ist

$$f : (U, U \setminus \{x\}) \to (V, V \setminus \{f(x)\})$$

ein Homöomorphismus von Raumpaaren und induziert einen Isomorphismus $H_q(f) : H_q(U, U \setminus \{x\}) \to H_q(V, V \setminus \{f(x)\})$ für alle q. Da $H_q(U, U \setminus \{x\}) \cong H_q(\mathbb{R}^m, \mathbb{R}^m \setminus \{x\})$ und $H_q(V, V \setminus \{f(x)\}) \cong H_q(\mathbb{R}^n, \mathbb{R}^n \setminus \{f(x)\})$ ist, ist diese Isomorphie nach 1.6 (i) nur möglich, wenn $m = n$ ist. □

1.9 Satz (von der Invarianz des Randes). *Es seien p und r Punkte aus $\mathbb{R}^n_+ = \{(x_0, \dots, x_{n-1}) \in \mathbb{R}^n \mid x_0 \geq 0\}$. Wenn U eine Umgebung von p und V eine Umgebung von r ist, so daß (U, p) homöomorph zu (V, r) ist, dann liegen p und r beide auf dem Rand von $\mathbb{R}^n_+$, d.h. in $\{x \in \mathbb{R}^n_+ \mid x_0 = 0\}$, oder es liegen beide im Inneren von $\mathbb{R}^n_+$, d.h. in $\{x \in \mathbb{R}^n_+ \mid x_0 > 0\}$.*

BEWEIS: Wenn $h : (U,p) \to (V,r)$ ein Homöomorphismus ist, dann ist h auch ein Homöomorphismus von $(U, U \setminus \{p\})$ nach $(V, V \setminus \{r\})$ und induziert einen Isomorphismus der lokalen Homologiegruppen $H_n(U, U \setminus \{p\}) \cong H_n(V, V \setminus \{r\})$. Das ist nach 1.6 (iii) nur dann möglich, wenn p und r beide aus dem Inneren oder beide aus dem Rand von $\mathbb{R}^n_+$ sind. □

1.10 Definition. Ein topologischer Raum X heißt n-dimensional lokal euklidisch, wenn jeder Punkt aus X eine offene Umgebung besitzt, die homöomorph zu einer offenen Teilmenge des $\mathbb{R}^n$ ist. Eine n-dimensionale topologische Mannigfaltigkeit ist ein Hausdorffraum mit abzählbarer Basis der Topologie, der n-dimensional lokal euklidisch ist.

n-dimensional lokal euklidische Räume sind also Räume, die in der Umgebung eines jeden Punktes genauso aussehen wie der $\mathbb{R}^n$. In die Definition der topologischen Mannigfaltigkeit werden zusätzliche Bedingungen aufgenommen, um pathologische Fälle auszuschließen. Die Mannigfaltigkeiten bilden eine Klasse von besonders interessanten topologischen Räumen. $\mathbb{R}^n$, S^n und $\mathbb{R}P^n$ sind n-dimensionale topologische Mannigfaltigkeiten. $\mathbb{C}P^n$ ist eine $2n$-dimensionale und $\mathbb{H}P^n$ eine eine $4n$-dimensionale topologische Mannigfaltigkeit. Die orientierbaren Flächen sind 2-dimensionale topologische Mannigfaltigkeiten.

1.11 Satz. *Ein m-dimensional lokal euklidischer Raum und ein n-dimensional lokal euklidischer Raum können nur dann homöomorph sein, wenn $m = n$ ist.*

BEWEIS: Es seien X m-dimensional und Y n-dimensional lokal euklidisch, $h : X \to Y$ ein Homöomorphismus und $x \in X$. Nun besitzt x eine Umgebung U, die homöomorph zu einer offenen Teilmenge des $\mathbb{R}^m$ ist, und $h(x)$ besitzt eine Umgebung V, die homöomorph zu einer offenen Teilmenge des $\mathbb{R}^n$ ist. Dann ist $h(U) \cap V$ homöomorph zu einer offenen Teilmenge des $\mathbb{R}^m$ und zu einer offenen Teilmenge des $\mathbb{R}^n$. Daher ist $m = n$. □

Im folgenden Abschnitt wird die Homologiegruppe $\tilde{H}_n(S^n)$ benutzt, um eine ganzzahlige Invariante zu definieren, die es gestattet, stetige Selbstabbildungen der Sphäre S^n zu unterscheiden. Zu diesem Zweck wird jeder stetigen Abbildung f eine ganze Zahl zugeordnet, der Grad von f. Da $\tilde{H}_n(S^n)$ isomorph zu $\mathbb{Z}$ ist, kann man ein erzeugendes Element $s_n \in \tilde{H}_n(S^n)$ auswählen. Dann ist $\tilde{H}_n(f)(s_n) = k \cdot s_n$ mit einer ganzen Zahl k, da ja alle Elemente aus $\tilde{H}_n(S^n)$ von dieser Form sind. Wählt man statt s_n ein anderes erzeugendes Element, etwa t_n, so ist $t_n = s_n$ oder $t_n = -s_n$ und $\tilde{H}_n(f)(t_n) = \tilde{H}_n(f)(-s_n) = -\tilde{H}_n(f)(s_n) = -k \cdot s_n = k \cdot t_n$. Daher hängt die Zahl k nicht von der Auswahl des erzeugenden Elements von $\tilde{H}_n(S^n)$ ab.

1.12 Definition. Es sei $s_n \in \tilde{H}_n(S^n)$ ein erzeugendes Element. Für jede stetige Abbildung $f : S^n \to S^n$ wird der Grad von f definiert als die eindeutig bestimmte ganze Zahl $grad\,(f)$ mit

$$\tilde{H}_n(f)(s_n) = (grad\,(f))s_n.$$

1.13 Beispiele. (i) $n = 0$. Es gibt nur vier Selbstabbildungen von S^0, die beschrieben werden durch $f_1(x) = x$, $f_2(x) = 1$, $f_3(x) = -1$ und $f_4(x) = -x$ für $x \in S^0$.
Nach III, 8.12 wird ein erzeugendes Element von $\tilde{H}_0(\dot{\Delta}_1)$ repräsentiert von $\partial_q(\delta_1) = (e_1) - (e_0)$. Da $\alpha : \dot{\Delta}_1 \to S^0$, definiert durch $\alpha(e_0) = -1$ und $\alpha(e_1) = 1$, ein Homöomorphismus ist, ist $u = [1] - [-1] = \tilde{H}_0(\alpha)([e_1] - [e_0])$ ein erzeugendes Element von $\tilde{H}_0(S^0)$, und der Grad der Abbildungen f_1, f_2, f_3, f_4 läßt sich sofort angeben:

$$\begin{aligned}
\tilde{H}_0(f_1)(u) &= [1] - [-1] &&= u, &&\text{also } grad(f_1) = 1,\\
\tilde{H}_0(f_2)(u) &= [1] - [1] &&= 0, &&\text{also } grad(f_2) = 0,\\
\tilde{H}_0(f_3)(u) &= [-1] - [-1] &&= 0, &&\text{also } grad(f_3) = 0,\\
\tilde{H}_0(f_4)(u) &= [-1] - [1] &&= -u, &&\text{also } grad(f_4) = -1.
\end{aligned}$$

(ii) $n = 1$. Für jedes $m \in \mathbb{Z}$ sei $f_m : S^1 \to S^1$ definiert durch $f_m(z) = z^m$. Da $\tilde{H}_1(S^1) = H_1(S^1) \cong \pi_1(S^1, 1)$ und der Isomorphismus $h : \pi_1(S^1, 1) \to H_1(S^1)$ sich gegenüber stetigen Abbildungen natürlich verhält, folgt aus dem Beweis von II, 3.1, daß $grad\,(f_m) = m$ ist. (s. III, 5.12, Aufgabe 2).

Es werden zunächst einige Eigenschaften des Grades angegeben, die unmittelbar aus der Definition folgen.

1.14 Satz. *$f, g : S^n \to S^n$ seien stetige Abbildungen. Es gelten folgende Aussagen:*

(i) $grad(Id_{S^n}) = 1$.

(ii) *Wenn f homotop zu g ist, ist $grad(f) = grad(g)$.*

(iii) $grad(g \circ f) = grad(g) \cdot grad(f)$.

(iv) *Ist f eine Homotopieäquivalenz, so ist $grad(f) \in \{-1, 1\}$.*

(v) *Ist f die konstante Abbildung, so ist $grad(f) = 0$.* □

1.15 Satz. *Ist $f : S^n \to S^n$ stetig und $grad(f) \neq 0$, so ist f surjektiv.*

BEWEIS: Wenn f nicht surjektiv ist, und $x \in S^n \setminus f(S^n)$, dann wird eine Homotopie H von f zur konstanten Abbildung definiert durch

$$H(u,t) = \frac{(1-t)f(u) - tx}{\| (1-t)f(u) - tx \|}.$$

Nach 1.14 (ii) und (v) ist dann $grad\,(f) = 0$. □

1.16 Satz. *Ist* $u : S^n \to S^n$ *eine Spiegelung an dem zu einem Vektor* $a \in \mathbb{R}^n \setminus \{0\}$ *orthogonalen Teilraum, so ist* $grad(u) = -1$.

BEWEIS: Es sei u_n die Spiegelung an dem zu e_0 orthogonalen Teilraum und A eine orthogonale Abbildung von $\mathbb{R}^{n+1}$ in sich mit $A(e_0) = a/\| a \|$. Dann ist $u = A\,u_n\,A^{-1}$, und nach 1.14 ist $grad\,(u) = grad\,(u_n)$. Es genügt also, die Behauptung für u_n zu beweisen. Das geschieht durch vollständige Induktion über n.

Die Abbildung u_0 ist gerade die Abbildung f_4 aus 1.12 (i), für die dort gezeigt wurde, daß $grad\,(f_4) = -1$ ist. Es sei nun $n \geq 1$ und die Behauptung sei schon für $n-1$ bewiesen. Da $u_n|S^{n-1} = Id_{S^{n-1}}$ ist und $u_n(e_n) = e_n$ und $u_n(-e_n) = -e_n$, liefert u_n ein kommutatives Diagramm stetiger Abbildungen

$$\begin{array}{ccccc}
S^n & \to & (S^n, S^n \setminus \{e_n\}) & \leftarrow & (S^n \setminus \{-e_n\},\ S^n \setminus \{e_n, -e_n\}) \\
{\scriptstyle u_n} \downarrow & & \downarrow {\scriptstyle u_n} & & \downarrow {\scriptstyle u_n|S^n\setminus\{-e_n\}} \\
S^n & \to & (S^n, S^n \setminus \{e_n\}) & \leftarrow & (S^n \setminus \{-e_n\},\ S^n \setminus \{e_n, -e_n\})
\end{array}$$

Die Inklusionsabbildung $i : S^{n-1} \to S^n \setminus \{e_n, -e_n\}$ ist eine Homotopieäquivalenz. Außerdem ist $i \circ u_{n-1}(x) = u_n \circ i(x)$ für alle $x \in S^{n-1}$. Aus dieser Tatsache zusammen mit dem oben angegebenen kommutativen Diagramm erhält man das kommutative Diagramm

$$\begin{array}{ccccccc}
\tilde{H}_n(S^n) & \overset{\cong}{\to} & H_n(S^n, S^n \setminus \{e_n\}) & \overset{\cong}{\leftarrow} & H_n(S^n \setminus \{-e_n\}, S^n \setminus \{e_n, -e_n\}) & \underset{\cong}{\overset{\partial_*}{\to}} \\
{\scriptstyle \tilde{H}_n(u_n)} \downarrow & & \downarrow & & \downarrow & \\
\tilde{H}_n(S^n) & \overset{\cong}{\to} & H_n(S^n, S^n \setminus \{e_n\}) & \overset{\cong}{\leftarrow} & H_n(S^n \setminus \{-e_n\}, S^n \setminus \{e_n, -e_n\}) & \underset{\cong}{\overset{\partial_*}{\to}}
\end{array}$$

$$\begin{array}{cccc}
 & \tilde{H}_{n-1}(S^n \setminus \{e_n, -e_n\}) & \overset{\cong}{\leftarrow} & \tilde{H}_{-1}(S^{n-1}) \\
 & \downarrow & & {\scriptstyle \tilde{H}_{n-1}(u_{n-1})} \downarrow \\
\underset{\cong}{\overset{\partial_*}{\to}} & \tilde{H}_{n-1}(S^n \setminus \{e_n, -e_n\}) & \overset{\cong}{\leftarrow} & H_{n-1}(S^{n-1})
\end{array}$$

in dem die Homomorphismen in den Zeilen Isomorphismen sind. Nach Induktionsvoraussetzung gilt für alle $x \in \tilde{H}_{n-1}(S^{n-1})$, daß $\tilde{H}_{n-1}(u_{n-1})(x) = -x$ ist. Aus dem kommutativen Diagramm liest man ab, daß $\tilde{H}_n(u_n)(y) = -y$ ist für alle $y \in \tilde{H}_n(S^n)$. Daher ist $grad\,u_n = -1$. □

1.17 Korollar. *Ist $a : S^n \to S^n$ die antipodische Abbildung, d.h. $a(x) = -x$ für alle $x \in S^n$, so ist $grad(a) = (-1)^{n+1}$.*

BEWEIS: a ist die Komposition der $n+1$ Spiegelungen an den zu den kanonischen Basisvektoren senkrechten Untervektorräumen. Die Behauptung folgt aus 1.16 und 1.14 (iii). □

1.18 Definition. Ein Punkt $x \in S^n$ heißt antipodischer Punkt der stetigen Abbildung $g : S^n \to S^n$, wenn $g(x) = -x$ ist.

1.19 Satz. *Es sei $f : S^n \to S^n$ eine stetige Abbildung.*

(i) *Wenn f keinen Fixpunkt besitzt, dann ist f homotop zur antipodischen Abbildung a.*

(ii) *Wenn f keinen antipodischen Punkt besitzt, dann ist f homotop zur Identität auf S^n.*

BEWEIS: Zu (i). Da $f(x) \neq x$ für alle $x \in S^n$, ist durch

$$H(x,t) = \frac{(1-t)f(x) - tx}{\| (1-t)f(x) - tx \|}$$

eine Homotopie $H : S^n \times [0,1] \to S^n$ von f nach a gegeben.
Zu (ii). Da $f(x) \neq -x$ ist für alle $x \in S^n$, ist durch

$$H(x,t) = \frac{(1-t)f(x) + tx}{\| (1-t)f(x) + tx \|}$$

eine Homotopie $H : S^n \times [0,1] \to S^n$ von f nach Id_{S^n} gegeben. □

1.20 Satz. *Jede stetige Abbildung $f : S^n \to S^n$ mit $|grad(f)| \neq 1$ besitzt wenigstens einen Fixpunkt und wenigstens einen antipodischen Punkt.*

BEWEIS: Es wird das Gegenteil angenommen, d.h. es wird angenommen, daß f keinen Fixpunkt oder keinen antipodischen Punkt besitzt. Nach 1.19 ist dann aber f homotop zur Identität auf S^n oder homotop zur antipodischen Abbildung. In beiden Fällen ist $|grad\,(f)| = 1$. Das ist ein Widerspruch zur Voraussetzung. □

1.21 Satz. *Ist n eine gerade nichtnegative ganze Zahl, so besitzt jede stetige Abbildung $f : S^n \to S^n$ einen Fixpunkt oder einen antipodischen Punkt.*

BEWEIS: Für $n = 0$ liest man die Behauptung aus der Liste in 1.12 (i) ab. Es sei also n gerade und $n > 0$. Wenn f keinen Fixpunkt besitzt, dann ist nach 1.19 f homotop zur antipodischen Abbildung, und dann ist $H_n(f) = H_n(a)$ und $grad\,(f) = grad\,(a) = (-1)^{n+1} = -1$. Wenn f keinen antipodischen Punkt besitzt, dann ist f homotop zu Id_{S^n} und $H_n(f) = H_n(Id_{S^n})$. Daher ist $grad\,(f) = grad\,(Id_{S^n}) = 1$. Deshalb besitzt f in jedem Falle einen antipodischen Punkt oder einen Fixpunkt. □

1.22 Bemerkung. Der Beweis des vorstehenden Satzes bricht natürlich für ungerades n zusammen, da dann $(-1)^{n+1} = 1$ ist. Für ungerades n hat die stetige Abbildung $f : S^n \to S^n$, die definiert ist durch

$$f(x_0, \ldots, x_n) = (x_1, -x_0, x_3, -x_2, \ldots, x_n, -x_{n-1}),$$

weder einen Fixpunkt noch einen antipodischen Punkt.

Die Existenz fixpunktfreier Selbstabbildungen von S^n hängt zusammen mit der Existenz nirgends verschwindender Vektorfelder auf S^n. $\prec\ ,\ \succ$ bezeichne das übliche Skalarprodukt in $\mathbb{R}^{n+1}$.

1.23 Definition. Ein Vektorfeld auf S^n ist eine stetige Abbildung $v : S^n \to \mathbb{R}^{n+1}$, so daß für alle $x \in S^n$ gilt $\prec v(x), x \succ = 0$.

1.24 Beispiel. Für ungerades $n = 2k+1$ wird ein nirgends verschwindendes Vektorfeld v auf S^n gegeben durch

$$v(x_0, \ldots, x_n) = (x_1, -x_0, x_3, \ldots, x_{2k+1}, -x_{2k}).$$

1.25 Bemerkung. (i) Im Zusammenhang mit Vektorfeldern auf Sphären ergeben sich auf natürliche Weise die folgenden beiden Probleme:

1. Für welches n existiert auf S^n ein nirgends verschwindendes Vektorfeld?

2. Wenn überhaupt ein nirgends verschwindendes Vektorfeld auf S^n existiert, welches ist die maximale Anzahl von linear unabhängigen Vektorfeldern auf S^n, d.h. welches ist die größte Zahl i, so daß i Vektorfelder $v_1, v_2, \ldots, v_i$ auf S^n existieren, derart daß für jedes $x \in S^n$ die Vektoren $v_1(x), v_2(x), \ldots, v_i(x)$ linear unabhängig sind?

Das erste dieser Probleme wird in diesem Abschnitt vollständig behandelt. Das zweite Problem ist wesentlich schwieriger und wurde erst im Jahre 1961 von J.F. Adams (1962) nach zahlreichen Vorarbeiten bedeutender Mathematiker endgültig gelöst. Dazu wurden Methoden der algebraischen Topologie benutzt, die im Rahmen dieses Buches nicht bereitgestellt werden, u.a die schon früher erwähnte K-Theorie.

(ii) Den angesprochenen Zusammenhang zwischen Vektorfeldern auf Sphären und fixpunktfreien Abbildungen von Sphären kann man folgendermaßen veranschaulichen: Ein Vektorfeld auf einer Sphäre läßt sich auffassen als das Geschwindigkeitsfeld einer Strömung auf S^n. Wenn dieses Geschwindigkeitsfeld nirgends verschwindet, ist es anschaulich klar, daß jeder Punkt von S^n unter der Strömung bewegt wird und auf diese Art nach einem kurzen Zeitintervall eine Bewegung durchgeführt wurde, die keinen Fixpunkt besitzt. Tatsächlich geht es hier um die Lösung von Differentialgleichungen auf Mannigfaltigkeiten. Die zum Vektorfeld $v : S^{2k+1} \to \mathbb{R}^{2k+2}$ aus Beispiel 1.24 gehörige "Strömung" oder der Fluß

$$\Phi : \mathbb{R} \times S^{2k+1} \to S^{2k+1}$$

ist gegeben durch

$$\Phi(t,x) = (x_0 \cos t + x_1 \sin t, -x_0 \sin t + x_1 \cos t, \ldots$$
$$\ldots, x_{2k} \cos t + x_{2k+1} \sin t, -x_{2k} \sin t + x_{2k+1} \cos t)$$

Es ist $\Phi(0,x) = x$ und $\frac{\partial}{\partial t}\Phi(t,x) = v(\Phi(t,x))$ für alle $x \in S^{2k+1}$ und alle $t \in \mathbb{R}$. Für jedes $t \in \mathbb{R}$ liefert die Zuordnung $x \to \Phi(t,x)$ einen Homöomorphismus von S^n auf sich. Insbesondere ist

$$\Phi\left(\frac{\pi}{2}, x\right) = (x_1, -x_0, \ldots, x_{2k+1}, -x_{2k}) = f(x)$$

die in 1.22 angegebene fixpunktfreie Selbstabbildung von S^n.

1.26 Satz (von Poincaré-Brouwer). *Auf S^{2k} existiert kein nirgends verschwindendes Vektorfeld.*

BEWEIS: Es sei v ein Vektorfeld auf S^{2k}. Die Abbildung $g : S^{2k} \to S^{2k}$ wird definiert durch $g(x) = (x + v(x))/ \parallel x + v(x) \parallel$. Wegen $\prec x, v(x) \succ = 0$ ist $\parallel x + v(x) \parallel^2 = \parallel x \parallel^2 + \parallel v(x) \parallel^2 \neq 0$ und g wohldefiniert. Nach 1.23 besitzt g einen Fixpunkt oder einen antipodischen Punkt. Ist x ein Fixpunkt oder ein antipodischer Punkt von g, so ist $v(x) = 0$, wie man sofort nachrechnet. Also besitzt v eine Nullstelle. □

Unter Benutzung des Abbildungsgrades wird nun die Umlaufzahl aus II, 3.7 auf höhere Dimensionen verallgemeinert. Wie in II, 3.7 wird für jedes $a \in \mathbb{R}^{n+1}$ die Abbildung $r_a : \mathbb{R}^{n+1} \setminus \{a\} \to S^n$ definiert durch $r_a(x) = \frac{x-a}{\|x-a\|}$.

1.27 Definition. Es seien $f : S^n \to \mathbb{R}^{n+1}$ eine stetige Abbildung und $a \in \mathbb{R}^{n+1} \setminus f(S^n)$. Dann ist die Ordnung von f bezüglich a definiert als

$$ord\,(f,a) = grad\,(r_a \circ f).$$

1.28 Satz (Kroneckerscher Existenzsatz). *Es seien $f : D^{n+1} \to \mathbb{R}^{n+1}$ eine stetige Abbildung, $f|S^n = g$ und $a \in \mathbb{R}^{n+1} \setminus f(S^n)$. Wenn $ord(g,a) \neq 0$ ist, existiert ein $x \in D^{n+1}$ mit $f(x) = a$.*

BEWEIS: Wenn $a \notin f(D^{n+1})$ ist, so wird eine Homotopie

$$H : S^n \times I \to \mathbb{R}^{n+1} \setminus \{a\}$$

von $f|S^n$ zur konstanten Abbildung $f(0)$ definiert durch $H(x,t) = f(tx)$. Wird $f|S^n$ als g bezeichnet, so ist $r_a \circ g \simeq r_a \circ f(0)$ und $\tilde{H}_n(r_a \circ g) = \tilde{H}_n(r_a \circ f(0)) = 0$, und daher ist $ord\,(g,a) = 0$. Also ist $a \in f(D^{n+1})$. □

Der Satz 1.28 enthält als Spezialfall für $n = 1$ den Satz aus II, 3.10. Der Beweis ist eine direkte Übertragung des Beweises von II, 3.10. Im Spezialfall $n = 0$ ist 1.28 der Zwischenwertsatz für stetige reellwertige Funktionen, die auf einem kompakten Intervall von $\mathbb{R}$ definiert sind.

1.30 Bemerkung. Fast alle Sätze dieses Paragraphen findet man in dem Buch von P. Alexandroff und H. Hopf. Ein großer Teil derselben stammt von L.J.E. Brouwer. Der Satz von der Dimensionsinvarianz wurde von ihm 1911 bewiesen. Für $m \leq 3$ wurde dieser Satz von J. Lüroth 1907 veröffentlicht. Ebenfalls 1911 definierte Brouwer den Abbildungsgrad und bewies damit eine Reihe von Sätzen über Selbstabbildungen von Sphären, den nach ihm benannten Fixpunktsatz sowie den Satz über die Nichtexistenz nirgends verschwindender Vektorfelder auf Sphären gerader Dimension. Dieses letzte Ergebnis stammt für die 2-dimensionale Sphäre von Poincaré. Ebenso wie die Umlaufzahl läßt sich die Ordnung durch ein Integral, das Kroneckerintegral, beschreiben. Dieses Integral wurde von L. Kronecker benutzt bei der Behandlung der Frage nach der Anzahl der gemeinsamen Nullstellen mehrerer Funktionen (s. Alexandroff-Hopf (1935) und Hadamard (1910)).

1.31 Aufgaben

1. Zeigen Sie: Wenn $f : D^n \to \mathbb{R}^n$ eine stetige Abbildung ist, dann ist $f(0) = 0$, oder es gibt ein $x \in D^n$, so daß $f(x) = \lambda x$ mit $\lambda > 1$.
2. Geben Sie für $n \geq 1$ eine stetige surjektive Abbildung $f : S^n \to S^n$ an mit $grad\,(f) = 0$.
3. Beweisen Sie: Ist $f : S^n \to S^n$ Einschränkung einer orthogonalen Selbstabbildung des $\mathbb{R}^{n+1}$, so ist $grad\,(f) = \det(f)$.
4. Es sei $c : I \to S^1$ definiert durch $c(t) = \exp(2\pi i t)$. Zeigen Sie: Für jede stetige Abbildung $f : S^1 \to \mathbb{R}^2$ und alle $a \in \mathbb{R}^2 \setminus f(S^1)$ ist $ord\,(f,a) = Uml\,(f \circ c, a)$.
5. Beweisen Sie den folgenden Satz von Poincaré-Bohl: Es seien $f, g : S^{n-1} \to \mathbb{R}^n$ stetige Abbildungen, so daß für keinen Punkt $p \in S^{n-1}$ der Punkt $a \in \mathbb{R}^n$ auf der Strecke $\overline{f(p)g(p)}$ liegt. Dann sind f und g in $\mathbb{R}^n \setminus \{a\}$ homotop und es ist $ord\,(f,a) = ord\,(g,a)$.
6. Formulieren Sie den Satz von Rouché (II, 3.9) für Abbildungen von S^{n-1} in $\mathbb{R}^n$ und beweisen Sie ihn mit Hilfe des Satzes von Poincaré-Bohl.

7. Es seien $v, w : S^{n-1} \to \mathbb{R}^n \setminus \{0\}$ zwei stetige Abbildungen. Zeigen Sie: Wenn in keinem Punkt $x \in S^{n-1}$ gilt $v(x)/ \parallel v(x) \parallel = -w(x)/ \parallel w(x) \parallel$, dann ist $ord\,(v, 0) = ord\,(w, 0)$.
8. Jedes auf dem n-dimensionalen Ball D^n definierte stetige Vektorfeld $f : D^n \to \mathbb{R}^n$, das nirgends verschwindet, besitzt auf der Randsphäre S^{n-1} wenigstens einen Punkt x, in dem $f(x)$ ein nach außen gerichteter Normalenvektor ist, und wenigstens einen Punkt y, in dem $f(y)$ ein nach innen gerichteter Normalenvektor von S^{n-1} ist.
9. Ist $f : D^n \to \mathbb{R}^n$ eine stetige Abbildung mit $f(S^{n-1}) \subset D^n$, dann besitzt f einen Fixpunkt.
10. Geben Sie für jede ganze Zahl $n > 0$ und jede ganze Zahl k eine stetige Abbildung $f : S^n \to S^n$ mit $grad\,(f) = k$ an.
11. Zeigen Sie: Eine Spiegelung von S^{n-1} an einem r-dimensionalen linearen Unterraum von $\mathbb{R}^n$ ist homotop zur Identität genau dann, wenn $n \equiv r \mod 2$ ist.

§ 2 Die Homologiegruppen von CW-Komplexen

Es wird ein Verfahren angegeben, die Homologiegruppen solcher Räume zu berechnen, die sich in geeigneter Weise in Zellen zerlegen lassen. Jeder solchen Zellenzerlegung $\mathcal{X}$ eines Raumes X wird ein Kettenkomplex $W(\mathcal{X})$ zugeordnet, in dessen Konstruktion wesentlich die Zellenzerlegung eingeht. Es wird gezeigt, daß die Homologiegruppen von $W(\mathcal{X})$ isomorph sind zu den Homologiegruppen des Raumes X. Diese Methode wird benutzt, um die Homologie der projektiven Räume und der orientierbaren Flächen zu berechnen.

2.1 Definition. X sei ein Hausdorffraum. Eine Zellenzerlegung von X ist eine Menge $\mathcal{X}$ von Teilräumen von X, für die die Aussagen (i)–(iii) gelten:

(i) $\mathcal{X}$ ist eine Überdeckung von X mit paarweise disjunkten Teilräumen, d.h. $X = \bigcup_{e \in \mathcal{X}} e$, und wenn $e \neq e'$ ist, dann ist $e \cap e' = \emptyset$.

(ii) Zu jedem $e \in \mathcal{X}$ existiert eine natürliche Zahl $|e|$, so daß e homöomorph ist zu $\mathring{D}^{|e|}$, d.h. e ist eine $|e|$-Zelle.

(iii) Zu jeder n-Zelle $e \in \mathcal{X}$ gibt es eine stetige Abbildung $\varphi_e : D^n \to X$, so daß $\varphi_e|\mathring{D}^n$ ein Homöomorphismus von $\mathring{D}^n$ auf e ist und $\varphi_e(S^{n-1}) \subset X^{n-1} = \bigcup_{e' \in \mathcal{X}, |e'| \leq n-1} e'$ gilt.

φ_e heißt charakteristische Abbildung von e. Für jede natürliche Zahl n heißt $X^n = \bigcup_{e \in \mathcal{X}, |e| \leq n} e$ das n-Skelett oder n-Gerüst der Zellenzerlegung.

Eine Zellenzerlegung heißt CW-Zerlegung, wenn zusätzlich die Aussagen (iv) und (v) gelten:

(iv) Für jedes $e \in \mathcal{X}$ ist $\bar{e}$ in einer endlichen Vereinigung von Zellen aus $\mathcal{X}$ enthalten.

(v) Eine Teilmenge A von X ist abgeschlossen genau dann, wenn $A \cap \bar{e}$ abgeschlossen ist in $\bar{e}$ für jedes $e \in \mathcal{X}$.

Ein CW-Raum oder CW-Komplex ist ein Paar $(X, \mathcal{X})$ bestehend aus einem Hausdorffraum X und einer CW-Zerlegung $\mathcal{X}$ von X. Die Dimension eines CW-Raumes $(X, \mathcal{X})$ ist die kleinste natürliche Zahl n mit $X^n = X$. Wenn keine natürliche Zahl mit dieser Eigenschaft existiert, hat der CW-Raum die Dimension ∞.

2.2 Bemerkungen. (i) Die Eigenschaft (iv) umschreibt man durch die Aussage, daß $\mathcal{X}$ hüllenendlich (closure finite) ist. (v) sagt aus, daß X die schwache Topologie (weak topology) bezüglich $\mathcal{X}$ trägt. Von diesen beiden Eigenschaften kommt die Bezeichnung CW-Raum.

(ii) Wenn $\mathcal{X}$ endlich ist, sind (iv) und (v) immer erfüllt. Daher ist jede endliche Zellenzerlegung eine CW-Zerlegung.

(iii) Für die charakteristische Abbildung $\varphi_e : D^n \to X$ der n-Zelle e gilt $\varphi_e(D^n) = \overline{e}$, und $\varphi_e : D^n \to \overline{e}$ ist identifizierend.

2.3 Beispiel. Für die n-Sphäre ist die Menge $\{\{e_n\}, S^n \setminus \{e_n\}\}$ eine endliche CW-Zerlegung, bestehend aus einer 0-Zelle und einer n-Zelle. Eine charakteristische Abbildung $\varphi : D^n \to S^n$ für die n-Zelle wird gegeben durch $\varphi(x) = 2\sqrt{1- \| x \|^2}\,(x_0, \ldots, x_{n-1}, -\sqrt{1- \| x \|^2}\,) + e_n$.

2.4 Satz. *Es seien $(X, \mathcal{X})$ ein CW-Raum und p eine natürliche Zahl.*

(i) *Eine Teilmenge A von X^p ist abgeschlossene Teilmenge von X genau dann, wenn $A \cap \overline{e}$ abgeschlossen ist in $\overline{e}$ für jedes $e \in \mathcal{X}$ mit $|e| \leq p$.*

(ii) *$(X^p, \mathcal{X}^p)$ mit $\mathcal{X}^p = \{e \in \mathcal{X} |\ |e| \leq p\}$ ist ein CW-Raum der Dimension $\leq p$.*

Beweis: Zu (i). Da die eine Richtung der Aussage aus der Eigenschaft 2.1 (v) von $\mathcal{X}$ folgt, genügt es zu zeigen, daß A abgeschlossen ist, wenn $A \cap \overline{e}$ abgeschlossen ist für alle $e \in \mathcal{X}$ mit $|e| \leq p$. Sei also $e \in \mathcal{X}$ und $|e| > p$. Wegen 2.1 (iv) gibt es endlich viele Zellen $f_1, \ldots, f_s \in \mathcal{X}$ mit $\overline{e} \subset f_1 \cup \ldots \cup f_s$. Die Indizes seien so gewählt, daß $|f_\nu| \leq p$ ist für $\nu \leq k$ und $|f_\nu| > p$ für $\nu > k$. Dann ist $\overline{e} \cap A \subset \overline{f}_1 \cup \ldots \cup \overline{f}_k$, und $\overline{e} \cap A = \overline{e} \cap A \cap (\overline{f}_1 \cup \ldots \cup \overline{f}_k) = \overline{e} \cap ((\overline{f}_1 \cap A) \cup \ldots \cup (\overline{f}_k \cap A))$ ist abgeschlossen, da $\overline{f}_\nu \cap A$ abgeschlossen ist für $\nu \leq k$.

Zu (ii). Man kann als charakteristische Abbildungen die Abbildungen φ_e aus dem CW-Komplex $(X, \mathcal{X})$ wählen. 2.1 (i)–(iv) sind sofort erfüllt. 2.1 (v) gilt wegen (i). □

2.5 Satz. *Ist $(X, \mathcal{X})$ ein CW-Raum und A eine kompakte Teilmenge von X, so wird A von endlich vielen Zellen aus $\mathcal{X}$ überdeckt. Insbesondere gibt es eine natürliche Zahl p, so daß $A \subset X^p$.*

Beweis: Für jede Zelle $e \in \mathcal{X}$ mit $A \cap e \neq \emptyset$ wird ein $a_e \in A \cap e$ gewählt. Sei $K = \{a_e | e \cap A \neq \emptyset\}$. Jede Teilmenge L von K ist abgeschlossen, denn für jedes $e \in \mathcal{X}$ ist $\overline{e} \cap L$ endlich nach Definition von K und wegen 2.1 (iv). Daher ist K diskret und wegen der Kompaktheit endlich. □

Ist $(X, \mathcal{X})$ ein CW-Raum, so bezeichne $S_{\mathcal{X}} = \bigcup_{e \in \mathcal{X}} \{e\} \times D^{|e|}$ die topologische Summe der Familie $(D^{|e|})_{e \in \mathcal{X}}$, und

$$\Phi : S_{\mathcal{X}} \to X$$

sei definiert durch $\Phi(e, x) = \varphi_e(x)$ mit der charakteristischen Abbildung $\varphi_e : D^{|e|} \to X$ für jedes $e \in \mathcal{X}$. Nach Definition der Topologie von X ist Φ identifizierend. Zum Beweis des folgenden Satzes werden einige Bezeichnungen fixiert: Für jede natürliche Zahl p seien

$$S^p_{\mathcal{X}} = \bigcup_{e \in \mathcal{X}, |e| \leq p} \{e\} \times D^{|e|}$$

und

$$T^p_{\mathcal{X}} = S^{p-1}_{\mathcal{X}} \cup \bigcup_{e\in\mathcal{X},|e|=p} \{e\} \times (D^{|e|} \setminus \{0\}).$$

Damit sind $\Phi(S^p_{\mathcal{X}}) = X^p$ und

$$\Phi(T^p_{\mathcal{X}}) = X^{p-1} \cup \bigcup_{e\in\mathcal{X},|e|=p} (e \setminus \{\varphi_e(0)\})$$

$$= X^p \setminus \{\varphi_e(0) \mid e \in \mathcal{X} \quad \text{und} \quad |e| = p\}.$$

2.6 Satz. *Es seien $(X,\mathcal{X})$ ein CW-Komplex, p eine positive ganze Zahl, und für jede Zelle $e \in \mathcal{X}$ sei $x_e = \varphi_e(0)$. Dann ist X^{p-1} starker Deformationsretrakt von $Y^p := X^p \setminus \{x_e | e \in \mathcal{X}$ und $|e| = p\}$.*

BEWEIS: $S^{p-1}_{\mathcal{X}} \cup \bigcup_{e\in\mathcal{X},|e|=p} \{e\} \times S^{p-1}$ ist starker Deformationsretrakt von $T^p_{\mathcal{X}}$. Eine Homotopie $\tilde{R} : T^p_{\mathcal{X}} \times I \to T^p_{\mathcal{X}}$ wird gegeben durch

$$\tilde{R}((e,x),t) = \begin{cases} (e,x), & \text{wenn } |e| \le p-1 \\ \left(e,(1-t)x + t\frac{x}{\|x\|}\right), & \text{wenn } |e| = p. \end{cases}$$

Die Homotopie $R : Y^p \times I \to Y^p$ wird definiert durch $R(y,t) = \Phi \circ \tilde{R}((e,x),t)$, wo $(e,x) \in T^p_{\mathcal{X}}$ mit $\Phi(e,x) = y$. Es ist zu zeigen, daß R eine wohldefinierte Abbildung ist. Dazu seien $(e_1,x_1), (e_2,x_2) \in \Phi^{-1}(y)$. Ist $y \in X^{p-1}$, so sind $|e_\nu| < p$ oder $|e_\nu| = p$ und $x_\nu \in S^{p-1}$. In beiden Fällen ist $\tilde{R}((e_\nu,x_\nu),t) = (e_\nu,x_\nu)$. Ist $y \in Y^p \setminus X^{p-1}$, so ist $|e_1| = |e_2| = p$ und $y \in e_1 \cap e_2$. Da die Zellen in $\mathcal{X}$ disjunkt sind, sind $e_1 = e_2$ und $x_1 = x_2$. Also ist R eindeutig definiert. Aufgrund der Definition von R ist das Diagramm

$$\begin{array}{ccc} T^p_{\mathcal{X}} \times I & \xrightarrow{\tilde{R}} & T^p_{\mathcal{X}} \\ \Phi' \times Id_I \downarrow & & \downarrow \Phi' \\ Y^p \times I & \xrightarrow{R} & Y^p \end{array}$$

kommutativ. Hier ist $\Phi' = \Phi | T^p_{\mathcal{X}}$. Gemäß 2.4 (i) ist $\Phi|S^p_{\mathcal{X}} : S^p_{\mathcal{X}} \to X^p$ identifizierend. Da $T^p_{\mathcal{X}}$ in $S^p_{\mathcal{X}}$ offen ist und bezüglich $\Phi|S^p_{\mathcal{X}}$ saturiert, ist Φ' nach I, 2.17 identifizierend. Nach I, 4.24 ist dann auch $\Phi' \times Id_I$ identifizierend. Damit folgt aus obigem kommutativen Diagramm mit der Stetigkeit von $\tilde{R}$ die Stetigkeit von R. Es ist $R_0 = Id_{Y^p}$ und $R_1 : Y^p \to X^{p-1}$ eine Retraktion. Außerdem ist $R_t | X^{p-1} = Id_{X^{p-1}}$ für alle $t \in I$. □

2.7 Satz. *Für jeden CW-Komplex $(X,\mathcal{X})$ und jede natürliche Zahl p ist*

$$H_q(X^p, X^{p-1}) \cong \begin{cases} \bigoplus_{e\in\mathcal{X},|e|=p} \mathbb{Z} & \text{wenn } q = p \\ 0 & \text{wenn } q \ne p. \end{cases}$$

BEWEIS: Nach 2.6 ist die Inklusion $X^{p-1} \to Y^p$ eine Homotopieäquivalenz. Die Inklusion $j : (X^p, X^{p-1}) \to (X^p, Y^p)$ induziert einen Isomorphismus $H(X^p, X^{p-1}) \cong H(X^p, Y^p)$. Das sieht man mit dem Fünferlemma aus dem von j induzierten kommutativen Diagramm, dessen Zeilen exakte Homologiesequenzen sind. Wenn $X^p \neq X^{p-1}$ ist, dann ist X^{p-1} in X^p abgeschlossen nach 2.4 (i), und Y^p ist offen in X^p. Daher ist die Inklusionsabbildung

$$e : (X^p \setminus X^{p-1}, Y^p \setminus X^{p-1}) \to (X^p, Y^p)$$

eine Ausschneidung und induziert einen Isomorphismus

$$H(X^p \setminus X^{p-1}, Y^p \setminus X^{p-1}) \cong H(X^p, Y^p).$$

Nun ist $X^p \setminus X^{p-1} = \bigcup_{e \in \mathcal{X}, |e|=p} e$ disjunkte Vereinigung von Zusammenhangskomponenten. Da die Zellen e lokal wegweise zusammenhängend sind, ist $(e)_{e \in \mathcal{X}, |e|=p}$ die Familie der Wegzusammenhangskomponenten von $X^p \setminus X^{p-1}$. Nach III, 3.17 oder III, 7.1 (H–6) ist deshalb

$$H_q(X^p \setminus X^{p-1}, Y^p \setminus X^{p-1}) \cong \bigoplus_{\substack{e \in \mathcal{X} \\ |e|=p}} H_q(e, e \setminus \{x_e\}).$$

Da $(e, e \setminus \{x_e\})$ homöomorph ist zu $(\mathring{D}^{|e|}, \mathring{D}^{|e|} \setminus \{0\})$ und damit zu $(\mathbb{R}^{|e|}, \mathbb{R}^{|e|} \setminus \{0\})$, folgt die Behauptung mit III, 8.5. $\square$

Die Gruppe $H_p(X^p, X^{p-1})$ ist also trivial oder eine freie abelsche Gruppe, deren Rang gleich der Kardinalzahl der Menge der p-Zellen in $\mathcal{X}$ ist.

2.8 Definition. $(X, \mathcal{X})$ sei ein CW-Raum. Für jede nichtnegative ganze Zahl q wird die freie abelsche Gruppe $W_q(\mathcal{X})$ definiert durch

$$W_q(\mathcal{X}) := H_q(X^q, X^{q-1}) \cong \bigoplus_{\substack{e \in \mathcal{X} \\ |e|=q}} \mathbb{Z}.$$

Für $q < 0$ wird $W_q(\mathcal{X}) = 0$ gesetzt. Für jedes $q > 0$ wird ein Homomorphismus

$$\hat{\partial}_q : H_q(X^q, X^{q-1}) \to H_{q-1}(X^{q-1}, X^{q-2})$$

definiert durch $\hat{\partial}_q = H_{q-1}(j_{q-1}) \circ \partial_{*q}$, wo $\partial_{*q} : H_q(X^q, X^{q-1}) \to H_{q-1}(X^{q-1})$ den verbindenden Homomorphismus in der Homologiesequenz des Paares (X^q, X^{q-1}) bezeichnet, und $H_{q-1}(j_{q-1})$ der von der Inklusion $j_{q-1} : X^{q-1} \to (X^{q-1}, X^{q-2})$ induzierte Homomorphismus ist. Für $q \leq 0$ wird $\hat{\partial}_q = 0$ gesetzt. Die Folge $W(\mathcal{X}) = (W_q(\mathcal{X}), \hat{\partial}_q)_{q \in \mathbb{Z}}$ heißt der Zellenkettenkomplex von $(X, \mathcal{X})$.

2.9 Satz. $W(\mathcal{X}) = (W_q(\mathcal{X}), \hat{\partial}_q)_{q\in\mathbb{Z}}$ *ist ein Kettenkomplex.*

BEWEIS: Es ist lediglich zu zeigen, daß $\hat{\partial}_q \circ \hat{\partial}_{q+1} = 0$ ist für alle q. Nun ist $\hat{\partial}_q \circ \hat{\partial}_{q+1} = H_{q-1}(j_{q-1}) \circ \partial_{*q} \circ H_q(j_q) \circ \partial_{*q+1} = 0$; denn $\partial_{*q} \circ H_q(j_q) = 0$, weil ∂_{*q} und $H_q(j_q)$ aufeinanderfolgende Homomorphismen in der Homologiesequenz des Paares (X^q, X^{q-1}) sind. □

Der Zellenkettenkomplex $W(\mathcal{X})$ eines CW-Raumes $(X, \mathcal{X})$ hängt von der Zellenzerlegung $\mathcal{X}$ ab und nicht allein von dem topologischen Raum X. Es wird nun gezeigt, daß die Homologiegruppe von $W(\mathcal{X})$ isomorph ist zu $H(X)$. Das zeigt insbesondere, daß die Homologiegruppen von $W(\mathcal{X})$ topologische Invarianten des zugrundeliegenden Raumes sind und nicht von der Zellenzerlegung $\mathcal{X}$ abhängen. Zum Beweis dieser Behauptung werden zunächst die Homologiegruppen der einzelnen Gerüste zueinander in Beziehung gesetzt.

2.10 Satz. *$(X, \mathcal{X})$ sei ein CW-Raum. Dann induziert für alle nichtnegativen Zahlen m und k und für alle $q \in \mathbb{Z}$ mit $q < m$ die Inklusionsabbildung $i_{m,k} : X^m \to X^{m+k}$ einen Isomorphismus der q-ten Homologiegruppen*

$$H_q(i_{m,k}) : H_q(X^m) \xrightarrow{\cong} H_q(X^{m+k}).$$

BEWEIS: Die Behauptung ist sicher richtig für $q < 0$. Es sei nun $q \geq 0$. Der Beweis erfolgt durch vollständige Induktion über k. Für $k = 0$ ist die Behauptung trivial. Für $k = 1$ liest man die Behauptung aus der exakten Homologiesequenz $H_{q+1}(X^{m+1}, X^m) \to H_q(X^m) \to H_q(X^{m+1}) \to H_q(X^{m+1}, X^m)$ ab, da $H_j(X^{m+1}, X^m) = 0$ ist für alle $j < m+1$. Es wird nun angenommen, daß die Behauptung für $k \geq 1$ schon bewiesen ist. Da $i_{m,k+1} = i_{m+k,1} \circ i_{m,k}$ und $H_q(i_{m,k})$ und $H_q(i_{m+k,1})$ Isomorphismen sind nach Induktionsvoraussetzung, ist $H_q(i_{m,k+1})$ ein Isomorphismus. □

2.11 Korollar. *Ist $(X, \mathcal{X})$ ein CW-Raum, so induziert für alle nichtnegativen ganzen Zahlen q die Inklusionsabbildung $i : X^{q+1} \to X$ einen Isomorphismus*

$$H_q(i) : H_q(X^{q+1}) \to H_q(X).$$

BEWEIS: Nach 2.10 gilt die Behauptung für endlichdimensionale CW-Komplexe. Sei nun $(X, \mathcal{X})$ nicht endlichdimensional. Für jede natürliche Zahl $m > 1$ läßt sich $H_q(i)$ komponieren durch zwei von Inklusionen induzierte Homomorphismen

$$H_q(X^{q+1}) \xrightarrow{\cong} H_q(X^{q+m}) \to H_q(X),$$

von denen der erste nach 2.10 ein Isomorphismus ist. Ist $[z] \in H_q(X)$ mit $z = \sum_{i=1}^{s} n_i T_i$ und $T_i : \Delta_q \to X$ stetig, so gibt es nach 2.5 ein $m \geq 1$

mit $z \in S_q(X^{q+m})$. Daher kommt $[z]$ von $H_q(X^{q+m})$ und liegt im Bild von $H_q(i)$. Zum Nachweis der Injektivität von $H_q(i)$ sei $[u] \in H_q(X^{q+1})$ mit $H_q(i)\,[u] = 0$. Dann gibt es ein $c \in S_{q+1}(X)$ mit $\partial_{q+1} c = u$. Wie vorher sieht man ein, daß es ein $m \geq 1$ gibt mit $c \in S_{q+1}(X^{q+m})$. Also ist schon $[u] = 0$ in $H_q(X^{m+q})$ und daher auch in $H_q(X^{q+1})$. □

2.12 Satz. *Ist $(X, \mathcal{X})$ ein n-dimensionaler CW-Raum, so ist $H_q(X) = 0$ für alle $q > n$.*

BEWEIS: Der Beweis erfolgt durch vollständige Induktion über n. Für $n = 0$ ist X ein diskreter Raum, da jeder Punkt aus X abgeschlossen ist und nach 2.1 (v) auch das Komplement jedes Punktes abgeschlossen ist. Daher ist die Behauptung richtig. Die Behauptung sei nun für alle $p < n$ schon bewiesen. $(X^{n-1}, \mathcal{X}^{n-1})$ ist nach 2.4 ein $(n-1)$-dimensionaler CW-Komplex, und nach Induktionsvoraussetzung ist $H_q(X^{n-1}) = 0$ für alle $q \geq n$. Da $X = X^n$, liest man aus der Homologiesequenz des Paares (X, X^{n-1})

$$\to H_q(X^{n-1}) \to H_q(X) \to H_q(X, X^{n-1}) \to$$

ab, daß $H_q(X) = 0$ ist für $q > n$. □

2.13 Satz. *Für jeden CW-Raum $(X, \mathcal{X})$ sind die singulären Homologiegruppen von X und die Homologiegruppen des Zellenkettenkomplexes $W(\mathcal{X})$ isomorph, d.h. für alle $q \in \mathbb{Z}$ ist $H_q(X) \cong H_q(W(\mathcal{X}))$.*

BEWEIS: Zunächst wird bemerkt, daß $H_q(X^{q+1})$ isomorph zu $H_q(X)$ ist für alle nichtnegativen Zahlen q. Nun betrachtet man das folgende kommutative Diagramm

$$\begin{array}{ccccc}
 & H_{q+1}(X^{q+1}, X^q) & & & H_{q-1}(X^{q-2}) = 0 \\
 & \downarrow \partial_* & \searrow \hat{\partial}_{q+1} & & \downarrow \\
0 = H_q(X^{q-1}) \to & H_q(X^q) & \xrightarrow{\alpha_1} H_q(X^q, X^{q-1}) & \xrightarrow{\partial_*} & H_{q-1}(X^{q-1}) \\
 & \downarrow \alpha_2 & & \searrow \hat{\partial}_q & \downarrow \alpha_3 \\
 & H_q(X^{q+1}) & & & H_{q-1}(X^{q-1}, X^{q-2}) \\
 & \downarrow & & & \\
 & 0 & & &
\end{array}$$

Die waagrechte Sequenz ist ein Teil der exakten Homologiesequenz des Paares (X^q, X^{q-1}), die senkrechten Sequenzen sind Teile der exakten Homologiesequenz der Paare (X^{q+1}, X^q) und (X^{q-1}, X^{q-2}). Die Homomorphismen α_1, α_2, α_3 sind durch Inklusionen induziert. Nach 2.12 sind $H_q(X^{q-1}) = 0$, $H_{q-1}(X^{q-2}) = 0$, und die Homomorphismen α_1 und α_3 sind injektiv. Die q-te Homologiegruppe des Zellenkomplexes ist nach Definition

$$H_q(W(\mathcal{X})) = \mathit{Kern}\,(\hat{\partial}_q) / \mathit{Bild}\,(\hat{\partial}_{q+1}).$$

Es wird gezeigt, daß der Homomorphismus

$$\alpha_1 : H_q(X^q) \to H_q(X^q, X^{q-1})$$

einen Isomorphismus $H_q(X) \to H_q(W(\mathcal{X}))$ induziert. Zunächst ist $\mathit{Bild}\,(\alpha_1) \subset Z_q(W(\mathcal{X}))$, da für alle $x \in H_q(X^q)$ gilt $\hat{\partial}_q(\alpha_1(x)) = \alpha_3 \circ \partial_* \circ \alpha_1(x) = 0$ wegen der Exaktheit der Homologiesequnez von (X^q, X^{q-1}). Da α_3 injektiv ist, ist $\hat{\partial}_q(y) = 0$ genau dann, wenn $y \in \mathit{Bild}\,(\alpha_1)$ ist. Daher ist $Z_q(W(\mathcal{X})) \subset \mathit{Bild}\,(\alpha_1)$ und es gilt

$$Z_q(X(\mathcal{X})) = \mathit{Bild}\,(\alpha_1) \cong H_q(X^q).$$

α_1 ist also ein Isomorphismus von $H_q(X^q)$ auf $Z_q(W(\mathcal{X}))$ und induziert durch Komposition mit der kanonischen Projektion $Z(W_q(\mathcal{X})) \to H_q(W(\mathcal{X}))$ einen surjektiven Homomorphismus

$$\hat{\alpha}_1 : H_q(X^q) \to H_q(W(\mathcal{X})).$$

Zur Bestimmung des Kerns von $\hat{\alpha}_1$ sei $x \in H_q(X^q)$ mit $\alpha_1(x) \in \mathit{Bild}\,(\hat{\partial}_{q+1})$. Es gibt also ein $u \in H_{q+1}(X^{q+1}, X^q)$ mit $\hat{\partial}_{q+1}(u) = \alpha_1(x)$. Da α_1 injektiv ist und $\hat{\partial}_{q+1}(u) = \alpha_1(\partial_*(u))$ ist $x = \partial_*(u)$ und $\mathit{Kern}\,(\hat{\alpha}_1) \subset \mathit{Bild}\,(\partial_*)$.
Sei nun $y \in H_{q+1}(X^{q+1}, X^q)$. Dann ist $\alpha_1 \circ \partial_*(y) = \hat{\partial}_{q+1}(y)$ und $\partial_*(y) \in \mathit{Kern}\,(\hat{\alpha}_1)$. Daher ist $\mathit{Bild}\,(\partial_*) \subset \mathit{Kern}\,(\hat{\alpha}_1)$ und damit $\mathit{Kern}\,(\hat{\alpha}_1) = \mathit{Bild}\,(\partial_*)$. Wegen der Exaktheit der Homologiesequenz des Paares (X^{q+1}, X^q) ist $\mathit{Bild}\,(\partial_*) = \mathit{Kern}\,(\alpha_2)$. Da α_2 surjektiv ist, ist

$$\begin{aligned} H_q(X) &\cong H_q(X^{q+1}) \cong H_q(X^q)/\mathit{Kern}\,(\alpha_2) \\ &= H_q(X^q)/\mathit{Bild}\,(\partial_*) = H_q(X^q)/\mathit{Kern}\,(\hat{\alpha}_1) \\ &\cong Z_q(W(\mathcal{X}))/B_q(W(\mathcal{X})) = H_q(W(\mathcal{X})). \square \end{aligned}$$

2.14 Bemerkung. Es sei d_q ein erzeugendes Element von $H_q(D^q, S^{q-1})$, und $s_{q-1} = \partial_*(d_q)$ sei das entsprechende erzeugende Element von $H_{q-1}(S^{q-1})$. Aus dem kommutativen Diagramm

$$\begin{array}{ccccccc} H_q(X^q, X^{q-1}) & \to & H_q(X^q, Y^q) & \leftarrow & H_q(X^q \setminus X^{q-1}, Y^q \setminus X^{q-1}) & \leftarrow & \bigoplus_{\substack{e \in \mathcal{X} \\ |e| = q}} (e, e \setminus \{x_e\}) \\ \uparrow {\scriptstyle H_q(\varphi_e)} & & \uparrow {\scriptstyle H_q(\varphi_e)} & & \uparrow {\scriptstyle H_q(\varphi_e | \mathring{D}^q)} & \nearrow {\scriptstyle H_q(\varphi_e | \mathring{D}^q)} & \\ H_q(D^q, S^{q-1}) & \to & H_q(D^q, D^q \setminus \{0\}) & \leftarrow & H_q(\mathring{D}^q, \mathring{D}^q \setminus \{0\}) & & \end{array}$$

sieht man, daß die Menge $\{H_q(\varphi_e)(d_q) | e \in \mathcal{X} \text{ und } |e| = q\}$ eine Basis für die freie abelsche Gruppe $W_q(\mathcal{X}) = H_q(X^q, X^{q-1})$ ist. Der Randoperator ist bekannt, wenn er auf jedem Basiselement bekannt ist. Aus dem kommutativen Diagramm mit $q \geq 2$

$$\begin{array}{ccccc} H_q(X^q, X^{q-1}) & \xrightarrow{\partial_*} & H_{q-1}(X^{q-1}) & \xrightarrow{H_{q-1}(j_{q-1})} & H_{q-1}(X^{q-1}, X^{q-2}) \\ {\scriptstyle H_q(\varphi_e)}\uparrow & & {\scriptstyle H_{q-1}(\varphi_e|S^{q-1})}\uparrow & & \\ H_q(D^q, S^{q-1}) & \underset{\cong}{\xrightarrow{\partial_*}} & H_{q-1}(S^{q-1}) & & \end{array}$$

liest man ab, daß für $q \geq 2$ gilt

$$\hat{\partial}_q(H_q(\varphi_e)(d_q)) = H_{q-1}(j_{q-1})(H_q(\varphi_e|S^{q-1})(s_{q-1})).$$

Der Randoperator im Zellenkettenkomplex läßt sich also mit Hilfe der charakteristischen Abbildungen berechnen.

2.15 Beispiel. Die in I, 2.18 definierten orientierbaren Flächen vom Geschlecht p besitzen auf natürliche Weise eine endliche Zellenzerlegung $\mathcal{X}_p = \{e^0, e^1_1, \ldots, e^1_{2p}, e^2\}$ mit einer 0-Zelle, $2p$ 1-Zellen und einer 2-Zelle. Mit den Bezeichnungen aus I, 2.18 und der Vereinbarung, daß $\overline{AB}$ für je zwei Punkte $A, B \in \mathbb{R}^2$ die Menge $\{(1-t)A + tB | t \in I\}$ bezeichnet, ist $e^0 = \pi(A_1)$, $e^1_{2\nu-1} = \pi(\overline{A_\nu B_\nu}) \setminus \pi(A_1)$, $e^1_{2\nu} = \pi(\overline{B_\nu C_\nu}) \setminus \pi(A_1)$ für $\nu \in \{1, \ldots, p\}$ und $e^2 = \pi(E_p \setminus Rd\, E_p)$. E_p wird mit D^2 identifiziert. Die charakteristische Abbildung der 2-Zelle ist die kanonische Projektion $\pi : E_p \to F_p$. Die charakteristische Abbildung $\varphi_\nu : [-1, 1] \to F_p$ wird angegeben durch

$$\varphi_{2\nu-1}(t) = \pi\left(\left(\frac{1}{2} - \frac{t}{2}\right) A_\nu + \left(\frac{1}{2} + \frac{t}{2}\right) B_\nu\right)$$

und durch

$$\varphi_{2\nu}(t) = \pi\left(\left(\frac{1}{2} - \frac{t}{2}\right) B_\nu + \left(\frac{1}{2} + \frac{t}{2}\right) C_\nu\right), \quad \nu = 1, \ldots, p.$$

Damit sind *Rang* $W_0(\mathcal{X}_p) = 1$. *Rang* $W_1(\mathcal{X}_p) = 2p$ und *Rang* $W_2(\mathcal{X}_p) = 1$. Die Randoperatoren $\hat{\partial}_0$ und $\hat{\partial}_1$ sind trivial. Für $\hat{\partial}_1$ folgt das aus der Tatsache, daß in der exakten Homologiesequenz

$$H_1(F^1_p, F^0_p) \xrightarrow{\partial_*} H_0(F^0_p) \xrightarrow{H_0(i)} H_0(F^1_p)$$

der Homomorphismus $H_0(i)$ injektiv ist. Es bleibt $\hat{\partial}_2$ zu berechnen. Mit $a_\nu = (A_\nu, B_\nu) \circ \rho$, $b_\nu = (B_\nu, C_\nu) \circ \rho$, $c_\nu = (C_\nu, D_\nu) \circ \rho$, $d_\nu = (D_\nu, A_{\nu+1}) \circ \rho$ mit ρ

aus III, 5 sei $q : I \to Rd\, E_p$ definiert durch

$$q(t) = \begin{cases} a_\nu\left(4p\left(t - \frac{4\nu-4}{4p}\right)\right), & \text{wenn } t \in \left[\frac{4\nu-4}{4p}, \frac{4\nu-3}{4p}\right] \\ b_\nu\left(4p\left(t - \frac{4\nu-3}{4p}\right)\right), & \text{wenn } t \in \left[\frac{4\nu-3}{4p}, \frac{4\nu-2}{4p}\right] \\ c_\nu\left(4p\left(t - \frac{4\nu-2}{4p}\right)\right), & \text{wenn } t \in \left[\frac{4\nu-2}{4p}, \frac{4\nu-1}{4p}\right] \\ d_\nu\left(4p\left(t - \frac{4\nu-1}{4p}\right)\right), & \text{wenn } t \in \left[\frac{4\nu-1}{4p}, \frac{4\nu}{4p}\right] \\ \text{für } \nu = 1, \dots, p. \end{cases}$$

q repräsentiert einerseits ein erzeugendes Element $\overline{q}$ von $\pi_1(Rd\, E_p, a)$, andererseits ist $q \simeq a_1 * b_1 * \dots * c_p * d_p\ rel\ \{0,1\}$ nach II, 2.5. Daher ist

$$s = h(\overline{q}) = \sum_{\nu=1}^{p} [(A_\nu, B_\nu) + (B_\nu, C_\nu) + (C_\nu, D_\nu) + (D_\nu, A_{\nu+1})]$$

ein erzeugendes Element von $H_1(Rd\, E_p)$, und es ist

$$\begin{aligned} H_1(\pi)(s) &= h\pi_1(\pi)(\overline{q}) = h(\overline{\pi \circ q}) = h(\overline{\pi(a_1 * \dots * d_p)}) \\ &= h(\overline{\pi a_1 * \pi b_1 * \pi_1 a_1^- * \pi_1 b_1^- * \dots * \pi a_p * \pi b_p * \pi a_p^- * \pi b_p^-}) = 0. \end{aligned}$$

Damit ist auch $\hat{\partial}_2 = 0$, und die Homologiegruppen von F_p sind vollständig bestimmt.

2.16 Satz. *Für alle positiven ganzen Zahlen p sind $H_0(F_p) \cong \mathbb{Z}$, $H_2(F_p) \cong \mathbb{Z}$ und $H_1(F_p)$ ist eine freie abelsche Gruppe vom Rang $2p$. Für alle von $0, 1, 2$ verschiedenen ganzen Zahlen q ist $H_q(F_p) = 0$.* □

Es werden nun die Homologiegruppen der projektiven Räume berechnet.

2.17 Vorbemerkung. Man kann die in I, 2.13 definierten reellen, komplexen und quaternionalen projektiven Räume einheitlich beschreiben und einheitlich eine Zellenzerlegung angeben. Dazu bezeichnet $\mathbb{F}$ im folgenden einen der Körper $\mathbb{R}$ oder $\mathbb{C}$ oder den Schiefkörper $\mathbb{H}$. Als reelle Vektorräume sind $\mathbb{R}$, $\mathbb{C}$, $\mathbb{H}$ isomorph zu $\mathbb{R}$, $\mathbb{R}^2$ bzw. $\mathbb{R}^4$, entsprechend sind für alle nichtnegativen ganzen Zahlen $\mathbb{R}^n$, $\mathbb{C}^n$, $\mathbb{H}^n$ als reelle Vektorräume isomorph zu $\mathbb{R}^{dn}$ mit $d = 1, 2$ bzw. 4. Für $z \in \mathbb{F}$ sei $\overline{z}$ das zu z konjugierte Element, $|z|$ mit $|z|^2 = z\overline{z}$ ist der Absolutbetrag von z. $\mathbb{F}^n$ wird üblicherweise als ein Rechtsvektorraum betrachtet. Das ist nur für $\mathbb{F} = \mathbb{H}$ interessant, da $\mathbb{R}$ und $\mathbb{C}$ kommutativ sind. Für $z = (z_0, \dots, z_{n-1}) \in \mathbb{F}^n$ bezeichnet $\| z \| = (\sum_{i=0}^{n-1} |z_i|^2)^{1/2}$ die Norm. Diese Norm in $\mathbb{F}^n$ ist die gleiche Norm wie die in dem kanonisch isomorphen Vektorraum $\mathbb{R}^{dn}$. Für $d = 1, 2, 4$ ist

$$S^{d-1} = \{z \in \mathbb{F} \mid |z| = 1\}$$

bezüglich der Multiplikation in $\mathbb{F}$ eine Gruppe. S^{d-1} operiert auf $S^{d(n+1)-1}$ durch eine Operation

$$S^{d(n+1)-1} \times S^{d-1} \to S^{d(n+1)-1}$$

$$((z_0, \ldots, z_n), z) \to (z_0 z, \ldots, z_n z).$$

Diese Operation wurde als Rechtsoperation gewählt wegen der Vereinbarung, daß $\mathbb{F}^n$ ein Rechtsvektorraum sein soll. Zu dieser Operation gehört eine Operation von links definiert durch

$$(z, (z_0, \ldots, z_n)) \to (z_0 z^{-1}, \ldots, z_n z^{-1}).$$

Der Quotientenraum von $S^{d(n+1)-1}$ nach der Operation von S^{d-1} wird mit $\mathbb{F}P^{n-1}$ bezeichnet und heißt der n-dimensionale projektive Raum über $\mathbb{F}$. $p_n : S^{d(n+1)-1} \to \mathbb{F}P^n$ sei die kanonische Projektion auf den Quotientenraum. $\mathbb{F}P^{n-1}$ ist hausdorffsch nach I, 4.19 und als stetiges Bild der kompakten Menge $S^{d(n+1)-1}$ kompakt. Für jedes n wird $\mathbb{F}^n$ mit dem Bild unter der injektiven $\mathbb{F}$-linearen Abbildung $(z_0, \ldots, z_{n-1}) \to (z_0, \ldots, z_{n-1}, 0)$ identifiziert, so daß $\mathbb{F}^n$ als Untervektorraum von $\mathbb{F}^{n+1}$ betrachtet wird. Auf diese Weise ist S^{dn-1} Unterraum von $S^{d(n+1)-1}$, und die Inklusion $S^{dn-1} \subset S^{d(n+1)-1}$ ist mit der Operation von S^{d-1} verträglich. Daher existiert für jedes $n \geq 1$ eine injektive Abbildung $i_n : \mathbb{F}P^{n-1} \to \mathbb{F}P^n$, so daß das Diagramm

$$\begin{array}{ccc} S^{dn-1} & \xrightarrow{\subset} & S^{d(n+1)-1} \\ {\scriptstyle p_{n-1}}\downarrow & & \downarrow{\scriptstyle p_n} \\ \mathbb{F}P^{n-1} & \xrightarrow{i_n} & \mathbb{F}P^n \end{array}$$

kommutativ ist. $\mathbb{F}P^{n-1}$ wird mit dem Bild unter i_n in $\mathbb{F}P^n$ identifiziert und als Teilraum von $\mathbb{F}P^n$ betrachtet. Auf diese Art erhält man eine Folge von Inklusionen $\mathbb{F}P^0 \subset \mathbb{F}P^1 \subset \ldots \subset \mathbb{F}P^{n-1} \subset \mathbb{F}P^n$.

2.18 Satz. *$\mathbb{F}P^n$ besitzt eine CW-Zerlegung*

$$\mathcal{X} = \{\mathbb{F}P^n \setminus \mathbb{F}P^{n-1}, \ldots, \mathbb{F}P^1 \setminus \mathbb{F}P^0, \mathbb{F}P^0\},$$

bei der nur in den Dimensionen $0, d, \ldots, nd$ Zellen auftreten und zwar genau eine kd-Zelle für jedes $k \in \{0, \ldots, n\}$.

BEWEIS: Nach Definition ist es klar, daß die angegebene Zerlegung eine Zerlegung in disjunkte Teilmengen ist. Für jedes $k \geq 1$ wird eine surjektive Abbildung $\varphi_k : D^{dk} \to \mathbb{F}P^k$ angegeben, so daß $\varphi_k | \mathring{D}^{dk}$ ein Homöomorphismus von $\mathring{D}^{dk}$ auf $\mathbb{F}P^k \setminus \mathbb{F}P^{k-1}$ ist und $\varphi_k(S^{dk-1}) \subset \mathbb{F}P^{k-1}$ ist. Da $\mathbb{F}P^k \subset \mathbb{F}P^n$

ist, definiert φ_k eine charakteristische Abbildung für die Zelle $\mathbb{F}P^k \setminus \mathbb{F}P^{k-1}$. Zunächst wird eine stetige Abbildung $\sigma_k : D^{dk} \to S^{d(k+1)-1}$ angegeben durch

$$\sigma_k(z_0, \ldots, z_{k-1}) = \left(z_0, \ldots, z_{k-1}, \sqrt{1 - \sum_{i=0}^{k-1} |z_i|^2} \right).$$

Damit wird φ_k definiert durch $\varphi_k = p_k \circ \sigma_k$. Zum Nachweis der Surjektivität von φ_k wird für jedes $z = (z_0, \ldots, z_k) \in S^{d(k+1)-1}$ ein $u \in D^{dk}$ angegeben mit $\varphi_k(u) = p_k(z)$. Wenn $z_k = 0$ ist, wählt man $u = (z_0, \ldots, z_{k-1})$. Wenn $z_k \neq 0$ ist, wählt man $u = (z_0 |z_k| z_k^{-1}, \ldots, z_{k-1} |z_k| z_k^{-1})$. Um zu zeigen, daß $\varphi | \mathring{D}^{dk}$ injektiv ist, seien $u, v \in D^{dk}$ mit $\| u \| < 1$ und $\| v \| < 1$ und $\varphi_k(u) = \varphi_k(v)$. Dann ist

$$p_k \left(u_0, \ldots, u_{k-1}, \sqrt{1 - \| u \|^2} \right) = p_k \left(v_0, \ldots, v_{k-1}, \sqrt{1 - \| v \|^2} \right).$$

Da jedes Element aus $\mathbb{F}P^k$ höchstens einen Repräsentanten hat, dessen letzte Koordinate eine positive reelle Zahl ist, ist

$$\left(u_0, \ldots, u_{k-1}, \sqrt{1 - \| u \|^2} \right) = \left(v_0, \ldots, v_{k-1}, \sqrt{1 - \| v \|^2} \right)$$

und damit $u = v$. Sei nun $u \in D^{dk}$. Wenn $\| u \| < 1$, dann ist die letzte Koordinate von $\sigma_k(u)$ von Null verschieden und $\varphi_k(u) \in \mathbb{F}P^k \setminus \mathbb{F}P^{k-1}$. Ist $\| u \| = 1$, so ist die letzte Koordinate von $\sigma_k(u)$ Null und $\varphi_k(u) \in \mathbb{F}P^{k-1}$. Damit ist $\varphi_k(\mathring{D}^{dk}) \subset \mathbb{F}P^k \setminus \mathbb{F}P^{k-1}$ und $\varphi_k(S^{dk-1}) \subset \mathbb{F}P^{k-1}$. Da D^{dk} kompakt ist und $\mathbb{F}P^k$ hausdorffsch ist, ist φ_k identifizierend nach I, 4.12, und nach I, 2.17 ist auch $\varphi_k | \mathring{D}^{dk} : \mathring{D}^{dk} \to \mathbb{F}P^k \setminus \mathbb{F}P^{k-1}$ identifizierend, also wegen der vorher bewiesenen Bijektivität ein Homöomorphismus. □

2.19 Satz. *Der n-dimensionale komplexe projektive Raum $\mathbb{C}P^n$ hat die Homologiegruppen*

$$H_q(\mathbb{C}P^n) \cong \begin{cases} \mathbb{Z} & \text{für } q \in \{0, 2, \ldots, 2n\} \\ 0 & \text{sonst.} \end{cases}$$

BEWEIS: Aus der in 2.18 angegebenen Zellenzerlegung liest man die Zellenkettengruppen ab:

$$W_q(\mathcal{X}) \cong \begin{cases} \mathbb{Z} & \text{für } q \in \{0, 2, \ldots, 2n\} \\ 0 & \text{sonst.} \end{cases}$$

Da $W_q(\mathcal{X}) = 0$ ist für alle ungeraden q, ist $\hat{\partial}_q = 0$ für alle $q \in \mathbb{Z}$, und es ist $H_q(W(\mathcal{X})) = W_q(\mathcal{X})$. Mit 2.13 folgt daraus die Behauptung. □

2.20 Satz. *Der n-dimensionale quaternionale projektive Raum $\mathbb{H}P^n$ hat die Homologiegruppen*

$$H_q(\mathbb{H}P^n) \cong \begin{cases} \mathbb{Z}, & \text{wenn } q \in \{0, 4, \ldots, 4n\} \\ 0 & \text{sonst.} \end{cases}$$

BEWEIS: Aus der in 2.18 angegebenen Zellenzerlegung $\mathcal{X}$ liest man die Zellenkettengruppen ab

$$W_q(\mathcal{X}) \cong \begin{cases} \mathbb{Z} & \text{für } q = 0, 4, \ldots, 4n \\ 0 & \text{sonst.} \end{cases}$$

Daraus folgt $\hat{\partial}_q = 0$ und $H_q(X) \cong H_q(W(\mathcal{X})) \cong W_q(\mathcal{X})$. □

2.21 Vorbemerkung. Die in 2.18 angegebene Zellenzerlegung $\mathcal{X}$ des reellen projektiven Raumes $\mathbb{R}P^n$ führt zu Zellenkettengruppen

$$W_q(\mathcal{X}) \cong \begin{cases} \mathbb{Z} & \text{für } q \in \{0, 1, \ldots, n\} \\ 0 & \text{sonst.} \end{cases}$$

Zur Berechnung des Randoperators $\hat{\partial}_n$ für $n \geq 2$ wird auf die Bemerkung 2.14 zurückgegriffen. In dem Diagramm

$$\begin{array}{ccccc} H_n(\mathbb{R}P^n, \mathbb{R}P^{n-1}) & \xrightarrow{\partial_*} & H_{n-1}(\mathbb{R}P^{n-1}) & \xrightarrow{H_{n-1}(i)} & H_{n-1}(\mathbb{R}P^{n-1}, \mathbb{R}P^{n-2}) \\ \big\uparrow{\scriptstyle H_n(\varphi_n)} & & \big\uparrow{\scriptstyle H_{n-1}(p_{n-1})} & & \big\uparrow{\scriptstyle H_{n-1}(p_{n-1})} \\ H_n(D^n, S^{n-1}) & \xrightarrow{\partial_*} & H_{n-1}(S^{n-1}) & \xrightarrow{H_{n-1}(j)} & H_{n-1}(S^{n-1}, S^{n-2}) \end{array}$$

ist φ_n die im Beweis von 2.18 angegebene charakteristische Abbildung der n-Zelle und $p_{n-1} = \varphi_n | S^{n-1} : S^{n-1} \to \mathbb{R}P^{n-1}$ die natürliche Projektion, i und j sind Inklusionsabbildungen. Das Diagramm ist kommutativ. Zur Bestimmung von $\hat{\partial}_n = H_{n-1}(i) \circ \partial_*$ wird $H_{n-1}(i) \circ H_{n-1}(p_{n-1})(s)$ für ein erzeugendes Element s von $H_{n-1}(S^{n-1})$ berechnet.

2.22 Hilfssatz. *Es seien $n \geq 1$, $i : \mathbb{R}P^n \to (\mathbb{R}P^n, \mathbb{R}P^{n-1})$ und $j : S^n \to (S^n, S^{n-1})$ Inklusionsabbildungen und $p_n : S^n \to \mathbb{R}P^n$ die kanonische Projektion. Dann ist*

$$H_n(i) \circ H_n(p_n)(s) = \begin{cases} 0, & \text{wenn } n \text{ gerade} \\ 2p, & \text{wenn } n \text{ ungerade} \end{cases}$$

mit einem erzeugenden Element $p \in H_n(\mathbb{R}P^n, \mathbb{R}P^{n-1})$.

BEWEIS: Zunächst ist $H_n(i) \circ H_n(p_n) = H_n(p_n) \circ H_n(j)$. Das Diagramm

$$\begin{array}{ccccccccc}
 & & H_n(S^n, E^n_+) & & \overset{H_n(e_+)}{\underset{\cong}{\longleftarrow}} & & H_n(E^n_-, S^{n-1}) & & \\
 & {\scriptstyle H_n(i_+)}\nearrow\cong & & \nwarrow{\scriptstyle H_n(\rho_+)} & & {\scriptstyle H_n(j_+)}\swarrow & & \cong\searrow{\scriptstyle H_n(p_n)} & \\
H_n(S^n) & & \overset{H_n(j)}{\longrightarrow} & & H_n(S^n, S^{n-1}) & & \overset{H_n(p_n)}{\longrightarrow} & & H_n(\mathbb{R}P^n, \mathbb{R}P^{n-1}) \\
 & {\scriptstyle H_n(i_-)}\searrow\cong & & \swarrow{\scriptstyle H_n(\rho_-)} & & {\scriptstyle H_n(j_-)}\nwarrow & & \cong\nearrow{\scriptstyle H_n(p_n)} & \\
 & & H_n(S^n, E^n_-) & & \overset{H_n(e_-)}{\underset{\cong}{\longleftarrow}} & & H_n(E^n_+, S^{n-1}) & &
\end{array}$$

ist kommutativ. Alle auftretenden Homomorphismen, die nicht durch p_n induziert werden, kommen von Inklusionsabbildungen. Die relative Mayer-Vietoris-Sequenz der eigentlichen Triade (S^n, E^n_+, E^n_-) liefert den Isomorphismus

$$(H_n(\rho_+), H_n(\rho_-)) : H_n(S^n, S^{n-1}) \to H_n(S^n, E^n_+), \oplus H_n(S^n, E^n_-).$$

Da $(H_n(\rho_+), H_n(\rho_-)) \circ H_n(j)(s) = (H_n(i_+), H_n(i_-))(s)$, ist

$$H_n(j)(s) = H_n(j_+)H_n(e_+)^{-1}H_n(i_+)(s) + H_n(j_-)H_n(e_-)^{-1}H_n(i_-)(s).$$

Für die antipodische Abbildung a von S^n gelten die folgenden Beziehungen: $a \circ i_+ = i_- \circ a$, $a \circ e_+ = e_- \circ a$, $a \circ j_+ = j_- \circ a$ und $p_n \circ a = p_n$. Mit $H_n(a)(s) = (-1)^{n+1}s$ erhält man $H_n(i_-)(s) = (-1)^{n+1}H_n(a)H_n(i_+)(s)$ und schließlich

$$\begin{aligned} H_n(p_n)H_n(j)(s) &= (1 + (-1)^{n+1})H_n(p_n)H_n(j_+)H_n(e_+)^{-1}H_n(i_+)(s) \\ &= (1 + (-1)^{n+1})p \end{aligned}$$

mit einem erzeugenden Element p von $H_n(\mathbb{R}P^{n+1}, \mathbb{R}P^n)$. □

2.23 Satz. *Der n-dimensionale reelle projektive Raum $\mathbb{R}P^n$ hat folgende Homologiegruppen:*
Für gerades n ist

$$H_q(\mathbb{R}P^n) \cong \begin{cases} \mathbb{Z}, & \text{wenn } q = 0 \text{ ist,} \\ \mathbb{Z}/2\mathbb{Z}, & \text{wenn } q \text{ ungerade und} \\ & 1 \le q < n \text{ ist,} \\ 0 & \text{sonst.} \end{cases}$$

Für ungerades n ist

$$H_q(\mathbb{R}P^n) \cong \begin{cases} \mathbb{Z}, & \text{wenn } q = 0 \text{ oder } q = n \text{ ist,} \\ \mathbb{Z}/2\mathbb{Z}, & \text{wenn } q \text{ ungerade und} \\ & 1 \le q < n \text{ ist,} \\ 0 & \text{sonst.} \end{cases}$$

BEWEIS: Der Zellenkettenkomplex hat die Kettengruppen

$$W_q(\mathcal{X}) \cong \begin{cases} \mathbb{Z}, & \text{wenn } q \in \{0,\dots,n\} \\ 0 & \text{sonst.} \end{cases}$$

Für jedes $q \in \mathbb{Z}$ sei e_q ein erzeugendes Element von $W_q(\mathcal{X})$. Es ist $\hat{\partial}_0(e_0) = 0$ und $\hat{\partial}_1(e_1) = 0$, da in der exakten Homologiesequenz von $(\mathbb{R}P^1, \mathbb{R}P^0)$

$$\to H_1(\mathbb{R}P^1, \mathbb{R}P^0) \xrightarrow{\partial_*} H_0(\mathbb{R}P^0) \xrightarrow{H_0(i)} H_0(\mathbb{R}P^1)$$

$H_0(i)$ ein Isomorphismus und daher ∂_* der Nullhomomorphismus ist. Für $q \geq 2$ ist nach 2.21 und 2.22

$$\hat{\partial}_q(e_q) = \begin{cases} 0, & \text{wenn } q \text{ ungerade und } 1 \leq q \leq n \\ \pm 2e_{q-1}, & \text{wenn } q \text{ gerade und } 2 \leq q \leq n. \end{cases}$$

Damit ist $H_0(\mathbb{R}P^n) \cong \mathbb{Z}$, $H_q(\mathbb{R}P^n) = 0$ für q gerade, $H_n(\mathbb{R}P^n) = \mathbb{Z}$ für n ungerade und $H_q(\mathbb{R}P^n) \cong \mathbb{Z}/2\mathbb{Z}$ für alle q mit $1 \leq q < n$ und q ungerade. □

Die zu den Zellenkomplexen gehörigen Morphismen sind die zellularen Abbildungen, die hier der Vollständigkeit halber definiert werden.

2.24 Definition. $(X, \mathcal{X})$ und $(Y, \mathcal{Y})$ seien zwei CW-Räume. Eine stetige Abbildung $f : X \to Y$ heißt zellulare Abbildung, wenn für jede natürliche Zahl p gilt $f(X^p) \subset Y^p$.

2.25 Satz (zellularer Approximationssatz). *Sind $(X, \mathcal{X})$ und $(Y, \mathcal{Y})$ CW-Räume und ist $f : X \to Y$ eine stetige Abbildung, so ist f homotop zu einer zellularen Abbildung.* □

Ein Beweis dieses Satzes steht z.B. in den Büchern von E.H. Spanier (1966) sowie A.T. Lundell und S. Weingram (1969).

2.26 Bemerkung. Eine Zerlegung eines topologischen Raumes in Zellen wurde schon von H. Poincaré (1895) benutzt, um Betti-Zahlen zu definieren und Beziehungen zwischen ihnen herzuleiten. Die CW-Räume wurden von J.H.C. Whitehead 1949 eingeführt. Sie erwiesen sich als für die Homotopietheorie besonders geeignete Räume.

2.27 Aufgaben

1. Beweisen Sie: Ist $(X, \mathcal{X})$ ein CW-Raum, so besitzt für jede natürliche Zahl p das Paar (X, X^p) die HEE (s. II, 1.16, Aufgabe 9).
2. Zeigen Sie: Sind $(X, \mathcal{X})$ ein CW-Raum und p eine natürliche Zahl, so besitzt X/X^p eine natürliche CW-Zerlegung und es ist $\tilde{H}(X/X^p) \cong H_q(X, X^p)$.

3. $(X, \mathcal{X})$ und $(Y, \mathcal{Y})$ seien endliche CW-Komplexe. Geben Sie eine endliche CW-Zerlegung von $X \times Y$ an.

4. Berechnen Sie die Homologiegruppen von $\mathbb{C}P^n \times \mathbb{C}P^k$ für alle natürlichen Zahlen n, k.

5. Es seien n und p ganze Zahlen, $n > 0$, und $f : S^n \to S^n$ sei eine stetige Abbildung vom Grad p. Geben Sie für $X = S^n \cup_f D^{n+1}$ eine endliche Zellenzerlegung an, und berechnen Sie damit die Homologiegruppe von X.

6. Zeigen Sie, daß die CW-Räume zusammen mit den zellularen Abbildungen eine Kategorie bilden.

7. Sei $\mathbb{F}$ wie in 2.15 und $\mathbb{F}P(\infty) = \bigcup_{n=0}^{\infty} \mathbb{F}P(n)$ versehen mit der schwachen Topologie, d.h. $A \subset \mathbb{F}P(\infty)$ ist abgeschlossen genau dann, wenn $A \cap \mathbb{F}P(n)$ abgeschlossen ist für alle natürlichen Zahlen n. $\mathbb{R}P(\infty)$, $\mathbb{C}P(\infty)$, $\mathbb{H}P(\infty)$ heißen der ∞-dimensionale reelle bzw. komplexe bzw. quaternionale projektive Raum. Zeigen Sie, daß sich diese Räume mit der Struktur eines CW-Komplexes versehen lassen, und berechnen Sie die Homologiegruppen dieser Räume.

§ 3 Die Euler-Poincaré-Charakteristik

Die in diesem Paragraphen eingeführte Euler-Poincaré-Charakteristik ist eine für eine große Klasse von topologischen Räumen definierte ganzzahlige Invariante: Sie läßt sich für endliche CW-Räume $(X, \mathcal{X})$ in sehr einfacher Weise beschreiben. Ist α_q für jede nichtnegative ganze Zahl q die Anzahl der q-Zellen in $\mathcal{X}$, so gilt für die Euler-Poincaré-Charakteristik $\chi(X)$ von X, daß $\chi(X) = \sum_{q=0}^{\infty}(-1)^q \alpha_q$ ist. Hier steht rechts eine endliche Summe, da α_q für höchstens endlich viele q von Null verschieden ist. $\chi(X)$ ist eine Invariante des topologischen Raumes X und von der gewählten Zellenzerlegung χ unabhängig. Trotz der einfachen Beschreibung ist die Euler-Poincaré-Charakteristik eine nützliche Größe für topologische Untersuchungen.

Zuerst wird die Euler-Poincaré-Charakteristik spezieller graduierter Gruppen definiert. Die Euler-Poincaré-Charakteristik eines topologischen Raumes erhält man dann als die Euler-Poincaré-Charakteristik der Homologiegruppe dieses Raumes.

3.1 Definition. Es sei $G = (G_j)_{j \in \mathbb{Z}}$ eine graduierte Gruppe mit endlich erzeugten abelschen Gruppen G_j und $\mathit{Rang}\,(G_j) \neq 0$ für höchstens endlich viele $j \in \mathbb{Z}$. Dann ist die Euler-Poincaré-Charakteristik $\chi(G)$ von G definiert durch

$$\chi(G) = \sum_{j \in \mathbb{Z}} (-1)^j \,\mathit{Rang}\,(G_j).$$

Ist $K = (K_j, \partial_j)_{j \in \mathbb{Z}}$ ein Kettenkomplex derart, daß die Euler-Poincaré-Charakteristik der zugrundeliegenden graduierten Gruppe $(K_j)_{j \in \mathbb{Z}}$ definiert ist, so wird die Euler-Poincaré-Charakteristik $\chi(K)$ von K definiert als

$$\chi(K) = \sum_{j \in \mathbb{Z}} (-1)^j \,\mathit{Rang}\,(K_j).$$

3.2 Definition. Ist X ein topologischer Raum, so daß $H_q(X)$ endlich erzeugt ist für alle q und $\mathit{Rang}\,(H_q(X)) \neq 0$ ist für höchstens endlich viele $q \in \mathbb{Z}$, so ist die Euler-Poincaré-Charakteristik von X definiert als

$$\chi(X) = \chi(H(X)) = \sum_{q=0}^{\infty} (-1)^q \,\mathit{Rang}\,(H_q(X)).$$

Entsprechend ist $\chi(X, A)$ für ein Raumpaar (X, A) definiert.

3.3 Bemerkung. Ist X ein topologischer Raum und ist $H_q(X)$ endlich erzeugt, so heißt $\mathit{Rang}\,(H_q(X))$ die q-te Betti-Zahl von X. Die Euler-Poincaré-Charakteristik von X ist also die Wechselsumme der Betti-Zahlen von X.

3.4 Beispiele.

(i) $\chi(S^n) = 1 + (-1)^n = \begin{cases} 2 & \text{für } n \text{ gerade} \\ 0 & \text{für } n \text{ ungerade} \end{cases}$

(ii) $\chi(\mathbb{C}P(n)) = n + 1$

(iii) $\chi(\mathbb{H}P(n)) = n + 1$

(iv) $\chi(\mathbb{R}P^n) = \begin{cases} 1 & \text{für } n \text{ gerade} \\ 0 & \text{für } n \text{ ungerade} \end{cases}$

(v) $\chi(F_p) = 2 - 2p$.

3.5 Satz. *Ist $K = (K_j, \partial_j)_{j\in\mathbb{Z}}$ ein Kettenkomplex, so daß $\chi(K)$ definiert ist, dann ist auch $\chi(H(K))$ definiert, und es ist $\chi(K) = \chi(H(K))$.*

Beweis: Wenn K_q endlich erzeugt ist, so ist auch die Untergruppe $Z_q(K)$ der q-Zykeln von K endlich erzeugt und $\mathit{Rang}\,(Z_q(K)) \leq \mathit{Rang}\,(K_q)$. Ebenso ist die Gruppe $B_q(K)$ der q-Ränder endlich erzeugt, und nach III, 1.26 ist

$$\mathit{Rang}\,(Z_q(K)) = \mathit{Rang}\,(B_q(K)) + \mathit{Rang}\,(H_q(K)).$$

Nun hat man eine kurze exakte Sequenz

$$0 \to Z_q(K) \to K_q \to B_{q-1}(K) \to 0$$

von endlich erzeugten abelschen Gruppen, und es ist $B_{q-1}(K) \cong K_q/Z_q(K)$. Daher ist nach III, 1.26

$$\mathit{Rang}\,(K_q) = \mathit{Rang}\,(Z_q(K)) + \mathit{Rang}\,(B_{q-1}(K)).$$

Damit rechnet man aus:

$$\begin{aligned}
\chi(K) &= \sum_{q\in\mathbb{Z}} (-1)^q\, \mathit{Rang}\,(K_q) \\
&= \sum_{q\in\mathbb{Z}} (-1)^q\, (\mathit{Rang}\,(Z_q(K)) + \mathit{Rang}\,(B_{q-1}(K))) \\
&= \sum_{q\in\mathbb{Z}} (-1)^q\, (\mathit{Rang}\,(H_q(K)) + \mathit{Rang}\,(B_q(K)) + \mathit{Rang}\,(B_{q-1}(K))) \\
&= \sum_{q\in\mathbb{Z}} (-1)^q\, \mathit{Rang}\,(H_q(K)) = \chi(H(K)). \square
\end{aligned}$$

3.6 Satz. *Es sei $(X, \mathcal{X})$ ein endlicher CW-Raum, und für jede nichtnegative ganze Zahl q bezeichne α_q die Anzahl der q-Zellen in $\mathcal{X}$. Dann ist die Euler-Poincaré-Charakteristik $\chi(X)$ definiert, und es ist*

$$\chi(X) = \sum_{q=0}^{\infty}(-1)^q \alpha_q.$$

Beweis: Wenn $(X, \mathcal{X})$ ein endlicher CW-Raum ist, dann ist für alle nichtnegativen ganzen Zahlen q die q-te Kettengruppe $W_q(\mathcal{X})$ des Zellenkettenkomplexes eine freie abelsche Gruppe vom Rang α_q, und es gibt höchstens endlich viele q mit $\alpha_q \neq 0$. Daher ist $\chi(W(\mathcal{X}))$ definiert und

$$\chi(W(\mathcal{X})) = \sum_{q=0}^{\infty}(-1)^q \cdot \alpha_q.$$

Nach 3.5 ist $\chi(W(\mathcal{X})) = \chi(H(W(\mathcal{X})))$, und da $H(W(\mathcal{X})) = H(X)$ ist, gilt die Behauptung. □

Dieser Satz erlaubt es nun, die Euler-Poincaré-Charakteristik eines topologischen Raumes, der eine endliche Zellenzerlegung zuläßt, mit Hilfe dieser Zellenzerlegung zu berechnen. Das Ergebnis ist dabei von der gewählten Zellenzerlegung unabhängig. Für die Zellenzerlegung bedeutet das, daß die Anzahl der Zellen bei verschiedenen Zellenzerlegungen eines topologischen Raumes zwar verschieden sein kann, die Wechselsumme $\sum_{q=0}^{\infty}(-1)^q\alpha_q$ dieser Anzahlen aber eine topologische Invariante des Raumes ist. Für die 2-Sphäre ist diese Invariante 2, und die Aussage des Satzes 3.6 ist im Spezialfall der Eulersche Polyedersatz.

3.7 Satz (Eulerscher Polyedersatz). *Für jede endliche Zellenzerlegung von S^2 ist*

$$\alpha_0 - \alpha_1 + \alpha_2 = 2,$$

d.h. die Anzahl der Ecken minus Anzahl der Kanten plus Anzahl der Flächen ist zwei. □

3.8 Beispiel. Auf dem Einheitskreis werden im gleichen Abstand $2p$ Punkte, $p \geq 2$, ausgezeichnet, die entgegen dem Uhrzeigersinn der Reihe nach mit $A_1, B_1, \ldots, A_p, B_p$ bezeichnet werden. V_p sei die konvexe Hülle von $\{A_1, B_1, \ldots, A_p, B_p\}$. In V_p wird die Relation R' eingeführt durch $(x, y) \in R' \Leftrightarrow x = y$ oder es gibt ein $\nu \in \{1, \ldots, p\}$ und ein $t \in [0, 1]$, so daß

$$x = (1-t)A_\nu + tB_\nu \quad \text{und} \quad y = (1-t)B_\nu + tA_{\nu+1}.$$

R sei die kleinste Äquivalenzrelation, die R' enthält.

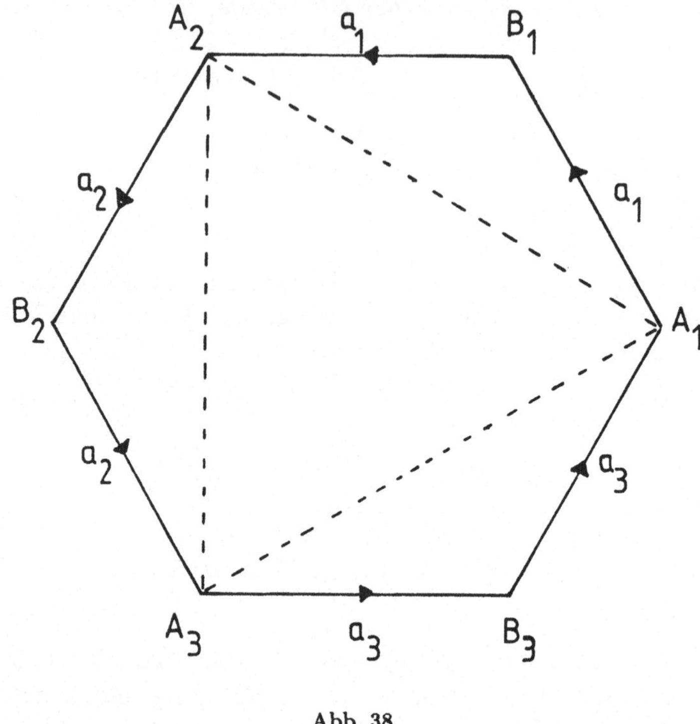

Abb. 38

Der Quotientenraum $U_p = V_p/R$ heißt nicht-orientierbare Fläche vom Geschlecht p. Die Flächen U_p lassen sich ähnlich wie die Flächen F_p in I, 2.19 veranschaulichen. Anstelle der Henkel werden hier in die p "Löcher" in S^2 Kreuzhauben eingesetzt. Dabei ist eine Kreuzhaube der Quotientenraum des Dreiecks

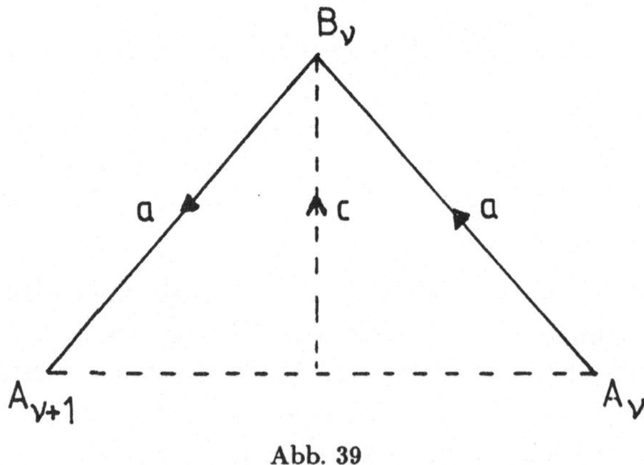

Abb. 39

nach der oben angegebenen Äquivalenzrelation. Man macht sich klar, daß der gleiche Raum auch der Quotientenraum des in Abbildung 40 dargestellten Rechtecks mit der eingezeichneten Identifizierung ist.

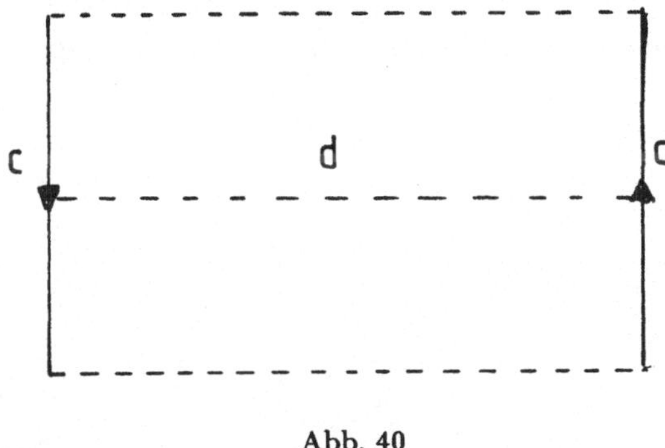

Abb. 40

Das ist das Möbiusband (s. I, 2.18). Durch Aufschneiden und Identifizieren läßt sich das Möbiusband als Quotientenraum des Rechtecks

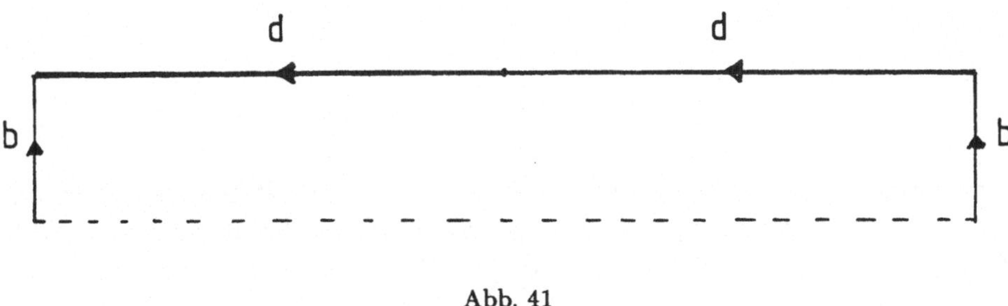

Abb. 41

erkennen. Hier lassen sich die vorgenommenen Identifizierungen folgendermaßen veranschaulichen.

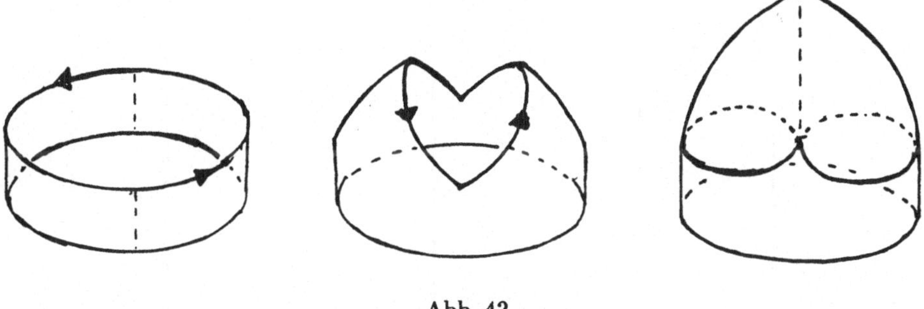

Abb. 42

Nach der rechts stehenden Figur heißt dieser Raum auch Kreuzhaube. Kreuzhaube und Möbiusband sind der gleiche topologische Raum. Die Selbstdurchdringungen in dem Bild der Kreuzhaube in Abb. 42 sind durch die Veranschaulichung im $\mathbb{R}^3$ bedingt.

Die Fläche U_2 läßt sich nach den vorangehenden Betrachtungen veranschaulichen durch Verkleben zweier Kreuzhauben längs des Randes, wie es in Abb. 43 dargestellt ist.

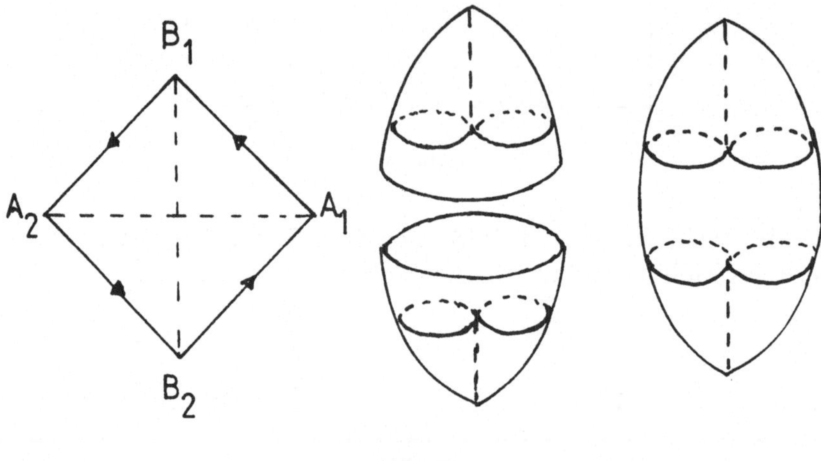

Abb. 43

Eine zweite Veranschaulichung dieser Fläche U_2 erhält man auf folgende Weise. U_2 ist homöomorph zu dem Quotientenraum des Rechtecks in Abb. 44 mit den angegebenen Identifizierungen. Das sieht man, indem das Rechteck $A_1B_1A_2B_2$ längs $B_1B_2 = d$ aufschneidet und A_1B_1 mit B_1A_2 in der angegebenen Weise identifiziert.

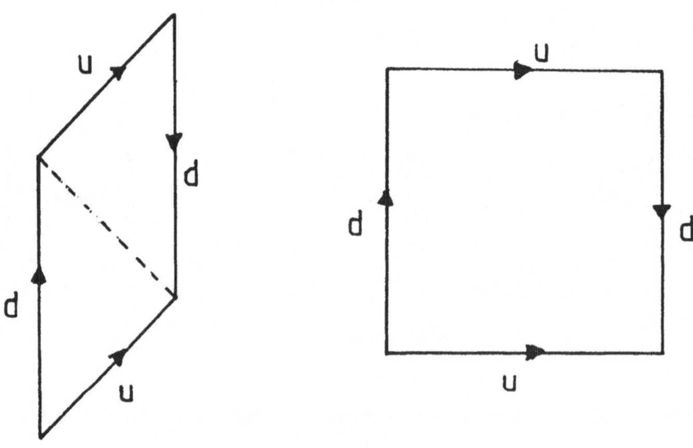

Abb. 44

Verklebt man dieses Rechteck zunächst längs u, so erhält man einen Zylinder, dessen freie Randkurven in der vorgeschriebenen Weise identifiziert werden. Auf diese Weise erhält man als Veranschaulichung von U_2 in $\mathbb{R}^3$ die Kleinsche Flasche (Abb. 45).

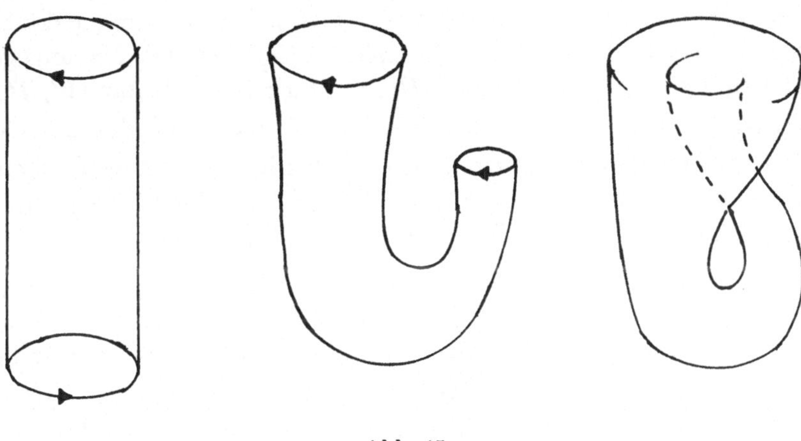

Abb. 45

Schneidet man die Kleinsche Flasche in der abgebildeten Art der Länge nach auf, so erhält man wieder zwei Möbiusbänder

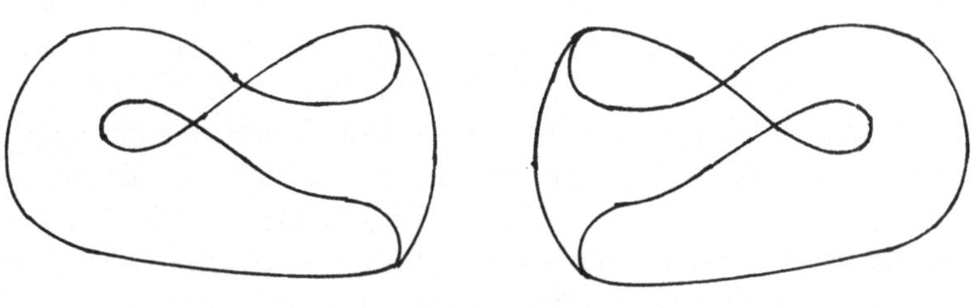

Abb. 46

Für $p = 1$ setzt man $U_1 = \mathbb{R}P^2$. Die vorangehenden Veranschaulichungen lassen sich auch für $\mathbb{R}P^2$ durchführen. Hier hat man lediglich in den freien Rand des Möbiusbandes oder der Kreuzhaube, der homöomorph ist zu S^1, die Kreisscheibe einzukleben.

3.9 Satz. *Für jedes $p \geq 1$ besitzt die nicht orientierbare Fläche U_p eine Zellenzerlegung $\mathcal{U}_p$ mit genau einer 0-Zelle, p 1-Zellen und einer 2-Zelle. Die Euler-Poincaré-Charakteristik von U_p ist $\chi(U_p) = 2 - p$. Die Homologiegruppen $H_q(U_p)$ sind Null für $q \neq 0, 1$ und $H_0(U_p) \cong \mathbb{Z}$ und $H_1(U_p) \cong \mathbb{Z} \oplus \ldots \oplus \mathbb{Z} \oplus \mathbb{Z}/2\mathbb{Z}$ mit $p - 1$ direkten Summanden $\mathbb{Z}$.*

BEWEIS: Für $p = 1$ ist $U_1 = \mathbb{R}P^2$, und die Behauptung ist in 3.4 (iv) und 2.23 bewiesen. Es sei nun $p \geq 2$. Die Zellenzerlegung $\mathcal{U}_p$ wird wie im Falle der orientierbaren Flächen F_p in 2.15 angegeben. Ist $\pi : V_p \to U_p$ die kanonische Projektion, so ist $\mathcal{U}_p = \{e^0, e^1_1, \ldots, e^1_p, e^2\}$ mit $e^0 = \pi(A_1)$, $e^1_\nu = \pi(\overline{A_\nu B_\nu})$ $\nu = 1, \ldots, p$ und $e^2 = \pi(\mathring{V}_p)$. Die charakteristische Abbildung für e^2 ist $\pi : V_p \to U_p$, die charakteristische Abbildung $\varphi_\nu : [-1, 1] \to U_p$ für e^1_ν wird gegeben durch $\varphi_\nu(t) = \pi(\frac{1}{2}(1-t)A_\nu + \frac{1}{2}(1+t)B_\nu)$. Zur Berechnung der Homologiegruppen wird der Zellenkettenkomplex $W(\mathcal{U}_p)$ benutzt. Die angegebene Zellenzerlegung liefert, daß $\mathit{Rang}\, W_q(\mathcal{U}_p) = 1$ für $q \in \{0, 2\}$, $\mathit{Rang}\, W_1(\mathcal{U}_p) = p$ und $W_q(\mathcal{U}_p) = 0$ für $q \notin \{0, 1, 2\}$. Wie in 2.15 sieht man, daß $\hat{\partial}_0 = 0$ und $\hat{\partial}_1 = 0$. Ebenso wie in 2.15 wird $\hat{\partial}_2$ berechnet: Ein erzeugendes Element von $H_1(\mathit{Rd}\, V_p)$ wird repräsentiert von $s = \sum_{\nu=1}^{n}((A_\nu, B_\nu) + (B_\nu, A_{\nu+1}))$. Sei d das erzeugende Element von $H_2(V_p, \mathit{Rd}\, V_p)$ mit $\partial_*(d) = [s]$.

Da $\pi \circ (A_\nu, B_\nu) \circ \rho(t) = \pi \circ (B_\nu, A_{\nu+1})\rho(t)$, ist $\hat{\partial}_2(d) = \sum_{\nu=1}^{p} 2[\pi \circ (A_\nu, B_\nu)]$. Nun ist $(e_1, \ldots, e_p)$ mit $e_\nu = [\pi \circ (A_\nu, B_\nu)]$ eine Basis von $W_1(\mathcal{U}_p) = H_1(U^1_p, U^0_p)$. Es sei $(a_1, \ldots, a_p)$ eine Basis von $W_1(\mathcal{U}_p)$ der Form $a_1 = e_1, \ldots,$ $a_{p-1} = e_{p-1}$, $a_p = e_1 + \ldots + e_p$. Dann ist $\hat{\partial}_2(d) = 2a_p$. Damit ist $H_2(U_p) = 0$ und $H_1(U_p) = \mathbb{Z} \oplus \ldots \oplus \mathbb{Z} \oplus \mathbb{Z}/2\mathbb{Z}$ mit $p - 1$ direkten Summanden $\mathbb{Z}$. □

3.10 Bemerkung. Eine geschlossene Fläche ist eine zweidimensionale, kompakte topologische Mannigfaltigkeit. Es kann gezeigt werden, daß jede geschlossene Fläche homöomorph ist zu einer der in I, 2.19 eingeführten orientierbaren Flächen F_p, ergänzt um $F_0 = S^2$, oder zu einer der nicht-orientierbaren Flächen U_p. Zum Beweis dieser Tatsache wird benutzt, daß jede geschlossene Fläche triangulierbar ist (T. Rado 1925), d.h. ein spezieller endlicher CW-Komplex ist, wie er in 4.11 eingeführt wird. Durch geeignetes Zerschneiden und Verkleben wird damit die Homöomorphie zu einer der genannten Flächen gezeigt. Als Literatur hierzu sei auf das Buch von L.V. Ahlfors und L. Sario verwiesen. Nach den Ergebnissen aus 2.15, 3.4 und 3.9 lassen sich die geschlossenen Flächen durch ihre zweite Betti-Zahl und ihre Euler-Poincaré-Charakteristik, unterscheiden. Damit ist das Homöomorphieproblem für geschlossene Flächen vollständig gelöst.

3.11 Bemerkung. Für konvexe Polyeder hatte L. Euler 1750 zwischen der Anzahl e der Ecken, k der Kanten und f der Flächen die Beziehung $e - k + f = 2$ gefunden und wenig später einen ersten Beweis dieser Formel gegeben. Wie Mitte des vorigen Jahrhunderts entdeckt wurde, hatte schon R. Descartes Relationen an Polyedern gefunden, aus denen die Eulersche Formel hergeleitet werden kann. Eine historische Untersuchung hierzu sowie zur Klassifikation der Flächen findet sich bei J.-C. Pont (1974). Die Verallgemeinerung des Eulerschen Polyedersatzes in der Form von 3.6 geht auf H. Poincaré (1895) zurück. Die als Kleinsche Flasche bezeichnete nicht orientierbare Fläche wurde erstmals von F. Klein 1882 beschrieben.

3.12 Aufgaben

1. Eine reguläre Zellenzerlegung von S^2 mit e Ecken, k Kanten und f Flächen ist eine endliche CW-Zerlegung von S^2, bei der alle charakteristischen Abbildungen injektiv sind und für die gilt: Jede Ecke ist Ecke von genau m Kanten, jede Fläche hat im Rand genau n Kanten und jede Kante ist im Rand von genau zwei Flächen enthalten. Untersuchen Sie, welche regulären Zellenzerlegungen von S^2 möglich sind. Zeigen Sie insbesondere, daß für $m \geq 3$ und $n \geq 3$ nur die in der nachfolgenden Tabelle aufgeführten regulären Zellenzerlegungen möglich sind:

n	m	e	k	f	
3	3	4	6	4	Tetraeder
3	4	6	12	8	Oktaeder
3	5	12	30	20	Ikosaeder
4	3	8	12	6	Würfel
5	3	20	30	12	Dodekaeder.

In der letzten Spalte steht der Name des regulären Polyeders, dessen Oberfläche diese Zerlegung besitzt.

2. Beweisen Sie: Für jedes Raumpaar (X, A) gilt: Ist die Euler-Poincaré-Charakteristik für zwei der graduierten Gruppen $H(A)$, $H(X)$, $H(X, A)$ definiert, so auch für die dritte, und es ist $\chi(X) = \chi(A) + \chi(X, A)$.

3. Es seien $(X, \mathcal{X})$ und $(Y, \mathcal{Y})$ endliche CW-Komplexe. Berechnen Sie $\chi(X \times Y)$.

4. Es seien X ein topologischer Raum, für den die Euler-Poincaré-Charakteristik definiert ist, und $f : S^{n-1} \to X$ eine stetige Abbildung. Berechnen Sie $\chi(X \cup_f D^n)$.

§ 4 Die Homologie von simplizialen Komplexen

Simpliziale Komplexe sind spezielle endliche CW-Komplexe. Sie sind Teilmengen von $\mathbb{R}^n$ mit einer Zerlegung in Simplizes. Die charakteristischen Abbildungen sind lineare Simplizes. Hier lassen sich die erzeugenden Elemente im Zellenkettenkomplex unmittelbar angeben, und es steht ein einfaches Verfahren zur Berechnung des Randoperators zur Verfügung. Die Berechnung der Homologie auf diese Art ermöglicht es, eine intuitive Einsicht in die Begriffe Zykel, Rand, homolog zu gewinnen und eine Vorstellung von den Ideen zu erhalten, die schließlich zur Definition der Homologiegruppen führten. Zum Schluß von §4 wird der simpliziale Approximationssatz bewiesen. Er ist ein wichtiges Hilfsmittel bei zahlreichen topologischen Untersuchungen.

Zunächst sei daran erinnert, daß $q+1$ Punkte $A_0, A_1, \ldots, A_q$ affin unabhängig oder in allgemeiner Lage heißen, wenn sie in keinem affinen Teilraum der Dimension $< q$ enthalten sind.

4.1 Definition. $A_0, \ldots, A_q$ seien $q+1$ affin unabhängige Punkte des $\mathbb{R}^n$. Die konvexe Hülle von $\{A_0, \ldots, A_q\}$ heißt ein nicht ausgeartetes q-Simplex des $\mathbb{R}^n$ und wird mit $|A_0, \ldots, A_q|$ bezeichnet. Ist $\{A'_0, \ldots, A'_p\}$ eine Teilmenge von $\{A_0, \ldots, A_q\}$, so heißt das nicht ausgeartete p- Simplex $|A'_0, \ldots, A'_p|$ eine p-Seite von $|A_0, \ldots, A_q|$. Die Punkte $A_0, \ldots, A_q$ heißen Ecken.

4.2 Bemerkung. Es ist naheliegend, dem nicht ausgearteten Simplex $|A_0, \ldots, A_q|$ ein lineares Simplex zuzuordnen. Dazu hat man festzulegen, in welcher Reihenfolge die Ecken des Standardsimplexes Δ_q auf die Elemente der Menge $\{A_0, \ldots, A_q\}$ abgebildet werden sollen. Diese Festlegung bedeutet die Vorgabe einer Ordnung $A_0 < A_1 < \ldots < A_q$. Dann ist $(A_0, \ldots, A_q) : \Delta_q \to \mathbb{R}^n$ das zugehörige lineare Simplex

$$(A_0, \ldots, A_q)(t_0, \ldots, t_q) = t_0 A_0 + \ldots + t_q A_q.$$

Da $A_0, \ldots, A_q$ affin unabhängig sind, ist $(A_0, \ldots, A_q)$ eine bijektive Abbildung von Δ_q auf $|A_0, \ldots, A_q|$.

4.3 Definition. $A_0, \ldots, A_q$ seien $q+1$ affin unabhängige Punkte des $\mathbb{R}^n$. Wenn in der Menge $\{A_0, \ldots, A_q\}$ eine Ordnung $A_0 < A_1 < \ldots < A_q$ festgelegt ist, so heißt das nicht ausgeartete q-Simplex $|A_0, \ldots, A_q|$ ein geordnetes q-Simplex.

Nun wird ein simplizialer Komplex definiert als eine Menge von nicht ausgearteten Simplizes, die in einer geeigneten Beziehung zueinander stehen sollen.

4.4 Definition. Eine endliche Menge $\mathcal{S}$ von nicht ausgearteten Simplizes in $\mathbb{R}^n$ heißt ein simplizialer Komplex im $\mathbb{R}^n$, wenn gilt:

(i) Wenn $s \in \mathcal{S}$ ist, so gehört jede Seite von s ebenfalls zu $\mathcal{S}$.

(ii) Sind $s_1, s_2 \in \mathcal{S}$, so ist $s_1 \cap s_2 = \emptyset$ oder $s_1 \cap s_2$ ist Seite von s_1 und Seite von s_2.

Ein simplizialer Komplex $\mathcal{S}$ heißt ein geordneter simplizialer Komplex, wenn jedes $s \in \mathcal{S}$ ein geordnetes Simplex ist.

4.5 Definition. Ist $\mathcal{S}$ ein simplizialer Komplex in $\mathbb{R}^n$, so heißt der Teilraum $|\mathcal{S}| = \bigcup_{s\in\mathcal{S}} s$ des $\mathbb{R}^n$ der dem simplizialen Komplex $\mathcal{S}$ zugrundeliegende topologische Raum. Ist s ein nicht ausgeartetes q-Simplex, so sei $|s| = q$, und $|s|$ heißt die Dimension von s. Die Dimension des simplizialen Komplexes $\mathcal{S}$ wird definiert als $\max\{|s| \; |s \in \mathcal{S}\}$. Für alle ganzen Zahlen p sei $\mathcal{S}_p = \{s \in \mathcal{S} | \; |s| = p\}$. Schließlich ist für jedes $s \in \mathcal{S}$ der Rand $\dot{s}$ definiert als die Vereinigung der von s verschiedenen Seiten von s.

4.6 Satz. *Ist $\mathcal{S}$ ein geordneter simplizialer Komplex, so ist $(|\mathcal{S}|, \{s \setminus \dot{s} \mid s \in \mathcal{S}\})$ in natürlicher Weise ein endlicher CW-Raum.*

BEWEIS: Für jedes $s \in \mathcal{S}$ ist das Paar $(s, \dot{s})$ homöomorph zu $(D^{|s|}, S^{|s|-1})$ nach III, 8.7, und $s \setminus \dot{s}$ ist eine $|s|$-Zelle. Sind $s, t \in \mathcal{S}$ und $s \neq t$, so ist $s \cap t = \emptyset$, oder $s \cap t$ ist eine Seite. Daher ist $(s \setminus \dot{s}) \cap (t \setminus \dot{t}) = \emptyset$. Da mit jedem $s \in \mathcal{S}$ auch alle Seiten von s zu $\mathcal{S}$ gehören, liegt jedes $x \in \mathcal{S}$ in $s \setminus \dot{s}$ für ein $s \in \mathcal{S}$, und es ist $|\mathcal{S}| = \bigcup_{s\in\mathcal{S}} (s \setminus \dot{s})$. Weil jedes $s = |A_0, \ldots, A_q| \in \mathcal{S}$ ein geordnetes Simplex ist, also eine Ordnung $A_0 < \ldots < A_q$ vorgegeben ist, ist $\varphi = (A_0, \ldots, A_q) : \Delta_q \to |\mathcal{S}|$ eindeutig der q-Zelle zugeordnet. φ ist bijektiv und

$$\varphi(\dot{\Delta}_q) \subset |\mathcal{S}|^{q-1} = \bigcup_{\substack{t\in\mathcal{S} \\ |t|\leq q-1}} t, \quad \text{da} \quad \varphi(\dot{\Delta}_q) = \dot{s} \quad \text{ist.} \square$$

Im vorstehenden Satz wurde die charakteristische Abbildung als Abbildung $\Delta_q \to |\mathcal{S}|$ angegeben. Man kann natürlich einen festen Homöomorphismus $D^q \to \Delta_q$ vor die Abbildung setzen, um eine charakteristische Abbildung $D^q \to |\mathcal{S}|$ für jede q-Zelle zu erhalten. Da jedoch speziell die simpliziale Struktur der Räume ausgenutzt werden soll, ist es vorteilhaft, als charakteristische Abbildungen solche Abbildungen $\Delta_q \to |\mathcal{S}|$ zu wählen.

Nach 4.6 ist es klar, wie die Zellenkettengruppe eines geordneten simplizialen Komplexes aussieht, und es ist klar, wie die kanonische Basis aussieht. Es wird untersucht, wie sich die Basis ändert, wenn die Ordnung für die einzelnen Simplizes geändert wird.

4.7 Satz. *Es sei q eine positive ganze Zahl und $\delta_q = (e_0, \ldots, e_q)$ das ausgezeichnete singuläre Simplex in Δ_q. Wenn σ eine Permutation der Menge $\{0, \ldots, q\}$ ist, dann gilt für $[(e_{\sigma(0)}, \ldots, e_{\sigma(q)})] \in H_q(\Delta_q, \dot{\Delta}_q)$, daß*

$$[(e_{\sigma(0)}, \ldots, e_{\sigma(q)})] = \operatorname{sign}(\sigma)\, [\delta_q],$$

wo sign(σ) *das Signum der Permutation σ bezeichnet.*

BEWEIS: Da sich jede Permutation aus Transpositionen komponieren läßt, genügt es, die Behauptung für eine Transposition zu beweisen, die i und j vertauscht. Damit erhält man eine Abbildung $f : \mathbb{R}^{q+1} \to \mathbb{R}^{q+1}$ mit $f(e_\nu) = e_\nu$ für $\nu \notin \{i, j\}$, $f(e_i) = e_j$ und $f(e_j) = e_i$. Es sei $g = f|\Delta_q : \Delta_q \to \Delta_q$. Der Beweis erfolgt nun durch vollständige Induktion über q. Für $q = 1$ betrachtet man das folgende kommutative Diagramm

$$\begin{array}{ccc}
H_1(\Delta_1, \dot{\Delta}_1) & \underset{\cong}{\overset{\partial_*}{\to}} & \tilde{H}_0(\dot{\Delta}_1) \\
{\scriptstyle H_1(g)} \downarrow & & \downarrow {\scriptstyle \tilde{H}_0(g|\dot{\Delta}_1)} \\
H_1(\Delta_1, \dot{\Delta}_1) & \underset{\cong}{\overset{\partial_*}{\to}} & \tilde{H}_0(\dot{\Delta}_1)
\end{array}$$

Nach 1.13 ist $\tilde{H}_0(g|\dot{\Delta}_1) = -Id$. Daher ist auch $H_1(g) = -Id$. Wenn die Behauptung für $q-1$ mit $q > 1$ schon bewiesen ist, wird zunächst vorausgesetzt, daß $q \notin \{i, j\}$ ist. Dann sind $g(\dot{\Delta}_q) \subset \dot{\Delta}_q$, $g(\Lambda_q) \subset \Lambda_q$, $g(\Delta_{q-1}) \subset \Delta_{q-1}$ und $g(\dot{\Delta}_{q-1}) \subset \dot{\Delta}_{q-1}$ (vgl. III, 8.8), und das Diagramm

$$\begin{array}{ccccc}
H_q(\Delta_q, \dot{\Delta}_q) & \underset{\cong}{\to} & H_{q-1}(\dot{\Delta}_q, \Lambda_q) & \underset{\cong}{\leftarrow} & H_{q-1}(\Delta_{q-1}, \dot{\Delta}_{q-1}) \\
{\scriptstyle H_q(g)} \downarrow & & {\scriptstyle H_{q-1}(g|\dot{\Delta}_q)} \downarrow & & \downarrow {\scriptstyle H_{q-1}(g|\Delta_{q-1})} \\
H_q(\Delta_q, \dot{\Delta}_q) & \underset{\cong}{\to} & H_{q-1}(\dot{\Delta}_q, \Lambda_q) & \underset{\cong}{\leftarrow} & H_{q-1}(\Delta_{q-1}, \dot{\Delta}_{q-1})
\end{array}$$

ist kommutativ. Daß in den Zeilen Isomorphismen stehen, steht in dem Beweis von III, 8.11. Da $H_q(g|\Delta_{q-1}) = -Id$ ist, ist auch $H_q(g) = -Id$. Wenn $q = i$ ist, wählt man ein $k \in \{0, \ldots, q\} \setminus \{j, q\}$ und eine Abbildung $h : \mathbb{R}^{q+1} \to \mathbb{R}^{q+1}$ mit $h(e_q) = e_k$, $h(e_k) = e_q$ und $h(e_\nu) = e_\nu$ für $\nu \in \{0, \ldots, q\} \setminus \{k, q\}$. Dann ist $h o g o h(e_k) = e_j$, $h o g o h(e_j) = e_k$ und $h o g o h(e_\nu) = e_\nu$ für $\nu \neq j, k$. Damit rechnet man nach, daß $H_q(g)([\delta_q]) = H_q(h) \circ H_q(g) \circ H_q(h)([\delta_q]) = -[\delta_q]$ gilt. □

4.8 Korollar. *Es seien $A_0, \ldots, A_q$ affin unabhängige Punkte des $\mathbb{R}^n$ und $A_0 < \ldots < A_q$ eine Ordnung von $\{A_0, \ldots, A_q\}$. Sei σ eine Permutation von $\{0, \ldots, q\}$ und $A_{\sigma(0)} < \ldots < A_{\sigma(q)}$ eine weitere Ordnung von $\{A_0, \ldots, A_q\}$. Wenn $s = |A_0, \ldots, A_q|$ ist, so gilt in $H_q(s, \dot{s})$*

$$[(A_{\sigma(0)}, \ldots, A_{\sigma(q)})] = \operatorname{sign}(\sigma)\,[(A_0, \ldots, A_q)]. \square$$

4.9 Berechnung der Homologiegruppen. Wenn $\mathcal{S}$ ein geordneter simplizialer Komplex ist, ist für jedes $q \geq 0$

$$W_q(\mathcal{S}) = H_q\left(|\mathcal{S}|^q,\ |\mathcal{S}|^{q-1}\right) = \bigoplus_{s \in \mathcal{S}_q} H_q(s, \dot{s}),$$

und durch die Ordnung in jedem einzelnen q-Simplex $s \in \mathcal{S}$ ist ein erzeugendes Element in $H_q(s, \dot{s})$ ausgezeichnet. Wenn $s = |A_0^s, \ldots, A_q^s|$ ist mit einer Ordnung $A_0^s < \ldots < A_q^s$, dann ist $[(A_0^s, \ldots, A_q^s)] \in H_q(s, \dot{s})$ das ausgezeichnete erzeugende Element.

Wenn $e_s = [(A_0^s, \ldots, A_q^s)] \in H_q(|\mathcal{S}|^q, |\mathcal{S}|^{q-1})$ das Bild von $[(A_0^s, \ldots, A_q^s)] \in H_q(s, \dot{s})$ unter dem durch die Inklusionsabbildung induzierten Homomorphismus bezeichnet, dann ist $\{e_s \mid s \in \mathcal{S}_q\}$ eine Basis von $W_q(\mathcal{S})$. Da $\mathcal{S}$ ein geordneter Kettenkomplex ist, ist in jeder Dimension, in der q-Simplizes auftreten, eine Basis ausgezeichnet, und man kann den Randoperator durch eine Matrix beschreiben. Zur Bestimmung von $\hat{\partial}_q$ hat man $\hat{\partial}_q(e_s)$ für alle $s \in \mathcal{S}_q$ auszurechnen. Nun ist

$$\hat{\partial}_q(e_s) = \hat{\partial}([(A_0^s, \ldots, A_q^s)]) = \left[\sum_{j=0}^{q} (-1)^j (A_0^s, \ldots, \hat{A}_j^s, \ldots, A_q^s)\right]$$

$$= \sum_{j=0}^{q} (-1)^j [A_0^s, \ldots, \hat{A}_j^s, \ldots, A_q^s] \in H_{q-1}(|\mathcal{S}|^{q-1},\ |\mathcal{S}|^{q-2}).$$

Jedes einzelne dieser Elemente $[(A_0^s, \ldots, \hat{A}_j^s, \ldots, A_q^s)]$ ist ein $\pm e_t$, wo $t \in \mathcal{S}_{q-1}$ mit $t = |A_0^s, \ldots, \hat{A}_j^s, \ldots, A_q^s|$ und einer durch die Ordnung der Simplizes in $\mathcal{S}$ vorgeschriebenen Ordnung von $\{A_0^s, \ldots, \hat{A}_j^s, \ldots, A_q^s\}$. Das Vorzeichen $+$ oder $-$ tritt auf, je nachdem, ob die Ordnung in t aus der Ordnung $A_0^s < \ldots < A_{j-1}^s < A_{j+1}^s < \ldots < A_q^s$ durch eine gerade oder ungerade Permutation hervorgeht. Ein Basiselement $e_t \in W_{q-1}(\mathcal{S})$ tritt in $\hat{\partial}_q(e_j)$ nur dann auf, wenn t eine $(q-1)$-Seite des nicht ausgearteten q-Simplexes s ist. Damit kann man $\hat{\partial}_q$ aus der Kenntnis der Simplizes berechnen.

4.10 Beispiel.

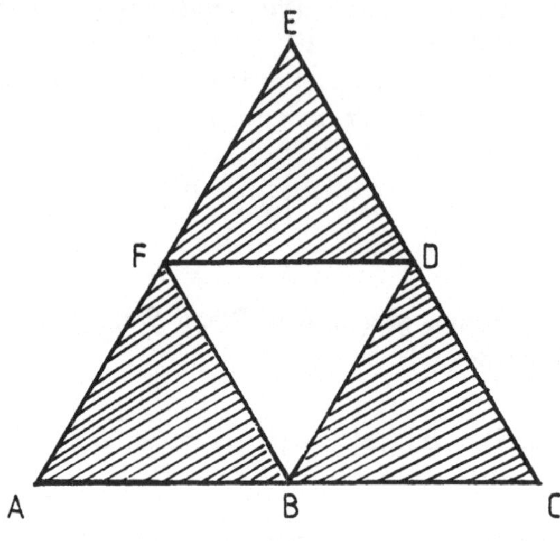

Abb. 47

In dem aufgezeichneten simplizialen Komplex sei für jedes Simplex eine Ordnung gegeben durch die Reihenfolge, in der die Ecken im Alphabet auftreten. Durch diese Ordnung der Simplizes ist in den Zellenkettengruppen eine Basis ausgezeichnet.

Die Elemente einer Basis von $W_0(\mathcal{S})$ sind $[A]$, $[B]$, $[C]$, $[D]$, $[E]$, $[F]$, die einer Basis von $W_1(\mathcal{S})$ sind $[A,B]$, $[A,F]$, $[B,F]$, $[B,C]$, $[B,D]$, $[C,D]$, $[D,E]$, $[D,F]$, $[E,F]$ und die Elemente einer Basis von $W_2(\mathcal{S})$ sind $[A,B,F]$, $[B,C,D]$, $[D,E,F]$. Die runden Klammern wurden beim Aufschreiben der Basiselemente weggelassen. Mit dem in 4.9 beschriebenen Verfahren erhält man: $\hat{\partial}_0 = 0, \hat{\partial}_1([A,B]) = [B]-[A], \ldots, \hat{\partial}_1([E,F]) = [F]-[E]$. Die zugehörige Koeffizientenmatrix (Inzidenzmatrix) ist

$$\begin{pmatrix} -1 & -1 & 0 & 0 & 0 & 0 & 0 & 0 & 0 \\ 1 & 0 & -1 & -1 & -1 & 0 & 0 & 0 & 0 \\ 0 & 0 & 0 & 1 & 0 & -1 & 0 & 0 & 0 \\ 0 & 0 & 0 & 0 & 1 & 1 & -1 & -1 & 0 \\ 0 & 0 & 0 & 0 & 0 & 0 & 1 & 0 & -1 \\ 0 & 1 & 1 & 0 & 0 & 0 & 0 & 1 & 1 \end{pmatrix}$$

Weiter ist $\hat{\partial}_2([A,B,F]) = [B,F] - [A,F] + [A,B]$, $\hat{\partial}_2([B,C,D]) = [C,D] - [B,D] + [B,C]$ und $\hat{\partial}_2([D,E,F]) = [E,F] - [D,F] + [D,E]$. Die zugehörige Matrix ist die Transponierte der Matrix

$$\begin{pmatrix} 1 & -1 & 1 & 0 & 0 & 0 & 0 & 0 & 0 \\ 0 & 0 & 0 & 1 & -1 & 1 & 0 & 0 & 0 \\ 0 & 0 & 0 & 0 & 0 & 0 & 1 & -1 & 1 \end{pmatrix}$$

Aus der Matrix liest man ab, daß *Rang* $\hat{\partial}_1 = 5$ und daher dim *Kern* $\hat{\partial}_1 = 4$ ist. Die Elemente $a_1 = [A,B] - [A,F] + [B,F]$, $a_2 = [B,C] - [B,D] + [C,D]$, $a_3 = [B,D] - [B,F] + [D,F]$, $a_4 = [D,E] - [D,F] + [E,F]$ bilden eine Basis von *Kern* $\hat{\partial}_1$. Da (a_1, a_2, a_4) eine Basis von ***Bild*** $\hat{\partial}_2$ ist, ist $H_1(W(\mathcal{S}))$ eine freie abelsche Gruppe mit einem Erzeugenden, das durch den Zykel $[B,D] - [B,F] + [D,F]$ repräsentiert wird. Zur Berechnung von $H_0(W(\mathcal{S}))$ wird als Basis von $W_0(\mathcal{S})$ die Menge mit den Elementen $[A]$, $[B] - [A]$, $[F] - [A]$, $[C] - [B]$, $[D] - [B]$, $[E] - [D]$ gewählt. Daraus sieht man, daß $H_0(W(\mathcal{S})) \cong \mathbb{Z}$ ist und von $[A]$ erzeugt wird.

Der Satz 2.13 garantiert, daß die so berechneten Homologiegruppen nur von dem zugrundeliegenden topologischen Raum abhängen und nicht von der speziellen Struktur des simplizialen Komplexes. Da die Homologie eine Homöomorphieinvariante ist, hat man damit auch eine Methode zur Verfügung, um nun die Homologie solcher Räume zu berechnen, die homöomorph sind zu einem simplizialen Komplex im $\mathbb{R}^n$. Solche Räume heißen triangulierbar.

4.11 Definition. Es sei X ein topologischer Raum. Eine Triangulierung von X ist ein Paar $(\mathcal{S}, t)$, bestehend aus einem simplizialen Komplex $\mathcal{S}$ im $\mathbb{R}^n$ und einem Homöomorphismus $t : X \to |\mathcal{S}|$.
X heißt triangulierbar, wenn X eine Triangulierung besitzt.

Die meisten der in diesem Kurs behandelten Räume sind triangulierbar, und es ist grundsätzlich möglich, die Homologie mit den hier angegebenen Methoden zu berechnen. Tatsächlich ist diese Methode zur Berechnung von Homologiegruppen selbst einfacher Räume wenig effektiv, da die Anzahl der Simplizes in einer Triangulierung im allgemeinen sehr groß ist. Das konnte man schon bei dem einfachen hier durchgerechneten Beispiel erkennen. Diese Art der Berechnung ist jedoch diejenige, die im wesentlichen die ursprünglichen Ideen wiedergibt, die zur Definition der Homologiegruppen führten.

Die Bedeutung der simplizialen Komplexe liegt vor allem darin, daß zu der topologischen Struktur des Raumes zusätzlich in jedem Simplex eine affine Struktur hinzukommt, die die Möglichkeit liefert, Methoden der linearen Algebra anzuwenden. Mit diesen Methoden wird z.B. der simpliziale Approximationssatz bewiesen, der nun besprochen wird.

4.12 Definition. Es seien $\mathcal{S}$ und $\mathcal{T}$ simpliziale Komplexe. Eine stetige Abbildung $f : |\mathcal{S}| \to |\mathcal{T}|$ heißt simpliziale Abbildung, wenn sie jedes Simplex von $\mathcal{S}$ affin auf ein Simplex von $\mathcal{T}$ abbildet.

Um eine stetige Abbildung $f : |\mathcal{S}| \to |\mathcal{T}|$ in eine simpliziale Abbildung deformieren zu können, werden Unterteilungen eingeführt wie sie für Simplizes in §6 von Kapitel III beim Beweis des Ausschneidungssatzes betrachtet worden waren.

4.13 Definition. (i) Es seien $\mathcal{S}$ und $\mathcal{T}$ simpliziale Komplexe. $\mathcal{T}$ heißt Unterteilung von $\mathcal{S}$, wenn $|\mathcal{T}| = |\mathcal{S}|$ ist und jedes Simplex von $\mathcal{T}$ in einem Simplex von $\mathcal{S}$ enthalten ist.

(ii) Zu jedem simplizialen Komplex $\mathcal{S}$ ist die Normalunterteilung $\mathcal{S}'$ definiert als die Menge der nicht-ausgearteten Simplizes $|B_0, \ldots, B_q|$ mit der folgenden Eigenschaft: Es gibt eine Folge $(s_0, \ldots, s_q)$ von Simplizes aus $\mathcal{S}$, so daß $s_{\nu+1}$ Seite von s_ν ist für alle $\nu \in \{0, \ldots, q-1\}$ und jedes B_ν Schwerpunkt von s_ν ist.

4.14 Satz. *$\mathcal{S}'$ ist ein simplizialer Komplex und Unterteilung von $\mathcal{S}$.*

BEWEIS: Zuerst wird gezeigt, daß $\mathcal{S}'$ ein simplizialer Komplex ist. Aus der Definition folgt unmittelbar, daß mit jedem Simplex s aus $\mathcal{S}'$ auch alle Seiten von s zu $\mathcal{S}'$ gehören. Seien nun $s = |A_0, \ldots, A_m|$ und $t = |B_0, \ldots, B_n|$ Simplizes aus $\mathcal{S}'$ mit zugehörigen Simplexfolgen $(s_0, \ldots, s_m)$ bzw. $(t_0, \ldots, t_n)$. Der Beweis, daß $s \cap t$ leer oder Seite von s und Seite von t ist, erfolgt durch vollständige Induktion über $q = \max(|s_0|, |t_0|)$, wo $|s|$ die Dimension von s bezeichnet. Für $q = 0$ bestehen s und t jeweils aus einem Punkt und $s \cap t = \emptyset$ oder $s = t$. Die Behauptung für $\max\{|s_0|, |t_0|\} \leq q$ sei schon bewiesen, und es sei $\max\{|s_0|, |t_0|\} = q + 1$. O.B.d.A. sind zwei Fälle zu unterscheiden: a) $|s_0| < |t_0| = q + 1$ und b) $|s_0| = |t_0| = q + 1$. Im Falle a) ist

$$|A_0, \ldots, A_m| \cap |B_0, \ldots, B_n| = |A_0, \ldots, A_m| \cap |B_1, \ldots, B_n|,$$

und die Behauptung gilt nach Induktionsvoraussetzung. Im Falle b) sei zunächst $s_0 = t_0$. Nach Induktionsvoraussetzung ist

$$u = |A_1, \ldots, A_m| \cap |B_1, \ldots, B_n|$$

leer oder Seite von $|A_1, \ldots, A_m|$ und von $|B_1, \ldots, B_n|$. Dann ist $s \cap t = |A_0|$ oder $s \cap t = K_{A_0} u$, also Seite von s und t. Ist $s_0 \neq t_0$, so ist $s \cap t = |A_1, \ldots, A_m| \cap |B_1, \ldots, B_n|$, und die Behauptung gilt wieder nach Induktionsvoraussetzung.

Zunächst ist klar, daß $|\mathcal{S}'| \subset |\mathcal{S}|$ ist. Zum Nachweis der Inklusion $|\mathcal{S}| \subset |\mathcal{S}'|$ sei $x \in |\mathcal{S}|$ und s_x das Simplex niedrigster Dimension aus $\mathcal{S}$, das x enthält. Durch vollständige Induktion über $|s_x|$ wird gezeigt, daß ein Simplex $s'_x \in \mathcal{S}'$ existiert, mit $x \in s'_x \subset s_x$. Die Behauptung gilt für $|s_x| = 0$. Sie sei für $|s_x| \leq q$ schon bewiesen, und es sei nun $|s_x| = q + 1$ und B der Schwerpunkt von s_x. Dann existieren ein $t \in \mathcal{S}$, $y \in t$ und $u \in [0, 1]$, so daß t Seite von s_x und $x = uB + (1 - u)y$. Nach Induktionsvoraussetzung existiert ein $s'_y \in \mathcal{S}'$ mit $y \in \mathcal{S}'$. Dann ist $K_B s'_y \in \mathcal{S}'$ und enthält x. □

4.15 Bemerkung. Ist $\mathcal{S}$ ein simplizialer Komplex, so ist $|\mathcal{S}|$ als Teilmenge von $\mathbb{R}^n$ in natürlicher Weise ein metrischer Raum. Es sei $D(\mathcal{S}) = \max\{D(s) | s \in \mathcal{S}\}$, wo $D(s)$ den Durchmesser des Simplexes s bezeichnet. Mit den Überlegungen in III, 6.15 sieht man, daß für die Normalunterteilung $\mathcal{S}'$ von $\mathcal{S}$ gilt $D(\mathcal{S}') \leq \frac{q}{q+1} D(\mathcal{S})$, wenn mit q die Dimension von $\mathcal{S}$ notiert wird.

4.16 Definition. Es seien $\mathcal{S}$ ein simplizialer Komplex und A eine Ecke von $\mathcal{S}$. Die Teilmenge $St(A) = \bigcup_{s\in\mathcal{S}, A\in s} s \setminus \dot{s}$ heißt der offene Stern von A.

4.17 Hilfssatz. (i) *$St(A)$ ist offen.*

(ii) *Sind $A_0, \ldots, A_q$ Ecken des simplizialen Komplexes $\mathcal{S}$, so ist $x \in \bigcap_{i=0}^{q} St(A_i)$ genau dann, wenn das von $A_0, \ldots, A_q$ aufgespannte Simplex s ein Simplex aus $\mathcal{S}$ ist und $x \in s \setminus \dot{s}$.*

Der Hilfssatz ist eine einfache Folgerung aus der Definition 4.16. □

4.18 Satz (Simplizialer Approximationssatz). *Es seien $\mathcal{S}$ und $\mathcal{T}$ simpliziale Komplexe, $f : |\mathcal{S}| \to |\mathcal{T}|$ eine stetige Abbildung. Es gibt eine nichtnegative ganze Zahl r, so daß f homotop ist zu einer simplizialen Abbildung $g : \mathcal{S}^{(r)} \to \mathcal{T}$ von der r-ten Normalunterteilung $\mathcal{S}^{(r)}$ von $\mathcal{S}$ in $\mathcal{T}$. Die Abbildung g und die Homotopie H lassen sich so wählen, daß für alle $x \in |\mathcal{S}|$ und alle $t \in I$ die Punkte $f(x)$, $g(x)$ und $H(t,x)$ im gleichen Simplex von $\mathcal{T}$ liegen.*

BEWEIS: Die $\mathcal{S}$ und $\mathcal{T}$ zugrundeliegenden topologischen Räume $|\mathcal{S}|$ und $|\mathcal{T}|$ sind gemäß 4.15 metrische Räume. Die Menge $\{St(T) \mid T \text{ ist Ecke von } \mathcal{T}\}$ ist eine offene Überdeckung von $|\mathcal{T}|$. Nach dem Lemma von Lebesgue I, 4.17 gibt es ein $\varepsilon > 0$, so daß für jede Teilmenge A von $|\mathcal{S}|$ mit $D(A) < \varepsilon$ eine Ecke T von $\mathcal{T}$ existiert mit $f(A) \subset St(T)$. Nach 4.15 ist $D(\mathcal{S}^{(r)}) < \varepsilon/2$ für hinreichend großes r. Es sei nun $\mathcal{A}$ die Menge der Ecken von $\mathcal{S}^{(r)}$. Dann existiert zu jedem $A \in \mathcal{A}$ eine Ecke B von $\mathcal{T}$ mit $f(St(A)) \subset St(B)$. Zu jedem $A \in \mathcal{A}$ wird eine feste Ecke B von $\mathcal{T}$ mit dieser Eigenschaft gewählt und mit $g(A)$ bezeichnet. Die so auf den Ecken von $\mathcal{S}^{(r)}$ definierte Abbildung wird auf die Simplizes von $\mathcal{S}^{(r)}$ fortgesetzt. Ist $s \in \mathcal{S}^{(r)}$ mit $|s| = q$ und $s = |A_0, \ldots, A_q|$ mit $A_0, \ldots, A_q \in \mathcal{A}$, so ist $\bigcap_{i=0}^{q} St(A_i) \neq \emptyset$. Da $f(\bigcap_{i=0}^{q} St(A_i)) \subset \bigcap_{i=0}^{q} f(St(A_i)) \subset \bigcap_{i=0}^{q} St(g(A_i))$, ist auch $\bigcap_{i=0}^{q} St(g(A_i))$ nicht leer, und nach 4.17 ist $\{g(A_0), \ldots, g(A_q)\}$ die Menge der Ecken eines Simplexes t von $\mathcal{T}$. Für alle $x \in s$ ist $x = \sum_{i=0}^{q} x_i A_i$ mit $x_i \geq 0$ und $\sum_{i=0}^{q} x_i = 1$, und $g_s(x)$ wird definiert durch $g_s(x) = \sum_{i=0}^{q} x_i g(A_i)$. Die Abbildung g_s von s in $\mathcal{T}$ ist eine affine Abbildung und deshalb stetig. Sind s und s' Simplizes aus $\mathcal{S}$ und $s \cap s' \neq \emptyset$, so stimmen g_s und $g_{s'}$ nach Definition auf dem Durchschnitt überein. Die Abbildung $g : |\mathcal{S}| \to |\mathcal{T}|$ wird definiert durch $g(x) = g_s(x)$, wenn $x \in s$ für ein $s \in \mathcal{S}^{(r)}$. g ist nach den vorangehenden Überlegungen wohldefiniert und nach I, 2.3 stetig. Man stellt fest, daß $f(x)$ und $g(x)$ für jedes $x \in |\mathcal{S}|$ in dem gleichen Simplex von $\mathcal{T}$ liegen. Daher ist die Abbildung $H : |\mathcal{S}| \times I \to |\mathcal{T}|$ durch die Festsetzung $H(x,t) = (1-t)f(x) + tg(x)$ eine stetige Abbildung in $|\mathcal{T}|$. H ist eine Homotopie von f nach g. □

Ein sehr einfaches Korollar aus dem simplizialen Approximationssatz ist der folgende Satz.

4.19 Satz. *Es seien $\mathcal{S}$ ein simplizialer Komplex der Dimension q und n eine natürliche Zahl. Wenn $n > q$ ist, ist jede stetige Abbildung $f : |\mathcal{S}| \to S^n$ nullhomotop.*

BEWEIS: Es sei $h : S^n \to \dot{\Delta}_{n+1}$ ein Homöomorphismus (vgl. III, 8.7). $\dot{\Delta}_{n+1}$ ist der zugrundeliegende Raum eines simplizialen Komplexes $\mathcal{T} = \{s|s$ ist Seite von Δ_{n+1} und $s \neq \Delta_{n+1}\}$. Die stetige Abbildung $h \circ f : |\mathcal{S}| \to \dot{\Delta}_{n+1}$ ist homotop zu einer simplizialen Abbildung der r-ten Normalunterteilung von $\mathcal{S}^{(r)}$ in $\mathcal{T}$. Da alle Simplizes von $\mathcal{S}^{(r)}$ eine Dimension haben, die kleiner ist als n, ist g nicht surjektiv. Damit ist f homotop zu der Abbildung $h^{-1} \circ g : |\mathcal{S}| \to S^n$, die nicht surjektiv ist. Daher ist f homotop zur konstanten Abbildung (vgl. Aufg. 1 in II, 1.16). □

4.20 Bemerkung. Mit dem in 4.8 angegebenen Verfahren steht eine rein kombinatorische Methode zur Verfügung, um die Homologie eines simplizialen Komplexes zu bestimmen. Sie kann dazu benutzt werden, um die Homologiegruppen von simplizialen Komplexen auf einem Computer zu berechnen (s. H.-O. Peitgen, 1973). Andererseits gibt dieses Berechnungsverfahren genau die ursprüngliche Definition der Homologie wieder. Darüber findet man beispielsweise mehr in den Büchern von P. Alexandroff und H. Hopf (1935) sowie von H. Seifert und W. Threlfall (1934). Wenn die Homologiegruppen über eine Triangulierung des Raumes definiert werden, ist nachzuweisen, daß sie topologische Invarianten sind und nicht von der gewählten Triangulierung abhängen. Ein Beweis hierfür wurde erstmals von J.W. Alexander 1915 gegeben. Die simpliziale Approximation stetiger Abbildungen stammt von L.J.E Brouwer (1911).

4.21 Aufgaben

1. Es seien $\mathcal{S}$ und $\mathcal{T}$ zwei simpliziale Komplexe, $f : |\mathcal{S}| \to |\mathcal{T}|$ eine simpliziale Abbildung und ein Homöomorphismus. Zeigen Sie, daß auch f^{-1} eine simpliziale Abbildung ist. Ein solches f heißt simplizialer Homöomorphismus von $\mathcal{S}$ auf $\mathcal{T}$.
2. Für jedes q ist Δ_q als die konvexe Hülle der $q+1$ Basisvektoren $e_0, \ldots, e_q$ von $\mathbb{R}^{q+1}$ definiert. Es sei $\mathcal{D}_q = \{s \subset \mathbb{R}^{q+1} | s$ ist konvexe Hülle einer Teilmenge von $\{e_0, \ldots, e_q\}\}$.
   Zeigen Sie: $\mathcal{D}_q$ ist ein simplizialer Komplex und $|\mathcal{D}_q| = \Delta_q$.
3. Sind $\mathcal{S}$ und $\mathcal{T}$ zwei simpliziale Komplexe, so heißt $\mathcal{S}$ Unterkomplex von $\mathcal{T}$, wenn $\mathcal{S} \subset \mathcal{T}$.
   Zeigen Sie, daß jeder simpliziale Komplex simplizial homöomorph zu einem Unterkomplex von $\mathcal{D}_q$ ist mit geeignetem q.
4. Geben Sie eine Triangulierung des Torus an.
5. Geben Sie eine Triangulierung von $\mathbb{R}P^2$ an.

§ 5 Der Brouwersche Abbildungsgrad

Der Grad einer stetigen Abbildung f von S^n in sich wurde definiert als die ganze Zahl, die den Homomorphismus $\tilde{H}_n(f)$ von $\tilde{H}_n(S^n)$ in sich beschreibt. Nach dem gleichen Prinzip wird der Brouwersche Abbildunsgrad $d(f, V, a)$ für eine stetige Abbildung $f : V \to \mathbb{R}^n$, $V \subset \mathbb{R}^n$ offen und $a \in \mathbb{R}^n$ mit $f^{-1}(a)$ kompakt, definiert. $\mathbb{R}^n$ wird mit dem Komplement eines Punktes in S^n identifiziert, und der Homomorphismus $H_n(f) : H_n(V, V \setminus f^{-1}(a)) \to H_n(S^n, S^n \setminus \{a\})$ wird auf kanonische Weise zu einem Homomorphismus von $H^n(S^n)$ in sich ergänzt. Die ganze Zahl, die diesen Homomorphimsus beschreibt, ist der Brouwersche Abbildungsgrad $d(f, V, a)$.
Der Brouwersche Abbildungsgrad hat zahlreiche Anwendungen in der Topologie und auf Probleme aus der Analysis. Nach Herleitung der wichtigsten Eigenschaften werden einige topologische Anwendungen vorgestellt, darunter der Satz über die Gebietsinvarianz und der Trennungssatz von Jordan-Brouwer.

5.1 Definition. Es seien V eine offene Teilmenge von S^n und $f : V \to S^n$, $n \geq 1$, eine stetige Abbildung sowie $y \in S^n$, so daß $f^{-1}(y)$ kompakt ist. In der Folge von Homomorphismen

$$H_n(S^n) \overset{H_n(i)}{\longrightarrow} H_n(S^n, S^n \setminus f^{-1}(y)) \underset{\cong}{\overset{H_n(e)}{\longleftarrow}} H_n(V, V \setminus f^{-1}(y))$$

$$\overset{H_n(f)}{\longrightarrow} H_n(S^n, S^n \setminus \{y\}) \underset{\cong}{\overset{H_n(j)}{\longleftarrow}} H_n(S^n)$$

bezeichnen i, j, e Inklusionsabbildungen. Ein erzeugendes Element s von $H_n(S^n)$ wird unter dieser Folge von Homomorphismen auf as mit $a \in \mathbb{Z}$ abgebildet. Die ganze Zahl a heißt der Grad von f bzgl. y und wird mit $grad_y(f)$ bezeichnet.

5.2 Bemerkung. Ist $V = S^n$ und y ein beliebiger Punkt von S^n, so ist $grad_y(f) = grad\,(f)$, der in 1.12 definierte Grad. Denn aus dem kommutativen Diagramm liest man ab,

$$\begin{array}{ccc} H_n(S^n) & \overset{H_n(f)}{\longrightarrow} & H_n(S^n) \\ {\scriptstyle H_n(i)}\downarrow & & \cong\downarrow{\scriptstyle H_n(j)} \\ H_n(S^n, S^n \setminus f^{-1}(y)) & \overset{H_n(f)}{\longrightarrow} & H_n(S^n, S^n \setminus \{y\}) \end{array}$$

daß $grad\,(f) \cdot s = H_n(f)(s) = H_n(j)^{-1} \circ H_n(f) \circ H_n(i)(s) = grad_y(f) \cdot s$.

5.3 Satz. *Es seien V eine offene Teilmenge von S^n, $f : V \to S^n$ und $g : S^n \to S^n$ stetige Abbildungen sowie $y \in S^n$.*

(i) *Wenn $(g \circ f)^{-1}(g(y))$ kompakt ist, ist*
$grad_{g(y)}(g \circ f) = grad(g) \cdot grad_y(f)$.

(ii) *Wenn $f^{-1}(y)$ kompakt ist, dann ist $(f \circ g)^{-1}(y)$ kompakt und*
$grad_y(f \circ g) = grad_y(f) \cdot grad(g)$.

Beweis: Zu (a). Da $f^{-1}(y) \subset (g \circ f)^{-1}(g(y))$, ist $f^{-1}(y)$ kompakt und das folgende Diagramm, in dem alle nicht bezeichneten Homomorphismen durch Inklusionen induziert sind, ist kommutativ.

$$\begin{array}{ccccc} & \nearrow & H_n(S^n, S^n \setminus f^{-1}(y)) & \longleftarrow & H_n(V, V \setminus f^{-1}(y)) \\ H_n(S^n) & & \uparrow & & \uparrow \\ & \searrow & H_n(S^n, S^n \setminus (g \circ f)^{-1}(g(y))) & \longleftarrow & H_n(V, V \setminus (g \circ f)^{-1}(g(y))) \end{array}$$

$$\begin{array}{cccc} \xrightarrow{H_n(f)} & H_n(S^n, S^n \setminus \{y\}) & \longleftarrow & H_n(S^n) \\ & \downarrow H_n(g) & & \downarrow H_n(g) \\ \xrightarrow{H_n(g \circ f)} & H_n(S^n, S^n \setminus g(y)) & \longleftarrow & H_n(S^n) \end{array}$$

Daraus liest man ab, daß $grad_{g(y)}(g \circ f) = grad\,(g) \cdot grad_y(f)$.

Zu (b). Da S^n kompakt ist und $g^{-1}(f^{-1}(y))$ abgeschlossen ist, ist $(f \circ g)^{-1}(y)$ kompakt. Das folgende Diagramm ist kommutativ.

$$\begin{array}{ccc} H_n(S^n) \longrightarrow & H_n(S^n, S^n \setminus f^{-1}(y)) \longleftarrow \\ H_n(g) \uparrow & H_n(g) \uparrow \\ H_n(S^n) \longrightarrow & H_n(S^n, S^n \setminus (f \circ g)^{-1}(y)) \longleftarrow \end{array}$$

$$\begin{array}{ccc} H_n(V, V \setminus f^{-1}(y)) & & \\ & \searrow H_n(f) & \\ H_n(g) \uparrow & & H_n(S^n, S^n \setminus \{y\}) \longrightarrow H_n(S^n) \\ & \nearrow H_n(f \circ g) & \\ H_n(g^{-1}(V), g^{-1}(V) \setminus (f \circ g)^{-1}(y)) & & \end{array}$$

Daraus ergibt sich $grad_y(f \circ g) = grad_y(f) \cdot grad\,(g)$. □

5.4 Korollar. *Es seien V eine offene Teilmenge von $\mathbb{R}^n$, $f : V \to \mathbb{R}^n$ stetig und $y \in \mathbb{R}^n$, so daß $f^{-1}(y)$ kompakt ist. Weiter seien $p, q \in S^n$ und $h : \mathbb{R}^n \to S^n \setminus \{p\}$ und $k : \mathbb{R}^n \to S^n \setminus \{q\}$ Homöomorphismen. Dann ist*

$$grad_{h(y)}\,(h \circ f \circ h^{-1}) = grad_{k(y)}\,(k \circ f \circ k^{-1}).$$

BEWEIS: Der Homöomorphismus $k \circ h^{-1} : S^n \setminus \{p\} \to S^n \setminus \{q\}$ läßt sich zu einem Homöomorphismus $g : S^n \to S^n$ fortsetzen durch die Festsetzung $g(p) = q$. Da $k \circ f \circ k^{-1} = g \circ h \circ f \circ h^{-1} \circ g^{-1}$ ist, gilt nach 5.3, daß

$$\begin{aligned} grad_{k(y)}\,(k \circ f \circ k^{-1}) &= grad_{g \circ h(y)}\,(g \circ h \circ f \circ h^{-1} \circ g^{-1}) \\ &= grad\,(g) \cdot grad_{h(y)}\,(h \circ f \circ h^{-1} \circ g^{-1}) \\ &= grad\,(g) \cdot grad_{h(y)}\,(h \circ f \circ h^{-1} \cdot grad\,(g^{-1}) \\ &= grad_{h(y)}\,(h \circ f \circ h^{-1}). \square \end{aligned}$$

5.5 Definition. Es seien U und V Teilmengen von $\mathbb{R}^n$, V offen und $V \subset U$, $f : U \to \mathbb{R}^n$ stetig und $y \in \mathbb{R}^n$ so, daß $f^{-1}(y) \cap V$ kompakt ist. Dann ist die ganze Zahl

$$d(f, V, y) = grad_{h(y)}\,(h \circ (f|V) \circ h^{-1})$$

mit einem beliebigen Homöomorphismus $h : \mathbb{R}^n \to S^n \setminus \{p\}$ von $\mathbb{R}^n$ auf das Komplement eines Punktes p in S^n nach 5.1 definiert. $d(f, V, y)$ heißt der Brouwersche Abbildungsgrad von f auf V bzgl. y.

5.6 Bemerkungen. (i) Nach 5.4 ist $d(f, V, y)$ von der speziellen Auswahl des Homöomorphismus h unabhängig. Ein solcher Homöomorphismus sei im folgenden fest gewählt, so daß $\mathbb{R}^n$ unter dem Homöomorphismus h als Teilmenge von S^n betrachtet werden kann. Demgemäß werden im folgenden U und V als Teilmengen von S^n und f als Abbildung von U in S^n betrachtet, so daß $d(f, V, y)$ durch die Folge von Homomorphismen in 5.1 definiert ist. Nur bei Bedarf wird an späterer Stelle einmal auf den Homöomorphismus h zurückgegriffen.

(ii) Die Voraussetzung, daß $f^{-1}(y)$ eine kompakte Teilmenge von V ist, ist immer in den folgenden beiden Fällen erfüllt:

(a) $U = V$ und f ist eigentlich.

(b) V ist beschränkt, $U = \overline{V}$ und $y \notin f(Rd\,V)$.

(iii) In der Definition 5.5 kann $\mathbb{R}^n$ durch einen beliebigen n-dimensionalen normierten Vektorraum ersetzt werden.

Der Satz 5.3 liefert unmittelbar eine einfache Produktformel für den Brouwerschen Abbildungsgrad.

5.7 Satz. *Es seien V eine offene Teilmenge von $\mathbb{R}^n$, $y \in \mathbb{R}^n$, $f : V \to \mathbb{R}^n$ eine stetige und $g : \mathbb{R}^n \to \mathbb{R}^n$ eine eigentliche Abbildung. $\tilde{g} : S^n \to S^n$ bezeichne die Fortsetzung von g auf S^n durch die Festsetzung $\tilde{g}(\infty) = \infty$.*

(i) *Wenn $(g \circ f)^{-1} g(y)$ kompakt ist, ist $d(g \circ f, V, g(y)) = \text{grad}(\tilde{g}) \cdot d(f, V, y)$.*

(ii) *Wenn $f^{-1}(y)$ kompakt ist, ist $(f \circ g)^{-1}(y)$ kompakt und $d(f \circ g, g^{-1}(V), y) = d(f, V, y) \cdot \text{grad}(\tilde{g})$.*

Beweis durch einfache Rechnung unter Benutzung der Definition 5.5 und 5.3. □

Es werden zunächst Eigenschaften des Brouwerschen Abbildungsgrades zusammengestellt.

5.8 Satz.

(i) *Wenn $d(f, V, y) \neq 0$ ist, dann ist $f^{-1}(y) \neq \emptyset$.*

(ii) *Für die Inklusionsabbildung $I_V : V \to \mathbb{R}^n$ ist*

$$d(I_V, V, y) = \begin{cases} 1, & \text{wenn } y \in V \\ 0, & \text{wenn } y \notin V. \end{cases}$$

BEWEIS: Zu (i). Da nach Definition 5.5 gilt $f^{-1}(y) \subset V$, ist mit $f^{-1}(y) = \emptyset$ die Komposition der Homomorphismen in 5.1 der Nullhomomorphismus, also $d(f, V, y) = 0$.
Zu (ii). Wenn $y \in V$, ist in der Folge von 5.1 mit $f = I_V$ der Homomorphismus $H_n(f) = H_n(e)$ ein Ausschneidungshomomorphismus und man erhält $d(I_V, V, y) = 1$. Wenn $y \notin V$, folgt die Behauptung aus (i). □

5.9 Satz. *Es seien V eine offene Teilmenge von $\mathbb{R}^n$, $f : V \to \mathbb{R}^n$ stetig, $K \subset \mathbb{R}^n$ kompakt und $W \subset \mathbb{R}^n$ offen, so daß $K \subset W \subset V$. Dann ist für alle $x \in \mathbb{R}^n$ mit $f^{-1}(x) \subset K$ der Abbildungsgrad $d(f, V, x)$ durch die Folge*

$$H_n(S^n) \to H_n(S^n, S^n \setminus K) \leftarrow H_n(W, W \setminus K) \xrightarrow{H_n(f)} H_n(S^n, S^n \setminus \{x\}) \leftarrow H_n(S^n)$$

gegeben. Insbesondere ist $d(f, V, x) = d(f, W, x)$.

BEWEIS: In dem folgenden Diagramm sind alle nicht bezeichneten Homomorphismen durch Inklusionen induziert.

$$\begin{array}{ccccc}
 & H_n(S^n, S^n \setminus K) & \longleftarrow & H_n(W, W \setminus K) & & \\
\nearrow & \downarrow & & \downarrow & \searrow^{H_n(f)} & \\
H_n(S^n) & & & & H_n(S^n, S^n \setminus \{x\}) & \longleftarrow H_n(S^n) \\
\searrow & \downarrow & & \downarrow & \nearrow_{H_n(f)} & \\
 & H_n(S^n, S^n \setminus f^{-1}(x)) & \longleftarrow & H_n(V, V \setminus f^{-1}(x)) & &
\end{array}$$

Aus der Kommutativität des Diagrammes folgt die Behauptung. □

5.10 Korollar. *Es seien V eine offene, beschränkte Teilmenge von $\mathbb{R}^n$ und $f : \overline{V} \to \mathbb{R}^n$ eine stetige Abbildung. Dann ist die Abbildung*

$$d(f, V, \ ) : \mathbb{R}^n \setminus f(Rd\,V) \to \mathbb{Z},\ x \to d(f, V, x),$$

stetig. Insbesondere ist $d(f, V, \ )$ auf jeder Zusammenhangskomponente von $\mathbb{R}^n \setminus f(Rd\,V)$ konstant.

BEWEIS: Für $x_0 \in \mathbb{R}^n \setminus f(Rd\ )$ ist $f^{-1}(x_0) \subset V$ kompakt und $d(f, V, x_0)$ definiert. Es gibt eine kompakte Umgebung $K = \overline{B(x_0, \varepsilon)}$ von x_0 mit $K \cap f(Rd\,V) = \emptyset$. Daher ist $f^{-1}(K)$ kompakt. $H_n(j) : H_n(S^n) \to H_n(S^n, S^n \setminus K)$ ist ein Isomorphismus. Für alle $x \in K$ liest man aus dem kommutativen Diagramm

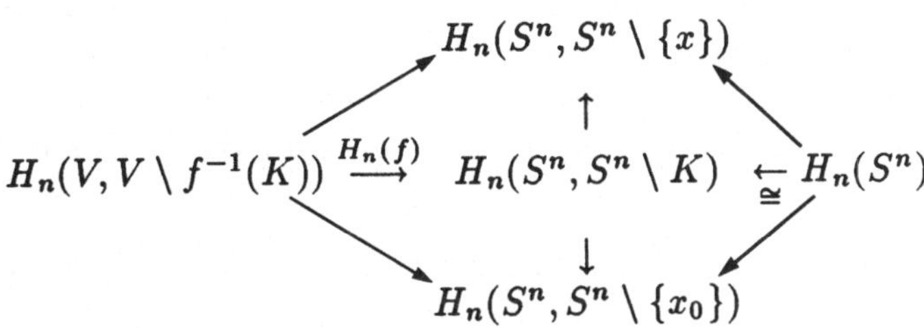

mit 5.9 ab, daß $d(f, V, x) = d(f, V, x_0)$. □

Ist K Zusammenhangskomponente von $\mathbb{R}^n \setminus f(Rd\,V)$, so bezeichnet $d(f, V, K)$ den nach 5.10 konstanten Wert von $d(f, V, \ )$ auf K.

5.11 Satz (Homotopieinvarianz). *Es seien V eine offene Teilmenge von $\mathbb{R}^n$, $f, g : V \to \mathbb{R}^n$ stetige Abbildungen, $y \in \mathbb{R}^n$, und $H : V \times I \to \mathbb{R}^n$ eine Homotopie von f nach g, so daß $H^{-1}(y)$ kompakt ist. Dann ist $d(f, V, y) = d(g, V, y)$.*

BEWEIS: Es sei $K = \pi_1(H^{-1}(y))$, wo $\pi_1 : V \times I \to V$ die Projektion auf den ersten Faktor bezeichnet. Dann ist $H : (V, V \setminus K) \times I \to (\mathbb{R}^n, \mathbb{R}^n \setminus \{y\})$ eine Homotopie von f nach g. Da K kompakt ist und $H_n(f) = H_n(g)$, folgt die Behauptung aus 5.9. □

5.12 Korollar. *Es seien V eine offene und beschränkte Teilmenge von $\mathbb{R}^n$, $f, g : \overline{V} \to \mathbb{R}^n$ stetige Abbildungen, so daß $g|Rd\,V = f|Rd\,V$ gilt, und $y \in \mathbb{R}^n \setminus f(Rd\,V)$. Dann ist $d(f, V, y) = d(g, V, y)$.*

BEWEIS: $K : \overline{V} \times I \to \mathbb{R}^n$, definiert durch $K(x,t) = (1-t)f(x) + tg(x)$, ist eine Homotopie *rel Rd V* von f nach g. Daher ist $y \notin K(Rd\, V \times I)$ und $H = K|V \times I$ ist eine Homotopie von $f|V$ nach $g|V$, so daß $H^{-1}(y) = K^{-1}(y)$ kompakt ist. Anwendung von 5.11 liefert die Behauptung. □

5.13 Satz (Reduktionseigenschaft). *Es seien* $1 \leq m < n$ *und* $\mathbb{R}^m = \{(x_0, \ldots, x_{n-1}) \in \mathbb{R}^n \mid x_m = \ldots = x_{n-1} = 0\}$. *V sei eine offene Teilmenge von* $\mathbb{R}^n$, *so daß* $V \cap \mathbb{R}^m \neq \emptyset$, *und* $f : V \to \mathbb{R}^n$ *sei eine stetige Abbildung mit* $f(V) \subset \mathbb{R}^m$. *Wenn* $g = Id - f$ *und* $y \in \mathbb{R}^m$ *sind, so daß* $g^{-1}(y)$ *kompakt ist, dann ist*

$$d(g, V, y) = d(g|V \cap \mathbb{R}^m,\ V \cap \mathbb{R}^m, y).$$

BEWEIS: In diesem Beweis wird ein spezieller Homöomorphismus von $\mathbb{R}^n$ auf das Komplement eines Punktes in S^n gewählt, der gleichzeitig $\mathbb{R}^m$ homöomorph auf das Komplement eines Punktes in S^m abbildet. Die stereographische Projektion $s_n : S^n \setminus \{e_0\} \to \mathbb{R}^n$ ist definiert durch $s_n(x_0, \ldots, x_n) = \frac{1}{1-x_0}(x_1, \ldots, x_n)$, die Umkehrung r_n von s_n wird gegeben durch

$$r_n(y_1, \ldots, y_n) = \left(\frac{\sum y_\nu^2 - 1}{1 + \sum y_\nu^2}, \frac{2y_1}{1 + \sum y_\nu^2}, \ldots, \frac{2y_n}{1 + \sum y_\nu^2} \right).$$

Unter diesem Homöomorphismus wird $\mathbb{R}^n$ mit $S^n \setminus \{e_0\}$ und $\mathbb{R}^m$ mit $S^m \setminus \{e_0\}$ identifiziert. Der Beweis wird nun in mehreren Schritten durchgeführt, in denen zunächst die Abbildung vereinfacht wird, ohne den Grad zu ändern. Es genügt, den Beweis für $m = n - 1$ zu führen.

1. Schritt. Es sei $K = g^{-1}(y)$. Weil $f(V) \subset \mathbb{R}^{n-1}$ ist, ist $K \subset \mathbb{R}^{n-1}$ und $V \cap \mathbb{R}^{n-1}$ ist eine offene Umgebung von K in $\mathbb{R}^{n-1}$. Da K kompakt ist, gibt es eine offene Umgebung U von K in $\mathbb{R}^{n-1}$ und ein $\varepsilon > 0$, so daß $U \times]-\varepsilon, \varepsilon[\subset V$ gilt. Nach 5.9 ist $d(g, V, y) = d(g, U \times]-\varepsilon, \varepsilon[, y)$.

2. Schritt. Die Abbildung $g : U \times]-\varepsilon, \varepsilon[\to \mathbb{R}^n$ wird homotop abgeändert zu einer Abbildung $k \times Id : U \times]-\varepsilon, \varepsilon[\to \mathbb{R}^n$ mit $(k \times Id)^{-1}(y) = K$. Dazu sei $\pi : \mathbb{R}^n \to \mathbb{R}^{n-1}$ die Projektion auf die ersten $n-1$ Komponenten.
$G : U \times]-\varepsilon, \varepsilon[\times I \to \mathbb{R}^{n-1} \times]-\varepsilon, \varepsilon[\subset \mathbb{R}^n$ wird definiert durch $G(x, s, t) = (\pi g(x, st), s)$. Dann ist $G_1 = g$, da $g(x,s) = (x,s) - f(x,s) = (\pi g(x,s) s)$ ist, und es ist $G_0(x,s) = (\pi g(x,0), s)$. Mit $k(x) = \pi \circ g(x,0)$ ist $k = g|U$ und $G_0 = k \times Id_{]-\varepsilon,\varepsilon[}$. Da $G^{-1}(y) = K \times I$, ist wegen der Homotopieinvarianz des Grades $d(g, U \times]-\varepsilon, \varepsilon[, y) = d(k \times Id, U \times]-\varepsilon, \varepsilon[, y)$.

3. Schritt. Es wird vorausgesetzt, daß g die Form $g = k \times Id : U \times]-\varepsilon, \varepsilon[\to \mathbb{R}^n$ hat.

Zum Beweis des Satzes wird nun die Folge von Abbildungen von Paaren eigentlicher Triaden betrachtet:

$$\begin{array}{ccc}
\emptyset & \subset & (S^n, E^n_+, E^n_-) \\
\downarrow & & \downarrow \\
(S^n \setminus K, E^n_+ \setminus K, E^n_- \setminus K) & \subset & (S^n, E^n_+, E^n_-) \\
\uparrow \subset & & \uparrow \subset \\
\begin{array}{c}(U \times]-\varepsilon, \varepsilon[\setminus K, U \times [0, \varepsilon[\setminus K, \\ U \times]-\varepsilon, 0] \setminus K)\end{array} & \subset & \begin{array}{c}(U \times]-\varepsilon, \varepsilon[, U \times [0, \varepsilon[, \\ U \times]-\varepsilon, 0])\end{array} \\
\downarrow k \times Id & & \downarrow k \times Id \\
(S^n \setminus \{y\}, E^n_+ \setminus \{y\}, E^n_- \setminus \{y\}) & \subset & (S^n, E^n_+, E^n_-) \\
\uparrow & & \uparrow \\
\emptyset & \subset & (S^n, E^n_+, E^n_-)
\end{array}$$

Daß in den Zeilen dieses Diagrammes wirklich Paare eigentlicher Triaden stehen, sieht man, indem man in den einzelnen Triaden die auftretenden Teilräume durch geeignete homotopieäquivalente offene Teilmengen ersetzt. Z.B. kann man in der zweiten Zeile $E^n_+ \setminus K$ durch die Menge

$$\left\{ x \in S^n | x_n > 0 \quad \text{oder} \quad \left(-\frac{1}{4} < x_n \leq 0 \quad \text{und} \right.\right.$$

$$\left.\left. \frac{(x_0, \ldots, x_{n-1}, 0)}{\| (x_0, \ldots, x_{n-1}, 0) \|} \notin K \right) \right\}$$

und $E^n_- \setminus K$ durch die Menge

$$\left\{ x \in S^n | x_n < 0 \quad \text{oder} \quad \left(0 \leq x_n < \frac{1}{4} \quad \text{und} \right.\right.$$

$$\left.\left. \frac{(x_0, \ldots, x_{n-1}, 0)}{\| (x_0, \ldots, x_{n-1}, 0) \|} \notin K \right) \right\}$$

ersetzen.

Zu den Abbildungen zwischen Paaren eigentlicher Triaden gehört ein kommutatives Diagramm von Homomorphismen zwischen Mayer-Vietoris-Sequenzen (III, 9.6 und 9.11), von denen hier nur der folgende Teil interessiert:

$$\begin{array}{ccc}
H_n(S^n) & \xrightarrow{\cong} & H_{n-1}(S^{n-1}) \\
\downarrow & & \downarrow \\
H_n(S^n, S^n \setminus K) & \longrightarrow & H_{n-1}(S^{n-1}, S^{n-1} \setminus K) \\
\uparrow \cong & & \uparrow \cong \\
H_n(U \times]-\varepsilon, \varepsilon[, U \times]-\varepsilon, \varepsilon[\setminus K) & \longrightarrow & H_{n-1}(U, U \setminus K) \\
\downarrow H_n(k \times Id) & & \downarrow H_{n-1}(k) \\
H_n(S^n, S^n \setminus \{y\}) & \longrightarrow & H_{n-1}(S^{n-1}, S^{n-1} \setminus \{y\}) \\
\uparrow & & \uparrow \\
H_n(S^n) & \xrightarrow{\cong} & H_{n-1}(S^{n-1})
\end{array}$$

Die Homomorphismen in den Zeilen sind die verbindenden Homomorphismen der zugehörigen Mayer-Vietoris-Sequenzen. Die Homomorphismen in der ersten und letzten Zeile sind Isomorphismen. Aus diesem Diagramm liest man ab, daß $d(g, V, y) = d(k, U, y) = d(g|V \cap \mathbb{R}^{n-1}, V \cap \mathbb{R}^{n-1}, y)$ ist. □

5.14 Satz. *Es seien V eine offene Teilmenge des $\mathbb{R}^n$, $f : V \to \mathbb{R}^n$ stetig und $y \in \mathbb{R}^n$ mit $f^{-1}(y)$ kompakt. V_1 und V_2 seien offene Teilmengen von V, so daß $V_1 \cap V_2 = \emptyset$ und $f^{-1}(y) \subset V_1 \cup V_2$. Dann ist*

$$d(f, V, y) = d(f, V_1, y) + d(f, V_2, y).$$

BEWEIS: Nach 5.9 ist $d(f, V, y) = d(f, V_1 \cup V_2, y)$. Es seien $f_1 = f|V_1$ und $f_2 = f|V_2$. Die vier Paare eigentlicher Triaden

$$\begin{array}{rcl}
\emptyset & \subset & (S^n, S^n, S^n) \\
(S^n, S^n \setminus f_1^{-1}(y), S^n \setminus f_2^{-1}(y)) & \subset & (S^n, S^n, S^n) \\
(V \setminus f^{-1}(y), V_1 \setminus f_1^{-1}(y), V_2 \setminus f_2^{-1}(y)) & \subset & (V, V_1, V_2) \\
(S^n \setminus \{y\}, S^n \setminus \{y\}, S^n \setminus \{y\}) & \subset & (S^n, S^n, S^n)
\end{array}$$

liefern jedes eine Mayer-Vietoris-Sequenz von Paaren eigentlicher Triaden. Die Zeilen des folgenden Diagramms sind Teile dieser Sequenzen.

$$\begin{array}{ccc}
H_n(S^n) & \overset{(Id,-Id)}{\longrightarrow} & H_n(S^n)\oplus H_n(S^n) \\
{\scriptstyle H_n(i)}\downarrow & & \downarrow{\scriptstyle (H_n(i_1),H_n(i_2))} \\
H_n(S^n,S^n\setminus f^{-1}(y)) & \underset{\cong}{\overset{(H_n(\rho_1),-H_n(\rho_2))}{\longrightarrow}} & \begin{array}{c} H_n(S^n,S^n\setminus f_1^{-1}(y))\oplus \\ H_n(S^n,S^n\setminus f_2^{-1}(y)) \end{array} \\
{\scriptstyle H_n(e)}\uparrow\cong & & \cong\uparrow{\scriptstyle (H_n(e_1),-H_n(e_2))} \\
H_n(V_1\cup V_2,V_1\cup V_2\setminus f^{-1}(y)) & \underset{\cong}{\overset{H_n(\rho_1')+H_n(\rho_2')}{\longleftarrow}} & \begin{array}{c} H_n(V_1,V_1\setminus f_1^{-1}(y))\oplus \\ H_n(V_2,V_2\setminus f_2^{-1}(y)) \end{array} \\
{\scriptstyle H_n(f)}\downarrow & & \downarrow{\scriptstyle (H_n(f_1),H_n(f_2))} \\
H_n(S^n,S^n\setminus\{y\}) & \overset{+}{\longleftarrow} & \begin{array}{c} H_n(S^n,S^n\setminus\{y\})\oplus \\ H_n(S^n,S^n\setminus\{y\}) \end{array} \\
{\scriptstyle H_n(j)}\uparrow\cong & & \cong\uparrow{\scriptstyle (H_n(j_1),H_n(j_2))} \\
H_n(S^n) & \overset{+}{\longleftarrow} & H_n(S^n)\oplus H_n(S^n)
\end{array}$$

Die Abbildungen $e,i,j,i_1,i_2,e_1,e_2,\rho_1,\rho_2,\ \rho_1',\rho_2',\ j_1,j_2$ sind Inklusionsabbildungen. Die Kommutativität jedes einzelnen Rechtecks rechnet man direkt nach und erhält damit die Kommutativität des Diagramms. Mit $s\in H_n(S^n)$ ist

$$d(f,V_1\cup V_2,y)s = H_n(j)^{-1}\circ H_n(f)\circ H_n(e)^{-1}\circ H_n(i)(s)$$
$$=(H_n(j_1)^{-1}+H_n(j_2)^{-1})\circ(H_n(f_1),H_n(f_2))\circ(H_n(e_1),-H_n(e_2))^{-1}\circ$$
$$(H_n(i_1),H_n(i_2))(s,-s)=H_n(j_1)^{-1}\circ H_n(f_1)\circ H_n(e_1)^{-1}\circ H_n(i_1)(s)$$
$$+H_n(j_2)^{-1}\circ H_n(f_2)\circ H_n(e_2)^{-1}\circ H_n(i_2)(s)=(d(f_1,V_1,y)+d(f_2,V_2,y))(s).\square$$

Nachdem die wichtigsten Eigenschaften des Brouwerschen Abbildungsgrades zur Verfügung stehen, wird seine Beziehung zu der in 1.27 definierten Ordnung festgestellt.

5.15 Satz. *Ist $f: D^n\to \mathbb{R}^n$ eine stetige Abbildung und $y\in\mathbb{R}^n\setminus f(S^{n-1})$, so ist $ord(f|S^{n-1},y)=d(f,\mathring{D}^n,y)$.*

BEWEIS: Es sei c eine positive reelle Zahl mit $|f(x)-y|<c$ für alle $x\in D^n$, und $g: D^n\to\mathbb{R}^n$ sei definiert durch $g(x)=\frac{1}{c}(f(x)-y)$. Da $r_y\circ f=r_0\circ g$, ist $ord\,(f,y)=ord\,(g,0)$. Nun ist $d(f,D^n,y)=d(f-y,\mathring{D}^n,0)$ nach 5.7, da sich die Translation um $-y$ zu einer Abbildung von S^n in sich vom Grad 1 fortsetzen läßt. Aus dem gleichen Grunde ist $d(f-y,\mathring{D}^n,0)=d(\frac{1}{c}(f-y),\mathring{D}^n,0)$. Daher genügt es zu zeigen, daß $d(g,\mathring{D}^n,0)=ord\,(g/S^{n-1},0)$ ist. Dazu wird zur

Beschreibung von $d(g, \mathring{D}^n, 0)$ noch einmal der spezielle Homöomorphismus $r_n : \mathbb{R}^n \to S^n \backslash \{e_0\}$ gewählt. Dann ist $r_n(D^n) = \{(x_0, \ldots, x_n) \in S^n \mid x_0 \leq 0\}$ und $r_n(S^{n-1}) = \{(x_0, \ldots, x_n) \in S^n \mid x_0 = 0\}$. Unter diesem Homöomorphismus werden D^n mit $r_n(D^n)$ und S^{n-1} mit $r_n(S^{n-1})$ identifiziert, und es wird $D^n_+ = \{(x_0, \ldots, x_n) \in S^n \mid x_0 \geq 0\}$ notiert. In dem folgenden Diagramm sind alle nicht bezeichneten Homomorphismen durch Inklusionen induziert.

$$
\begin{array}{ccccccc}
H_n(S^n) & \to & H_n(S^n, S^n \setminus g^{-1}(0)) & \underset{\cong}{\leftarrow} & H_n(D^n, D^n \setminus g^{-1}(0)) & \overset{H_n(g)}{\longrightarrow} & \\
\downarrow \cong & \nearrow & & \nearrow & & & \\
H_n(S^n, D^n_+) & \underset{\cong}{\leftarrow} & H_n(D^n, S^{n-1}) & & \partial_* \downarrow & & \\
 & & \partial_* \downarrow \cong & & & & \\
 & & H_{n-1}(S^{n-1}) & \to & H_{n-1}(D^n \setminus g^{-1}(0)) & \overset{H_{n-1}(g)}{\longrightarrow} &
\end{array}
$$

$$
\begin{array}{ccccc}
H_n(D^n, D^n \setminus \{0\}) & \to & H_n(S^n, S^n \setminus \{0\}) & \underset{\cong}{\leftarrow} & H_n(S^n) \\
 & \nwarrow & & \nwarrow & \downarrow \cong \\
\partial_* \downarrow & & H_n(D^n, S^{n-1}) & \underset{\cong}{\rightarrow} & H_n(S^n, D^n_+) \\
 & & \partial_* \downarrow \cong & & \\
H_{n-1}(D^n \setminus \{0\}) & \underset{\cong}{\leftarrow} & H_{n-1}(S^{n-1}) & &
\end{array}
$$

Das Diagramm ist kommutativ. Die Folge von Homomorphismen in der ersten Zeile definiert die Zahl $d(g, \mathring{D}^n, 0)$. Die Komposition von Homomorphismen in der letzten Zeile läßt sich beschreiben durch

$$H_{n-1}(r_0) \circ H_{n-1}(g|S^{n-1}) = H_{n-1}(r_0 \circ g|S^{n-1}),$$

wo $r_0 : \mathbb{R}^n \setminus \{0\} \to S^{n-1}$ die Retraktion aus 1.27 bezeichnet. Daher liefert die untere Zeile gerade *ord* $(g|S^{n-1}, 0)$. □

Wenn der Brouwersche Abbildungsgrad benutzt wird, um die Existenz von Lösungen einer Gleichung $f(x) = y$ zu beweisen, so zeigt 5.8 (i), daß es nicht darauf ankommt, den genauen Wert von $d(f, V, y)$ zu kennen. Es genügt, zu wissen, daß $d(f, V, y)$ von Null verschieden ist. Eine Auskunft dieser Art gibt in vielen Fällen der Satz von Borsuk. Zu seinem Beweis wird ein Fortsetzungssatz für ungerade Abbildungen benutzt, der zunächst bereitgestellt wird.

5.16 Hilfssatz. *Es sei J ein kompaktes m-dimensionales Intervall. Q sei eine Vereinigung von Seiten aus J, $\varepsilon > 0$ und $f : Q \to \mathbb{R}^n \setminus \overline{B(0, \varepsilon)}$ eine stetige Abbildung. Wenn $m < n$ ist, dann läßt sich f zu einer stetigen Abbildung $F : J \to \mathbb{R}^n \setminus \overline{B(0, \varepsilon)}$ fortsetzen.*

Beweis durch vollständige Induktion über m. Für $m = 0$ besteht J aus einem einzigen Punkt, und die Behauptung gilt. Sei nun $m \geq 1$ und die Behauptung sei für alle kompakten Intervalle der Dimension $k \leq m-1$ bewiesen. $J = [a_1, b_1] \times \ldots \times [a_m, b_m]$ sei ein m-dimensionales Intervall. Der Rand von J ist Vereinigung von $(m-1)$-dimensionalen Intervallen $W_1, \ldots, W_{2m}$. Es seien $X_0 = Q$ und $X_s = Q \cup W_1 \cup \ldots \cup W_s$ für $s \in \{1, \ldots, 2m\}$. Für jedes $s \in \{0, \ldots, 2m\}$ wird $F_s : X_s \to \mathbb{R}^n \setminus \overline{B(0,\varepsilon)}$ induktiv definiert, so daß $F_0 = f$ und F_{s+1} eine stetige Fortsetzung von F_s ist. F_k sei für alle $k \in \{0, \ldots, s\}$ mit $s < 2m$ definiert. Dann wird F_{s+1} definiert durch die Festsetzung $F_{s+1}(x) = F_s(x)$ für alle $x \in X_s$ und $F_{s+1}|W_{s+1}$ wird als eine nach Induktionsvoraussetzung existierende stetige Fortsetzung von $F_s|(W_{s+1} \cap X_s)$ von W_{s+1} in $\mathbb{R}^n \setminus \overline{B(0,\varepsilon)}$ gewählt. F_{s+1} ist stetig nach I, 2.3. Da $X_{2m} = Rd\, J$ ist, ist F_{2m} eine stetige Fortsetzung von f auf $Rd\, J$. Nun ist $Rd\, J$ homöomorph zu S^{m-1}, und nach 4.18 ist jede stetige Abbildung $S^{m-1} \to S^{n-1}$ nullhomotop, da $m < n$ ist. Daher ist auch jede stetige Abbildung $S^{m-1} \to \mathbb{R}^n \setminus \overline{B(0,\varepsilon)}$ nullhomotop und läßt sich nach II, 1.7 fortsetzen zu einer stetigen Abbildung $D^m \to \mathbb{R}^n \setminus \overline{B(0,\varepsilon)}$. Da $(J, Rd\, J)$ homöomorph zu (D^m, S^{m-1}) ist, läßt sich F_{2m} zu einer stetigen Abbildung $F : J \to \mathbb{R}^n \setminus \overline{B(0,\varepsilon)}$ fortsetzen. □

5.17 Satz. *Es sei V eine beschränkte Teilmenge von $\mathbb{R}^m$ mit $0 \notin \overline{V}$, und V sei symmetrisch, d.h. $-V = \{-x | x \in V\} = V$. Weiter sei K eine kompakte symmetrische Teilmenge von V und $f : K \to \mathbb{R}^n$ eine stetige Abbildung mit $0 \notin f(K)$, und f sei ungerade, d.h. es sei $f(-x) = -f(x)$ für alle $x \in K$. Wenn $m < n$ ist, existiert eine ungerade stetige Abbildung $F : V \to \mathbb{R}^n$ mit $F|K = f$ und $0 \notin F(V)$.*

BEWEIS: a sei eine postive reelle Zahl, so daß $\overline{V} \subset Q = [-a, a]^m$. Nach I, 5.6 existiert eine stetige Fortsetzung $h : Q \to \mathbb{R}^n$ von f. Die Abbildung $H : Q \to \mathbb{R}^n$, definiert durch $H(x) = \frac{1}{2}(h(x) - h(-x))$, ist eine stetige ungerade Fortsetzung von f. Wenn $0 \notin H(V)$, wählt man $F = H$. Wenn $0 \in H(V)$, muß H abgeändert werden.

Dazu seien $\varepsilon = d(f(K), 0)$ sowie $U_1 = B(0,\varepsilon)$ und $U_2 = \mathbb{R}^n \setminus \overline{B(0, \varepsilon/2)}$. Nach dem Lemma von Lebesgue existiert zu der offenen Überdeckung (U_1, U_2) von $\mathbb{R}^n$ ein $\delta > 0$, so daß für alle $A \subset Q$ mit $D(A) \leq \delta$ gilt $f(A) \subset U_1$ oder $f(A) \subset U_2$. Die positive Zahl δ wird so klein gewählt, daß außerdem $\delta < d(\overline{V}, 0)$ gilt. Sei dann k eine positive ganze Zahl, so daß $\frac{a}{k} < \frac{\delta}{\sqrt{n}}$. Die Intervalle

$$Q(s_1, \ldots, s_m) = \prod_{\nu=1}^{m} \left[-a + s_\nu \frac{a}{k},\ -a + (s_\nu + 1)\frac{a}{k}\right]$$

mit $s_1, \ldots, s_m \in \{0, \ldots, 2k-1\}$ haben einen Durchmesser $< \delta$. Es ist

$$-Q(s_1, \ldots, s_m) = Q(2k - 1 - s_1, \ldots, 2k - 1 - s_m).$$

Daher ist

$$-Q(s_1,\ldots,s_m)\cap Q(s_1,\ldots,s_m)\neq\emptyset$$

genau dann, wenn $s_\nu\in\{k-1,k\}$ ist für alle $\nu\in\{1,\ldots,m\}$. Das gilt genau für diejenigen Würfel $Q(s_1,\ldots,s_m)$, die den Ursprung enthalten. Da $H(0)=0$ ist, wird jedes $Q(s_1,\ldots,s_m)$, das den Ursprung enthält, in $B(0,\varepsilon)$ abgebildet und liegt ganz in $Q\setminus\overline{V}$. Die Würfel $Q(s_1,\ldots,s_m)$ mit $s_m\geq k$, die den Ursprung nicht enthalten, werden mit Q_ν, $\nu=1,\ldots,\kappa$ bezeichnet, wo $\kappa=(2k)^m/2-2^{m-1}$, und so durchnumeriert, daß $H(Q_\nu)\subset \mathbb{R}^n\setminus\overline{B(0,\varepsilon/2)}$ für $\nu\in\{1,\ldots,s\}$ und $H(Q_\nu)\cap\overline{B(0,\varepsilon/2)}\neq\emptyset$ für $\nu\in\{s+1,\ldots,\kappa\}$. Da $d(f(K),0)=\varepsilon$ ist, gilt für alle Q_ν mit $Q_\nu\cap K\neq\emptyset$, daß $H(Q_\nu)\subset\mathbb{R}^n\setminus\overline{B(0,\varepsilon/2)}$ und damit $\nu\leq s$. Setzt man $X_k=\bigcup_{\nu=1}^{k}(Q_\nu\cup -Q_\nu)$, so ist $K\subset X_s$ und $H|X_s$ eine ungerade Abbildung von X_s in $\mathbb{R}^n\setminus\overline{B(0,\varepsilon/2)}$.

Für alle $\nu\in\{s,\ldots,\kappa\}$ wird eine stetige ungerade Abbildung $H_\nu: X_\nu\to\mathbb{R}^n\setminus\overline{B(0,\varepsilon/2)}$ definiert, so daß $H_s=H|X_s$ und $H_{\nu+1}|X_\nu=H_\nu$ sind. Es wird angenommen, daß H_ν schon definiert ist. $X_\nu\cap Q_{\nu+1}$ besteht aus der Vereinigung von Seiten von $Q_{\nu+1}$, und es ist $H_\nu(X_\nu\cap Q_{\nu+1})\subset\mathbb{R}^n\setminus\overline{B(0,\varepsilon/2)}$. Nach 5.15 gibt es eine stetige Abbildung $G_\nu: Q_{\nu+1}\to\mathbb{R}^n\setminus\overline{B(0,\varepsilon/2)}$ mit $G_\nu|X_\nu\cap Q_{\nu+1}=H_\nu|X_\nu\cap Q_{\nu+1}$. Die Abbildung $H_{\nu+1}$ wird definiert durch

$$H_{\nu+1}(x)=\begin{cases} H_\nu(x), & \text{wenn } x\in X_\nu\\ G_\nu(x), & \text{wenn } x\in Q_{\nu+1}\\ -G_\nu(-x), & \text{wenn } x\in -Q_{\nu+1}.\end{cases}$$

Da $Q_{\nu+1}\cap -Q_{\nu+1}=\emptyset$ ist $H_{\nu+1}$ wohldefiniert. $F=H_\kappa|V$ ist die gesuchte Funktion. □

5.18 Satz (von Borsuk). *Es seien V eine offene beschränkte symmetrische Teilmenge von $\mathbb{R}^n$, die 0 enthält und $f:\overline{V}\to\mathbb{R}^n$ eine stetige Abbildung, so daß $0\notin f(Rd\,V)$ ist. Wenn für alle $x\in Rd\,V$ gilt*

$$\frac{f(-x)}{\| f(-x)\|}\neq\frac{f(x)}{\| f(x)\|},$$

dann ist $d(f,V,0)$ ungerade.

BEWEIS: Es genügt, die Aussage für eine ungerade Funktion f zu beweisen. Ist f nicht ungerade und erfüllt die Voraussetzungen des Satzes, so ist f homotop zu der ungeraden Abbildung $g:\overline{V}\to\mathbb{R}^n$ mit $g(x)=f(x)-f(-x)$ vermittels einer Homotopie $H(x,t)=f(x)-tf(-x)$. Für alle $x\in Rd\,V$ ist $H(x,t)\neq 0$ und nach 5.10 gilt $d(f,V,0)=d(g,V,0)$.

Es sei also f ungerade. Da $0 \in V$, gibt es ein $\varepsilon > 0$ mit $\overline{B(0,\varepsilon)} \subset V$. Die Funktion $h : \mathit{Rd}\, V \cup \overline{B(0,\varepsilon)} \to \mathbb{R}^n$, die definiert ist durch $h(x) = f(x)$ für $x \in \mathit{Rd}\, V$ und $h(x) = x$ für $x \in \overline{B(0,\varepsilon)}$, wird fortgesetzt zu einer stetigen Funktion $k : \overline{V} \to \mathbb{R}^n$ und durch die Festsetzung $g(x) = \frac{1}{2}(k(x) - k(-x))$ zu einer ungeraden stetigen Funktion $g : \overline{V} \to \mathbb{R}^n$. Wegen $g|\mathit{Rd}\, V = f|\mathit{Rd}\, V$ ist $d(f,V,0) = d(g,V,0)$. Aus der Tatsache, daß $g|B(0,\varepsilon) = \mathit{Id}_{B(0,\varepsilon)}$ ist, folgt $d(g,B(0,\varepsilon),0) = 1$ und mit 5.14 die Gleichung $d(g,V,0) = d(g, V \setminus \overline{B(0,\varepsilon)}, 0) + 1$. Es wird gezeigt, daß $d(g, V \setminus \overline{B(0,\varepsilon)}, 0)$ gerade ist. Damit ist dann die Behauptung bewiesen.

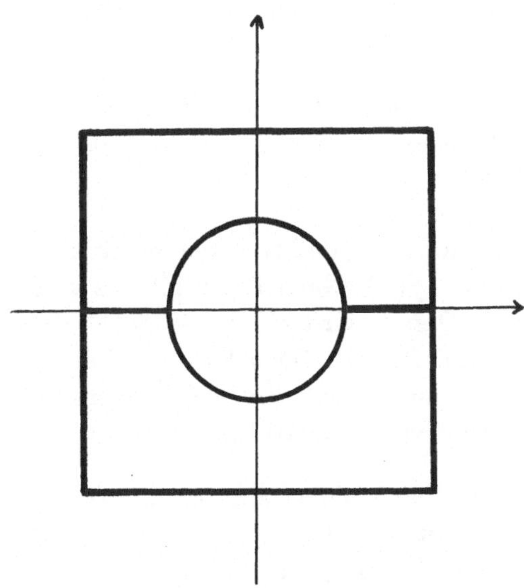

Abb. 48

Für das Folgende wird vorausgesetzt, daß $g(x) \neq 0$ ist für alle $x = (x_0, \ldots, x_{n-1}) \in (V \setminus B(0,\varepsilon))$ mit $x_{n-1} = 0$. Ist diese Voraussetzung nicht erfüllt, so wird g ersetzt durch eine stetige ungerade Abbildung k mit $k|\mathit{Rd}\, V \cup \mathit{Rd}\, B(0,\varepsilon) = g|\mathit{Rd}\, V \cup \mathit{Rd}\, B(0,\varepsilon)$ und $k(x) \neq 0$ für alle $x \in V \setminus B(0,\varepsilon)$ mit $x_{n-1} = 0$. Mit diesem k ist $d(k, V \setminus B(0,\varepsilon), 0) = d(g, V \setminus B(0,\varepsilon), 0)$. Die Abbildung k erhält man so: Nach 5.17 existiert eine ungerade stetige Fortsetzung $\tilde{g} : \{x \in \overline{V} \setminus B(0,\varepsilon) \mid x_{n-1} = 0\} \to \mathbb{R}^n \setminus \{0\}$ der Abbildung $g|\{x \in \mathit{Rd}\, V \cup \mathit{Rd}\, B(0,\varepsilon) \mid x_{n-1} = 0\}$. Die Abbildung $\tilde{k} : \mathit{Rd}\, V \cup \mathit{Rd}\, B(0,\varepsilon) \cup \{x \in \overline{V} \setminus B(0,\varepsilon) \mid x_{n-1} = 0\} \to \mathbb{R}^n \setminus \{0\}$, definiert durch $\tilde{k}(x) = g(x)$ für alle $x \in \mathit{Rd}\, V \cup \mathit{Rd}\, B(0,\varepsilon)$ und $\tilde{k}(x) = \tilde{g}(x)$ für alle $x \in \overline{V} \setminus B(0,\varepsilon)$ mit $x_{n-1} = 0$ ist eine stetige ungerade Abbildung. k wird als ungerade stetige Fortsetzung von $\tilde{k}$ gewählt.

Es sei also jetzt $g(x) \neq 0$ für alle $x \in \overline{V} \backslash B(0,\varepsilon)$ mit $x_{n-1} = 0$. Dann seien $V^+ = \{x \in V \setminus \overline{B(0,\varepsilon)} | \, x_{n-1} > 0\}$ und $V^- = \{x \in V \setminus \overline{B(0,\varepsilon)} | \, x_{n-1} < 0\}$. Nach 5.14 ist $d(g, V \setminus \overline{B(0,\varepsilon)}, 0) = d(g, V^+, 0) + d(g, V^-, 0)$. Ist $\alpha : \mathbb{R}^n \to \mathbb{R}^n$ die antipodische Abbildung $\alpha(x) = -x$, so ist $\alpha(V^+) = V^-$ und $g = \alpha g \alpha$. α läßt sich erweitern zu einem Homöomorphismus $\tilde{\alpha} : S^n \to S^n$. Nach 5.7 ist

$$
\begin{aligned}
d(g, V^-, 0) &= d(\alpha g \alpha, \alpha(V^+), 0) = \mathit{grad}\,(\tilde{\alpha})\; d(g\alpha, \alpha(V^+), 0) \\
&= \mathit{grad}\,(\tilde{\alpha})\; d(g, V^+, 0)\; \mathit{grad}\,(\tilde{\alpha}) = d(g, V^+, 0)
\end{aligned}
$$

und damit $d(g, V \setminus \overline{B(0,\varepsilon)}, 0) = 2d(g, V^+, 0)$. □

In den folgenden Sätzen werden einige geometrische Folgerungen aus dem Satz von Borsuk formuliert.

5.19 Satz. *Wenn V eine symmetrische, offene, beschränkte Teilmenge von $\mathbb{R}^{n+1}$ ist, die den Ursprung enthält, so gibt es keine ungerade stetige Abbildung $f : Rd\, V \to S^{n-1}$.*

Beweis: Es wird angenommen, daß eine stetige Abbildung $f : Rd\, V \to S^{n-1}$ existiert mit $f(-x) = -f(x)$. Nach I, 5.6 gibt es eine stetige Fortsetzung $h : \overline{V} \to D^n$ von f. Damit wird $g : \overline{V} \to \mathbb{R}^{n+1}$ definiert durch $g(x) = (h_0(x), \ldots, h_{n-1}(x), d(x, Rd\, V))$. Da $g | Rd\, V = f$ eine ungerade Abbildung ist, ist nach dem Satz von Borsuk $d(g, V, 0)$ ungerade und nach 5.8 (i) ist $0 \in g(V)$ im Widerspruch zur Konstruktion von g. □

5.20 Satz (von Borsuk-Ulam). *Ist V eine symmetrische, offene, beschränkte Teilmenge von $\mathbb{R}^{n+1}$ mit $0 \in V$, so existiert zu jeder stetigen Abbildung $g : Rd\, V \to \mathbb{R}^n$ ein $x \in Rd\, V$ mit $g(-x) = g(x)$.*

Beweis: Es wird angenommem, daß eine stetige Abbildung $g : Rd\, V \to \mathbb{R}^n$ mit $g(x) \neq g(-x)$ für alle $x \in Rd\, V$ existiert. Dann ist durch $f(x) = (g(x) - g(-x)) / \parallel g(x) - g(-x) \parallel$ eine ungerade Abbildung $f : Rd\, V \to S^{n-1}$ definiert im Widerspruch zu 5.19. □

5.21 Satz (von Lusternik-Schnirelmann-Borsuk). *Ist V eine symmetrische, offene, beschränkte Teilmenge von $\mathbb{R}^{n+1}$ mit $0 \in V$, so gibt es in jeder Überdeckung von $Rd\, V$ mit $n+1$ abgeschlossenen Teilmengen $A_0, \ldots, A_n$ wenigstens eine, die ein Paar antipodischer Punkte x und $-x$ enthält.*

Beweis: $g : Rd\, V \to \mathbb{R}^n$ wird definiert durch $g(x) = (d(x, A_0), \ldots, d(x, A_{n-1}))$. g ist stetig, und nach 5.20 gibt es ein $x \in Rd\, V$ mit $g(x) = g(-x)$. Wenn $x \in A_i$ ist für ein $i \in \{0, \ldots, n-1\}$, so ist $d(-x, A_i) = d(x, A_i) = 0$, und A_i enthält ein Paar antipodischer Punkte. Ist $x \notin A_i$ für alle $i \in \{0, \ldots, n-1\}$, so ist $x \in A_n$ und damit auch $-x \in A_n$. □

5.22 Satz (Produktsatz). *Es seien V und W offene Teilmengen von $\mathbb{R}^n$, V sei beschränkt. $f : \overline{V} \to \mathbb{R}^n$ und $g : W \to \mathbb{R}^n$ seien stetige Abbildungen, und es sei $f(\overline{V}) \subset W$. Ist $y \in \mathbb{R}^n \setminus g \circ f(Rd\,V)$ und bezeichnet $\mathcal{K}$ die Familie der Zusammenhangskomponenten von $W \setminus f(Rd\,V)$, so gilt*

$$d(g \circ f, V, y) = \sum_{K \in \mathcal{K}} d(g, K, y) \cdot d(f, V, K).$$

Beweis: Da $y \in \mathbb{R}^n \setminus g \circ f(Rd\,V)$ ist, ist $g^{-1}(y) \cap f(Rd\,V) = \emptyset$. Die Menge $g^{-1}(y) \cap f(V)$ ist kompakt und wird von endlich vielen Zusammenhangskomponenten $K_1, \ldots, K_s$ von $W \setminus f(Rd\,V)$ überdeckt. Mit der Bezeichnung $V_\nu = f^{-1}(K_\nu)$ für $\nu \in \{1, 2, \ldots, s\}$ ist $(g \circ f)^{-1}(y) \subset \bigcup_{\nu=1}^{s} V_\nu$. Daher gilt nach 5.14 die Gleichung $d(g \circ f, V, y) = \sum_{\nu=1}^{s} d(g \circ f, V_\nu, y)$. Um $d(g \circ f, V_\nu, y)$ zu berechnen, wählt man ein $z \in g^{-1}(y) \cap K_\nu$ und betrachtet das kommutative Diagramm

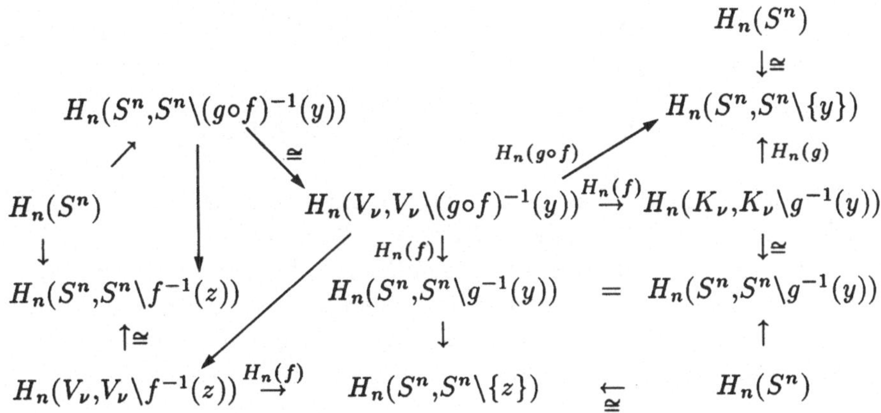

Die Komposition der Homomorphismen längs der oberen Kante des Diagramms liefert $d(g \circ f, V_\nu, y)$. Setzt man die gleiche Abbildung aus den Homomorphismen der linken Kante, der unteren Zeile und der rechten Kante des Diagramms zusammen, so erhält man $d(f, V_\nu, z) \cdot d(g, K_\nu, y)$. Da für alle $z \in K_\nu$ gilt $f^{-1}(z) \subset V_\nu$, ist $d(f, V_\nu, z) = d(f, V, z)$, und da K_ν zusammenhängend ist, ist

$$d(g \circ f, V_\nu, y) = d(f, V, K_\nu) d(g, K_\nu, y)$$

und

$$d(g \circ f, V, y) = \sum_{\nu=1}^{s} d(f, V, K_\nu) \cdot d(g, K_\nu, y).$$

Für alle Zusammenhangskomponenten $K \in \mathcal{K} \setminus \{K_1, \ldots, K_s\}$ ist $y \notin g(K)$ und daher $d(g, K, y) = 0$. Also gilt die Behauptung. □

Aus dem Produktsatz werden nun einige Folgerungen gezogen.

5.23 Satz (Trennungssatz von Jordan-Brouwer). *Es seien S und T kompakte Teilmengen von $\mathbb{R}^n$, und S sei homöomorph zu T. Dann besitzen $\mathbb{R}^n \setminus S$ und $\mathbb{R}^n \setminus T$ die gleiche Anzahl von Zusammenhangskomponenten.*

BEWEIS: $h : S \to T$ sei ein Homöomorphismus, und $f, g : \mathbb{R}^n \to \mathbb{R}^n$ seien stetige Abbildungen, so daß $f|S = h$ und $g|T = h^{-1}$ sind. Dann sind $g \circ f|S = Id_S$ und $f \circ g|T = Id_T$. Es seien $(K_\alpha)_{\alpha \in A \cup \{\infty\}}$ und $(L_\beta)_{\beta \in B \cup \{\infty\}}$ die Familie der Zusammenhangskomponenten von $\mathbb{R}^n \setminus S$ bzw. $\mathbb{R}^n \setminus T$. Die unbeschränkte Zusammenhangskomponente wird jeweils mit K_∞ bzw. L_∞ bezeichnet. Für jedes $\alpha \in A \cup \{\infty\}$ ist $Rd\, K_\alpha \subset S$ und daher ist $g \circ f|Rd\, K_\alpha = Id_{K_\alpha}$. Entsprechendes gilt für L_β. Mit 5.12 und 5.8 erhält man die Identitäten

(a) $d(g \circ f, K_\alpha, K_\beta) = \delta_{\alpha\beta}$ für alle $\alpha, \beta \in A$

(b) $d(f \circ g, L_\alpha, L_\beta) = \delta_{\alpha\beta}$ für alle $\alpha, \beta \in B$,

wo $\delta_{\alpha\beta}$ das Kroneckersymbol bezeichnet. In jedem K_α wird ein fester Punkt u_α, und in jedem L_β wird ein fester Punkt v_β ausgezeichnet.

Nach dem Produktsatz 5.22 gilt für jede beschränkte Zusammenhangskomponente K_α und jedes u_β die Gleichung

$$d(g \circ f, K_\alpha, u_\beta) = \sum d(g, M_\nu, u_\beta) d(f, K_\alpha, M_\nu).$$

Die Summation erfolgt über die Zusammenhangskomponenten M_ν von $\mathbb{R}^n \setminus f(Rd\, K_\alpha)$. Aus $Rd\, K_\alpha \subset S$ folgt $f(Rd\, K_\alpha) \subset T$ und $\mathbb{R}^n \setminus T \subset \mathbb{R}^n \setminus f(Rd\, K_\alpha)$. Daher ist jedes L_γ ganz in einem M_ν enthalten. Umgekehrt ist $Rd\, L_\gamma \subset T$ und damit $g(Rd\, L_\gamma) \subset S$, so daß $g^{-1}(u_\beta) \cap Rd\, L_\gamma = \emptyset$, und wegen der Kompaktheit von $g^{-1}(u_\beta) \cap \mathbb{R}^n \setminus L_\infty$ ist $g^{-1}(u_\beta) \cap L_\gamma \notin \emptyset$ für höchstens endlich viele γ. Mit 5.14 erhält man nun

$$d(g, M_\nu, u_\beta) = \sum_{L_\gamma \subset M_\nu} d(g, L_\gamma, u_\beta).$$

Wenn $L_\gamma \subset M_\nu$, dann ist $d(f, K_\alpha, M_\nu) = d(f, K_\alpha, v_\gamma)$. Da L_∞ in der unbeschränkten Komponente M_∞ von $\mathbb{R}^n \setminus f(Rd\, K_\alpha)$ enthalten ist und $f(\overline{K}_\alpha)$ beschränkt ist, ist $d(f, K_\alpha, v_\infty) = 0$. Zusammengefaßt gilt: Für alle $\beta \in A$ ist $d(g, L_\gamma, u_\beta) \neq 0$ für höchstens endlich viele γ und

$$\delta_{\alpha\beta} = d(g \circ f, K_\alpha, K_\beta) = \sum_{\gamma \in B} d(g, L_\gamma, u_\beta)\, d(f, K_\alpha, v_\gamma).$$

Entsprechend gilt: Für alle $\beta \in B$ ist $d(f, K_\gamma, v_\beta) \neq 0$ für höchstens endlich viele γ und

$$\delta_{\alpha\beta} = d(f \circ g, L_\alpha, L_\beta) = \sum_{\gamma \in A} d(f, K_\gamma, v_\beta)\, d(g, L_\alpha, u_\gamma).$$

Es existieren also zwei zueinander inverse Matrizen,

$$(d(f, K_\alpha, v_\beta))_{(\alpha,\beta)\in A\times B} \quad \text{und} \quad (d(g, L_\beta, u_\alpha))_{(\beta,\alpha)\in B\times A},$$

die sich als Matrizen zweier linearer Abbildungen zwischen Vektorräumen interpretieren lassen. Daher haben A und B die gleiche Mächtigkeit. □

5.24 Korollar. *Ist $n \geq 2$ und S ein Teilraum von $\mathbb{R}^n$, der homöomorph zu S^{n-1} ist, so hat $\mathbb{R}^n \setminus S$ genau zwei Zusammenhangskomponenten, die beide S als Rand besitzen.*

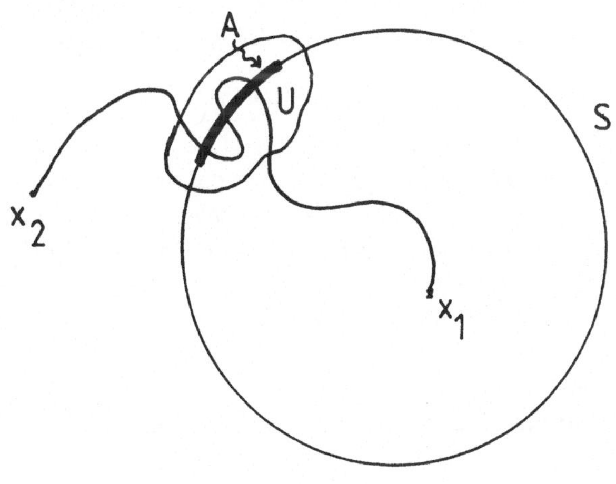

Abb. 49

BEWEIS: Da $\mathbb{R}^n \setminus S^{n-1}$ aus genau zwei Zusammenhangskomponenten besteht, folgt der erste Teil der Behauptung aus 5.23. Seien nun K_1 und K_2 die beiden Zusammenhangskomponenten von $\mathbb{R}^n \setminus S$. Da beide offen sind, sind $Rd\, K_1 \subset S$ und $Rd\, K_2 \subset S$. Es wird gezeigt, daß jedes $x \in S$ Randpunkt von K_1 und Randpunkt von K_2 ist. Sei nun $x \in S$, U eine offene Teilmenge von $\mathbb{R}^n$, die x enthält, $x_1 \in K_1$ und $x_2 \in K_2$. Man wählt eine Umgebung A von x in S, so daß $A \subset U$ und $D := S \setminus A$ homöomorph zu D^{n-1} ist. $\mathbb{R}^n \setminus D$ ist nach 5.23 wegweise zusammenhängend, und es gibt einen Weg $c : I \to \mathbb{R}^n \setminus D$ mit $c(0) = x_1$ und $c(1) = x_2$. Da $\mathbb{R}^n \setminus S$ nicht wegweise zusammenhängend ist und x_1 und x_2 in verschiedenen Wegzusammenhangskomponenten liegen, muß dieser Weg S treffen und zwar in A. $c^{-1}(S) = c^{-1}(A)$ ist eine abgeschlossene Teilmenge von I und besitzt ein kleinstes Element t_1 und ein größtes Element t_2. Weil $c(0) = x_1 \in K_1 \subset \mathbb{R}^n \setminus S$ und $c(1) = x_2 \in K_2 \subset \mathbb{R}^n \setminus S$, ist $0 < t_1 \leq t_2 < 1$, und es sind $c([0, t_1[) \subset K_1$ und $c(]t_2, 1]) \subset K_2$. Wegen der Stetigkeit von c sind $c([0, t_1[) \cap U \neq \emptyset$ und $c(]t_2, 0]) \cap U \neq \emptyset$. Damit sind $U \cap K_1 \neq \emptyset$ und $U \cap K_2 \neq \emptyset$, und x ist Randpunkt von K_1 und von K_2. □

Von den beiden Zusammenhangskomponenten von $\mathbb{R}^n \setminus S$ in 5.24 ist die eine beschränkt und die andere unbeschränkt. Die beschränkte Komponente heißt das Innere und die unbeschränkte das Äußere von S. Für $n = 2$ ist 5.24 der Jordansche Kurvensatz. Es sei daran erinnert, daß das homöomorphe Bild der Kreislinie auch als geschlossene Jordankurve bezeichnet wird und eine offene zusammenhängende Teilmenge des $\mathbb{R}^n$ ein Gebiet heißt. Mit diesen Bezeichnungen hat der Satz die folgende Form.

5.25 Satz (Jordanscher Kurvensatz). *Jede geschlossene Jordankurve in $\mathbb{R}^2$ zerlegt $\mathbb{R}^2$ in genau zwei Gebiete, ein inneres und ein äußeres. Die Jordankurve selbst ist Rand jedes der beiden Gebiete.* □

5.26 Satz (von der Gebietsinvarianz). *Es seien U eine offene Teilmenge von $\mathbb{R}^n$, $f : U \to \mathbb{R}^n$ stetig. Wenn f injektiv ist, ist $f(U)$ offen.*

BEWEIS: Es seien $x \in U$, $\varepsilon > 0$, so daß $\overline{B(x,\varepsilon)} \subset U$, $S_\varepsilon = Rd\, B(x,\varepsilon)$ und $S = f(S_\varepsilon)$. Dann bildet f die $(n-1)$-Sphäre S_ε homöomorph auf S ab. Nach 5.21 hat $\mathbb{R}^n \setminus S$ zwei Zusammenhangskomponenten, eine beschränkte K_1 und eine unbeschränkte K_2. Weiter sei $g : \mathbb{R}^n \to \mathbb{R}^n$ eine stetige Fortsetzung von $(f|S)^{-1}$ auf $\mathbb{R}^n$. Dann ist $1 = d(g \circ f, B(x,\varepsilon), x) = d(g, K_1, x)\ \ d(f, B(x,\varepsilon), K_1)$, da $d(f, B(x,\varepsilon), K_2) = 0$ ist. Mithin ist $d(f, B(x,\varepsilon), K_1) \neq 0$ und $K_1 = f(B(x,\varepsilon))$. Also ist $f(U)$ Umgebung von x. □

Dieser Satz hat eine Folgerung, die den Satz von der Dimensionsinvarianz verschärft.

5.27 Korollar. *Es seien U eine offene Teilmenge von $\mathbb{R}^m$ und $f : U \to \mathbb{R}^n$ stetig. Wenn f injektiv ist, dann ist $n \geq m$.*

BEWEIS: Wenn $n < m$ ist, dann ist die Abbildung $F : U \to \mathbb{R}^n \times \mathbb{R}^{m-n} = \mathbb{R}^m$ mit $F(x) = (f(x), 0)$ stetig und injektiv, aber $F(U)$ ist nicht offen im Widerspruch zu 5.26. □

5.28 Bemerkung. Der Satz 1.1 und damit auch der Brouwersche Fixpunktsatz lassen sich mit dem Brouwerschen Abbildungsgrad sehr einfach beweisen. Für jede stetige Abbildung $r : D^n \to \mathbb{R}^n$ mit $r(x) = x$ für alle $x \in S^{n-1}$ ist $d(r, \mathring{D}^n, 0) = d(Id, \mathring{D}^n, 0) = 1$. Daher gibt es ein $x \in D^n$ mit $r(x) = 0$, und es ist nicht $r(D^n) \subset S^{n-1}$.

5.29 Bemerkung. Der in 5.5 definierte Abbildungsgrad wird in der Topologie meist als lokaler Abbildungsgrad bezeichnet im Gegensatz zu dem in 1.12 definierten (globalen) Abbildungsgrad, während in der Analysis die Bezeichnung Brouwerscher Abbildungsgrad üblich ist. Seine Definition geht auf L.J.E. Brouwer (1911) zurück. Die hier gegebene Darstellung findet sich bei A. Dold (1972). Die Definition des Grades $d(f, V, a)$ geschieht in der Analysis häufig über die Approximation der stetigen Funktion f durch eine geeignete differenzierbare Funktion g, die a als regulären Wert hat. Damit ist $g^{-1}(a)$ endlich und $d(f, V, a)$ wird definiert als die Anzahl der Punkte aus $g^{-1}(a)$, in denen g positive Funktionaldeterminante besitzt, vermindert um die Anzahl der Punkte in $g^{-1}(a)$ mit negativer Funktionaldeterminante von g. Diese von M. Nagumo (1951) angegebene Definition findet man z.B. in den Büchern von K. Deimling (1974) und H. Amann (1983). Die verschiedenen Definitionen führen zu dem gleichen Grad, sobald einige wenige Eigenschaften erfüllt sind, die in der hier gewählten Darstellung durch 5.7 (i), 5.8 (ii), 5.10 und 5.14 garantiert werden. Das liefern die Eindeutigkeitssätze für den Grad von L. Führer (1972) und H. Amann und S. Weiss (1973).

Der Satz 5.18 wurde von K. Borsuk 1933 für den Spezialfall ungerader Selbstabbildungen der Sphären bewiesen. In der gleichen Arbeit zeigte Borsuk, daß jede stetige Abbildung von S^n in $\mathbb{R}^n$ wenigstens ein Paar antipodischer Punkte in den gleichen Punkt abbildet, ein Ergebnis, das von S. Ulam vermutet worden war. Daß von jeder Überdeckung von S^n mit $n+1$ abgeschlossenen Mengen wenigstens eine derselben ein Paar antipodischer Punkte enthält, wurde von L. Lusternik und L. Schnirelmann 1930 und unabhängig von K. Borsuk 1933 bewiesen.

Der Satz 5.25 geht auf C. Jordan (1893) zurück. Die Verallgemeinerung des Jordanschen Kurvensatzes in 5.23 stammt von L.J.E. Brouwer (1911), ebenso wie der Satz über die Gebietsinvarianz.

5.30 Aufgaben

1. Beweisen Sie den folgenden Satz von Rouché: V sei eine offene beschränkte Teilmenge von $\mathbb{R}^n$, $f, g : \overline{V} \to \mathbb{R}^n$ stetige Funktionen und $a \in \mathbb{R}^n \setminus f(Rd\, V)$. Ist für alle $x \in Rd\, V$ $\| f(x) - g(x) \| < d(f(Rd\, V), a)$, so ist $d(f, V, a) = d(g, V, a)$.
2. Es seien A eine invertierbare reelle $n \times n$-Matrix, $b \in \mathbb{R}^n$ und $f : \mathbb{R}^n \to \mathbb{R}^n$ die durch $f(x) = Ax + b$ definierte affine Abbildung. Zeigen Sie: Für alle $a \in \mathbb{R}^n$ und alle $\varepsilon > 0$ mit $f(a) = c$ gilt, daß $d(f, B(a, \varepsilon), c) = \operatorname{sign} \det(A)$ ist.
3. Es seien U eine offene Teilmenge von $\mathbb{R}^n$, $f : U \to \mathbb{R}^n$ eine differenzierbare Abbildung und $a \in U$, so daß die Funktionalmatrix $Df(a)$ invertierbar ist. Dann gibt es ein $\varepsilon > 0$, so daß $d(f, B(a, \varepsilon), f(a)) = \operatorname{sign} \det Df(a)$.
4. Es seien U, V offene beschränkte Teilmengen von $\mathbb{R}^n$, $\overline{U} \subset V$ und $f : V \to \mathbb{R}^n$ eine differenzierbare Abbildung. $y \in \mathbb{R}^n$ sei ein regulärer Wert von $f|U$, d.h. $Df(x)$ invertierbar für alle $x \in f^{-1}(y)$, und es sei $y \notin f(Rd\, U)$. Zeigen Sie, daß $d(f, U, y) = \sum_{x \in f^{-1}(y) \cap U} \operatorname{sign} \det Df(x)$.

5. Es seien $f_i : S^n \to \mathbb{R}$, $i = 1, \ldots, n$, stetige Funktionen, so daß $f_i(-x) = -f_i(x)$ für alle $x \in S^n$ und alle $i \in \{1, \ldots, n\}$ gilt. Zeigen Sie, daß $f_1, \ldots, f_n$ auf S^n eine gemeinsame Nullstelle besitzen.
6. Es seien $V \subset \mathbb{R}^m$ und $W \subset \mathbb{R}^n$ offene Teilmengen, $a \in \mathbb{R}^m$, $b \in \mathbb{R}^n$ und $f : V \to \mathbb{R}^m$ eine stetige Abbildung mit $f^{-1}(a)$ kompakt. $I_n : \mathbb{R}^n \to \mathbb{R}^n$ sei die identische Abbildung. Beweisen Sie:
$$d(f \times I_n, V \times W, (a, b)) = \begin{cases} d(f, V, a), & \text{wenn } b \in W \\ 0, & \text{wenn } b \notin W. \end{cases}$$
7. Es seien $V \subset \mathbb{R}^m$ und $W \subset \mathbb{R}^n$ offene beschränkte Teilmengen, $f : \overline{V} \to \mathbb{R}^m$, $g : \overline{W} \to \mathbb{R}^n$ stetige Abbildungen, $a \in \mathbb{R}^m \setminus f(Rd\, V)$, $b \in \mathbb{R}^n \setminus f(Rd\, W)$. Beweisen Sie die Gleichung
$$d(f \times g, V \times W, (a, b)) = d(f, V, a) \cdot d(g, W, b).$$

§ 6 Der Abbildungsgrad von Leray und Schauder

Die Definitionen und Beweise des vorhergehenden Paragraphen hingen wesentlich von der endlichen Dimension des $\mathbb{R}^n$ ab. Es wird ein Beispiel angegeben, aus dem hervorgeht, daß der Brouwersche Fixpunktsatz in unendlichdimensionalen normierten Vektorräumen nicht allgemein für stetige Abbildungen gilt und damit die Definition eines Abbildungsgrades mit den Eigenschaften des Brouwerschen Abbildungsgrades nicht möglich ist. Es zeigte sich jedoch, daß bei Einschränkung der Klasse der zugelassenen Abbildungen auf solche, die sich nur durch eine kompakte Abbildung von der Identität unterscheiden, ein entsprechender Abbildungsgrad definiert und ein großer Teil der Aussagen aus §5 übertragen werden können.

6.1 Beispiel. Es sei X die Menge aller Abbildungen $x : \mathbb{Z} \to \mathbb{R}$ mit $x(z) \neq 0$ für höchstens endlich viele $z \in \mathbb{Z}$. Die Addition je zweier Elemente $x, y \in X$ und die Multiplikation eines $x \in X$ mit einer reellen Zahl α werden erklärt durch $(x+y)(z) = x(z) + y(z)$ und $(\alpha x)(z) = \alpha \cdot (x(z))$ für alle $z \in \mathbb{Z}$. Mit dieser Addition und skalaren Multiplikation ist X ein unendlichdimensionaler reeller Vektorraum. e_0 sei das Element aus X mit $e_0(0) = 1$ und $e_0(z) = 0$ für $z \in \mathbb{Z} \setminus \{0\}$. In X wird ein Skalarprodukt $\prec, \succ$ eingeführt durch die Festsetzung $\prec x, y \succ = \sum x(z)y(z)$, wo rechts über alle $z \in \mathbb{Z}$ summiert wird. $\|\ \|$ mit $\| x \| = \prec x, x \succ^{1/2}$ sei die zugehörige Norm und $B = \{x \in X \mid \| x \| \leq 1\}$ der Einheitsball in X.

Zur Definition einer stetigen Abbildung $f : B \to B$ werden zunächst die Abbildungen $U : X \to X$ und $\Phi : X \to X$ definiert durch $U(x)(z) = x(z+1)$ für alle $z \in \mathbb{Z}$ und $\Phi(x) = U(x) + \frac{1}{2}(1 - \| x \|)e_0$. Da für alle $x, y \in X$ gilt $\| \Phi(x) - \Phi(y) \| \leq \frac{3}{2} \| x - y \|$, ist Φ stetig. Für alle $x \in B$ ist $\| \Phi(x) \| \leq \| U(x) \| + \frac{1}{2}(1 - \| x \|) = \frac{1}{2}(1 + \| x \|)$ und daher $\Phi(B) \subset B$.
Die Abbildung $f : B \to B$ wird definiert als Einschränkung von Φ auf B. Nimmt man an, daß ein $x \in B$ existiert mit $f(x) = x$, so erhält man für x die beiden Bedingungen:

(i) $x(z+1) = x(z)$ für alle $z \in \mathbb{Z} \setminus \{0\}$ und

(ii) $x(1) + \frac{1}{2}(1 - \| x \|) = x(0)$.

Da $x(z) \neq 0$ ist für höchstens endlich viele $z \in \mathbb{Z}$, folgt aus (i), daß $x = 0$ ist. Das liefert einen Widerspruch zu (ii). Die stetige Abbildung $f : B \to B$ besitzt also keinen Fixpunkt.

Dieses Beispiel zeigt gleichzeitig, daß ein Abbildungsgrad für stetige Abbildungen, der 5.8 und 5.2 erfüllt, in unendlichdimensionalen Vektorräumen nicht allgemein definiert werden kann. Mit einem solchen Abbildungsgrad ließe sich der Beweis des Brouwerschen Fixpunktsatzes aus 5.25 auch für das Beispiel übernehmen. Im folgenden wird die Klasse der zugelassenen Abbildungen eingeschränkt und für die eingeschränkte Klasse ein Abbildungsgrad definiert.

6.2 Definition. Es seien $(X, \| \quad \|)$ und $(Y, \| \quad \|)$ normierte Vektorräume, $V \subset X$ und $f : V \to Y$ eine stetige Abbildung.

(i) f heißt kompakt, wenn das Bild jeder beschränkten Teilmenge von V unter f relativ kompakt ist, d.h. eine kompakte abgeschlossene Hülle besitzt.

(ii) f heißt endlichdimensional, wenn $f(V)$ in einem endlichdimensionalen linearen Teilraum von Y enthalten ist.

6.3 Satz. *Es seien $(X, \| \quad \|)$ und $(Y, \| \quad \|)$ normierte Vektorräume, V eine beschränkte Teilmenge von X und $f : V \to Y$ eine kompakte Abbildung. Dann existiert zu jedem $\varepsilon > 0$ eine endlichdimensionale Abbildung $f_\varepsilon : V \to Y$, so daß für alle $x \in V$ gilt $\| f(x) - f_\varepsilon(x) \| \leq \varepsilon$.*

BEWEIS: Da $\overline{f(V)}$ kompakt ist, existieren $y_1, \ldots, y_s \in Y$, so daß $\overline{f(V)} \subset \bigcup_{\nu=1}^{s} B(y_\nu, \varepsilon)$. Mit Y_ε werde der von $y_1, \ldots, y_s$ aufgespannte lineare Teilraum von Y bezeichnet. Es werden stetige Funktionen $\varphi_\nu : Y \to \mathbb{R}$ definiert durch $\varphi_\nu(y) = \max(0, \varepsilon - \| y - y_\nu \|)$ und $\psi_\nu : \overline{f(V)} \to \mathbb{R}$ durch $\psi_\nu(y) = \varphi_\nu(y) / \sum_{i=1}^{s} \varphi_i(y)$. Dann ist $\sum_{\nu=1}^{s} \psi_\nu(y) = 1$ für alle $y \in \overline{f(V)}$. Die Abbildung f_ε wird definiert durch $f_\varepsilon(x) = \sum_{\nu=1}^{s} \psi_\nu(f(x)) y_\nu$. Aus der Tatsache, daß $\psi_\nu(f(x)) \neq 0$ genau dann gilt, wenn $\varepsilon - \| f(x) - y_\nu \| > 0$ ist, folgt, daß

$$\| f(x) - f_\varepsilon(x) \| = \left\| \sum_{\nu=1}^{s} \psi_\nu(f(x)) \, (f(x) - y_\nu) \right\|$$

$$\leq \sum_{\nu=1}^{s} \psi_\nu(f(x)) \; \| f(x) - y_\nu \| \leq \sum_{\nu=1}^{s} \psi_\nu(f(x)) \varepsilon = \varepsilon. \square$$

6.4 Hilfssatz. *Es seien V eine beschränkte Teilmenge des normierten Vektorraumes $(X, \| \quad \|)$, $f_0 : V \to X$ eine kompakte Abbildung und $f = \mathrm{Id} - f_0$. Dann ist für jede abgeschlossene Teilmenge A von X mit $A \subset V$ das Bild $f(A)$ abgeschlossen.*

BEWEIS: Seien $A \subset X$, $A = \overline{A}$, $A \subset V$ und $y \in \overline{f(A)}$. Zu jedem $n \in \mathbb{N}^+$ existiert ein $y_n \in A$ mit $\| f(y_n) - y) \| < \frac{1}{n}$. Die Menge $\{f_0(y_n) \mid n \in \mathbb{N}^+\}$ ist kompakt und enthält daher ein z, so daß zu jeder Umgebung U von z unendlich viele n existieren mit $f_0(y_n) \in U$. Daher existiert zu jedem $n \in \mathbb{N}^+$ ein $b_n \in A$ mit $\| y - f(b_n) \| < \frac{1}{n}$ und $\| z - f_0(b_n) \| < \frac{1}{n}$ und damit

$$\| y + z - b_n \| = \| y + z - b_n + f_0(b_n) - f_0(b_n) \| \leq \| y - f(b_n) \| + \| z - f_0(b_n) \| < \frac{2}{n}.$$

Jede Umgebung von $y+z$ enthält also ein Element aus A. Da A abgeschlossen ist, ist $y+z \in A$. Wegen der Stetigkeit von f ist $f(y+z) = y$. Also ist $f(A)$ abgeschlossen. □

6.5 Vorbemerkungen zur Definition des Abbildungsgrades von Leray-Schauder. $V \subset X$ sei offen und beschränkt, $f_0 : \overline{V} \to X$ kompakt, $f = Id - f_0$ und $y \in X \setminus f(Rd\, V)$. Nach 6.4 hat y von $f(Rd\, V)$ einen positiven Abstand $d(y, f(Rd\, V)) = \varepsilon$. Nach 6.3 gibt es eine endlichdimensionale Abbildung $f_1 : \overline{V} \to X$ mit $\| f_0(x) - f_1(x) \| < \varepsilon$ für alle $x \in \overline{V}$. Es wird ein endlichdimensionaler linearer Teilraum X_1 von X ausgewählt mit $f_1(\overline{V}) \subset X_1$, $y \in X_1$ und $X_1 \cap V \neq \emptyset$. Die Abbildung $Id - f_1|\overline{V} \cap X_1 : \overline{V} \cap X_1 \to X_1$ erfüllt die Voraussetzungen zur Definition des Brouwerschen Abbildungsgrades, denn für alle $x \in Rd\, V$ ist

$$\begin{aligned} \| x - f_1(x) - y \| &= \| f(x) - y - (f_1(x) - f_0(x)) \| \\ &\geq \| f(x) - y \| - \| f_1(x) - f_0(x) \| > 0. \end{aligned}$$

Die Zahl $d(Id - f_1|V \cap X_1, V \cap X_1, y)$ hängt zunächst von der willkürlichen Auswahl der approximierenden Abbildung f_1 und des linearen Teilraumes X_1 ab. Es seien nun $f_2 : \overline{V} \to X$ eine weitere endlichdimensionale Abbildung mit $\| f_0(x) - f_2(x) \| < \varepsilon$ für alle $x \in \overline{V}$ sowie X_2 ein endlichdimensionaler linearer Teilraum von X, so daß $f_2(\overline{V}) \subset X_2$, $y \in X_2$ und $V \cap X_2 \neq \emptyset$. Nach den vorangehenden Überlegungen ist $d(Id - f_2|V \cap X_2, V \cap X_2, y)$ definiert. Es wird gezeigt, daß gilt

$$d(Id - f_1|V \cap X_1, V \cap X, y) = d(Id - f_2|V \cap X_2, V \cap X_2, y).$$

Dazu bezeichne X_0 den von X_1 und X_2 aufgespannten linearen Teilraum von X. Nach dem Reduktionssatz ist

$$d(Id - f_\nu|V \cap X_0, V \cap X_0, y) = d(Id - f_\nu|V \cap X_\nu, V \cap X_\nu, y)$$

für $\nu = 1,2$. Die Abbildung $H : (\overline{V} \cap X_0) \times I \to X_0$, die definiert ist durch $H(x,t) = x - (1-t)f_1(x) - tf_2(x)$ ist eine Homotopie von $Id - f_1|\overline{V} \cap X_0$ nach $Id - f_2 \mid \overline{V} \cap X_0$ und für alle $(x,t) \in (Rd\, V \cap X_0) \times I$ ist

$$\begin{aligned} &\| H(x,t) - y \| = \| x - f_0(x) - y - (1-t)(f_1(x) - f_0(x)) - t(f_2(x) - f_0(x)) \| \\ &\geq \| f(x) - y \| - (1-t) \| f_1(x) - f_0(x) \| - t \| f_2(x) - f_0(x) \| > 0. \end{aligned}$$

Daher ist $H^{-1}(y)$ kompakt, und nach dem Satz 5.11 über die Homotopieinvarianz gilt

$$d(Id - f_1|V \cap X_0, V \cap X_0, y) = d(Id - f_2|V \cap X_0, V \cap X_0, y).$$

6.6 Definition. Es seien $(X, \| \ \|)$ ein normierter Vektorraum und V eine beschränkte offene Teilmenge von X. Die Abbildung $f : \overline{V} \to X$ habe die Form $f = Id - f_0$ mit einer kompakten Abbildung $f_0 : \overline{V} \to X$, und es sei $y \in X \setminus f(Rd\, V)$. Der Abbildungsgrad von Leray-Schauder $D(f, V, y)$ ist definiert durch

$$D(f, V, y) = d(Id - f_1 | V \cap X_1, V \cap X_1, y).$$

Hier ist $f_1 : \overline{V} \to X$ eine endlichdimensionale Abbildung mit $\| f_1(x) - f_0(x) \| < d(y, f(Rd\, V))$ für alle $x \in \overline{V}$, X_1 ein endlichdimensionaler linearer Teilraum von X mit $f_1(\overline{V}) \subset X_1$, $y \in X_1$ und $V \cap X_1 \neq \emptyset$. $d(Id - f_1 | V \cap X_1, V \cap X_1, y)$ bezeichnet den Brouwerschen Abbildungsgrad von $Id - f_1 | V \cap X_1 : V \cap X_1 \to X_1$ auf $V \cap X_1$ bzgl. y.

6.7 Satz (Eigenschaften des Abbildungsgrades von Leray-Schauder). *Der in 6.6 definierte Abbildungsgrad von Leray-Schauder hat die folgenden Eigenschaften:*

(a) $D(Id, V, y) = 1$, *wenn* $y \in V$ *und*
$D(Id, V, y) = 0$, *wenn* $y \notin \overline{V}$.

(b) *Ist* $D(f, V, y) \neq 0$, *so existiert ein* $x \in V$ *mit* $f(x) = y$.

(c) *Ist* $H : \overline{V} \times I \to X$ *eine kompakte Homotopie, sowie* $G : \overline{V} \times I \to X$ *die durch* $G(x,t) = x - H(x,t)$ *definierte Homotopie und* $y \notin G((Rd V) \times I)$, *so ist* $D(G_1, V, y) = D(G_0, V, y)$.

(d) *Die Abbildung* $D(f, V, \ ) : X \setminus Rd V \to \mathbb{Z}$, *die jedem* $y \in X \setminus Rd V$ *die ganze Zahl* $D(f, V, y)$ *zuordnet, ist auf jeder Zusammenhangskomponente von* $X \setminus Rd V$ *konstant.*

(e) *Ist* $U \subset V$ *offen und* $f^{-1}(y) \subset U$, *so ist* $D(f, V, y) = D(f, U, y)$.

(f) *Sind* V_1, V_2 *offene Teilmengen von* V, *so daß* $V_1 \cap V_2 = \emptyset$ *und* $f^{-1}(y) \subset V_1 \cup V_2$, *dann ist*

$$D(f, V, y) = D(f | \overline{V}_1, V_1, y) + D(f | \overline{V}_2, V_2, y).$$

BEWEIS: Die Eigenschaften (a) und (b) folgen unmittelbar aus der Definition und 5.8.

Zu (c): $\overline{V} \times I$ ist eine beschränkte abgeschlossene Teilmenge des normierten Vektorraumes $X \times \mathbb{R}$ mit der Norm $\| (x,t) \| = \max(\| x \|, |t|)$, und nach 6.3 existiert eine endlichdimensionale Abbildung $K : \overline{V} \times I \to X$ mit $\| K(x,t) - H(x,t) \| < d(y, G(Rd\, V \times I))$. Ist Y ein endlichdimensionaler linearer Teilraum von X mit $K(\overline{V} \times I) \subset Y$, $y \in Y$ und $V \cap Y \neq \emptyset$, so ist $F : \overline{V} \cap Y \times I \to Y$, definiert durch $F(x,t) = x - K(x,t)$, eine Homotopie gemäß 5.11, und es ist $D(G_0, V, y) = d(F_0, V \cap Y, y) = d(F_1, V \cap Y, y) = D(G_1, V, y)$.

Zu (d): Es sei $\delta = d(y, Rd\,V)$. Dann liegt $B(y,\delta)$ ganz in einer Zusammenhangskomponente von $X \setminus Rd\,V$. Wählt man in 6.5 $\varepsilon = \delta/2$, so liegt $B(y,\delta/2)$ ganz in einer Zusammenhangskomponente von $X \setminus (Id - f_1)(Rd\,V)$. Ist $z \in B(y,\delta/2)$, so wählt man in 6.5 den linearen Teilraum X_1 so, daß zusätzlich $z \in X_1$ gilt. Nach 5.10 ist dann $d(Id - f_1|V \cap X_1, V \cap X_1, y) = d(Id - f_1|V \cap X_1, V \cap X_1, z)$.

Zu (e): Wegen 6.4 ist $d(y, f(Rd\,U)) = \varepsilon > 0$. Wählt man die endlichdimensionale Abbildung $f_1 : \overline{V} \to X$ so, daß $\| f_1(x) - f_0(x) \| < \varepsilon$ ist für alle $x \in \overline{V}$, so ist $\| x - f_1(x) - y \| = \| f(x) - y - (f_1(x) - f_0(x)) \| > 0$ für alle $x \in \overline{V} \setminus U$ und daher $(Id - f_1)^{-1}(y) \subset U$. Damit ist nach 5.9

$$d(Id - f_1|V \cap X_1, V \cap X_1, y) = d(Id - f_1|U \cap X_1, U \cap X_1, y).$$

Zu (f): Nach (e) ist $D(f, V, y) = D(f, V_1 \cup V_2, y)$. Wählt man den linearen Teilraum X_1 in 6.5 so, daß $X_1 \cap V_1 \neq \emptyset$ und $X_1 \cap V_2 \neq \emptyset$, dann folgt die Behauptung aus 5.14. □

Die für die Anwendung entscheidende Eigenschaft des Abbildungsgrades ist die Homotopieinvarianz. Ein typisches Beispiel einer Anwendung ist der Nachweis der Existenz einer Lösung für eine Gleichung der Form $x - f_0(x) = y$. Um den Abbildungsgrad von Leray-Schauder anwenden zu können, wird ein normierter Vektorraum gesucht, in dem sich das Problem formulieren läßt und in dem f_0 eine kompakte Abbildung ist. f_0 wird in eine kompakte Homotopie H eingebettet, so daß $H_0 = f_0$ ist, alle Lösungen der Gleichungen $x - H_t(x) = y$ in einem beschränkten Gebiet V liegen und $D(Id - H_1, V, y) \neq 0$ ist. Dann ist auch $D(Id - f_0, V, y) \neq 0$ und die Gleichung $x - f_0(x) = y$ besitzt eine Lösung. Dieses Verfahren wird an einem Beispiel erläutert. (Vgl. Deimling (1974), S.69).

6.8 Beispiel. Gegeben ist eine stetige Funktion $g : [0,a] \times \mathbb{R}^n \to \mathbb{R}^n$ und ein $M > 0$, so daß für alle $(t,x) \in [0,a] \times \mathbb{R}^n$ gilt $\| g(t,x) \| \leq M(1 + \| x \|)$. Gesucht ist eine auf dem ganzen Intervall $[0,a]$ definierte Lösung des Anfangswertproblems

$$\dot{x} = g(t,x), \quad x(0) = x_0.$$

Wie üblich wird das äquivalente Problem betrachtet. Gesucht ist eine stetige Abbildung $x : [0,a] \to \mathbb{R}^n$, die Lösung der Integralgleichung

$$x(t) = x_0 + \int_0^t g(\tau, x(\tau))d\tau$$

ist. Als normierter Vektorraum bietet sich der Raum $C([0,a], \mathbb{R}^n)$ der stetigen Funktionen $[0,a] \to \mathbb{R}^n$, versehen mit der Maximumnorm, d.h. für alle

$x \in C([0,a],\mathbb{R}^n)$ ist $\| x \| = \text{Max}\{\| x(t) \| \ t \in [0,a]\}$, an. Definiert man $f_0 : C([0,a],\mathbb{R}^n) \to C([0,a],\mathbb{R}^n)$ durch $f_0(x)(t) = x_0 + \int_0^t g(\tau, x(\tau))d\tau$, so erhält das Problem damit die Form: Gesucht ist ein $x \in C([a,b],\mathbb{R}^n)$, das die Gleichung $x - f_0(x) = 0$ erfüllt.

Zum Nachweis, daß f_0 eine kompakte Abbildung ist, wird der Satz von Arzela-Ascoli benutzt, der hier in der für das Problem benutzten speziellen Form formuliert wird.

6.9 Satz (Arzela-Ascoli). *Eine Teilmenge F von $C([0,a],\mathbb{R}^n)$ ist relativ kompakt genau dann, wenn F gleichgradig stetig ist und für alle $t \in [0,a]$ gilt, daß $F(t) = \{f(t) \mid f \in F\}$ relativ kompakt in $\mathbb{R}^n$ ist.* □

F heißt gleichgradig stetig, wenn zu jedem $t_0 \in [0,a]$ und jedem $\varepsilon > 0$ ein $\delta > 0$ existiert, so daß für alle $f \in F$ und alle $t \in [0,a]$ mit $|t - t_0| < \delta$ gilt $\| f(t) - f(t_0) \| < \varepsilon$. Man sieht leicht, daß mit F auch $\overline{F}$ gleichgradig stetig ist.

Zum Beweis dieses Satzes sei z.B. auf J.L Kelley S. 231 oder B. v. Querenburg 14.24 verwiesen. In beiden Büchern werden entschieden allgemeinere Sätze bewiesen.

Nun zurück zu dem Problem. Der Nachweis der gleichgradigen Stetigkeit von $f_0(C)$, für eine beschränkte Teilmenge C von $C([0,a],\mathbb{R}^n)$ läuft auf eine einfache Abschätzung eines Integrals hinaus. Ebenso zeigt man, daß für jedes $t \in [0,a]$ die Menge $f_0(C)(t)$ eine beschränkte Teilmenge von $\mathbb{R}^n$ und daher relativ kompakt ist. Die Homotopie H wird definiert als $H(x,s) = (1-s)f_0(x)$. Mit den gleichen Abschätzungen wie für f_0 zeigt man mit 6.9, daß H eine kompakte Homotopie ist. Es bleiben sogenannte apriori-Abschätzungen für mögliche Lösungen der Gleichung $x - H_s(x) = 0$ zu bestimmen. Für solche Lösungen ist

$$\begin{aligned} \| x(t) \| = \| H_s(x)(t) \| &= \left\| (1-s)\left(x_0 + \int_0^t g(\tau, x(\tau))d\tau\right)\right\| \\ &\leq \| x_0 \| + \int_0^t \| g(\tau, x(\tau)) \| d\tau \leq \| x_0 \| + \int_0^t M(1 + \| x(\tau) \|)d\tau \\ &\leq \| x_0 \| + Ma + \int_0^t M \| x(\tau) \| d\tau. \end{aligned}$$

Mit der Gronwallschen Ungleichung, einem leicht herzuleitenden Standardhilfsmittel aus der Theorie der gewöhnlichen Differentialgleichungen (s. z.B. H. Amann (1983), S. 100), erhält man sofort $\| x(t) \| \leq Ke^{Mt}$ mit

$K = \| x_0 \| + Ma$. Damit hat man für jede mögliche Lösung x einer der Gleichungen $x - H_s(x) = 0$ die Abschätzung $\| x \| \leq Ke^{Ma}$. Ist $r > Ke^{Ma}$, so ist $D(Id - f_0|\overline{B(0,r)}, B(0,r), 0)$ definiert, und wegen der Homotopieinvarianz gilt $D(Id - f_0|\overline{B(0,r)}, B(0,r), 0) = D(Id_{\overline{B(0,r)}}, B(0,r), 0) = 1$. Nach 6.7 (b) besitzt das eingangs formulierte Anfangswertproblem eine Lösung.

Eine Reihe von Sätzen aus §5 läßt sich im Falle unendlichdimensionaler Vektorräume auf Abbildungen der Form $Id - f_0$ mit einer kompakten Abbildung f_0 übertragen. Das geschieht z.B. in dem Buch von Deimling, dem auch das vorstehende Beispiel entnommen ist. Einige dieser Sätze sind in 6.12 als Aufgaben formuliert. Hier wird nur noch der dem Brouwerschen Fixpunktsatz entsprechende Satz bewiesen.

6.10 Satz (Fixpunktsatz von Schauder). *Ist K eine beschränkte abgeschlossene konvexe Teilmenge eines normierten Vektorraumes, so besitzt jede kompakte Abbildung $f : K \to K$ einen Fixpunkt.*

BEWEIS: K sei Teilmenge des normierten Vektorraumes X. Da K abgeschlossen ist, gibt es nach I, 5.6 eine stetige Abbildung $g : X \to K$ mit $g|K = Id_K$. Die Abbildung $F_0 = f \circ g$ ist eine kompakte Abbildung und $F_0|K = f|K$. Die positive reelle Zahl r sei so gewählt, daß $K \subset B(0,r)$. Setzt man $F = Id - F_0$, so gilt für alle $x \in X$ mit $\| x \| = r$, daß $F_0(x) \neq x$, also $0 \notin F(Rd\, B(0,r))$. Daher ist $D(F|\overline{B(0,r)}, B(0,r), 0)$ definiert. Die Homotopie $H : \overline{B(0,r)} \times I \to X$, die gegeben ist durch $H(x,t) = tF_0(x)$ ist eine kompakte Homotopie und $H(x,t) \neq x$ für alle $x \in Rd\, B(0,r)$. Damit ist $D(F|\overline{B(0,r)}, B(0,r), 0) = D(Id_{\overline{B(0,r)}}, B(0,r), 0) = 1$, und es gibt ein $x \in B(0,r)$ mit $F(x) = 0$. Für dieses x ist $x - F_0(x) = 0$ und $x = F_0(x) \in K$. Da $F_0|K = f$ ist, ist $f(x) = x$, und f besitzt einen Fixpunkt. □

6.11 Bemerkung. Das Beispiel 6.1 geht auf S. Kakutani (1943) zurück und wurde i.w. aus dem Buch von J. Cronin übernommen. Der in 6.6 eingeführte Abbildungsgrad wurde von J. Leray und J. Schauder 1934 definiert unter Benutzung der Arbeiten von L.J.E. Brouwer und zur Untersuchung von Funktionalgleichungen der Form $x - f(x) = 0$ angewandt. Den Fixpunktsatz 6.10 veröffentlichte J. Schauder 1930.

Anwendungen topologischer Methoden, insbesondere der in den beiden letzten Paragraphen besprochenen Abbildungsgrade, auf Probleme der Analysis findet man z.B. in den Büchern von J. Cronin (1964), K. Deimling (1974), G. Eisenack und C. Fenske (1978) sowie M.A. Krasnoselski (1964).

6.12 Aufgaben

1. Es seien $(X, \| \ \|)$ ein unendlichdimensionaler normierter Vektorraum und $S = \{x \in X \mid \| x \| = 1\}$ die Einheitssphäre in X. Zeigen Sie, daß jede stetige Abbildung $f : S^n \to S$ nullhomotop ist.
2. X sei ein normierter Vektorraum, $A \subset X$ abgeschlossen und beschränkt und $f : A \to X$ von der Form $f = Id - f_0$ mit kompaktem f_0. Zeigen Sie: Wenn f injektiv ist, hat die zu f inverse Abbildung $g : f(A) \to A$ die Form $g = Id - g_0$ mit kompaktem g_0.
3. Es seien V eine offene beschränkte Teilmenge eines normierten Vektorraumes X, $f_0, g_0 : \overline{V} \to X$ kompakte Abbildungen und $f = Id - f_0$, $g = Id - g_0$. Zeigen Sie: Wenn $f|Rd\, V = g|Rd\, V$ und $y \in X \setminus f(Rd\, V)$, dann ist
$$D(f, V, y) = D(g, V, y).$$
4. Beweisen Sie die folgende Verallgemeinerung des Satzes von Borsuk: Es seien X ein normierter Vektorraum, V eine symmetrische, offene beschränkte Teilmenge von X mit $0 \in V$, $f : \overline{V} \to X$ eine Abbildung der Form $f = Id - f_0$ mit kompaktem f_0. Wenn $0 \notin f(Rd\, V)$ und $f_0(-x) = -f_0(x)$ für alle $x \in Rd\, V$, dann ist $D(f, V, 0)$ ungerade.
5. Es seien X, V und f wie in Aufgabe 3. Zeigen Sie: Wenn $f(-x) = -f(x)$ und $f(x) \neq 0$ für alle $x \in Rd\, V$, dann ist $f(\overline{V})$ in keinem echten linearen Teilraum von X enthalten.
6. Es seien X, V und f wie in Aufgabe 3, und weiter seien $0 \notin Rd\, V$ und $f(\overline{V})$ in einem echten linearen Teilraum von X enthalten. Zeigen Sie, daß ein $x \in Rd\, V$ existiert mit $f(x) = f(-x)$.

Literatur

Adams, J.F.: Vector fields on spheres. Ann. Math. 75, 603–632 (1962)

Agoston, M.K.: Algebraic Topology, a first course. New York and Basel 1976

Ahlfors, L. and L. Sario: Riemann surfaces. Princeton, New Jersey 1965

Alexander, J.W.: A proof of the invariance of certain constants of Analysis situs. Trans. Amer. Math. Soc. 16, 148–154 (1915)

Alexandroff, P.: Über die Metrisation der im Kleinen kompakten topologischen Räume. Math. Ann. 92, 294–301 (1924)

— Begründung der n-dimensionalen mengentheoretischen Topologie, Math. Ann. 94, 296–308 (1925)

Alexandroff, P. und P. Urysohn: Zur Theorie der topologischen Räume. Math. Ann. 92, 258–266 (1924)

Alexandroff, P. und H. Hopf: Topologie. Berlin 1935

Amann, H.: Gewöhnliche Differentialgleichungen. Berlin — New York 1983

Amann, H. und S. Weiss: On the uniqueness of the topological degree. Math. Z. 130, 39–54 (1973)

Atiyah, M.F. and F. Hirzebruch: Vector bundles and homogeneous spaces. Proc. of Symposia in Pure Mathematics, Vol. 3, Differential Geometry, Amer. Math. Soc. 7–38 (1961)

Borsuk, K.: Sur les rétractes. Fund. Math. 17, 152–170 (1931)

— Drei Sätze über die n-dimensionale Sphäre. Fund. Math. 20, 177–190 (1933)

Bourbaki, N.: Topologie générale. Troisième édition, Paris 1961

Brouwer, L.J.E.: Beweis der Invarianz der Dimensionszahl. Math. Ann. 70, 305–313 (1911)

— Über Abbildungen von Mannigfaltigkeiten. Math. Ann. 71, 97–115 (1912)

— Beweis der Invarianz des n-dimensionalen Gebiets. Math. Ann. 71, 305–313 (1912)

— Beweis des Jordanschen Satzes für den n-dimensionalen Raum. Math. Ann. 71, 314–319 (1912)

— Zur Invarianz des n-dimensionalen Gebiets. Math. Ann. 72, 55–56 (1912)

Brown, R.: Elements of Modern Topology, London 1968

Cronin, J.: Fixed points and topological degree in non-linear analysis. Mathematical Survey, Number 11. Amer. Math. Soc. 1964

Dehn, M. und P. Heegard. Analysis situs. Enzyklopädie der Mathematischen Wissenschaften III, 1.1, 153–220 (1907)

Deimling, K.: Nichtlineare Gleichungen und Abbildungsgrade. Berlin, Heidelberg, New York 1974

Dieudonné, J.: Une Généralisation des Espaces Compactes. J. Math. Pures Appl. 23, 65–76 (1944)

Dold, A.: Lectures on Algebraic Topology. Berlin, Heidelberg, New York 1972

Dugundji, J.: An extension of Tietze's theorem. Pacific J. Math. 1, 353–367 (1951)

— Topology, Boston 1966

Eilenberg, S.: Singular homology theory. Ann. of Math. 45, 407–447 (1944)

Eilenberg, S. and S. Mac Lane: General Theory of Natural Equivalences. Trans. Amer. Math. Soc. 58, 231–294 (1945)

Eilenberg, S. and N. Steenrod.: Axiomatic approach to homology theory. Proc. Nat. Acad. Sci. 31, 117–120 (1945)

— Foundations of Algebraic Topology. Princeton, New Jersey 1952

Eisenack, G. und C. Fenske: Fixpunkttheorie. Zürich 1978

Fréchet, M.: Sur Quelques Points du Calcul Fonctionel. Rend. Palermo 22, 1–74 (1906)

Führer, L.: Ein elementarer analytischer Beweis zur Eindeutigkeit des Abbildungsgrades im $\mathbb{R}^n$. Math. Nachr. 54, 259–267 (1972)

Greenberg, M.J. and J.R. Harper: Algebraic Topology. A first Course. Reading, Massachusetts 1981

Hadamard, J.: Sur quelques applications de l'indice de Kronecker (Note additionelle à la deuxième édition de l'"Introduction à la Théorie des fonctions d'une variable" de J. Tannery). Paris 1910, Oeuvres II, 875–915

Hausdorff, F.: Grundzüge der Mengenlehre. Berlin 1914

Hilton, P.J.: An Introduction to Homotopy Theory, Cambridge 1953

Hilton, P.J. and S. Wylie: Homology Theory. Cambridge 1960

Hirzebruch, F.: Topologie I, Vorlesungsausarbeitung von H.B. Brinkmann, Bonn 1959

Hu, S.-T.: Homotopy theory. New York, London 1959

Hurewicz, W.: On duality theorems. Bull. Amer. Math. Soc. 47, 562 (1941)

Jordan, C.: Des contours tracés sur les surfaces. J. de Math. (2) 11, 110–130, (1866); Oeuvres Tome IV, 91–111

— Cours d'Analyse, Tome I. Paris 1893, Troisième Edition. Revue et corrigée, Paris 1909, S. 90–99

Kakutani, S.: Topological properties of the unit sphere in Hilbert space, Proc. Imp. Acad. Tokyo 19, 269–271 (1943)

van Kampen, E.R.: On the connection between the fundamental group of some related spaces. Amer. J. Math. 55, 261–267 (1933)

Kelley, J.L: General Topology, Princeton N.J. 1965

Kelley, J.L. and E. Pitcher. Exact homomorphism sequences in homology theory. Ann. of Math. (2) 48, 682–709 (1947)

Klein, F.: Über Riemanns Theorie der algebraischen Funktionen und ihrer Integrale, Leipzig 1882, Gesammelte Mathematische Abhandlungen III, 499–573

Krasnoselskii, M.A.: Topological methods in the theory of nonlinear integral equations, Oxford 1964

Kuratowski, C.: Topologie, édition troisième, corrigée, Warschau 1952

Lefschetz, S.: The Residual Set of a Complex on a Manifold and Related Questions. Proc. Nat. Acad. Sci. 13, 614–622 (1927)

— Topology. New York 1930, Second Edition 1956

— On singular chains and cycles. Bull. Amer. Math. Soc. 39, 124–129 (1933)

— Chain deformations in topology. Duke Math. J. 1, 1–18 (1935)

— Algebraic Topology. New York 1942

— Topics in Topology, Princeton, N. J. 1942

— Introduction to Topology, Princeton, N. J. 1949

— Witold Hurewicz In Memoriam. Bull. Amer. Math. Soc. 63, 77–82 (1957)

— The Early Development of Algebraic Topology. Bol. da Soc. Brasilein de Matemática, 1, 1–48 (1970)

Lennes, N.J.: Curves in Non Metrical Analysis Situs with an Application in the Calculus of Variations. Amer. J. of Math. 33, 287–326 (1911)

Leray, J.: La théorie des points fixes et ses applications en analyse. Proc. Intern. Cong. Math. Cambridge, Mass. 1950 vol. 2, 202–208

Leray, J. et J. Schauder: Topologie et équations fonctionelles. Ann. Sci., Ecole Norm. Sup. 51, 45–78 (1934)

Listing, J.B.: Vorstudien zur Topologie. Göttinger Studien, Göttingen 1847, 811–875

Lüroth, J.: Über Abbildungen von Mannigfaltigkeiten. Math. Ann. 63, 222–238 (1907)

Lundell, A.T. and S. Weingram: The Topology of CW-Complexes, New York 1969

Lusternik, L., L. Schnirelmann: Méthodes topologiques dans les problèmes variationnels (Russisch). Issledowatelskij Ínstitut Matematiki i Mechaniki pri J. M. G. U. Moskau 1930

Mac Lane, S.: Homology. Berlin, Göttingen, Heidelberg 1963

— Kategorien. Berlin, Heidelberg, New York 1972

Markus, L.: Solomon Lefschetz. An appreciation in memoriam. Bull. Amer. Math. Soc. 79, 663–680 (1973)

Mayer, W.: Über abstrakte Topologie. Monatsh. für Math. u. Phys. 36, 1–42 (1929)

Milnor, J.: On axiomatic homology theory, Pac. J. Math. 12, 337–342 (1962)

Nagumo, M.: A theory of degree of mapping based on infinitesimal analysis. Amer. J. Math. 73, 485–496 (1951)

Noether, E.: Jbericht. Deutsch. Math. Ver. 34. Mitteilung vom 3. Febr. 1925, S. 104 (1926)

Peitgen, H.-O.: Berechnung von Homologieringen auf EDV-Anlagen. Ges. f. Math. u. Datenverarb. Bonn Nr. 74, 1973

Poincaré, H.: Analysis situs. J. Ec. Polyt. (2) 1, 1–121 (1895) Oeuvres VI, 193–288

— Complément à l'Analysis situs. Rend. C. Math. Pal. 13, 285–343 (1899), Oeuvres VI, 290–337

— Second Complément à l'Analysis situs. Proc. London Math. Soc., 32, 277–308 (1900), Oeuvres VI, 338–370

— Cinquième complément à l'Analysis situs. Rend. C. Mat. Pal. 18, 45–110 (1904), Oeuvres VI, 435–498

Pont, J.-C.: La Topologie Algébrique des origines à Poincaré. Paris 1974

Preuß, G.: Allgemeine Topologie, 2. korrigierte Auflage, Berlin, Heidelberg, New York 1975

Querenburg, B. v.: Mengentheoretische Topologie 2. Auflage. Berlin, Heidelberg, New York 1979

Radó, T.: Über den Begriff der Riemannschen Fläche. Acta Szeged 2, 101–121 (1925)

Schauder, J.: Der Fixpunktsatz in Funktionalräumen. Stud. Math. 2, 170–179 (1930)

Scholz, E.: Geschichte des Mannigfaltigkeitsbegriffs von Riemann bis Poincaré. Boston, Basel, Stuttgart 1980

Schubert, H.: Topologie. Stuttgart 1964

Seifert, H.: Konstruktion dreidimensionaler geschlossener Räume. Berichte Verh. sächs. Akad. Wiss. Leipzig; Math.-Phys. Klasse 83, 26–66, (1931)

Seifert, H. und W. Threlfall: Lehrbuch der Topologie. Leipzig 1934

Siegberg, H.W.: Some historical remarks concerning degree theory. Amer. Math. Monthly 88, 125–139 (1981)

Spanier, E.H.: Algebraic Topology. New York 1966

Steenrod, N.E.: The Topology of Fibre Bundles. Princeton 1951

— The Work and Influence of Professor S. Lefschetz in Algebraic Topology. Algebraic Geometry and Topology. A Symposium in Honor of S. Lefschetz. Princeton, New Jersey 1957, 24–43

Stone, A.H.: Paracompactness and product spaces. Bull. Amer. Math. Soc. 54, 977–982 (1948)

Switzer, R.M.: Algebraic Topology — Homotopy and Homology. Berlin, Heidelberg, New York 1975

Tietze, H.: Über Funktionen, die auf einer abgeschlossenen Menge stetig sind. J. Reine Angew. Math. 145, 9–14 (1915)

— Allgemeine Topologie I. Math. Ann. 88, 290–312 (1923)

— Allgemeine Topologie II. Math. Ann. 91, 210–224 (1924)

Tietze H. und L. Vietoris: Beziehungen zwischen den verschiedenen Zweigen der Topologie. Enzyklopädie der Mathematischen Wissenschaften III, AB 13, Leipzig 1930

Tychonoff, A.: Über die topologische Erweiterung von Räumen. Math. Ann. 102, 554–561 (1930)

Veblen, O.: Analysis situs. New York 1921

Vietoris, L.: Stetige Mengen. Monatshefte Math. Physik 31, 173–204 (1921)

— Über die Homologiegruppen der Vereinigung zweier Komplexe. Monatshefte Math. Physik 37, 159–162 (1930)

Whitehead, J.H.C.: Combinatorial Homotopy. Bull. Amer. Math. Soc. 55, 213–245 (1949)

Index